乳肉制品保藏加工

李建江　杨具田　主编

科学出版社

北京

内 容 简 介

本书共分四篇：第一篇为畜产品加工基础与保藏；第二篇为肉与肉制品工艺学；第三篇为乳与乳制品工艺学；第四篇为畜产品安全。前三篇内容都有基础理论、品种分类、加工技术、保藏原理与技术等的系统介绍；第四篇从总体上概括介绍食品安全基本概念及国内外研究状况，接着分章节对食品的危害因素、安全性评价、安全检测技术、食品安全溯源与预警技术等内容做了系统详细的阐述。

本书可作为高等院校食品工程、动物科学、动物医学、卫生检验等相关专业的本科教材，也可供相关专业的科研工作者参考。

图书在版编目（CIP）数据

乳肉制品保藏加工/李建江，杨具田主编. —北京：科学出版社，2017.3
ISBN 978-7-03-052374-7

Ⅰ．①乳… Ⅱ．①李… ②杨… Ⅲ．①乳制品-食品贮藏 ②乳制品-食品加工 ③肉制品-食品贮藏 ④肉制品-食品加工 Ⅳ．①TS252.4 ②TS251.5

中国版本图书馆 CIP 数据核字（2017）第 052417 号

责任编辑：王玉时　韩书云 / 责任校对：高明虎
责任印制：张　伟 / 封面设计：铭轩堂

科 学 出 版 社出版
北京东黄城根北街 16 号
邮政编码：100717
http://www.sciencep.com

北京东华虎彩印刷有限公司 印刷
科学出版社发行　各地新华书店经销

*

2017 年 3 月第 一 版　　开本：787×1092　1/16
2018 年 5 月第三次印刷　　印张：19
字数：500 000

定价：58.00 元
（如有印装质量问题，我社负责调换）

《乳肉制品保藏加工》编写人员名单

主　编　李建江　杨具田

副主编　臧荣鑫　李贞子

参　编　魏玉梅　刘红娜　丁　波　曹　忻　蔡　勇

主　审　李建江　李贞子

前　言

随着人们生活水平不断提高，乳肉制品的种类也日益丰富，但其在加工、贮存和运输过程中易受到病原微生物的污染而腐败，给生产企业带来巨大的经济损失，同时也对消费者的健康造成危害。如何延长乳肉及其制品的保鲜期，降低其变质的可能性，从食品质量安全的源头上预防和控制——预防食品从生产到消费各个环节可能受到的污染，控制可能造成的污染及其引起的相关食源性疾病的各个环节——显得非常重要。

乳肉制品保藏加工是与畜牧学、食品科学与工程学科密切相关的一门专业学科，是以生产出符合人类营养和现代食品卫生要求、食用方便的乳肉制品为目的的一门实践性很强的应用学科。本书主要阐述了乳肉制品加工和贮藏基本理论、初深加工技术及贮藏技术，同时介绍了国内外贮藏及加工的最新技术。

随着食品行业特别是乳肉制品加工业的快速发展，新技术、新产品的不断涌现，新标准、新规范的更新和制定，食品安全问题也越来越被人们关注。近年来，国际上食品安全事件频发，世界范围内相继暴发的疯牛病、二噁英、禽流感、苏丹红、受污染奶粉等一系列食品安全相关事件，标志着食品安全已成为一个全球化的重大公共卫生问题，更加引起国际组织和各国政府的高度重视。防止食品污染、保障食品安全对人们的身体健康和国家安全有着长久的重要意义。因此，本书在全面系统地介绍乳肉制品保藏加工原理及国内外最新技术的基础上，就食品尤其是乳肉制品在生产、加工、储运、销售直到消费的整个过程的不安全因素及各个环节食品安全监控进行了详细介绍，涵盖畜产品加工、食品贮藏、食品卫生及检验等多方面内容。

本书共分为二十六章，编写分工如下：第一至三章、第八章、第十七至二十章、第二十三章、第二十五章和第二十六章由李建江编写，第四章第二节由杨具田和臧荣鑫编写，第四章的第一节和第三节由刘红娜和丁波编写，第五至七章、第九至十六章、第二十一章、第二十四章由李贞子编写，第二十二章第一节由曹忻和蔡勇编写，第二十二章第二节和第三节由魏玉梅编写，全书由李建江和李贞子修改、完善和审核。

由于本书涉及的学科跨度较大，加之水平有限，难免有不足之处，衷心希望读者能够指出不足并提出宝贵建议。

编　者
2016 年 11 月 2 日

目　　录

第三篇　乳与乳制品工艺学

第一篇　畜产品加工基础与保藏

第一章　畜产品品质基础

畜产品品质主要指产品的色泽、滋味、气味及质地、营养成分等。肉的品质还包括保水性、嫩度等指标。这些性质一方面标志着产品的新鲜度，另一方面在加工贮藏过程中会直接影响产品的质量、等级。

第一节　畜产品的色泽

一、肉的色泽

肉的色泽主要来自于肌红蛋白和血红蛋白。肉的固有色泽——红色，主要由肌红蛋白的色泽所决定。肌红蛋白的含量越多，则肉色越显暗红。肌红蛋白在肌肉中的含量常与动物生前的生长、活动状况及畜龄等因素有关。而动物宰后即使放血充分，在微细的毛细血管中仍有少量血液残存，从而导致血液中的血红蛋白对肉品色泽有一定的影响。此外，动物宰后，肌红蛋白与空气中的氧作用也会导致肉色发生变化，当肌红蛋白与氧结合生成氧合肌红蛋白时，肉色呈鲜红；当肌红蛋白和氧合肌红蛋白被氧化生成高铁肌红蛋白时，则呈褐色。

二、乳*的色泽

乳是哺乳动物为哺育幼儿从乳腺分泌的一种白色或稍呈黄色的不透明液体。它含有幼儿生长发育所需要的全部营养成分，是哺乳动物出生后最适于消化吸收的全价食物。乳的白色是由于乳中的酪蛋白酸钙、磷酸钙胶粒及脂肪球等微粒对光的不规则反射所产生的。牛乳中的脂溶性胡萝卜素和叶黄素使乳略带淡黄色，而水溶性的核黄素使乳清呈荧光性黄绿色。

第二节　畜产品的滋味与香气

一、肉的滋味与香气

肉的滋味及香气成分复杂多样、含量其微，是由肉中固有成分经过复杂的生物化学变化后，产生各种有机化合物所形成的。这些物质用一般方法很难测定，其原因除含量

---

* 本书中，除奶油等少数词汇外，其余术语中"奶"与"乳"可通用。——作者

少外，还因为大多无营养价值、不稳定、加热易被破坏和挥发。但这些成分十分敏感，很容易通过感官察觉。

烹调时肉的香气和滋味是由于原存在于肌肉中的水溶性和油溶性前体挥发性物质的逸出而产生的。生肉的水浸出物经过加热而产生的风味物质存在于烹调肉的汤汁中，烹调后便强烈地放出；烹调时肉汁和肌原纤维中的成分相互作用，进一步促进滋味和香气成分的增强。有研究证明，上述水溶性的浸出物中含有肌苷酸、葡萄糖及糖蛋白；适宜的高温烹煮有助于增强肉的滋味和气味。

二、乳的滋味与香气

乳中含有挥发性脂肪酸及其他挥发性物质，具有一种特有的奶香气味，味微甜，这些物质是牛乳滋味和气味的主要构成成分。由于挥发性成分的存在，当温度高时，奶香味较浓。新鲜纯净的乳稍带甜味，这是由于乳中含有乳糖。乳中除甜味外，因含有氯离子，所以稍带咸味。常乳中的咸味因受乳糖、蛋白质、脂肪等所调和而不易觉察，但异常乳如乳房炎乳中氯的含量较高，故有浓厚的咸味。乳中的苦味主要来自于 Mg^{2+}、Ca^{2+}，而酸味是由柠檬酸及磷酸所产生的。

第三节 畜产品的质地

一、肉的质地

肉的质地是指依感官所得出的肉的品质特征，涉及视觉及触觉等因素。通过观察可以识别肉品表面瘦肉断面的光滑程度、脂肪存在的量和分散程度及纹理的粗细等表观状态；通过触摸及咀嚼则可得出肉的细腻和光滑程度、软硬状况等。对肉品质地评价时往往涉及嫩度，这是肉品入口咀嚼时组织状态给人最直观的感触。

二、乳的质地

乳的质地也就是乳的组织状态，应均匀一致，呈均匀的胶态流体，无凝块和沉淀，不黏稠，无杂质和异物。浓厚且带黏性的乳，很可能是病牛乳或初乳，不宜使用。

第四节 畜产品的营养成分

一、肉的营养成分

肉的营养成分主要是指肌肉组织中各种化学物质的组成，包括水分、蛋白质、脂类、碳水化合物、含氮浸出物及少量的矿物质和维生素等。哺乳动物骨骼肌的化学组成见表1-1。畜禽肉类的营养成分受动物种类、性别、畜龄、营养状况等影响。加工贮藏过程中，常因肉品物理、化学性质等的变化，影响其食用价值和商品价值。

表 1-1　哺乳动物骨骼肌的化学组成

化学物质	含量/%	化学物质	含量/%
水分	65～80	脂类	1.5～13.0
蛋白质	16～22	中性脂类	0.5～1.5
肌原纤维蛋白	9.5	磷脂	1.0
肌球蛋白	5.0	脑苷酯类	0.5
肌动蛋白	2.0	胆固醇	0.5
原肌球蛋白	0.8	非蛋白含氮物	1.5
肌原蛋白	0.8	肌酸与磷酸肌酸	0.5
M-蛋白	0.4	核苷酸类（ATP、ADP 等）	0.3
C-蛋白	0.2	游离氨基酸	0.3
α-肌动蛋白素	0.2	肽（鹅肌肽、肌肽等）	0.1
β-肌动蛋白素	0.1	其他物质（IMP、NAD、NADP、尿素等）	0.5～1.5
肌质蛋白	6.0	碳水化合物	0.5～1.3
可溶性肌质蛋白和酶类	5.5	糖原	0.1
肌红蛋白	0.3	葡萄糖	0.1
血红蛋白	0.1	代谢中间产物（乳酸等）	1.0
细胞色素和呈味蛋白	0.1	无机成分	0.3
基质蛋白	3.0	钾	0.2
胶原蛋白	1.5	总磷	0.2
网状蛋白	1.5	硫	0.1
弹性蛋白	0.1	氯	0.1
其他不可溶蛋白	1.4	钠	0.1
		其他（包括镁、钙、铁、铜、锌、锰等）	0.1

　　水分是肉中含量最多的组分，动物越肥胖，含水量越低；同时含水量随畜龄增长而减少。肉中的水分常以结合水、膨胀水及自由水三种形式结合存在。肌肉中蛋白质含量约占 20%，常依其构成位置和在盐溶液中的溶解度分为肌原纤维蛋白、可溶性肌质蛋白（存在于肌原纤维之内、肌质之中）及基质蛋白（构成毛细血管、结缔组织等的蛋白质）三种。肉类蛋白质含有 8 种人体自身不能合成的必需氨基酸。因此在加工贮藏过程中，若蛋白质受到破坏，则肉的品质及营养价值就会大幅度降低。动物脂肪主要为脂肪酸甘油三酸酯及少量的磷脂、醇脂。肉类脂肪酸有 20 多种，以硬脂酸和软脂酸为主的饱和脂肪酸居多。

二、乳的营养成分

　　牛乳的营养成分十分复杂，经过证实，在牛乳中至少有 100 种营养成分，但其中主要由水、脂肪、蛋白质、乳糖、无机盐及维生素等所组成。正常乳的成分大致是稳定的，但乳中各种成分的含量在一定范围内有所变动，其中以脂肪变动最大，蛋白质次之，乳糖变化最小。所以，一般常把脂肪作为衡量牛乳质量的标准。现在，特别是近十几年来，人们对牛乳的品质要求发生了明显的变化。具体反映在国际市场上，由历来重视牛乳中的含脂率转而强调乳中蛋白质的含量。因此，目前已有不少国家把蛋白质和牛乳中的干物质作为衡量乳质量的标准。牛乳中主要成分及其含量见表1-2。

表1-2　牛乳中主要成分及其含量

成分	每升含量	成分	每升含量
1. 水分	860～880g	重氮酸盐	0.20g
2. 乳浊相中的脂质		硫酸盐	0.10g
乳脂肪（甘油三酯）	30～50g	乳酸盐	0.02g
磷脂质	0.30g	（3）水溶性维生素	
固醇类	0.10g	维生素 B_1	0.4mg
类胡萝卜素	0.10～0.60mg	维生素 B_2	1.5mg
维生素 A	0.10～0.50mg	烟酸	0.2～1.2mg
维生素 D	0.4μg	维生素 B_6	0.7mg
维生素 E	1.0mg	泛酸	3.0mg
3. 悬浊相中的蛋白质		生物素	50μg
酪蛋白（α，β，γ）	25g	叶酸	1.0μg
β-乳球蛋白	3g	胆碱	150mg
α-乳白蛋白	0.7g	维生素 B_{12}	7.0μg
人血白蛋白	0.3g	肌醇	180mg
免疫性球蛋白	0.3g	维生素 C	20mg
其他的白蛋白、球蛋白	1.3g	（4）非蛋白维生素肽氮（以 N 计）	
拟球蛋白	0.3g	氨态氮	2～12mg
脂肪球膜蛋白	0.2g	氨基氮	3.5mg
酶类	—	尿素肽氮	100mg
4. 可溶性物质		肌酸、肌酐肽氮	15mg
（1）碳水化合物		尿酸	7mg
乳糖	45～50g	维生素 B_{13}	50～100mg
葡萄糖	50mg	马尿酸	30～60mg
（2）无机、有机离子或盐		尿靛素	0.3～2.0mg
钙	1.25g	（5）气体	
镁	0.10g	二氧化碳	100mg
钠	0.50g	氧	7.5mg
钾	1.50g	氮	15.0mg
磷酸盐（以 PO_4^{3-} 计）	2.10g	（6）其他	0.10g
柠檬酸盐（以柠檬酸计）	2.00g	5. 微量元素	
氯化物	1.00g	Li、Ba、Sr、Mn、Al 等	—

第二章 畜产品贮藏原理与品质变化

第一节 畜产品贮藏过程中的生理和生化变化

一、肉在贮藏过程中的变化

畜禽经过屠宰以后，屠体的肌肉内部会发生一系列的变化，使肉质变得柔嫩多汁，并且具有独特的滋味和气味，把这种变化过程称为肉的成熟。肉的成熟过程可分为尸僵过程和自溶过程两个阶段。

（一）尸僵过程

畜禽宰后，屠体要变硬，这种现象称为尸僵。尸僵之所以发生，是因为肉内糖原分解形成乳酸，使肉变成酸性所引起的。新鲜的畜禽肌肉呈弱碱性或中性，肉中的蛋白质呈半流动的状态，所以柔软不硬，但由于宰后肉内糖分和肌磷酸的不断分解，生成乳酸和磷酸，使肉变成酸性。当肉内的 pH 达到 6.0～6.2 时，由于肌质蛋白的保水性增强，使肉内蛋白质膨胀，导致肌肉变硬而形成尸僵。

（二）自溶过程

发生尸僵以后的肌肉，其内部的变化并不就此停止，而是随着糖原的不断分解，乳酸继续增加，致使胶体蛋白质的保水性逐渐减弱，肉内蛋白质与水发生分离因而回缩，使尸僵缓解。在此期间，肌肉内酶的作用，促使一部分蛋白质分解，生成一些较为简单的肽及氨基酸等物质，肉的成分会发生一些变化，肉质不但变得柔嫩多汁，而且从蛋白质分解物中释放出香美的滋味。从畜禽宰后的糖原分解，到发生尸僵及肉的本身自溶，这一全部变化过程称为肉的成熟。对于肉的成熟过程，必须进行适当的控制，应当既要适当的成熟，又不能过度。就是说要使肉的部分蛋白质分解生成水溶性蛋白质、肽及氨基酸等，达到适度时即应停止。如果继续进行下去，氨基酸进一步分解为胺、氨及硫化氢等，进入腐败的阶段，则肉的品质变坏而失去食用价值。

（三）肉的成熟时间和成熟肉的特征

1. 肉的成熟时间 肉成熟所需的时间与温度有密切关系，在温度为 0℃和湿度为 80%～85%的条件下，10d 左右可以达到最好的成熟状态。温度越高，则成熟过程越快。例如，在 12℃时，经 5d 可以成熟；若在 18℃时，经两昼夜即可成熟；倘若在 29℃的环境下，几小时就能完成成熟过程。因此可以得出温度越高成熟越快的结论。但是温度过高时，常因微生物的活动而容易发生腐败，所以在工业生产条件下，通常把胴体放在 2～4℃的冷藏库内，保持 2～3d 使之适当成熟。经过成熟的肉被煮熟以后，柔软多汁，肉汤透明，肉和汤都具特有的美味和香气。而未经成熟的肉，煮熟以后显得坚硬、干燥、肉汤混浊，缺少特有的美味和香气。同时，成熟的肉因酸的作用，胶原蛋白变得柔软，加热时容易变成胶，所以比较容易消化；肉不经成熟，吃后不易消化，不但耗损体内的能量，而且消化不了的部分排出体外会造成浪费。

2. 成熟肉的特征　　成熟以后的肉，其特征如下。

1）胴体表面形成一层薄膜，用手触摸光滑而微有沙沙的响声，可以保护肉面，防止微生物侵入引起腐败。

2）有肉特有的香味和气味。

3）肉汁较多，肉汤清澈透明，切开肉时即有肉汁流出。

4）肉的组织柔软，具有弹性。

5）肉呈酸性反应。

总之，肉的成熟对于营养、风味和卫生等方面都有好处，但是如果用作肉制品原料时，应尽量利用鲜肉为好，因为成熟后的肉结着力较差，制作香肠、灌肠一类产品时，会因组织状况松散而影响产品质量。

二、牛乳在贮藏过程中的变化

（一）物理变化

生鲜牛乳在贮藏过程中，由于温度较低，牛乳的物理性质会发生部分改变，发生的主要物理变化为无机盐形态的变化、脂肪由液态向固态结晶转化、乳糖形态变化及黏度上升等。在贮藏过程中，牛乳的离子强度增强，钙离子活性增加，酪蛋白胶束中磷酸钙的量会增加，pH 呈下降趋势。pH 和钙离子浓度的变化会引起酪蛋白胶束的不稳定。低温会造成乳脂肪由液态向固态结晶转化，损伤乳脂肪球膜，引起"游离脂肪"释放，导致脂肪产生不稳定现象，严重时乳脂肪会失去乳化特性，以大小不等的脂肪团块浮于表面。由于贮藏牛乳的温度和水分活度较低，抑制了微生物的生长和酶的活性，大多数化学反应的速率较小，但脂肪的自动氧化仍会进行。氢离子和其他离子浓度较高时，钙离子活性较强。乳糖保持无定形态有助于酪蛋白稳定，乳糖的结晶会导致酪蛋白絮凝，贮藏牛乳中的乳糖具有从无定形态到晶体状态转化的趋势。

低温贮藏会引起牛乳黏度上升，扩散系数降低，还会出现分层现象，所以在贮藏过程中一定要伴有搅拌，以缓解这种变化。

（二）化学变化

在贮藏期间，牛乳中的脂肪和乳蛋白会发生化学变化，这些变化通常包括两种：氧化和脂类分解。这两种反应的产物能产生异味。

1. 脂肪氧化　　牛乳的脂肪氧化产生一种"金属味道"，氧化作用发生在不饱和脂肪酸的双键上，其卵磷脂最为敏感，乳及乳制品中的铁盐和铜盐及溶解氧都会使产生"金属味道"的过程加速，光照也会如此，特别是阳光直接照射或荧光。冬季发生的金属氧化味比夏季更普遍，一部分原因是环境温度较低，另一部分原因是饲料差别而产生的。夏季饲料中维生素 C（抗坏血酸）和维生素 A 含量丰富，这些维生素增加了牛乳中还原物质的数量。如果牛乳被光照或含有重金属离子，脂肪酸还会进一步分解为醛、酮，这些物质会给乳制品造成异味，如在乳脂肪制品中的脂肪哈败味。

2. 蛋白质氧化　　当光照牛乳时，蛋氨酸在维生素 B_2 与维生素 C 的共同参与下，转化生成甲巯基丙醛，此时牛乳具有的味道通常称为"日晒味"，尽管牛乳中蛋氨酸含量不多，但是作为乳蛋白的组成成分之一，蛋氨酸的分解势必导致可察觉出的异味。导致日晒味的原因包括：自然光或人造光，特别是荧光、照射时间及乳的自然特性等。

3. 脂类分解　　脂肪分解为丙三醇和游离脂肪酸，称为脂类分解。脂类分解产生一种脂肪哈败味，这是由于在乳中出现的低分子质量的游离脂肪酸（丁酸和己酸）。因脂解酶的作用而引起脂类分解，特别是在高温贮存时更会加速这种作用。但是，脂解酶本身无法破坏脂肪球膜，当脂肪球膜被破坏以后，该酶才能分解脂肪产生脂肪酸。在常见的乳品加工中，脂肪球膜受破坏的机会很多，如泵送、搅拌及过度振动等都会造成脂肪球膜受到破坏。因此，未经巴氏杀菌的牛乳应避免过度搅拌，因为这一操作会使脂解酶分解脂肪作用的可能性大大升高，从而使牛乳产生哈败味。为了避免脂类分解，可采用高温巴氏杀菌使脂解酶失活，这样可以使原生酶被完全破坏，但是细菌酶的耐热能力较强，即使超高温瞬时灭菌（UHT）处理也不能使其完全失活。

（三）微生物变化

在不同贮藏条件下，牛乳微生物的变化情况是不一样的，其主要取决于其中含有的微生物特性和牛乳固有的性质。牛乳是微生物生长的理想介质，它含有微生物生长所需的各种营养物质。当牛乳被微生物污染之后，在适当的温度下，微生物就会迅速生长繁殖，从而使牛乳酸败和变质，使其失去食用价值。因此，应了解乳中微生物的来源，控制微生物的污染，从而提高原料乳和乳制品的质量。

1. 牛乳在室温贮藏时微生物的变化　　新鲜牛乳在杀菌前期都有不同种类、一定数量的微生物存在，如果放置在室温（10～21℃）条件下，乳液会由于微生物的繁殖而逐渐变质。室温下微生物的生长过程可分为以下几个阶段，如图2-1所示。

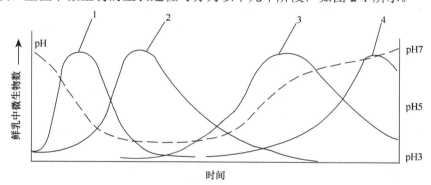

图2-1　鲜乳中微生物活动曲线

1. 乳链球菌；2. 乳杆菌；3. 酵母；4. 假单胞菌、芽孢杆菌

（1）抑制期　　新鲜乳中含有抗菌物质，其杀菌或抑菌作用在含菌少的鲜乳中可持续36h（在13～14℃条件下）；若在污染严重的乳液中，其作用可持续18h左右。在此期间，乳液含菌数不会增加，若温度升高，则抗菌物质的作用增强，但持续时间会缩短。因此，鲜乳放置在室温环境中，在一定时间内不会发生变质现象。

（2）乳链球菌期　　当鲜乳中的抗菌物质减少或消失后，存在于乳中的微生物会迅速增长，占优势的细菌是乳酸链球菌、大肠杆菌、乳杆菌和一些蛋白分解菌等，其中以乳酸链球菌生长繁殖特别旺盛。乳链球菌使乳糖分解，产生乳酸，使乳液的酸度不断升高。如有大肠杆菌繁殖时，将伴有产气现象出现。由于乳的酸度不断地升高，抑制了其他腐败菌的生长。当升高至一定酸度时（pH4.5），乳酸链球菌的生长会受到抑制，并逐渐减少，这时有乳凝块现象。

（3）乳杆菌期　　当 pH 下降到 6 左右时，乳杆菌的活动力逐渐增强，不断产酸。当 pH 继续下降至 4.5 以下时，由于乳杆菌耐酸力较强，尚能继续繁殖并产酸。在此阶段乳液中可出现大量乳凝块，并有大量乳清析出。

（4）真菌期　　当 pH 继续下降至 3.0～3.5 时，绝大多数微生物被抑制甚至死亡，仅酵母和霉菌尚能适应高酸性的环境，并能利用乳酸和其他一些有机酸。由于酸被利用，乳液的酸度会逐渐降低，使乳液的 pH 不断上升接近中性。

（5）胨化菌期　　当乳液中的乳糖被大量消耗后，其残留量已不多，而适宜分解蛋白质和脂肪的细菌大量生长繁殖，于是出现了乳凝块被消化和乳液的 pH 逐渐升高并向碱性方向转化，并有腐败的臭味产生的现象。这时的腐败菌大部分属于假单胞菌属、变形杆菌属和芽孢杆菌属。

2. 牛乳在冷藏中微生物的变化　　在冷藏条件下，鲜乳中适合于室温下繁殖的微生物生长被抑制，而嗜冷菌却能生长，但生长速度比较缓慢。这些嗜冷菌包括假单胞杆菌属、克雷伯氏杆菌属、黄杆菌属、小球菌属、无色杆菌属与产碱杆菌属。

乳液中的脂肪和蛋白质分解是造成冷藏乳变质的主要原因。多数假单胞杆菌属中的细菌具有产生脂肪酶的特性，这些脂肪酶在低温下活性非常强并具有耐热性，即使在加热消毒后的乳液中，仍然还残留有脂肪酶。在低温条件下促使蛋白质分解胨化的细菌主要为假单胞杆菌属和产碱杆菌属。

第二节　畜产品的腐败变质

一、肉的腐败变质

肉的腐败变质是指肉在组织酶和微生物作用下发生变化，并导致其失去食用价值的过程，主要是蛋白质和脂肪分解的过程。由不同诱因导致的腐败大体分为三类：肉在自溶酶作用下的蛋白质分解过程称为自溶；肉中脂肪的分解过程称为酸败；由微生物引起的蛋白质分解过程称为肉的腐败。

肉类腐败是成熟过程的加深，动物死后由于血液循环的停止和吞噬细胞作用的停止，细菌有可能传播与繁殖。但是在正常条件下屠宰的肉类，肌肉中含有相当数量的糖原，死后糖原发生酵解，生成乳酸，使肌肉的 pH 从最初的 7.0 左右下降到 5.4～5.6，酸性对腐败细菌的繁殖生长是极为不利的条件，起抑制腐败作用。通常健康动物的肌肉和血液是无菌的，肉类的腐败变质实际上主要是因为在屠宰、加工和流通等过程中受外界微生物的污染。由于微生物作用的结果，不但改变了肉的感官性质、气味、弹性和颜色等，而且使肉的品质发生严重的恶化和破坏了肉的营养价值，或由于微生物生命活动代谢产物形成有毒物质，因此这一条件下腐败的肉类，能引起人们食物中毒。

刚屠宰的肉内微生物是很少的，但在屠宰后，微生物随着血液和淋巴浸入机体内，随着时间的延长，微生物增长繁殖，特别是表面微生物的繁殖很快。在屠宰后 2h 内，肌肉组织是活的，组织中含有氧气，这时厌氧菌不能生长，但屠宰之后肌肉组织的呼吸活动很强，消耗组织中的氧气、放出 CO_2，随着氧气的消耗，厌氧菌开始活动。厌氧菌繁殖的最适温度在 20℃以上，在屠宰后 2～6h，肉温一般在 20℃以上，所以可能有厌氧菌生长。厌氧菌的繁殖不仅与时间有关，也与牲畜的宰前状态有关。例如，牲畜宰前疲劳，肌肉中含氢减少，厌氧菌有可能在 2～3h 繁殖。肉类的腐败，通常由外界环境中好气性微生物污染肉表面开始，然后又沿着结缔组织向深层扩散，特别是骨髓、血管和邻近关节的地方，最容易腐败。并且由生物分泌的胶原酶使结缔组织的胶原蛋白水解形成黏液，同时产生气体，分解成氨基酸、氨气、二氧化碳和水；在糖原存在的条件下发酵，生成乳酸和乙酸，产生恶臭的气味。

刚屠宰不久的新鲜肉，通常呈酸性，腐败细菌在肉表面不能生长繁殖，这是由于腐败细菌分泌物中的胰蛋白分解酶在酸性介质中不能起作用，因此，腐败细菌在酸性介质中得不到同化所需的物质，使其生长繁殖受到抑制。但在酸性介质中酵母和霉菌可以很好地繁殖，并形成蛋白质的分解产物氨类等，以致使肉的 pH 提高，为腐败细菌的繁殖创造了良好的条件。pH 较高（6.8～6.9）的肉类和宰前十分疲劳的肉类容易发生腐败。

霉菌的生长通常是在潮湿、空气不流通、污染较严重的部位发生，如肋骨肉表面、腹股沟皱褶处、颈部等部位。浸入的深度一般不超过 2mm。霉菌虽然不引起肉的腐败，但能使肉的气味和色泽发生严重恶化。

微生物对脂肪有两种作用：一是由微生物分泌的脂肪酶分解脂肪，产生游离脂肪酸和甘油；二是氧化酶通过 β-氧化作用氧化脂肪，产生氧化的酸败气味。但肉类及其制品发生严重腐败并不单纯是由微生物所引起的，而是由于空气中的氧、金属离子和温度的共同作用。

新鲜肉发生腐败的外观特征主要为表面发黏、色泽和气味的恶化。微生物作用产生腐败的主要标志是表面发黏。在流通中，当肉表面的细菌达 10^7 个/cm^2 时，就有黏液出现，并伴有不良的气味。达到这种状态所需的日数与最初污染细菌的个数有关，污染的细菌数越多，则腐败越快。同时也受环境中温度和湿度的影响，温度越高，湿度越大，腐败越容易。

黏液中的细菌多数为革兰氏阴性的嗜氧性假单胞菌属（*Pseudomonas*）和海水无色杆菌属（*Achromobacter*）。这些细菌不产生色素，但能分泌细胞外蛋白水解酶，能迅速将蛋白质水解成水溶性的肽类和氨基酸。

影响肉类腐败细菌生长的因素很多，如渗透压、氧化还原电位、湿度、温度、是否有空气等。决定微生物生长繁殖的重要因素是温度，温度越高，繁殖越快。水分是仅次于温度决定肉品上微生物繁殖的重要因素，一般霉菌和酵母比细菌能耐受较高的渗透压。pH 对细菌的繁殖极为重要，所以肉的最终 pH 对防止肉的腐败具有十分重要的意义。多数细菌在 pH7 左右最适于生长繁殖，在 pH4 以下和 pH9 以上几乎无繁殖。生肉的最终 pH 越高，细菌越容易繁殖，腐败越容易，所以屠宰的动物在屠宰和运输过程中过分疲劳或惊恐，肌肉中糖原减少，死后肌肉最终 pH 升高，使肉不耐贮存。实验证明，平均最终 pH 上升 0.2，就有明显促进腐败的作用。

（一）肌肉组织的腐败

蛋白质受微生物作用的分解过程称为肌肉组织的腐败。天然蛋白质通常不能被微生物所同化，这是由于天然蛋白质是高分子的胶体粒子，它不能通过细胞膜而扩散，因此大多数微生物生长繁殖是在蛋白质分解产物上进行的，所以肉自溶或肉成熟为微生物的繁殖提供了条件。

由微生物所引起的蛋白质的腐败是复杂的生物化学反应过程，所进行的变化与微生物的种类、外界条件、蛋白质的构成等因素有关，分解过程如下。

微生物对蛋白质的分解，通常是先形成蛋白质的水解初产物多肽，再水解成氨基酸。多肽与水形成黏液，附在肉的表面。它与蛋白质不同，能溶于水，煮制时转入肉汤中，使肉汤变得混浊而黏稠，可用来鉴别肉的新鲜程度。

蛋白质腐败分解生成的氨基酸，在微生物分泌的酶的作用下，发生复杂的生化反应，产生多种物质，如有机酸、有机碱、醇及其他各种有机物质，分解的最终产物为 CO_2、H_2O、NH_3、H_2S、P 等。有机碱是由氨基酸脱羧作用而形成的。

$$RCHNH_2COOH \longrightarrow RCH_2NH_2 + CO_2$$

脱羧作用形成大量的脂肪族、芳香族和杂环族的有机碱，由色氨酸、酪氨酸和组氨酸形成相应的色胺、酪胺和组胺等一系列的挥发碱，使肉呈碱性。所以肉的新鲜度是以挥发性盐基氮为分组标准。一级鲜度值小于 0.15mg/g，二级鲜度值小于或等于 0.25mg/g。

氨基酸脱氨基和氨基酸发酵生成有机酸，在酶和厌氧性微生物作用下还原脱氨基产生氨和挥发性脂肪酸。

$$RCHNH_2COOH \longrightarrow RCH_2COOH + NH_3$$

由此可见，肉在腐败分解过程中会积聚一定量的脂肪酸，其中大部分为挥发性的，随蒸汽而散失，挥发酸中 90%是乙酸、油酸及丙酸。分解腐败初期形成大量乙酸，其后为油酸。

胺的形成使肉呈碱性，而有机酸使 pH 降低，但肉在腐败时常常呈酸性，这是因为有机酸的形成速度更快。切碎的肉馅腐败时有机酸形成得更快，因此在某些情况下，当肉腐败时，pH 并不是偏向碱性而是呈酸性。腐败分解形成的其他有机化合物中有环状氨基酸的分解产物，其由这些氨基酸的侧链断裂而形成，这些氨基酸有色氨酸、苯丙氨酸和酪氨酸等。例如，色氨酸形成吲哚和甲基吲哚。这些物质都是严重腐败的后期产物，其中有的是有毒的，但肉中的数量较少。吲哚和甲基吲哚具有很难闻的臭味，是腐败肉类发出腐烂气味的主要成分。一些氨基酸在细菌酶的作用下经脱羧作用，产生具有令人不愉快气味的有机胺类。含硫基的氨基酸分解时同样产生令人不愉快气味的硫化氢和硫醇。

$$\underset{\text{甘氨酸}}{CH_2NH_2COOH} \longrightarrow \underset{\text{甲胺}}{CH_3NH_2}$$

$$\underset{\text{鸟氨酸}}{NH_2CH_2(CH_2)_2CHNH_2COOH} \longrightarrow \underset{\text{腐胺}}{NH_2CH_2(CH_2)_2CH_2NH_2}$$

半胱氨酸　　氨基乙硫醇　甲硫醇　　甲胺　　硫化氢 甲烷

（二）脂肪的氧化酸败和水解

屠宰后的肉在贮藏中，脂肪易发生氧化。此变化最初由脂肪组织本身所含酶类的作用引起，其次为细菌产生的酸败。前者属于加水分解（hydrolysis），后者称为氧化作用（oxidation）。此外，空气中的氧也会引起氧化。脂肪腐败的变化过程如下。

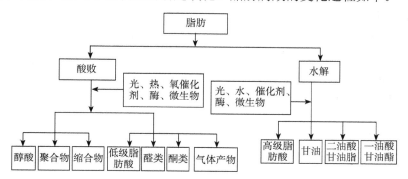

能产生脂肪酶的细菌可使脂肪分解为脂肪酸和甘油，一般来说，有强力分解蛋白质能力的需氧细菌的大多数菌种都能分解脂肪。分解脂肪能力最强的细菌是荧光假单胞菌，其他如产碱杆菌属、赛氏杆菌属、芽孢杆菌属、无色杆菌属、小球菌属、黄杆菌属和葡萄球菌属等。能分解脂肪的霉菌比细菌多，常见的霉菌有黑曲霉、灰绿青霉和黄曲霉等。

1. 脂肪的氧化酸败　　　动物油脂中有很多为不饱和脂肪酸。例如，猪脂肪中含有48.1%油酸，7.8%亚油酸。鸡脂肪中含34.2%油酸和17.1%亚油酸。这些不饱和脂肪酸在光、催化剂和热作用下，被氧化成过氧化物。油酸被氧化的反应为

$$CH_3(CH_2)_6CH_2CH\!=\!CH(CH_2)_7COOH \xrightarrow{O_2} CH_3(CH_2)_6CH_2\!-\!\underset{\underset{O-O}{|\quad\ |}}{CH\!-\!CH}(CH_2)_7COOH$$

氧化所形成的过氧化物很不稳定，它们进一步分解成醛、酮和低级脂肪酸等，如庚醛和十一烷酮等，它们都具有刺鼻的不良异味。动物脂肪中含有大量的不饱和脂肪酸，如次亚油酸（十八碳三烯酸），在氧化分解时产生丙二醛，与硫代巴比妥酸反应生成红色化合物，其在分光光度计下的数值称为硫代巴比妥酸值（TBA），作为测定脂肪氧化程度的指标。

总之，脂肪的酸败可能有两个过程：其一是由于微生物产生的酶引起的脂解过程；其二是在光、水和氧的作用下，发生水解和不饱和脂肪酸的自身氧化。这两种过程可能同时发生，也可能因脂肪性质和贮藏条件不同而由某一方面诱发。

脂肪的酸败是经过一系列的中间阶段，形成低分子脂肪酸、过氧化物、CO_2、酸、酮、醇、醛、缩醛及一些深度分解产物和水等物质。脂肪酸败是复杂的，按连锁反应形式进行，首先形成过氧化物，这种物质极不稳定，很快分解，形成醛类物质，称为醛化酸败；而生成酮类物质，则称为酮化酸败。

2. 脂肪的水解　　　水解是脂肪加入水的过程，也就是在水、高温、脂肪酶、酸或碱作用下脂肪发生水解，形成三个分子的脂肪酸和一个分子的甘油。脂肪酸的产生使油脂的酸度增高和熔点增高，使之产生不良气味导致不能食用。脂肪水解使甘油溶于水，油脂重量减轻。游离脂肪酸的形成，使脂肪酸值提高，脂肪酸值可作为水解深度的指标，在贮藏条件下，可作为酸败的指标。脂肪中游离脂肪酸含量的多少，影响脂肪酸败的速度，含量多则加速酸败。脂肪分解的速度与水分、微生物污染程度有关。水分多，

微生物污染严重,特别是霉菌和分枝杆菌繁殖时,产生大量的解脂酶,在较高的温度下会使脂肪加速水解。通常水解产生的低分子脂肪酸为甲酸、乙酸、醛酸、辛酸、壬酸、壬二酸等,并产生不良的气味。

(三)腐败肉的感官特征

肉在贮藏过程中,由于微生物污染,肉的脂肪和蛋白质发生一系列的变化,同时在外观上必然产生明显的改变,特别是肉的颜色变为暗褐色、表面黏腻、失去光泽和显得污浊等,此外伴有腐败的气味,并失去弹性。

对肉进行感官检查,是检查肉新鲜度的主要方法。感官是指人的视觉、触觉、嗅觉、听觉和味觉的综合反应。

视觉——肉的组织状态、色调、粗嫩、有无光泽、黏滑、干湿程度等。

触觉——坚实、松弛、弹性、拉力等。

嗅觉——气味有无腥、臭、强弱、香、膻等。

听觉——检查冻肉、罐头的声音是否清脆、混浊等。

味觉——滋味的苦涩、鲜美、酸臭、香甜等。

感官检查的方法简便易行,比较可靠。但只有肉深度腐败时才能被察觉,并且不能反映出腐败分解产物的客观指标。

经过冷藏的新鲜肉、不太新鲜肉和不新鲜变质肉的感官指标见表2-1~表2-3。

表 2-1　猪肉的感官指标

项目	鲜猪肉	冻猪肉	变质肉（不能供食用）
色泽	肌肉有光泽,红色均匀,脂肪乳白色	肌肉有光泽,稍暗或红,脂肪白色	脂肪灰绿色,肌肉无光泽
组织状态	纤维清晰,有坚韧性,指压后的凹陷立即恢复	肉质紧密,有坚韧性,解冻后指压的凹陷恢复较慢	纤维疏松,指压后的凹陷不能完全恢复,留有明显痕迹
黏度	不粘手,外表湿润	外表湿润,切面有渗出液,不粘手	外表极度干燥或粘手,新切面发黏
气味	具有鲜猪肉固有的气味,无异味	解冻后具有鲜猪肉固有的气味,无异味	有臭味
煮沸后的肉汤	澄清透明,脂肪团聚于表面	澄清透明或稍有浑浊,脂肪团聚于表面	浑浊,有黄色絮状物,脂肪极少浮于表面,有臭味

表 2-2　羊、兔、牛肉的感官指标

项目	鲜羊、兔、牛肉	冻羊、兔、牛肉	变质肉（不能供食用）
色泽	肌肉有光泽,红色均匀,脂肪淡黄色或洁白	肌肉有光泽,稍暗或红,脂肪淡黄色或洁白	肌肉色暗,无光泽,脂肪绿黄色
黏度	外表微干或湿润,不粘手,切面湿润	外表微干或有风干膜或外表湿润不粘手,切面湿润不粘手	外表极度干燥或粘手,新切面发黏
弹性	指压后的凹陷立即恢复	解冻后指压的凹陷恢复较慢	指压后的凹陷不能恢复,留有明显痕迹
气味	具有羊、兔、牛肉固有的气味,无臭味,无异味	解冻后具有羊、兔、牛肉固有的气味,无臭味	有臭味
煮沸后的肉汤	澄清透明,脂肪团聚于表面,具有特殊香味	澄清透明或稍有浑浊,脂肪团聚于表面,具有特有香味	浑浊,有黄色或白色絮状物,脂肪少浮于表面,有臭味
组织状态	纤维清晰,有坚韧性	肉质紧密,坚实	肌肉组织松弛

表 2-3　鸡肉的感官指标

项目	新鲜肉（一级鲜度）	次鲜肉（二级鲜度）	变质肉
眼球	眼球饱满	眼球皱缩凹陷，晶体稍浑浊	眼球干缩凹陷，晶体浑浊
色泽	皮肤有光泽，因品种不同而呈现淡黄、灰白、淡红或灰黑等色，肌肉切面发光	皮肤色泽较暗，肌肉切面有光泽	体表无光泽，头顶部常带暗褐色，肉质松软，呈暗红、灰绿或灰色
黏度	外表微干或微湿润，不粘手	外表干燥或粘手，新切面湿润	外表干燥或粘手，新切面发黏
弹性	指压后的凹陷立即恢复	指压后的凹陷恢复慢，且不能完全恢复	指压后的凹陷不能恢复，留有明显的痕迹
气味	具有鲜鸡肉正常的气味	无其他异味，唯腹腔内有轻度不愉快味	体表与腹腔内均有不愉快味或臭味
煮沸后的肉汤	澄清透明，脂肪团聚于表面，具有特殊香味	稍有浑浊，脂肪呈小滴浮于表面，鲜味差或无鲜味	浑浊，有白色或黄色絮状物，脂肪极少浮于表面，有腥臭味

二、乳及乳制品的腐败变质

乳及乳制品是微生物的良好培养基，所以牛乳被微生物污染后如不及时处理，乳中的微生物会大量繁殖，分解糖、蛋白质和脂肪等产生酸性物质、色素、气体等有碍产品风味和卫生的小分子产物及毒素，从而导致乳制品出现酸凝固、色泽异常、风味异常等腐败变质现象，降低了乳品的品质与卫生状况，甚至使其失去食用价值。因此，在乳品工艺生产中要严格控制微生物的污染和繁殖。引起乳及乳制品变质的相关微生物见表2-4。

表 2-4　引起乳及乳制品变质的相关微生物

乳及乳制品类型	变质类型	微生物种类
鲜乳与市售乳	变酸及酸凝固	大肠菌群、链球菌属、乳球菌、微球菌属、微杆菌属、乳杆菌属
	蛋白质分解	产碱杆菌属、变形杆菌属、无色杆菌属、假单胞菌属、芽孢杆菌属、黄杆菌属、微球菌属等
	脂肪分解	微球菌属、黄杆菌属、无色杆菌、假单胞菌、芽孢杆菌等
	产气	芽孢杆菌、酵母菌、大肠杆菌、梭状芽孢杆菌、丙酸菌等
	变色	类黄假单胞菌（黄色）、黏质沙雷氏菌（红色）、红酵母（红色）、类蓝假单胞菌（灰蓝至棕色）、荧光假单胞菌（棕色）、黄色杆菌（变黄）、玫瑰红微球菌（红色下沉）等
	变黏稠	大肠杆菌、乳酸菌、黏乳产碱杆菌、微球菌等
	产碱	荧光假单胞菌、产碱杆菌属等
	变味	蛋白分解菌（腐败味）、球拟酵母（变苦）、脂肪分解菌（酸败味）、变形杆菌（鱼腥臭）、大肠菌群（粪臭味）等
酸乳	产酸缓慢、不凝乳	噬菌体等
	产气、异常味	芽孢杆菌、大肠菌群、酵母等
干酪	膨胀	成熟初期膨胀：大肠菌群（粪臭味）
		成熟后期膨胀：丁酸梭菌、酵母菌等
	表面变质	液化：霉菌、酵母、蛋白分解菌、短杆菌等
		软化：霉菌、酵母等
	表面色斑	植物乳杆菌（铁锈斑）、烟曲霉（黑斑）、扩展短杆菌（棕红斑）、干酪丝内孢霉（红点）等

乳及乳制品类型	变质类型	微生物种类
干酪	霉变产毒	曲霉、枝孢霉、地霉、交链孢霉、丛梗孢霉、青霉和毛霉等
	苦味	酵母、乳房链球菌、液化链球菌等
淡炼乳	凝块、苦味	蜡样芽孢杆菌、凝结芽孢杆菌、枯草杆菌等
	膨听	厌氧性梭状芽孢杆菌
甜炼乳	膨听	炼乳球拟酵母、乳酸菌、葡萄球菌、丁酸梭菌、球拟贺酵母
	黏稠	乳杆菌、微球菌、链球菌、葡萄球菌、芽孢杆菌等
	纽扣状物	葡萄曲霉、灰绿曲霉、青霉、黑丛梗孢霉、烟煤色串孢霉等
奶油	表面腐败、酸败	腐败假单胞菌、荧光假单胞菌、梅实假单胞菌、沙雷氏菌、酸腐节卵孢霉（脂酶作用）等
	变色	紫色色杆菌、玫瑰色微球菌、产黑假单胞菌等
	发霉	曲霉、毛霉、根霉、单孢枝霉、交链孢霉和枝孢霉等

第三章 畜产品的贮藏保鲜方法

第一节 肉的贮藏与保鲜

肉中含有丰富的营养物质，是微生物繁殖的优良场所，若控制不当，外界微生物会污染肉的表面并大量繁殖致使肉腐败变质，失去食用价值，甚至会产生对人体有害的毒素，引起食物中毒。另外，肉自身的酶类也会使肉产生一系列的变化，在一定程度上可改善肉质，但若控制不当，也会造成肉的变质。肉的贮藏保鲜就是通过抑制或杀灭微生物，钝化酶的活性，延缓肉内部的物理、化学变化，达到较长时期贮藏保鲜的目的。肉及肉制品的贮藏方法很多，如冷却、冷冻、高温处理、电离辐射、盐腌、熏烟等。所有这些方法都是通过抑菌来达到目的的。

一、肉的低温贮藏

在众多贮藏方法中低温冷藏是应用最广泛、效果最好、最经济的方法。它不但贮藏时间长，而且在冷加工中对肉的组织结构和性质破坏作用最小，被认为是目前肉类贮藏的最佳方法之一。

（一）低温贮藏原理

食品的腐败变质主要是由酶的催化和微生物的作用引起的。这种作用的强弱与温度密切相关，若想使微生物和酶的作用减弱，只要降低食品的温度即可，以阻止或延缓食品腐败变质的速度，从而达到较长期贮藏的目的。

1. 低温对微生物的作用 微生物和其他动物一样，需要在一定的温度范围内才能生长、发育、繁殖。温度的改变会减弱其生命活动，甚至使其死亡。在食品冷加工中主要涉及的微生物有细菌、霉菌和酵母菌，肉是它们生长繁殖的最佳材料，一旦这些微生物得以在肉上生长、繁殖，就会分泌出各种酶，使肉中的蛋白质、脂肪等发生分解并产生硫化氢、氨等难闻的气体和有毒物质，使肉失去原有的食用价值。

根据微生物对温度的耐受程度，可将它们分成四大类，即嗜冷菌、适冷菌、嗜温菌和嗜热菌，见表 3-1。

表 3-1 根据生长温度进行分类的微生物

类别	最低生长温度/℃	最适生长温度/℃	最高生长温度/℃
嗜冷菌	<5	12～18	20
适冷菌	<5	20～30	35
嗜温菌	10	30～40	45
嗜热菌	40	55～65	<80

温度对微生物的生长、繁殖影响很大，它们的生长与繁殖率随温度的降低而降低，当温度降至它们的最低生长温度时，其新陈代谢活动可降至极低程度，并出现部分休眠状态，见表 3-2 和图 3-1。

表 3-2　　不同温度下微生物繁殖的时间

温度/℃	繁殖时间/h	温度/℃	繁殖时间/h
33	0.5	5	6
22	1	2	10
12	2	0	20
10	3	−4	60

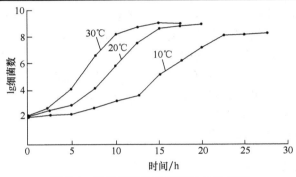

图 3-1　温度对微生物繁殖数量的影响

2．低温对酶的作用　　食品中含有许多酶，主要是食品自身所含有的和一些由微生物在生命活动中产生的，这些酶是食品腐败变质的主要因素之一。酶的活性受多种条件所制约，其中主要是温度，不同的酶有各自最适的温度范围。肉类中各种酶最适合的温度是37～40℃，温度的变化会影响酶的活性。一般而言，在 0～40℃时，温度每升高 10℃，反应速度会增加1～2倍，当温度高于60℃时，绝大多数酶的活性急剧下降。酶的活性随温度的降低会逐渐减弱，当温度降到 0℃时，酶的活性大部分被抑制。但酶对低温的耐受力很强，如氧化酶、脂肪酶等能耐−19℃的低温。在−20℃左右，酶的活性就不明显了，可以达到较长期贮藏保鲜的目的。故商业上一般采用−18℃作为贮藏温度。实践证明，这对于多数食品在几周或几个月内是安全的。

酶的浓度和基质浓度对催化反应速度有很大的影响，肉品冻结时，当温度降至−5～−1℃时，由于肉品中 80%的水冻结，基质浓度和酶浓度提高,而−5～−1℃的低温不足以抑制酶的活性，因此会出现催化反应速度比高温时快的现象。温度对酶活性的影响见图 3-2。

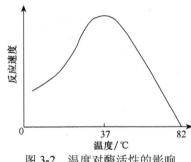

图 3-2　温度对酶活性的影响

3．低温与寄生虫　　鲜猪肉、牛肉中常有旋毛虫、绦虫等寄生虫，用冻结的方法可将其杀灭。在使用冻结方法致死寄生虫时，要严格按有关规程进行。杀死猪肉中旋毛虫的冷冻条件见表 3-3。

表 3-3　　杀死猪肉中旋毛虫的冷冻条件

冷冻温度/℃	肉的厚度在 15cm 以内的时间	肉的厚度为 15～68cm 的时间
−15.0	20d	30d
−23.4	10d	20d
−29.0	6d	16d

（二）肉的冷却与冷藏

1. 冷却的目的　　经屠宰初加工之后的肉类温度一般在40℃左右，这正是微生物生长繁殖和酶作用的最适温度，为了抑制微生物的生长繁殖，减弱酶的活力，必须使肉的温度迅速降低，使微生物和酶的作用在极短的时间内减弱到最低程度。

肉中的水分呈胶体状态，水分由内层向表层扩散性差，在冷却中，冷却介质与肉表面温差较大，表面水分大量蒸发。在适当的冷却条件下，肉体表面形成一干燥表层，称干燥膜。干燥膜不仅可阻止内部水分向表面移动，减少肉的水分蒸发，还可阻止微生物在表层繁殖和侵入肉内部。

另外，冷却是达到肉成熟和冻结过程的预处理阶段，冷却肉因肌肉缩紧而易切割加工。延缓脂肪和肌红蛋白的氧化，使肉保持鲜红色泽和防止脂肪氧化，也可通过冷却来实现。

2. 冷却方法和条件

（1）冷却方法　　空气冷却法是目前畜肉冷却的主要方法，它是通过冷却设备使冷却室温度保持在1~4℃，冷却终温一般在0℃左右为好。根据冷却过程中冷却条件的变化可将其分为一次冷却法和二次冷却法。

一次冷却法：一次完成整个冷却过程。

二次冷却法：整个冷却过程在同一冷却室里分两段来进行。第一阶段，冷却室空气温度较低（2~3℃），空气流速较大（1~2m/s），冷却2~4h。第二阶段，冷却室空气温度在-2~-1℃，流速为0.1m/s，冷却18h左右，在缓慢冷却中使肉表面与中心温度趋于一致。二次冷却法的优点是：肉质量好，感官质量好，重量损失减少40%~50%。

一次冷却法和二次冷却法的有关数据见表3-4。

表 3-4　肉类冷却的有关数据

品名	冷却方法		空气平均温度/℃	空气平均流速/(m/s)	肉的初温/℃	肉的终温/℃	冷却时间/h
牛肉	一次冷却法	慢速	2	0.1	35	4	36
		中速	0	0.5	35	4	24
		快速	-3	0.8	35	4	16
	二次冷却法	第一阶段	-5~-3	1.0~2.0	35	10~15	8
		第二阶段	-1	0.1	10~15	4	10
猪肉	一次冷却法	慢速	2	0.1	35	4	36
		中速	0	0.5	35	4	24
		快速	-3	0.8	35	4	13
	二次冷却法	第一阶段	-7~-5	1.0~2.0	35	10~15	6
		第二阶段	-1	0.1	10~15	4	8

（2）冷却条件

1）温度：冷却室温度在进肉前应保持在-4~-2℃，这样在进肉之后，不会引起冷却室温度突然升高。对牛、羊肉而言，为了防止冷收缩的发生，在肉的pH高于6.0之前，肉温不要降到10℃以下。

2）空气相对湿度：微生物的生长繁殖和肉的干耗程度受冷却室空气相对湿度大小的影响。湿度大，肉的干耗少，但有利于微生物的生长、繁殖；湿度小，肉的干耗增加，但抑制微生物活动。处理好这一矛盾的方法就是在冷却开始的1/4时间内，维持空气相对湿度为95%~

98%，在后期 3/4 时间内，维持空气相对湿度为 90%～95%，临近结束时控制在 90%左右。

3）空气流动速度：由于空气比热容小，导热系数小，肉在静止的空气中冷却速度很慢。只有增加空气流动速度来加速冷却。但过快的空气流速会增大肉的干耗，故冷却过程中一般空气流速采用 0.5m/s，最大不超过 2m/s。

（3）冷却过程中的注意事项

1）吊轨上的胴体应保持的间距为 3～5cm，轨道负荷每米定额以半片胴体计算，牛为 2～3 片，羊为 10 片，猪为 3～4 片。

2）全部胴体在相近时间内完成冷却的话，不同等级肥度的胴体就要分室冷却，同一等级体重有显著差异的，则应把体重大的吊在靠近排风口，以加速冷却。

3）在平行轨道上，按"品"字形排列，以保证空气的流通。

4）整个冷却过程中，尽量少开门和减少人员出入，以维持冷却室的冷却条件，减少微生物的污染。

5）副产品冷却过程中，尽量减少水滴、污血等物，并尽量缩短进冷却库前停留的时间。

6）胴体冷却终点以后腿最厚部中心温度达 0～4℃为标准。

（三）冷却肉的贮藏

1．冷藏条件及时间　　贮藏期的长短取决于冷藏环境的温度和湿度，温度越低，贮藏时间越长，一般以 −1～1℃为宜，温度波动不得超过 0.5℃，进库时升温不得超过 3℃。几种动物性食品的冷藏条件及时间见表 3-5。

表 3-5　动物性食品的冷藏条件及时间

品种	温度/℃	相对湿度/%	贮藏时间
牛肉	0～1	85～90	成熟 2～4 周，最长 5～7 周
羊肉	0～1	85～90	成熟 1/4～1/2 周，最长 1～2 周
小牛肉	0～1	90～95	成熟 1/4～1/2 周，最长 1～2 周
猪肉	0～1	85～90	成熟 1/2～1 周，最长 2～4 周
鸡肉	0～1	85～90	成熟 4～6h，最长 4～16d
一般淡水鱼	−1～0	—	新鲜 2d，最长 5d
一般海水鱼	−1～0	—	新鲜 5d，最长 14d

2．冷藏方法　　空气冷藏法：以空气作为冷却介质，由于费用较低，操作方便，是目前冷却冷藏的主要方法。

冰冷藏法：由于 1kg 0℃的冰融化为 0℃的水要吸收 334.9kJ 的热量，故可以此来达到冷藏的目的。它是冷藏运输中最常用的方法。用冰量受外界气温的高低、隔热程度、贮藏时间和食品种类因素的影响，难以准确计算，一般凭经验来估计。

3．冷却肉冷藏期间的变化　　冷藏条件下的肉，因水分没有结冰，微生物和酶的活动还在进行，所以易发生干耗，表面发黏、发霉、变色等，甚至产生不愉快的气味。

（1）干耗　　处于冷却终点温度的肉（0～4℃），其物理、化学变化并没有终止，其中以水分蒸发而导致干耗最为突出。干耗的程度受冷藏室温度、相对湿度、空气流速的影响。高温、低湿度、高空气流速会增加肉的干耗。

（2）发黏、发霉　　这是肉在冷藏过程中，微生物在肉表面生长繁殖的结果，这与肉表面的污染程度和相对湿度有关。微生物污染越严重，温度越高，肉表面越易发黏、发霉。

（3）**颜色变化**　　肉在冷藏中色泽会不断地发生变化，若贮藏不当，牛、羊、猪肉会出现变褐、变绿、变黄、发荧光等现象。鱼肉产生绿变，脂肪会黄变。这些变化有的是在微生物和酶的作用下引起的，有的是本身氧化的结果。色泽的变化是品质下降的表现。

（4）**串味**　　肉与有强烈气味的食品存放在一起，会使肉串味。

（5）**成熟**　　冷藏过程中可使肌肉中的化学变化缓慢进行而达到成熟，目前肉的成熟一般采用低温成熟法，即冷藏与成熟同时进行，在 0～2℃、相对湿度 86%～92%、空气流速为 0.15～0.50m/s 的条件下，成熟时间视肉的品种而异，牛肉大约需 3 周。

（6）**冷收缩**　　主要是在牛、羊肉上发生，它是指屠杀后在短时间进行快速冷却时肌肉产生强烈收缩。这种肉在成熟时不能充分软化。研究表明，冷收缩多发生在宰杀后 10h、肉温降到 8℃ 以下时。

二、肉的冻结与冻藏

（一）冻结的目的

肉的冻结温度通常为 −20～−18℃，在这样的低温下水分结冰，有效地抑制了微生物的生长发育和肉中各种化学反应，使肉更耐贮藏，其贮藏期为冷却肉的 5～50 倍。

（二）肉的冷冻过程

1. 肉的冷冻曲线　　通常把冻结过程中肉的温度随时间变化的曲线称为肉的冷冻曲线，如图 3-3 所示。

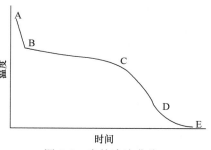

图 3-3　肉的冷冻曲线

图 3-3 中，A～B 是肉的冷却阶段，从初温到冰点，在这一阶段因为肉与冷却介质之间温差大，所以降温迅速，曲线比较陡。

B～C 是冰晶形成期，肉中大部分水从液相变为固相，肉的冰点随着水分的结冰而下降，因此变相是在一定温度范围内进行的。曲线比较平坦是因为冰晶形成中要放出大量潜热，肉的降温缓慢。冰晶的形成大约开始于 −1℃，到 −5℃ 时肉中的水分 80% 结冰，到 −18℃ 时大约有 95% 的水分结冰。−5～−1℃ 被称为最大冰晶生成带。

C～E 是冻结后期，冻结的肉进一步降低温度，伴有很少量的水转变成冰，放出的潜热不多。同时冻结后的肉比热容减少、导热系数增大，故降温较快，曲线又变得较陡。

2. 冰晶的形成和分布　　冰晶在形成时，首先是形成很小的晶核，而后晶核逐渐变大形成冰晶。冰晶的形成主要是 −5～−1℃。当肉被冷冻到 −5℃ 时，其中的水分有 80% 被冻结。肉在冻结时形成的冰晶位置是有细胞内外之分的。一般情况下，细胞内液浓度高于细胞外液，冰点较高。冻结时先在肌细胞间隙中形成冰晶，胞内液体未结冰，其蒸汽压大于胞外，水分从胞内向胞外转移并吸附在胞外冰晶上，使胞外冰晶变大。冷冻速度越慢，水分向外转移的越多，胞内外冰晶的大小、数量差异越大。在慢速冷冻中，水分从胞内向胞外转移，使细胞脱水，盐浓度增大，促使蛋白质变性。同时胞间水分形成冰晶时，体积大约增大 9%，产生压力，对细胞的排列和细胞膜都有破坏作用，解冻后不能完全恢复到原来状态。食品冻结时温度与结冰率的关系见图 3-4。

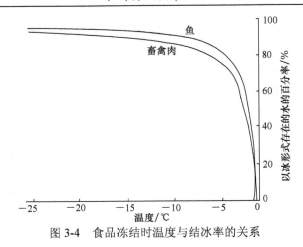

图 3-4　食品冻结时温度与结冰率的关系

在快速冷冻中，肉在 -5～-1℃ 停留时间短，细胞内外几乎同时结冰，减少了水分的转移，冰晶在胞内外分布均匀，冰晶对胞膜的机械损伤也少，解冻后可最大限度地恢复到原来的状态。

3. 冷冻方法

（1）空气冻结法　　是以空气作为冷却介质的一种冻结方法。它是生产中应用最广泛的方法，具有经济方便、速度较慢的特点。

（2）间接冻结法　　是把肉放在制冷剂冷却的板、盘、带或其他冷壁上，肉与冷壁接触而冻结的方法。

（3）直接接触冻结法　　是把肉与不冻液或制冷剂直接接触而冻结，接触方法有喷淋法、浸渍法或两者同时使用，常用的制冷剂有盐水、干冰和液氮。

4. 冻结速度　　冻结速度的表示方法主要有以下两种。

（1）用冻结花费时间的长短表示　　一般当肉的中心温度从 -1℃ 降至 -5℃ 花费的时间少于 30min 称为快速冻结，多于 30min 则称为缓慢冻结。

（2）用结冰面的移动速度表示　　这是由德国学者普朗克提出来的，取食品结冰面的温度为 -5℃，温度为 -5℃ 的结冰面在 1h 内从表面向中心移动的距离即为结冰速度。普朗克将结冰速度分为三类。

快速冻结：冻结速度 = 5～20cm/h。

中速冻结：冻结速度 = 1～5cm/h。

缓慢冻结：冻结速度 = 0.1～1cm/h。

在生产中把肉从 0～4℃ 降至 -15℃ 所需时间在 48～72h 的称为慢冻，需 24h 的称为速冻。目前生产中使用的冻结装置的冻结速度大致如下。

半通风式冻结装置：0.2cm/h　　　　　通风式冻结装置：0.5～3cm/h

流化床冻结装置：5～10cm/h　　　　　液氮冻结装置：10～100cm/h

5. 空气冻结法的冻结条件　　牛、羊、猪、禽肉：一般用温度为 -20～-18℃、相对湿度为 95%～100%、风速为 0.2～0.3cm/s 的空气，冻结终温为 -18℃。

鱼：一般用 -25℃ 以下、风速为 3～5m/s、相对湿度大于 90% 的冷风冻结。特殊种类的鱼要求冻结至 -40℃ 左右。

（三）冷冻肉的冻藏

将冷冻后的肉贮藏于一定的温度、湿度的低温库中，在尽量保持肉品质量的前提下贮藏一定的时间，就是冻藏。冷藏肉的质量和贮藏期长短直接受冻藏条件好坏的影响。

1. 冻藏条件与冻藏期限

（1）温度 从理论上讲，冻藏温度越低，肉品质量保持得就越好，保存期限也就越长，但成本也随之增大。对肉而言，−18℃是比较经济合理的冻藏温度。近年来，由于水产品的组织纤维细嫩，蛋白质易变性，脂肪中不饱和脂肪酸含量高，易发生氧化，水产品的冻藏温度有下降的趋势。

冷库中温度的稳定也很重要，温度的波动应控制在正常范围内，否则会促进小冰晶消失和大冰晶长大，加剧冰晶对肉的机械损伤作用。

（2）湿度 在−18℃的低温下，温度对微生物的生长繁殖影响很微小，空气湿度大可减少肉品干耗，一般控制在95%～98%。

（3）空气流动速度 在空气自然对流情况下，流速为0.05～0.15m/s，空气流动性差，温湿度分布不均匀，但肉的干耗少，多用于无包装的肉食品。在强制对流的冷藏库中，空气流速一般控制在0.2～0.3m/s，最大不能超过0.5m/s，具有温湿度分布均匀、肉品干耗大的特点。对于冷藏胴体而言，一般没有包装，冷藏库多用空气自然对流方法，当用冷风机强制对流时，要避免冷风机吹出的空气正对胴体。

（4）冻藏期限 冷冻肉的贮藏温度与贮藏期的关系见表3-6。

在相同贮藏温度下，不同肉品的贮藏期大体上有如下规律：①畜肉的冷冻贮藏期大于水产品；②畜肉中牛肉贮藏期最长，羊肉次之，猪肉最短；③水产品中，脂肪少的鱼贮藏期大于脂肪多的鱼。虾、蟹则介于二者之间。

表3-6 冷冻肉的贮藏温度与贮藏期的关系（国际制冷学会，1992）

冷冻食品名称	贮藏期/月		
	−18℃	−25℃	−30℃
牛胴体	12	18	24
羊胴体	9	12	24
猪胴体	4～6	12	15
包装好的烤牛肉和羊排	12	18	24
包装好的剁碎肉（未加盐）	10	>12	>12
烤猪肉和排骨	6	12	15
腊肠	6	10	12
腌肉	2～4	6	24
鸡	12	24	
内脏	4		
虾	6	12	12
多脂鱼	4	8	12
少脂鱼	8	18	24

2. 肉在冻藏中的变化

（1）干耗 干耗也称减重，是肉在冻藏中水分散失的结果，干耗不但使肉在重量上有损失，而且影响肉的质量，促进表层氧化的发生。干耗的程度受空气条件的影响，空气温度高、流速快可增加干耗，因为肉品表层水蒸气压随温度升高而加大。肉类冻藏中的干耗常见表 3-7。

表 3-7　肉类冻藏中的干耗率（%）

冻藏温度/℃	冻藏时间			
	1 个月	2 个月	3 个月	4 个月
−8	0.73	1.24	1.71	2.47
−12	0.45	0.70	0.90	1.22
−18	0.39	0.62	0.80	1.00

干耗增加也受温度波动的影响，如把肉贮藏在恒定的−18℃条件下，每月水分损失0.39%，如温度波动在±3℃之间，则每月水分损失为 0.56%。

包装能减少 4%～20%的干耗。这取决于包装材料和包装质量。包装材料与肉之间有空隙时，干耗会增加。

（2）冰晶的变化　　指冰晶的数量、大小、形态的变化。在冰晶中，水分以三种相态存在，即固态冰、液态水、气态的水蒸气。固态冰的水蒸气压比液态水的水蒸气压小，大冰晶的水蒸气压小于小冰晶的水蒸气压，由于上述水蒸气压差的存在，水蒸气从液态移向固态冰，小冰晶表面的水蒸气移向大冰晶表面。结果导致液态水和小冰晶消失，大冰晶逐渐长大，肉中冰晶数量减少。这些变化会增强冰晶对食品组织的机械损伤作用。温度升高或波动都会促进冰晶的变化。

（3）变色　　肉的色泽会随冻藏过程而逐渐褐变，主要是肌红蛋白氧化成高铁肌红蛋白的结果。温度在氧化上起主要作用，据研究，−15～−5℃时的氧化速度是−18℃时的 4～6 倍。光照也能促使褐变而缩短冻藏期，如在−18℃黑暗条件可贮藏 90d 的牛肉，在 100lx 光照条件下只能贮藏 10d。脂肪氧化发黄也是变色的主要原因之一。

（4）微生物和酶　　病原性微生物代谢活动在温度下降到 3℃时停止，大多数细菌、酵母菌、霉菌在温度为−10℃以下时生长受到抑制。

有报道认为组织蛋白酶的活性经冻结后会增大，若反复进行冻结和解冰时，其活性更大。

（四）肉的解冻

各种冻结肉在食用前或加工前都要进行解冻，从热量交换的角度来说，解冻是冻结的逆过程。由于冻结、冻藏中发生了各种变化，解冻后的肉不可能恢复到原来的新鲜状态，但可以通过控制冻结和解冻条件使其最大限度地复原到原来的状态。

1．解冻方法和条件　　解冻方法很多，如空气解冻法、水解冻法、高频电及微波解冻法。从传热的方式上可以归为两类：一类是借助外部的对流换热进行解冻，如空气解冻、水解冻；另一类是肉内部加热解冻，如高频电和微波解冻。肉类工业中大多采用空气解冻法和水解冻法。

空气解冻法：又称自然解冻，以热空气作为解冻介质，由于其成本低、操作方便，适合于体积较大的肉类。这种解冻方法因其解冻速度慢，肉的表面易变色、干耗、受灰尘和微生物的污染。故若要保证解冻肉的质量，必须控制好解冻条件，一般采用温度 14～15℃、风速 2m/s、相对湿度 95%～98%的空气进行解冻。

　　水解冻法：以水作为解冻介质，由于水具有较适宜的热力学性质，解冻速度比相同温度的空气快得多，在流动水中解冻速度更快。一般用水温度为10℃左右。但其存在的缺点是营养物质流失较多，肉色灰白。

　　2. 解冻速度对肉质的影响　　解冻是冻结的逆过程，冻结过程中的不利因素，在解冻时也会对肉质产生影响，如冰晶的变化、微生物和酶的作用等。为了保证解冻后肉的状态最大限度地复原到原来的状态，一般应用快速解冻对冻结速度均匀、体积小的产品进行解冻，这样细胞内外冰晶几乎同时溶解，水分可被较好地吸收，汁液流失少，产品质量高；因为大体积的胴体在冻结时，冰晶分布不均匀，解冻时融化的冰晶要被细胞吸收需一定的时间，所以对体积较大的胴体，采用低温缓慢解冻，这样可减少汁液的流失，解冻后肉质接近原来的状态。例如，在−18℃条件下贮藏的猪胴体，用快速解冻汁液流失量为3.05%，慢速解冻时汁液流失量只有1.23%。

三、肉的电离辐射贮藏

　　电离辐射，也叫辐射，是辐射源放出射线、释放能量、使受辐射物质的原子发生电离作用的物理过程。辐射贮藏是利用辐射能量对食品进行杀菌或抑菌，以延长贮藏期的一种食品贮藏技术。它与传统的物理、化学方法相比有如下特点。

　　1）在破坏肉中微生物的同时，不会使肉品明显升温，从而可以最大限度地保持原有的感官特征。

　　2）包装后的肉可在不需拆包情况下直接照射处理，节约了材料，避免了再次污染。

　　3）辐射后食品不会留下任何残留物。

　　4）应用范围广。照射剂量相同的不同尺寸、不同品种的食品，可放在同一射线处理场内进行辐射处理。

　　5）节能、高效、可连续操作，易实现自动化。

（一）辐射源和辐射剂量

　　1. 辐射源　　广义地说，用于食品辐射贮藏的射线包括微波、紫外线、X射线、γ射线、α射线和β射线。一般辐射保藏都指后4种。它们的特点如下。

　　β射线：为从原子核中射出的带负电荷的高速粒子流。穿透物质的能力比α射线强，但电离能力不如α射线。

　　γ射线：为波长非常短的电磁波束，食品工业中用^{60}Co和^{137}Cs来产生。它能量高，穿透物质的能力极强，但电离能力不如α射线和β射线。

　　α射线：穿透物质的能力很小，但有很强的电离能力。

　　X射线：其性质与γ射线相同。

　　用于肉类辐射保鲜的辐射源主要是放射性同位素^{60}Co和^{137}Cs，^{60}Co和^{137}Cs的辐射能量及半衰期见表3-8。

表3-8　放射性同位素的辐射能量及半衰期

同位素	符号	β粒子能量/MeV	γ射线能量/MeV	半衰期/年
^{60}钴	^{60}Co	0.31～1.48	1.173～1.333	5～27
^{137}铯	^{137}Cs	0.52～1.17	0.662	30

2. 辐射剂量　　辐射剂量是表示物质受辐射程度的一些物理量。剂量常用单位是照射量和吸收剂量。

照射量：是 X 射线或 γ 射线在单位质量空气中打出的全部电子被空气阻止时，在空气中产生一种负离子的总电荷量。其法定单位是 C/kg。

吸收剂量：是电离辐射授予单位质量任何物质的平均能量。其法定单位为 J/kg，也称为 Gy。

（二）辐射的基本效应

1. 化学效应　　肉中含有水、蛋白质、脂肪、酶、维生素等，在高能量的射线照射下会发生一些化学变化。

（1）水　　水对辐射很敏感，接受辐射能后被电离激活，产生水合电子、羟自由基、过氧化分子等中间产物，最终产物为氢气和过氧化氢等。这些中间产物和最终产物将使细胞各种生物化学活动受阻，使细胞生活机能受到破坏。

（2）蛋白质　　辐射破坏蛋白质的二硫键、氢键、盐键、醚键，破坏蛋白质分子的二级、三级结构，改变其原有的性质。

（3）脂肪　　辐射主要使脂肪酸中的 C—C 键断裂，生成正烷类，在有氧的情况下形成过氧化物及氢过氧化物，最后形成醛、酮等物质。

（4）酶　　因为酶的主要成分是蛋白质，所以对辐射的反应与蛋白质相似。酶对辐射的敏感性受酶的纯度、所处环境条件的影响。一般情况下，酶存在的食品体系很复杂，降低了酶对辐射的敏感性，故钝化时需相当大剂量的辐射。

（5）维生素　　纯维生素对辐射很敏感。肉中维生素与其他物质复合存在，其敏感性较低。脂溶性维生素对辐射的敏感性高于水溶性维生素。

2. 生物学效应　　辐射的生物学效应是由生物体内的化学变化造成的。其可以分为直接效应和间接效应，直接效应即高能量射线与细胞的生命中心直接接触引起的破坏作用，间接效应即水等物质在射线作用下产生的中间物对生物代谢、各种生化反应的影响。两种作用都能杀死微生物。辐射对生物的损伤与生物的种类、辐射剂量、时间等因素有关。不同生物体的辐射致死剂量见表 3-9。

表 3-9　不同生物体的辐射致死剂量

生物体	剂量/Gy	生物体	剂量/Gy
昆虫	10～1 000	有芽孢细菌	10 000～50 000
非芽孢细菌	500～10 000	病毒	10 000～200 000

电离辐射杀灭微生物，一般以一定灭菌率所需用的拉德数来表示，通常以杀灭微生物数的 90% 所需剂量计，即残存微生物下降到原数的 10% 时所需的剂量，用 D_{10} 值表示。

微生物对辐射的敏感性因种类不同而异，一般而言，细菌抗热能力强，则其对辐射的抵抗力也强；革兰阳性菌的抗辐射能力比革兰阴性菌强；带芽孢的菌对辐射的抵抗力高于无芽孢的菌；酵母菌对辐射的抵抗力高于霉菌，但低于革兰阳性菌的抵抗力；病毒对辐射有很强的抵抗力；寄生虫和由肉传播的细菌对辐射则很敏感。

在食品生产中，根据辐射剂量和杀菌程度，可把辐射杀菌分为以下三种。

1）辐射完全杀菌，即辐射灭菌或商业无菌。这种辐射剂量足以使微生物的数量或使有生活能力的微生物降至很低的程度。在处理后无污染的情况下，以目前现有的方法检不出腐败微生物。这种剂量处理的食品只要不被污染，可在任何条件下长期保藏。对肉食而言，剂量多用 30～40kGy。

2）辐射针对性杀菌，基本相当于巴氏灭菌法。其是以降低某些有生命力的特定非芽孢致病菌的数量为目的，剂量是 5～10kGy。该方法不能保证长期贮藏肉的微生物的安全性，因为其不能杀灭肉中所有微生物。食品被微生物严重污染后不适合用这种杀菌方法。

3）辐射选择性杀菌，将食品中腐败性微生物降到足够低的水平，以保鲜和延长保藏期为目的。通常的剂量是 1～5kGy。在这种剂量外理过的肉中还会有某些酵母菌和革兰阳性菌能存活。此方法主要用于水分活性高的易腐食品。辐射后进行食品贮藏时与其他贮藏方法配合，可使贮藏期延长。

（三）辐射对肉品质量的影响

辐射可延长肉的贮藏期，但不能钝化肉深层的酶，这些酶在贮藏期遇到适合条件可继续活动。其辐射肉品的主要缺点是色泽产生变化和产生异味。鲜肉和腌肉会褐变，风味的变化或异味的产生受辐射程度和肉的品种的影响。例如，鲜牛肉用 40kGy 照射会产生明显的硫化氢味，用 40～100kGy 照射，由于含硫羧基化合物，肉有明显的"湿狗毛味"。猪、鸡肉在高剂量下，产生异味较少。羊、鹿肉易产生异味。低温和在无氧条件下辐射可减少异味的产生。蛋白质、氮化合物、氨基酸中产香味的氨基酸对辐射敏感；辐射后的脂肪酸会发生氧化，产生过氧化物。

（四）辐射食品的安全性

对辐射食品的安全性，已进行了 40 多年的研究。大量的实验结果表明，辐射是一种安全、卫生、经济、实用的新方法，因为辐射不产生毒性物和致突变物，辐射食品无任何残留放射性。采用适当剂量，不会引起食品营养成分和风味的明显变化。

（五）辐射工艺

辐射工艺流程如下。

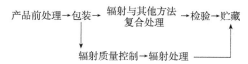

1. 前处理　　选择品质好、污染小的肉，可添加一些添加剂（抗氧化剂等）用来减少辐射中某些成分的损失。

2. 包装　　辐射可以带包装进行，包装要有好的密闭性，以防在贮藏、运输、销售环节上发生二次污染，一般用复合塑料膜包装。

3. 辐射　　常用辐射源是 ^{60}Co、^{137}Cs 和电子加速器三种。其中 ^{60}Co 放出的 γ 射线穿透力强，设备较简单且操作容易，故被广泛应用。为减少辐射产生的变色和异味，可使辐射在低温（-80～-30℃）无氧条件下进行。不同种肉辐射剂量与贮藏期见表 3-10。

表 3-10　不同种肉辐射剂量与贮藏期

肉类	辐射剂量/kGy	贮藏期
猪肉	^{60}Co 射线 15	常温 2 个月
鸡肉	γ 射线 2～7	延长贮藏时间
牛肉	γ 射线 5	3～4 周
	γ 射线 10～20	3～6 周
羊肉	γ 射线 47～53	灭菌贮藏

美国对鲜猪肉的处理剂量为 0.3～1.0kGy，对鸡肉的处理剂量≤3kGy（1990 年），见表 3-11。

表 3-11　某些食品辐射处理剂量范围

食品	辐射目的	剂量范围/万 Gy
肉类及制品	排酸冷冻，长期贮藏	4～6
肉、鱼	0～4℃冷藏	0.05～1.00
肉、蛋	消除特殊病原菌	0.5～1.0
肉类	杀灭寄生虫	0.01～0.20

四、其他贮藏方法

除冷藏、冷冻、辐射外，还有许多贮藏方法在生产中应用，如腌制、烟熏、脱水、高压、生物控制、化学贮藏等。

（一）高压处理

自 Hile 在 1899 年使用高压处理食品、延长贮藏期以来，直到 20 世纪 80 年代，在这方面的研究不多。目前认为高压可使蛋白质变性，酶失活，改善组织结构，杀灭微生物。压力对微生物的杀灭能力取决于微生物的种类和食品的组成成分。研究显示，革兰阴性菌对压力较阳性菌敏感，酵母的敏感性介于革兰氏阳性、阴性菌之间。除蜡状芽孢杆菌外，一般在 600MPa 压力下，微生物都能被杀灭。

（二）生物控制系统

人类在生产、生活中利用微生物的作用，创造了许多有特色的肉制品，它们的贮藏期比原料肉长，而且由于发酵作用，这些产品都具有特殊的芳香味。自古以来，人们就利用酸来贮藏肉食。例如，发酵香肠因酸化使有害菌被抑制，伴有干燥、营养物竞争、抗生素和 H_2O_2 等的作用协同使它们有较长的贮藏期。乳链菌肽（nisin）在肉贮藏上已被许多国家使用。

（三）化学保鲜

化学保鲜剂主要是各种有机酸及其盐类，它们单独和配合作用对延长期有一定的效果。

乙酸：抑菌作用较弱，但在酸性条件下作用可增强，在 1.5% 的浓度时有明显抑菌作用。在室温下贮藏肉食，乙酸要用较高浓度，如醋渍香肠所用乙酸的浓度 >3.6%。乙酸和甲酸、抗坏血酸配合使用，效果更好。用乙酸处理的肉食品有醋渍香肠、猪脚与青鱼等。

丙酸和丙酸盐：可抑制霉菌和一些高度需氧菌。由于丙酸有异味，工业上都用丙酸盐作防霉剂。

山梨酸：是良好的真菌抑制剂，在 pH<6 时效果好。对霉菌、酵母和好气性微生物有较强的抑菌作用，但对厌氧菌、嗜酸乳杆菌几乎无效。鸡、鱼肉用山梨酸盐处理可延长货架期。

乳酸钠：是一种中性物质，加入肉中不会明显改变肉的 pH，近年来，被认为是有效的抗微生物剂，可延长肉的贮藏期，主要用于禽肉。其作用机制目前不是很清楚，一般认为主要是能降低水分活性，能跨过分子膜，使细胞内酸化。

（四）气调保鲜

气调保鲜是利用调整环境气体成分来延长肉品贮藏寿命和货架期的一种技术。其基本原理是：在一定的封闭体系内，通过各种调节方式得到不同于正常大气组成的调节气体，以此来抑制肉品本身的生理生化作用和抑制微生物的作用。自身的生理生化作用和微生物作用使肉质下降，这些作用都与 O_2 和 CO_2 有关。在引起腐败的微生物中，大多数是好氧性的，所以可以利用低 O_2 高 CO_2 的调节气体体系，对肉类进行保鲜处理，延长贮藏期。肉类保鲜中常用的气体是 O_2、CO_2 和 N_2。

O_2：低氧或无氧可以抑制氧化作用、酶的活性和需氧菌的生长，但会使肌红蛋白失去鲜红的色泽，所以对于不同肉品要用不同的含氧量。

CO_2：高浓度的 CO_2 可明显抑制腐败微生物的生长和降低 pH，这种作用随浓度升高而增大，在气调保鲜中发挥抑菌作用的浓度在 20%以上。

N_2：是一种惰性气体，在气调保鲜中作为一种填充剂，可防止肉的氧化和酸败，对色泽没有影响。

实际生产中很少单独使用某一种气体，一般是混合使用，常用的混合气体比例见表 3-12。

表 3-12 肉品气调包装所用混合气体比例

种类	贮藏时间/d	气体比例（$O_2 : CO_2 : N_2$）
鲜肉	5～12	70：20：10
香肠、熟肉	28～56	75：25：0
禽肉	6～14	50：25：25
鲜肉	>7（1℃条件贮藏）	80：20：0

气调保鲜的效果与肉的质量、贮藏条件（温度）等有关，一般气调贮藏配合低温效果更好。

第二节 乳制品的贮藏与保鲜

一、高压技术对乳制品质量改善的应用

（一）概述

高压技术在食品中的应用和研究几乎与现代高压技术的发展同步。1899 年，Hite 首

先发现高压能延长牛乳的保藏期，和加热一样可起到杀菌作用。20世纪90年代，日本明治屋食品公司首次将其应用于食品工业中生产果酱，随后日本将高压技术应用于水果制品、果汁、米糕和鱿鱼原料的生产。1998年，美国市场出现了高压食品鳄梨酱。1999年，西班牙将高压技术应用于生产薄片火腿。在法国，ULTI公司利用高压生产橘汁和柚子汁。尽管在100多年前，人们就已经开始研究高压食品，但直到最近，各种高压加工食品才推出，这主要是由于最近才出现合适的设备，以及越来越多的消费者要求食品中最低限度地加入添加剂，并具有稳定的货架期。日本和欧美国家对该项技术的原理、方法、应用前景做了较多研究，而我国进行的研究较少。到目前为止，尽管关于乳制品（如液态乳、酸奶和干酪）高压杀菌的研究很多，但市场上仍没有高压杀菌乳制品销售。

（二）高压杀菌技术对乳中微生物的影响

高压处理同加热杀菌一样作为一项杀菌技术，能有效延长产品的货架期，防止产品品质变差。高压杀菌可以破坏微生物，使产品达到商业无菌的要求，若要完全杀死牛奶中的微生物，Hite认为需要680MPa条件下处理7d。高压破坏微生物的原理在于，高压下微生物发生了一系列的不利反应。例如，高压杀菌可使膜的大分子结构经不可逆变化而被破坏；细胞壁和细胞质膜之间的中间层均匀性遭破坏；膜中的ATP酶失活；用于合成蛋白质的核酸和核糖体也遭破坏。通常，多数微生物在100MPa以上加压处理即死亡，一般细菌、霉菌、酵母菌的营养体在300～400MPa压力下可被杀死；病毒、寄生虫和其他生物体相近，只要在低压处理即可被杀死。就细菌而言，其耐压性在稳定期要比对数生长早期强。革兰阳性菌比革兰阴性菌的耐压性大，这是由于革兰阳性菌含有壁磷酸，增加了细胞壁的强度。

牛乳在650MPa、室温（24～27℃）条件下处理10min，细菌的数目减少6个对数级，货架期延长。在1400MPa处理1h，室温保存，将会延后4d变酸；在460MPa、10～12h条件处理也有同样效果。研究发现如想降低压力达到上述的杀菌效果，只需升高温度即可（谢继志，1999）。通常将高压杀菌定义为在室温或更高一点的温度条件下，用压力300～10 000MPa、2～3min处理食物，而在商业应用中压力常为400～700MPa。

细菌芽孢失活需要更严格的条件，或与其他技术结合，如同热或细菌素相结合。Timsom和Short发现牛奶中细菌芽孢甚至在1033MPa条件下也不失活。实验表明，304MPa、13℃、83min处理才能将之完全破坏。芽孢之所以比细菌的营养体更耐压，是由于芽孢蛋白质中的双吡啶羧酸对使细胞致死的溶解和电离作用有抵抗作用。通过加压可以破坏芽孢，原因是压力先使芽孢萌发为营养体细胞，而后将营养体细胞杀死。

另外，若想延长货架期，Hayakawa等的实验结果表明高低压交替重复作用，效果要好于单一压力持续作用，因为细胞中受压的水分具有等热的膨胀速率。在高压条件下，70℃时细胞液黏性及表面张力减小，细胞壁的渗透作用增加。因此，当压力突然释放时，造成了孢子内外的压力差。温度为70℃时，减弱了孢子表面的物理强度，使其在高压降低时对爆裂的敏感性增加。因此，70℃处理杀菌效果较好。低温或高温条件能加强杀菌作用，提高微生物的致死率。另外，非中性条件也有助于杀灭微生物，使货架期变长。Styles等发现李斯特菌在牛奶中比在缓冲液中更耐压，是由于牛奶中的糖、蛋白质、脂肪为细菌细胞提供了更多的保护作用。而Carcia-Rissco等观察到脂肪对高压下的细胞有保护作用，只有当脂肪含量高于全乳脂时，这种保护作用才变得显著。

　　牛奶通常经 400MPa 或 500MPa 压力处理后，就会有一个合理的货架期。Rademacher 和 Kesser 通过实验发现，经 400MPa、15min 或 500MPa、3min 处理的高压杀菌奶，可以在 10℃保藏 10d 而不变质。但需要注意的是，一些致病菌如李斯特菌和大肠杆菌 O157：H7 都有一定的耐压性，不能够完全失活。高压杀菌技术可同其他技术结合使用，将高压杀菌技术与高温杀菌（60℃）结合，对大肠杆菌和葡萄球菌有破坏作用；同酸性防腐剂结合，对葡萄球菌和李斯特菌有破坏作用；同中温（50℃）和溶菌酶及乳链菌肽结合使用，对大肠杆菌有破坏作用。Carcia-Rissco 的研究表明，400MPa、25℃、30min 处理牛奶，立即检验发现不含嗜冷菌；7℃保存 45d，嗜冷菌数目达 10^7cfu/mL，但仍比未经高压处理的牛奶保存 15d 后所含数目少。这是由于高压使一定比例的细菌死亡，而且冷藏条件下细菌生长缓慢。Rademacher 和 Kesser 发现乳中的磷酸己糖异构酶、γ-谷氨酰基转移酶、碱性磷酸酶分别在压力为 350MPa、400MPa、600MPa 以上时，活性减小；压力分别为 550MPa、630MPa、800MPa 时，完全失活。可以将这几种酶联合使用作为压力处理内部强度的指示剂。Mussa 建议用碱性磷酸酶减少的百分量作为杀菌效果的指示剂。

　　总之，高压处理可以有效杀死细菌的营养体和芽孢，400～500MPa 压力处理即可达到加热杀菌的效果，延长乳制品的货架期。

（三）高压处理对乳中蛋白质的影响

　　高压杀菌的作用在于破坏共价键，如氢键和离子键，同加热杀菌相比，对食物的气味、颜色和营养价值没有或有很小影响。所以主要讨论其对乳蛋白的影响。由于蛋白质构型改变，裸露的疏水性基团的增加，蛋白质的起泡性、乳化性、胶凝性和系水力都可能被影响，有利于新的功能食品成分的制备及新产品的生产。Kumeno 等报道，浓度为 25%的复原乳或冷冻炼乳，采用高压处理（300～600MPa、5min、5℃）可产生因压力引起的凝块。高压前，在炼乳中加入 10%的糖，可提高凝块强度及黏度，利用此特性可制作甜食。

　　蛋白质经高压处理，其疏水结合及离子结合会因体积的缩小而被切断，从而立体构造崩溃而导致蛋白质变性。高压对蛋白质的一级结构没有影响，但不利于二级结构的稳定，对三级结构有较大影响，四级结构对压力非常敏感。通常在 200MPa 条件下，三级结构发生明显改变；700MPa 以上，二级结构可发生不可逆降解。在 750MPa、30℃、30min 条件下，几乎所有蛋白质都变性。230MPa 时，酪蛋白胶束发生不可逆的变化，分裂变小，引起乳的浊度和亮度（L）的降低及黏度的增大。400MPa 以上时，脱脂乳变得几乎透明，全脂原料乳经高压处理，L 值只是略微减小。黏度的增加主要与压力的强度和处理时间有关。用 430MPa 和 500MPa 的压力处理脱脂乳后，其黏度分别增加 19%和 38%。400MPa 处理全脂原料乳 20min，黏度增加 21%。Desobry-Banon 等认为这是酪蛋白胶束小片化后总体积增加的结果。

　　100～300MPa 条件下，部分乳清蛋白完全可逆地展开，它们的天然分子结构发生变性。Rademacher 等的研究表明，压力高于 150MPa，经一定时间后 β-乳球蛋白明显变性，这是由于二硫键连接形成可溶的聚合态。Felipe 等的研究表明，α-乳白蛋白和免疫球蛋白有更强的耐压性，免疫球蛋白可以抵抗 300MPa 的压力。张和平等研究发现高压条件对蔗糖、IgG 有稳定作用。Johoston 认为乳清蛋白的变性导致了高压处理牛奶中非沉积乳浆氮和非酪蛋白态氮的减少。Moller 认为 β-乳球蛋白经 400MPa、30min 处理，具有抗氧化性能，这是由于暴露的自由—SH基团增多，但这些基团在常压下会消失。

Kanno等研究高压处理的乳清蛋白浓缩物（whey protein concentrate，WPC）和乳清蛋白分离物（whey protein isolate，WPI）的凝胶作用。对于WPI来说，400MPa时，其浊度和黏度受影响时的浓度分别是10%和6%。Hinrichs和Kessler认识到在600MPa时，浓度为10%的WPI形成凝胶。对WPC来说，浓度大于12%，黏度改变。400MPa时，浓度大于18%形成凝胶。随WPI浓度增加，所施加的压力越大，凝胶的硬度越大。20%WPI的凝胶强度是20%WPC的3倍。

Gancheron等的研究表明，脱脂乳经高压处理后，理化特性产生一系列变化。例如，牛乳在一定压力（250MPa、450MPa和600MPa）和温度（4℃、20℃、40℃）条件下处理3min，除了250MPa之外，所有处理都引起蛋白质疏水性的增强，平均离子直径减小。250MPa条件下，40℃时，蛋白质疏水性保持不变，由于直径为50nm和250nm的酪蛋白离子的存在，离子平均直径增加；4℃和20℃处理，平均离子直径为50nm（未经处理的为100nm）。

（四）高压处理对乳品品质的影响

1. 奶油　　高压引起脂肪相转变温度的改变，激发、加速、加强脂肪结晶，减少脂肪硬化的时间。高压处理减少了冰淇淋的老化时间，增加了由稀奶油制备奶油的物理成熟度。Dumay等的研究表明，稀奶油的流动性和脂肪球的大小、分布在高压处理后没有明显的改变。但在450MPa、25℃条件下经15～30min或10℃条件下经30min处理后，物理稳定性没有改变。

同超高温灭菌奶油相比，在450MPa，无论是25℃处理25min或30min，还是10℃或40℃处理30min，高压杀菌奶油都有可能有脂肪球聚集物的形成，黏性大幅度提高。在冷藏储存时，这种聚集物部分分解。

2. 酸奶　　酸奶的后酸化问题一直困扰着人们。Tanaka和Hatanaka研究了高压杀菌时对酸奶的后酸化（储藏后酸度增加）和酸奶中乳酸菌含量的影响。实验结果表明，在室温下，压力为200～300MPa条件下处理10min，可有效阻止后酸化的过程，同时，保证酸奶中乳酸菌的数目不减少。压力低于200MPa时，不能阻止后酸化，压力高于300MPa时，虽能阻止后酸化，但乳酸菌数目减少，因此，认为在200～300MPa压力下处理，能有效地保证酸奶的质量。另外，压力引起乳清蛋白系水力的增加，致使乳清蛋白溶液黏性的增加，有利于酸奶的生产。

3. 干酪　　高压处理可减少凝乳时间，增加干酪的产量。大多数研究表明，压力为200MPa时，牛乳、山羊乳、绵羊乳的凝乳时间减少。Desobry-Banon等认为这是由于高压破坏酪蛋白胶束，增加其表面积，也增加了粒子相互碰撞的可能性。在较高的压力下处理乳，凝乳时间反而增加，同未处理乳的凝乳时间相近。生产软质干酪时，用在300～400MPa条件下、经30min处理的乳要比未经处理的乳产量增加20%。同巴氏杀菌乳制成的干酪相比，高压杀菌乳生产干酪，产量增加是由于保留更多的水分和蛋白质（主要是β-乳球蛋白），乳清蛋白的损失减少，乳清中含有较少的β-乳球蛋白。水分的保留是由于高压处理后酪蛋白胶束和脂肪球重聚合变少，更多的水分进入干酪的网状结构中。乳清蛋白的存在，束缚了干酪中的水分，但也可能有相反影响。由高压杀菌山羊乳制得的干酪和去脂干酪相比，含有较高的盐分，这可能与干酪水分中含盐有关；脂肪分解水平同原料乳生产的干酪相似，而巴氏杀菌乳生成的干酪脂肪分解水平很低。这是由于乳中脂肪酶对热敏感，但耐压。

压力的改变可引起干酪硬度的改变，压力为 20MPa 和 40MPa 时，凝块的硬度比常压下分别增加 20% 和 10%，而后随压力上升，凝块硬度下降。在 130MPa 条件下，没有凝块形成。另外，高压处理不影响皱胃酶对乳的凝结率，对皱胃酶活性的影响也可忽略。Drake 等比较了高压杀菌乳和巴氏杀菌乳制成的干酪，其在感官上的区别不明显，高压杀菌乳制成的干酪具有质地松软、成糊状的特性，这是由于它含有较多的水分。而干酪的高水分含量是因为酪蛋白系水力增强及乳清蛋白和酪蛋白结合存在。这对于改善去脂干酪的质量和增加产量都十分有利。400MPa 处理的样品，硬度较小，不太像固体，有黏结性和伸缩性。高压增加乳酸球菌和乳杆菌水解 β-酪蛋白末端羧基片段的能力，这会使干酪产生苦味。因此高压处理时，应添加具有脱苦作用的酶。经高压处理，可有效去除干酪中的微生物。切达干酪微生物对高压的敏感性次序是：娄地干酪青霉＞大肠杆菌＞金黄色葡萄球菌。在高压杀菌乳中发现少量大肠杆菌，但制成干酪后并未发现。这可能是由于一些细胞在高压杀菌时受到弱致死伤害，从而在干酪中死亡了。

4. 婴幼儿配方奶粉　在做婴幼儿配方奶粉时，利用高压激活嗜热菌蛋白酶，水解乳清蛋白中的 β-乳球蛋白，而 α-乳白蛋白存在 4 个二硫键，不发生水解。另外，β-乳球蛋白比 α-乳白蛋白对压力更敏感，在 200MPa 左右开始变性，因此利于嗜热菌蛋白酶的作用。Okamoto 等应用 100～300MPa 的压力在 30℃条件下经嗜热菌蛋白酶 3h 的分解，选择性地去除乳清中的 β-乳球蛋白。嗜热菌蛋白酶在高压下可被激活，比常压下更快速、更完全地作用于 β-乳球蛋白，而对 α-乳白蛋白没有明显的影响。因为人乳中含 α-乳白蛋白而不含 β-乳球蛋白，可以利用高压嗜热菌蛋白酶来处理牛乳生产婴幼儿配方奶粉。高压处理乳清蛋白浓缩物优于水解酶，产品低盐，并避免了过度水解，利于配方奶粉的生产。

（五）应用发展前景

高压杀菌技术能有效地保持乳制品原有的色、香、味和营养成分，可减少化学添加剂的应用。压力瞬时传到乳制品的中心，时间短，乳制品成分受压均一，并能高效利用能源。乳制品中蛋白质的性能发生改变，利于生产加工，比如，高压生产干酪，可减少凝乳时间，增加干酪产量，并且在生物安全性上要好于普通原料乳生产的干酪。但经高压处理的脱脂乳用于生产干酪，能否克服低脂干酪质地缺陷，也需和其他方法比较。另外，还需要对高压食品工厂化生产技术、设备、包装材料耐压性等问题进行研究。同热杀菌比较，高压杀菌营养损失较小，未来的应用中也应予以考虑。总之，高压杀菌技术作为一项人们认同的新的冷杀菌技术，在乳品工业中有非常广阔的发展前景。

二、二氧化碳对提高乳制品货架期的应用

（一）概述

近 20 年来，随着科学技术的发展，人们对 CO_2 在食品杀菌领域的应用做了深入的研究。但在乳品方面，CO_2 应用于牛乳保鲜方面的研究报道尚较少。热杀菌是牛乳常用的杀菌方式，但高温会影响乳品品质，导致蛋白质变性，降低乳品的营养成分。近年来，随着新技术、新材料的不断出现，新的杀菌方式、杀菌工艺正在广泛研发中。一些"冷"工艺和"化学"工艺纷纷被用来代替传统的热杀菌方式。其中技术和经济上可行的，就

是在新鲜冷藏的牛乳中充入 CO_2。CO_2 技术是一种理想的杀菌途径，相对热力杀菌来说，CO_2 具有对食品营养成分和风味物质破坏和损失少、无化学物质残留等特点。尽管该气体抑制细菌的效果多年前就被证实，已用于许多食品的防腐保鲜，但有关 CO_2 对乳中微生物影响的研究多集中在特定菌上，高浓度、高压力 CO_2 可导致微生物失活，目前其机制还不完全清楚。因此，大力开展 CO_2 资源在乳品工业上的研究、开发和利用显得十分重要，它对提高乳制品自身质量和企业经济效益都具有积极意义。

（二）CO_2 对乳性质的影响

1. CO_2 在原料乳中对蛋白质和脂肪水解的作用　　乳品工业在很大程度上依靠冷藏来维持原料乳在储存和运输期间的质量。但由于在冷藏期间嗜冷菌的作用，原料乳的保存期一般不超过 5d。Ma 等研究发现，嗜冷菌产生的一种胞外酶能引起乳中蛋白质和脂肪水解，乳中溶解的 CO_2 能够缓解蛋白质和脂肪水解的作用时间，同时能延长细菌生长的周期，并在一定程度上抑制乳中嗜冷菌的生长。

在 Roberts 等的实验中，样品使用新鲜原料乳，分为低体细胞乳 3.1×10^4 个/mL 和高体细胞乳 1.1×10^6 个/mL，脂肪经标准化达 3.25%。样品分别来自保鲜乳（加入 0.02%的重铬酸钾处理）和非保鲜乳，然后在 4℃时被不同程度地充入 CO_2，同样在 4℃时被储藏在玻璃容器中，分别在第 0、7、14、21 天进行观察。其对比试验如表 3-13 和表 3-14 所示。

表 3-13　非保鲜乳 CO_2 试验方案

低体细胞乳样		高体细胞乳样	
样品序号	乳样组成	样品序号	乳样组成
1	无 CO_2 和盐酸，pH6.9	4	无 CO_2 和盐酸，pH6.9
2	无 CO_2，加盐酸，pH6.2	5	无 CO_2，加盐酸，pH6.2
3	1500ppm CO_2，pH6.2	6	1500ppm CO_2，pH6.2

注：ppm 为百万分之一

表 3-14　保鲜乳 CO_2 试验方案

低体细胞乳样		高体细胞乳样	
样品序号	乳样组成	样品序号	乳样组成
7	无 CO_2 和盐酸，pH6.9	12	无 CO_2 和盐酸，pH6.9
8	无 CO_2，加盐酸，pH6.2	13	无 CO_2，加盐酸，pH6.2
9	1500ppm CO_2，pH6.2	14	1500ppm CO_2，pH6.2
10	1000ppm CO_2，pH6.3	15	1000ppm CO_2，pH6.3
11	500ppm CO_2，pH6.5	16	500ppm CO_2，pH6.5

注：ppm 为百万分之一

研究表明：

1）在所有充入 CO_2 的乳样中，微生物的活动均受到不同程度的抑制，蛋白质和脂肪水解作用降低；在同一组试验中（未保鲜乳和保鲜乳中），发现加入 CO_2 或经盐酸酸化都能抑制微生物的生理活性，但 CO_2 的抑菌效果在相同 pH 下（同为6.2）要优于盐酸。相同条件加盐酸乳样的蛋白质水解作用大于充入 CO_2 乳样的。这可能是加入 CO_2 或经盐酸酸化后，乳中 pH 降低而使酶的活性降低所致。

2）在未充入 CO_2 的非保鲜乳中（乳样1）具有最大程度的蛋白质和脂肪水解作用，这与乳中存在大量细菌密切相关。

3）此种分解作用是由乳中内源酶（如血浆酶、脂蛋白酶、脂肪酶等）作用引起的。血浆酶和脂蛋白酶等在低温下仍具有活性，并能引起牛乳中蛋白质和脂肪的缓慢降解。另外，还与细菌的种类、所分泌的胞外酶数量等有关。

4）将未经保鲜的高体细胞乳样（表 3-13）与表 3-14 中的对应样品相比，前者的蛋白质和脂肪水解作用明显大于后者。这是由于前者有更高数量的微生物，而在经保鲜的乳样中微生物的繁殖和一些分解酶的活性受到抑制。

5）表 3-14 的乳样中，在乳的储藏期间添加不同浓度的 CO_2，均能抑制微生物的生长，起到一定的保鲜作用。在保鲜乳中进一步观察发现：在 4℃储藏 0～7d，无论是高体细胞乳样还是低体细胞乳样，如果开始时充入的 CO_2 浓度相同，在储藏期间乳的 pH、CO_2 含量及抑菌效果基本都是相同的。

6）在表 3-14 中，无论是高体细胞保鲜乳样还是低体细胞保鲜乳样，充入 CO_2 或经盐酸酸化，对于脂肪水解作用都没有太大影响。

研究发现，在原料乳中加入 CO_2 能够降低蛋白质水解作用，主要是由以下两条途径引起的：一是微生物数量受到抑制，使它们的产物蛋白质分解酶降低；二是乳 pH 的降低，引起可能的内源性蛋白酶活性的降低。而对脂肪水解作用的影响主要是由微生物的生长受到抑制所引起的。在许多干酪的生产中，蛋白质的水解作用严重降低乳的经济价值。尤其对酪蛋白而言，蛋白质水解作用能够降低干酪的产量，并导致苦味的产生；脂肪水解作用使游离脂肪酸不断增加，导致恶臭味的产生，使人们难以接受。这在经酶凝乳的西班牙硬质干酪的生产中已经得到证实。因此，我们通过 CO_2 的抑菌作用来降低脂肪酶和蛋白酶的作用，以此来保证乳品的质量。

2. CO_2 的浓度、温度、压力对乳中 pH 的影响　　为得到长货架期的乳制品，液态奶的生产通常利用热处理工艺，即巴氏杀菌工艺。近来研究发现，当添加的 CO_2 浓度达 1500mg/kg 时，能够降低乳中假单胞菌的热抵抗能力。溶解的 CO_2 有助于提高巴氏杀菌过程中微生物的死亡率。利用压力计和 pH 探针可以对其进行在线检测，研究发现乳的 pH 随 CO_2 浓度、温度和压力的变化呈线性下降。当压力不变时，pH 作为温度的单值函数，在没有充入 CO_2 的牛乳中，pH 随温度的升高而降低；对于添加 CO_2 的牛乳，在一个固定的 CO_2 浓度下，压力对 pH 降低的影响在高温度时更显著。在一个固定的温度下，压力对 pH 的影响在高浓度 CO_2 条件下也更显著。因此，增加乳中 CO_2 浓度以提高压力，可以进一步降低乳的 pH，从而提高了巴氏杀菌的效果。

3. CO_2 注入温度对 pH 和冰点的影响　　Ma 和 Barbano 分别在 0℃和 40℃条件下，取来自不同含脂率的牛乳（0、15%、30%）和含脂率为 15%但脂肪特点不同的稀奶油作为被测样品。然后持续不断地注入 CO_2 使之碳酸化，在 0℃，乳脂肪大部分呈固态，在 40℃呈液态。实验表明，在 CO_2 总浓度相同的情况下，在 0℃时，将 CO_2 注入脂肪含量较高的牛乳中，结果 pH 和冰点较低。进一步研究发现，含脂率为 15%的未均质稀奶油和 15%黄油乳化的脱脂乳中，它们的 pH 和冰点无太大区别。这就表明，均质或乳脂肪物理分散状态的差异，不能影响在 0℃注射时溶解在乳脂肪中的 CO_2 数量。此外，在稀

奶油中低温注入 CO_2（如在 4℃以下），在冷藏的货架期内可能具有更好的抗微生物效果，这是由于 CO_2 在稀奶油的脱脂乳部分有更高的浓度。因为大多数乳制品都被储藏在冰点温度以下的环境中，此时乳脂肪 60%～80%也呈固态，同时有极少的 CO_2 被溶解在脂肪里，大部分都溶在脱脂乳里，所以当 CO_2 的添加对乳中 pH 的影响被测量时，乳的温度被详细地说明和控制。乳中的 pH 和冰点作为乳的重要参数，虽不能因它们的改变而杀死大量的微生物，但通过它们的变化可以间接反映出 CO_2 的充入与抗微生物效果有一定关系。所以我们研究一定温度下 CO_2 的注入对 pH 和冰点的影响是很有必要的。

4. CO_2 对细菌生长参数的影响　　已经证实，将 CO_2 充入食品中可以对食品中的细菌生长产生抑制作用，但在乳中充入 CO_2 后对细菌生长参数的具体影响却很少有人研究。利用电导率对细菌的生长进行监测，电导率数值满足细菌生长参数计算式，并与平板菌落计数有相关性。结果发现，在各种样品中，乳中被溶解的 CO_2 能明显抑制细菌的生长；对细菌的迟缓期、对数期、稳定期都有不同程度的影响，但不是对所有的微生物都起作用。CO_2 能够降低内源性细菌的生长速率，但不能导致乳中的细菌死亡。随着 CO_2 浓度的升高和温度的降低，对细菌的抑制效果会更显著。进一步研究发现，乳中充入 CO_2 后，细菌的迟缓期明显增加，原料乳中需氧菌的平板计数也明显降低，而且乳中酪蛋白和乳清蛋白均不受 CO_2 的影响。经 CO_2 处理后，乳酸含量要更低一些，据推测这可能是因为乳中微生物活性受到抑制而使产酸降低所致。CO_2 在乳中的主要影响范围是，降低大肠杆菌、嗜冷菌、蛋白质分解菌、脂肪分解菌的数量。不同的细菌对 CO_2 的处理有不同的反应。从整体的抑制效果来看，CO_2 对革兰阴性菌比对革兰阳性菌有更好的抑制效果。在原料乳中充入 CO_2 可以增加乳中细菌的迟缓期和最大增殖速度。这在革兰阴性菌中表现得尤为突出，而对革兰阳性菌只是稍有变化。研究发现，CO_2 和温度的复合作用，是一种能够明显降低原料乳中微生物生长的有效途径之一。

5. CO_2 对乳制品安全性和货架期的影响

（1）对乳制品营养安全性的影响　　CO_2 通常存在于正常的牛乳中，但加热时能够迅速地挥发，它是一种天然的抗微生物试剂。乳的生化质量（酪蛋白、乳清蛋白、碳水化合物、维生素和有机酸）不会因 CO_2 的添加而产生不良影响。当它被正确混合在乳制品中时，不改变乳的风味、外观特征和奶香味。而且，在加工过程中当我们不需要 CO_2 作用时，可采用真空脱气的方法加以除掉。因此，CO_2 通常被作为一种安全的食品添加剂。

（2）对货架期的影响　　Gill 和 Tan 通过实验已经证实，CO_2 在乳制品中的添加能够有效地抑制微生物的生长，延缓细菌的生长周期，提高乳制品的质量和安全性，增加原料乳的储藏时间，延长巴氏杀菌乳的货架期。据报道，30～40mmol/L CO_2 浓度在 7d 内 6℃环境中，对内源性微生物有很好的抑制效果，除了乳杆菌外，几乎所有的微生物都因 CO_2 的添加而受到抑制。这给乳品工业带来了更好的经济效益。在一定压力和浓度下，在冷藏的原料乳中充入 CO_2 可以降低乳中的 pH，抑制嗜冷菌的生长，延缓某些细菌的生长周期，尤其对革兰阴性菌，能够通过乳中微生物数量和 pH 的降低来抑制蛋白质分解酶和脂肪酶的分解作用。对于延长货架期的具体时间来说，CO_2 抑菌效果随浓度的增加而增加，采用低水平的 CO_2 可以限制牛乳中原有的细菌繁殖至少 3～4d，消毒后牛乳中存在的耐热脂酶和蛋白酶活力将被降到最低。在高质量的原料乳中（低细菌数和低体细胞数）充入 1500mg/kg 的 CO_2，在 4℃条件下能保存 14d，而且此时有最小的蛋白质和脂肪水解作用,且平板计数小于 3×10^5cfu/mL。因此,在乳品工业中,CO_2结合一定的温度、压力、浓度注入高微生物质量乳中能够明显降低微生物数量,而且不会影响乳品质量。

6. 结论 CO_2杀菌技术在商业上的应用已经受到越来越广泛的重视,CO_2在乳品工业上的应用也日益受到重视。虽然有关CO_2具体应用的费用不得而知,但下述几个因素决定了用于高质量牛乳的可行性:CO_2气体成本较低,易于操作;CO_2对存在于生乳中嗜冷菌的抑制效果已被验证;对乳品质量影响小,消费者易接受碳酸化原理。因此,国外许多乳品企业已经把CO_2作为一种物美价廉而又安全可靠的食品添加剂,应用到乳制品的工业化生产中,尤其是在原料乳的保鲜和干酪的制造中被更加广泛地使用。在干酪制作中,CO_2的添加可在生产线上的干酪槽进口连接处进行,已经证实它会对干酪质量产生很好的效果。充入CO_2后大大提高了产品的货架期,增加了企业的经济效益,具有很好的开发前景。

三、高压脉冲电场杀菌技术

(一)高压脉冲电场杀菌机制

高压脉冲电场杀菌是采用高压脉冲器产生的脉冲电场进行杀菌的方法。其基本过程是用瞬时高压处理放置在两极间的低温冷却食品。其机制如下:细胞膜穿孔效应、电磁机制模型、黏弹极性形成模型、电解产物效应、臭氧效应等。归纳起来,超高压脉冲电场杀菌作用主要表现在以下两个方面。

1)场的作用。脉冲电场产生磁场,细胞膜在脉冲电场和磁场的交替作用下,通透性增加,振荡加剧,膜强度减弱,从而使膜破坏,膜内物质容易流出,膜外物质容易渗入,细胞膜的保护作用减弱甚至消失。

2)电离作用。电极附近物质电离产生的阴、阳离子与膜内生命物质作用,从而阻碍了膜内正常生化反应和新陈代谢过程等的进行。同时,液体介质电离产生的臭氧具有强烈氧化作用,使细胞内物质发生一系列的反应。通过场和电离的联合作用,杀灭菌体。

(二)高压脉冲电场的处理效果

国内外研究人员使用高压脉冲电场对培养液中的酵母、革兰阴性菌、革兰阳性菌、细菌孢子,以及苹果汁、香蕉汁、菠萝汁、橙汁、橘汁、桃汁、牛奶、蛋清液等进行了研究。研究结果显示抑菌效果可达 4~6 个对数级,其处理时间极短,最长不超过 1s,该处理对食品的感官不造成影响,其货架期一般都可延长 4~6 周。

高压脉冲电场杀菌装置分为 5 个部分:高压脉冲器、连续处理器、液体食品泵、冷却装置、计算机数据处理系统。

(三)影响高压脉冲电场杀菌效果的因素

影响高压脉冲电场杀菌效果的因素有很多,主要归纳为以下 8 个方面。

1. 对象菌的种类 不同菌种对电场的承受力有很大的不同。无芽孢菌比芽孢菌更易被杀灭,革兰阴性菌比阳性菌更易被杀灭。在食品加工中,相同条件下用电场灭菌,不同菌种存活率由高到低为:霉菌、乳酸菌、大肠杆菌、酵母菌。特别需要指出的是,对象菌所处的生长周期对杀菌效果也有一定的影响,处于对数生长期的菌体比处于稳定期的菌体对电场更为敏感。

2. 菌落数　　研究中发现，对菌落数高的样品与菌落数低的样品加以同样强度、同样时间的脉冲，前者菌落数下降的对数值比后者要多得多。例如，对鲜果汁杀菌的效果比对浓果汁要好。

3. 电场强度　　电场强度在各因素中对杀菌效果影响最明显，增加电场强度，对象菌存活率明显下降。电场强度从 5kV/m 变到 25kV/m，杀菌对数曲线斜率增加一倍。

4. 处理时间　　杀菌时间是各次放电时间的总和。随着杀菌时间的延长，对象菌存活率开始急剧下降，然后平缓，逐渐变平，最后增加杀菌时间也无多大作用。

5. 处理温度　　随着处理温度上升（24～60℃），杀菌效果会有所提高，其提高的程度一般在 10 倍以内。

6. 介质电导率　　由于介质的电导率提高，脉冲频率上升，因而脉冲的宽度下降。这样，电容器放电时，脉冲数目不变，即杀菌脉冲时间下降，杀菌效果会相应下降。

7. 脉冲频率　　提高脉冲频率，杀菌效果明显。

8. 介质的 pH　　在正常的 pH 范围内，pH 的变化对高压脉冲电场灭菌效果没有显著影响。

（四）高压脉冲电场在乳品加工中的应用

乳品质量低的主要原因是原料乳的质量低。在国外，原料乳菌落总数高于 20 万 cfu/mL 就被怀疑感染乳腺炎，而在国内，由于地域的原因和资金的缺乏，可收购的原料乳的菌落总数可高达 50 万～200 万 cfu/mL。现在乳品企业在原料乳收购时普遍采取直接冷藏方式，在加工前也只仅仅采取过滤法和离心净乳法，不能在本质上减少菌落总数。菌落总数的大小直接影响了最后乳品的风味和质量，同时也决定了乳品后续加工的方法。高压脉冲电场技术是近年来研究最多的非热加工技术之一，不仅具有良好的杀菌钝酶效果，还最大限度地维持了食品的新鲜度。由于处理温度低，时间短，通常几十微秒便可完成，最后不仅可以延长食品的货架期，还节省能源，不污染环境，能使其菌落总数降低若干个数量级，保证不改变其营养结构和风味，从而提高原料乳的质量。同时，高压脉冲电场作为非热杀菌技术，不但能源消耗非常低，而且节省大量由热杀菌所耗费的水资源，从而大大降低了产品成本。

（五）高压脉冲电场在原料乳保鲜中的应用

由于牛奶营养丰富，易被微生物污染引起腐败变质，实际上牛乳在挤奶前就已经被细菌所感染，但主要是在挤奶过程中和挤奶之后被细菌污染的程度严重，机会也最多；还有在皮肤外伤部分从毛细血管侵入的细菌，病原菌则有时从血液直接进入。牛奶中细菌的种类极多，主要有乳酸菌、丁酸菌、产气菌、产碱菌及病原菌（或称致病菌）等。牛乳中常见的霉菌有白地霉、乳酪卵孢霉、蜡叶芽枝霉、乳酪青霉及灰绿青霉等。有时也发现灰绿曲霉和黑曲霉，不太常发现的是根霉属及毛霉属。用高压脉冲电场处理原料乳，原料乳中微生物细胞膜内外存在一定的电位差，当有电场存在时可加大膜的电位差，提高细胞膜的通透性。当电场强度增大到一个临界值时，细胞膜的通透性剧增，膜上将出现许多小孔，使膜的强度降低。同时，由于所加电场是脉冲电场，在极短的时间内电压剧烈波动，可在膜上产生振荡效应，微生物细胞膜上孔的出现、加大及振荡效应的共同作用可使微生物细胞发生崩溃，有效地杀灭微生物。脉冲电场能有效地杀灭与食品腐败有关的几十种细菌。实验表明，牛奶中大肠杆菌经高压脉冲电场处理，在透射电子显微镜下可清晰地看见其形态改变并且有压痕。牛奶中碱性磷酸酶失活率为 60%，牛奶中胞质素失活率为 90%，荧光假单孢菌产生蛋白酶失活率为 60%。原料乳经热杀菌后营养价值极易遭到破坏，因此，原料乳杀菌尽量要在较低温度下进行。采取高压脉冲电场杀菌技术有利于原料乳营养的保存，牛奶的风味没有发生任何感觉上的改变。

（六）原料乳的预处理与高压脉冲电场非热杀菌技术

通过以上实验可以发现，高压脉冲电场非热杀菌技术可以用于原料乳的预处理，且效果较为明显。通过提高电场强度、脉冲数和处理样的初始温度，可以提高灭菌效果，降低处理样的流速，加长处理样在处理室接受处理的时间，同样也能增强高压脉冲电场对原料乳的预处理杀菌效果。实验还发现，预处理后的原料乳在保鲜方面具有独特的优点：第一，高压脉冲电场不会引起牛奶的任何化学变化，电场预处理后将原原本本地保留生牛奶原有的营养性和味道，这是高温"消毒"办不到的。第二，省设备、方便，只要对原料乳进行一次性高压脉冲电场预处理就可以在正常环境下使牛奶在一段较长时间内保持新鲜，食用者无需其他保鲜设备。然而，牛奶的低温保鲜却不然，食用者需用冰箱或其他低温设备才能使牛奶保鲜较长时间，一旦离开低温环境，就会很快变质。实验结果表明，高压脉冲电场技术对初始细菌总数为 2.5×10^6 cfu/mL 的原料乳进行预处理杀菌，细菌总数能降低 2.6 个对数，降至 6.3×10^3 cfu/mL，且不影响原料乳的风味和成分，达到了一级原料乳的水平。

（七）牛奶加工与高压脉冲电场杀菌

研究表明，用 36.7kV/cm 和 40 个脉冲电流对接种了沙门菌的牛奶处理 25min，结果储藏在 7～9℃温度下 80d 没有测出该菌。高压脉冲电场可将天然条件下的普通牛奶的细菌总数由 10^7 cfu/mL 减少至 4×10^2 cfu/mL，而且不会影响牛奶的风味、化学和物理指标。若以大肠杆菌为实验菌株，高压脉冲电场则可立即将大肠杆菌减少 3 个数量级。

在 28℃条件下，用 40kV/cm、30 个脉冲的衰减脉冲，周期为 2μs 的电流对脱脂原料乳（0.2%）杀菌，产品在 4℃的保质期为两周。而在 80℃、杀菌 6s 后再用此方法杀菌的脱脂乳的保质期为 22d。

用高压脉冲电场杀菌方法抑制牛乳中李斯特菌活性研究表明，用 30kV/cm、40kV/cm、50kV/cm 的高压脉冲电场杀菌，可以使菌数下降 2 个数量级。分别在 25℃和 50℃条件下用高压脉冲电场对全脂牛乳（2%脂肪）和脱脂牛乳的单增李斯特菌进行杀菌，结果两种温度条件下，该菌分别下降了 1 个和 3 个数量级，但三种含脂率不同的产品之间没有明显的差异（表 3-15）。

表 3-15　高压脉冲电场杀菌种类和效果

微生物	介质	细菌下降数量级
英诺克李斯特菌 *Listeria innocua*	脱脂乳	2.6
假单胞菌 *Pseudomonas fluorescens*	脱脂乳	2.7
单核细胞增多性李斯特菌 *Listeria mocytogenes*	牛乳	3.0～4.0
都柏林沙门菌 *Salmonella dublin*	脱脂乳	3.0
都柏林沙门菌 *Salmonella dublin*	牛乳	4.0
短乳杆菌 *Lactobacillus brevis*	酸牛乳	2.0
莓实假单胞菌 *Pseudomonas fragi*	牛乳	4.5

四、超声波杀菌

超声波是频率为 $2\times10^4\sim2\times10^9$Hz 的不为人耳所听见的声波，1917 年法国物理学家 Langevin 制成发射器并成功发射，自此以后，人们对超声波的生物学作用进行了广泛深入的研究。目前，超声波在乳品加工中主要应用在对液体奶的灭菌中，对延长其保质期、保持食品安全性有重要的意义。

（一）超声波的杀菌机制

超声波杀菌的机制主要是基于其在液体中所形成的空化作用。超声波空化是聚集声能的一种方式，当超声波作用于液体，液体受到的负压力达到一定值时，媒质分子间的平均距离就会增大并超过极限距离，从而破坏液体结构的完整性，将液体拉断形成空穴，空化泡迅速膨胀，然后突然闭合，在空化泡空化的空腔激烈收缩与崩溃的瞬间产生冲击波，泡内会产生几百兆帕的高压及数千度的高温。空化时还伴随产生峰值达 10^8Pa 的强大冲击波（对均相液体）和速度达 4×10^5m/s 的射流（对均相液体）。利用超声波空化效应在液体中产生的瞬间高温及温度变化、瞬间高压和压力变化，使存在于液体里的微生物细胞受到外部强弱不等的压力撞击，从而使某些细菌致死，病毒失活，甚至使体积较小的一些微生物的细胞壁破坏。超声波可以提高细菌的凝聚作用，使细菌毒力完全丧失或完全死亡。

（二）超声波的杀菌作用

1. 超声波对细菌的作用　　早在 20 世纪 50 年代，就有用超声波杀死伤寒菌、葡萄球菌和部分链球菌的报道，并提出了用菌氮素透光度或溶液中菌氮素数值来衡量超声波对细菌影响的标准。表 3-16 列出了超声波作用后菌氮素的变化情况，发现用超声波处理细菌后，透光率增加，菌氮素相应减少。

表 3-16　超声波作用后菌氮素的变化情况

分组		细胞悬浮液中的量/mL	总氮/（mg/L）	菌氮素/（mg/L）	溶液中的氮/（mg/L）	菌氮素减少/%
Ⅰ	a	40	59.90	17.90	42.00	46.9
	b	40	59.90	9.50	50.40	
Ⅱ	a	20	47.04	15.68	31.36	50.0
	b	20	47.04	7.84	39.20	
Ⅲ	a	10	43.12	15.12	28.00	66.7
	b	10	43.12	5.04	38.08	

注：a 为对照组；b 为超声波辐照组

超声波照射可以使细菌毒力丧失或使其完全死亡，但短时间或低声强的超声波可产生相反的结果，可能会使富有生命力的细菌个数增加。因为短时间的超声波辐射使细菌细胞凝聚成群，首先发生机械分离，而分离后的单个细胞又为新的菌落提供了起源。因此，超声波对细菌的作用与声强、频率、作用时间、作用温度、细菌悬浮液的浓度和细菌种类等密切相关。例如，伤寒杆菌可以被频率为 4.6MHz 的超声波全部杀死，但葡萄球菌和链球菌只能部分地受到伤害；用 15kHz 和 20kHz 的超声波辐射光合细菌，这些细菌破裂并失去了光合性能，同时还发现，用 960kHz 的超声波辐照 20～75nm 的细菌，比辐照 8~12nm 的细菌被破坏得更严重；杆状细菌比圆球细菌易于被超声波杀死，芽孢杆菌的芽孢不易被杀死。温度升高，超声波对细菌的破坏作用加强。

2. 超声波对病毒的作用 超声波作用于病毒，可使病毒破裂。人们通过研究烟草花叶病毒发现，超声波作用于烟草花叶可以发生空化和病毒破裂，同时破裂程度不依赖于处理时间，只取决于声强和频率。近年来，采用超声波处理大麦种子，对消灭黑穗病和条纹病已取得一定的效果；还发现采用超声波和激光共同杀菌，杀菌率由原来单独超声波的 33%和单独激光的 22%提高为 100%。总之，超声波强度、频率、时间、细菌浓度和温度都会影响超声波对微生物的作用，但各个参数的作用范围目前还处于探索阶段。超声波对微生物的作用主要是机械作用，而加热是次要的。只有在过浓或过黏的悬浮液中加热作用才是主要的，弱黏结力的悬浮液使微生物表面空化作用加强，破坏作用也增加。另外，被超声波活化了的氧的氧化作用，在破坏微生物方面也起到了一定的作用。

（三）影响超声波杀菌效果的因素

1. 声强的影响 为了在液体介质中产生空化效应（这是杀菌的主动力），声强的必要条件是大于具体情况下的空化阈值。杀菌所用的声强要大于 $1W/cm^2$。声强越大，声空化效应越强，杀菌效果也就越强，但也使声散射衰减增大；同时，声强增大所引起的非线性附加声衰减随之增大，因而为取得同样杀菌效果所付出的功率消耗增加。当声强超过某一定界限时，空化泡在声波的膨胀相内可能增长过大，以致它在声波的压缩相内来不及发生崩溃，使空化效应反而减弱，杀菌效果会下降。可见，为获得满意的超声波杀菌效果，没有必要无限制地提高声强，一般情况下，杀菌声强宜取 $1~6W/cm^2$。

2. 频率的影响 频率越高，越容易获得较大的声压和声强。另外，随着超声波在液体中传播，液体中微小核泡被激活，由震荡、生长、收缩及崩溃等一系列动力学过程所表现的超声波空化效应也越强，超声波对微生物细胞繁殖能力的破坏性也就越明显，宏观上表现出来的微生物灭菌效果也就越好。但频率升高，声波的传播衰减将增大。因此，为获得同样的杀菌效果，对于高频声波，则需要付出较大的能量消耗。有学者报道，为了在水中获得空化，使用 400kHz 超声波所消耗的功率，要比使用 10kHz 的超声波高出 10 倍。因此，目前用于超声波杀菌的超声波频率多选 20~50kHz。

3. 杀菌时间的影响 一系列的研究表明，随着杀菌时间（超声波辐照时间）的增加，杀菌效果大致成比例增加，但进一步增加杀菌时间，杀菌效果并没有明显增加，而趋于一个饱和值。对其他的声化反应也如此。因此一般的杀菌时间都定在 10min 以内。另外，还有一个问题必须引起充分注意，随着杀菌时间的增加，介质的温度升高幅度会加大，这对于某些热敏感的食品杀菌是不利的。

4. 超声波形的影响 超声波杀菌可取连续波和脉冲波两种波形。连续波工作时，声能在整个杀菌过程中不断连续作用。而脉冲是间断作用的，可防止介质的显著热效应，这对于热敏感食品的杀菌是有利的。有的研究者认为在进行超声波杀菌时，利用混响声场要比进行波声场有效得多，在同样的声能量输入条件下，可达到高得多的杀菌效率。当使用脉冲超声波时，为使稳定的混响声场得以建立，以期获得高的杀菌效率，应使脉冲宽度有足够的宽余，在保证稳定的混响声场得以建立的情况下，所获得的杀菌效率等效于连续波辐照。

（四）超声波在乳品工业中的应用

超声波在乳品加工中的主要应用情况见表 3-17。

表 3-17　超声波在乳品加工中的主要应用情况

	产品	超声波强度	输入能量/（kJ/L）	备注
牛乳	钝化金黄色葡萄球菌	150W/cm²	675～1575	结合加热工艺
	钝化细菌和大肠杆菌	8.4W/cm²	—	与紫外线辐照结合
	钝化枯草芽孢杆菌孢子	150W/cm²	4500	结合加热工艺
	钝化鼠伤寒沙门菌	—	—	结合加热工艺
	钝化过氧化物酶	—	—	结合加热与加压工艺
	钝化荧光假单胞杆菌的脂肪酶和蛋白酶	—	—	结合加热与加压工艺
	牛乳均质	77.5W/cm²	—	减少婴幼儿食用时脂肪损失
干酪	抽提凝乳酶	20～41W/cm²	—	减少抽提时间，增强酶特殊活力
	乳酸菌中抽提氨肽酶	23W/cm²	517.5	减少抽提时间
	乳酸菌中抽提干酪风味物质（肽和氨基酸）	—	—	—
	超低脂干酪生产	—	—	乳化乳脂、蛋白质和水
	通过酶凝生产干酪	40W/cm²～12kW/cm²	—	瞬间完成乳的均质
其他	超声波清洗（模子、瓶及其设备等）	40W/cm²～12kW/cm²		有时需结合加热工艺
	乳糖水解	1.29～1.72W/cm²	6000～8000	pH 控制非常重要

　　超声波与传声媒质的相互作用，蕴藏着巨大的能量，这种能量在极短的时间内足以起到杀菌和破坏微生物的作用。通过对牛乳进行超声波（8.4W/cm²，1min）和紫外线辐照 20s 处理后，发现细菌总数和大肠菌群致死率分别为 93.0% 和 97.5%，凝乳酶的凝结时间延迟 10%～25%。也有人报道，对于牛乳中的荧光假单胞菌和嗜热链球菌，用超声波法与传统热杀菌进行比较发现，超声波法在温度低于 51.7℃ 时，其空化效应的灭菌效率高；温度升高后，由于蒸汽压的升高和表面张力的下降，其灭菌效率降低。这种特性能满足食品低温杀菌的要求，使超声波技术在乳品工业中有很好的发展前景。

　　超声波也可钝化乳中酶的活力，超声波对牛乳的黏度、凝结均有影响。超声波处理后，牛乳黏度下降。超声波能加速干酪凝块硬化，增强最终硬度。研究发现，超声波处理牛乳，可以使牛乳中酪蛋白和乳清蛋白产生变性作用。超声波处理全脂乳，乳清蛋白的变性作用远远高于脱脂乳的，其变性程度随牛乳温度的升高而显著增加。酪蛋白胶粒在经过超声波处理后，其变性程度并不明显。研究还发现，对牛奶中的谷氨酸转氨酶、碱性磷酸酶和过氧化物酶进行处理后，在不同的温度下，高强度的超声波对酶的影响是不同的。例如，谷氨酸转氨酶在常温下用高强度超声波连续处理 102.3s 后，仅失活 22%；若将温度提高至 75.5℃，谷氨酸转氨酶将全部失活。乳品工业中生产低乳糖含量的酸牛奶时引入超声波作用，可使 β-半乳糖苷酶活力明显提高。实验表明，引入超声波处理，乳糖浓度减少 71%～74%，而不引入超声波处理，乳糖浓度仅减少 39%～51%。许多酶促反应在水溶液中不能进行，在有机溶剂中能缓慢进行，加以超声波处理后，反应速率会明显增加。超声波激活固定化酶也是一个富有成效的研究领域，如以酪蛋白作为底物，用 20kHz 的超声波辐照固定于琼脂胶上的 α-胰凝乳蛋白酶，可使酶的活性提高 2 倍。国内也进行了类似的研究，认为频率为 20kHz、功率为 20W 的超声波可促进固定化葡萄糖酶的催化作用，使酶活力提高了 60%。

　　总之，超声波与食品介质相互作用，在极短的时间内可以起到杀菌和破坏微生物的作用，而且能对食品产生如均质、裂解等多种作用，可以保持食品品质，不会改变食品的色、香、味，不会破坏食品的组分，如维生素、氨基酸等，因此超声波在食品中的应用有非常广阔的前景。超声波技术作为一门新兴技术，能满足消费者对食品日益增长的质量及安全性的要求。但目前，超声波技术在食品方面的应用不十分成熟，还需要在超声波对食品各组分的影响、超声波应用的技术参数、使用设备等方面做进一步的深入研究。

第二篇 肉与肉制品工艺学

第四章 干肉制品

第一节 肉品干制的目的与方法

一、肉品干制的目的

干制肉品是以新鲜的畜、禽肉为原料，经熟制（近熟制）及赋予风味后，再经脱水干制而制成的一种风味肉制品。肉品的干制是人类对肉类实行的最早的贮藏、加工方式。此类肉制品风味独特、历史悠久、加工技术及配方成熟，深受消费者喜爱，特别是亚洲多国人民喜爱的一类传统肉制品。

作为一种传统的贮藏方式，干制使得肉类制品的含水量缩减至 6%～10%，而一般微生物获取营养物质均通过渗透的方式，因此必须有适宜的水分含量存在，而干肉制品的含水量远低于一般微生物生长、繁殖所要求的水分含量 15% 以上，较大程度地为控制微生物的生命活动提供可能。同时，低含水量活度（A_w）也在一定程度上减缓了制品中酶促反应速度，延长了保藏期。

此外，肉制品干制的方式不同，使得产品具有特殊的风味、口感，从而满足一些消费者的嗜好，使之同时成为一种嗜好品。而且在营养含量相同的条件下，其具有质量、体积小，便于携带、运输等优点，使之在军事、登山等户外作业和运动中有着极大的适用性。

但是一些需要复水后使用的干肉制品，其复水性又是此类产品的软肋，因为复水过程常需较长的时间或特殊的条件，特别是蹄筋等特定部位的食材；甚至某些制品会完全丧失复水的可能，对水分失去可逆性。此外，干制过程中部分风味物质也会随水分的散失而挥发。因此，现代肉制品工业不断改进、研发工艺，努力改善干肉制品的缺陷。

二、肉品干制的方法

随着肉品工业的发展，肉品干制的方法不断发展、完善，出现诸如冷冻升华、微波干制等新工艺；根据加工方式不同，一般分为自然干制和人工干制两大类。

（一）自然干制

自然干制主要指风干、晒干等方式。该法要求设备简易、成本低，但极大地受到自然因素的制约，工艺参数较难控制，因此工业生产中一般不予采用或仅作为预干制等辅助工艺应用。该工艺在传统手工制品中常用，如西藏的风干牦牛肉等。

（二）烘炒干制

该法即热传导干制、间接加热干制，主要是利用介质的导热性能将热量传递至与之接触的物料。由于不直接接触热源，此法可在常压下操作，也可于真空下进行。常见制品如我国福建猪肉松和太仓肉松等。

（三）烘房干制

此法也称对流热风干制，物料直接接触作为热源的高温热空气，将热量传递给物料，故该法可称直接加热干燥。对流干燥室内便于控温，物料受热较好，适于连续工业生产，但热风排放不利于节能。一般该法多在常压下进行，因为真空情况下气象处于低压，其热容较小，不能直接利用热风作为热源。

（四）微波干制

物料在高频电场中均匀干制。此法应用时，由于物料内部水分含量高于外部，因此物料内部温度高于外部，使得温度梯度和水分扩散的湿度梯度方向一致，从而促进物料内部水分扩散速率增大，大幅度减少干燥时间。

（五）真空干制

真空干制最大的优点在于物料干制时，可以在相对较低的温度下进行。这有利于制品不易发生高温造成的氧化等化学变化，从而改善产品质量。真空干制法常作为辅助增效手段与其他干制法共同使用，如真空冷冻升华干制。

（六）真空冷冻升华干制

在真空料仓内，物料中水分直接由固态升华为气态，从而使物料干燥脱水。此法干制速度快，同时无高温导致的不利影响，利于保持原料的原始性质、成分，复水速率相对较快；但生产设备投资大，运营维护成本高。

第二节 干制对肉的影响

肉及其制品经过干制必然会发生包括组织结构、化学成分等的一系列变化，这些变化都直接关系到制品最终的质量。此外，干制的方法、程度不同，其变化程度也有显著差异。

一、物理变化

肉及其制品经过干制后，其主要在重量、体积及色泽等方面变化较为显著。

1）水分蒸发造成重量、体积的减小。物料重量和体积的减小理论上都应该等于水分重量、容积的减小，但实践中往往出现前者略小于后者的现象。物料在干燥过程中，组织内部会出现一些大小不均匀的空隙，因此体积减小较少；特别是在如真空条件下干燥等现代工艺，其体积变化不大。

2）色泽的变化主要是由干制过程中水分急剧散失，其他物质浓度相对增大所致；同时干制过程中往往伴随着高温引起的程度不同的化学变化。

3）水分散失，同时显著地降低了终制品的冰点。

二、化学变化

不同的干燥工艺导致的肉及肉制品在干燥过程中发生的化学变化程度不一。总的来说，干燥时间与肉质变化呈正比关系，这在自然干燥生产下尤为显著。

其中最为显著的就是蛋白质的变化。经过预煮熟制的干肉制品，其蛋白质在煮制过程中已发生凝固变性，后来干制过程中发生的变性无须考虑；但鲜肉及盐干制品加热干燥过程中，肌肉中主要的肌纤维蛋白和肌溶蛋白（凝固温度 55~62℃）变化显著，其可溶性随干燥时间的延长而降低。

三、组织结构变化

肉及其制品经脱水干燥后，组织结构发生变化，导致制品质地坚韧；同时复水性也变化显著，一些干制工艺可能直接导致制品几乎丧失复水性。这些变化根据干制工艺不同，所导致的组织结构变化差异显著。例如，真空冷冻升华干燥法，其制品复水性极佳，复水后产品组织状态最为接近新鲜状态。

第三节　干肉制品加工

一、肉干加工

肉干是将瘦肉分切后、配以辅料煮制成型，而后干制而成的干肉制品。肉干制品具有加工简易、风味独特、食用方便等特点，使其在我国肉制品加工业及消费市场中十分常见。市售产品品种繁多，各产品均以其原料、风味、形状及产地等差异命名：按原料分为牛肉干、猪肉干、鱼干等，如牦牛肉干、黄牛肉干等产品；按形状分则有条状肉干、片状肉干、粒状肉干等，如牛肉粒、干鱼片等；按风味则有麻辣肉干、五香肉干、咖喱肉干等产品。现介绍常见肉干制作工艺。

（一）工艺流程

1）原料预处理→预煮→切块→复煮（加辅料）熟化→干制→冷却、成品包装。

2）原料预处理→切坯→腌制（加辅料）→煮制熟化→整形→干制→冷却、成品包装。

（二）工艺操作要点

（1）原料预处理　　原料选用健康、新鲜的动物肉，最好选用脂肪较少、瘦肉较多的前后腿肉，动物腿肉纤维长、结缔组织少、出产率高，是十分适宜加工的原材料。将挑选后的原料肉剔骨、粗分，去除脂肪、筋腱、淋巴、血管等不宜加工部分。

（2）切坯　　顺着肌纤维将原料肉切成 4~6cm 厚的肉块，清洗污物、浸泡除去血水，沥干备用。

（3）配料、腌制　　根据目标产品口味调配辅料，每 100kg 原料肉添加抗坏血酸钠 0.05kg、亚硝酸钠 0.01kg 制成腌渍料液；用腌渍料液将肉块在 0~4℃条件下腌渍 50~60h。

（4）煮制熟化　　将腌渍好的肉块置于 100℃的蒸汽下加热，待肉块中心温度达到 80~85℃时熟化完成。

（5）整形　　将熟制的肉块置于洁净的环境中冷却至室温，然后按产品目标要求切块、切条。

（6）干制　　肉干加工过程中常用烘烤、炒干两种方法脱水干制。

1）烘烤法：将肉块铺在不锈钢网盘上，置于烘箱内进行烘烤，待肉面转为红褐色、褐色时即可。烘烤过程中注意翻盘，以使肉块上下受热均匀。

2）炒干法：在锅中翻炒肉块，使肉块均匀受热，进而脱水干燥。

（7）冷却、包装　　将制成的肉干置于洁净的环境条件下冷却，然后选用阻气、阻湿性能好的包装材料进行包装；冷却过程可采用机械手段，但应严格控制温湿度，以防肉干成品吸水返潮。

（三）肉干成品理化及微生物标准

肉干成品根据 GB 23969—2009，其理化及微生物指标应达如下要求。

理化指标：水分（g/100g）≤20；氯化物（g/100g）≤5；脂肪（g/100g）≤10；总糖（g/100g）≤35；蛋白质（g/100g）≥30。

微生物指标：菌落总数（cfu/g）≤10 000；大肠菌群（MPN/100g）≤30；致病菌（沙门菌、金黄色葡萄球菌、志贺菌）不得检出。

二、肉脯加工

肉脯是指瘦肉经绞碎、腌制、烘干等工艺制成的薄片型干肉制品。肉脯制作工艺考究，并以其口感极佳、食用方便、易贮存等优良特性，成为一款消费者广泛喜爱的休闲肉制品。肉脯常以猪肉、牛肉为原料，其他动物原料较少用，如我国著名产品靖江猪肉脯等。现介绍常见肉脯制作工艺。

（一）工艺流程

原料预处理→配料、斩拌→腌制→烘干→熟制→压片、切片→成品包装。

（二）工艺操作要点

（1）原料预处理　　选用健康、新鲜的家畜后腿瘦肉。原料剔骨，去除脂肪、筋腱、血管等不宜加工部分，顺肌纤维切成大小均匀的肉块，洗净沥干待用。

（2）配料、斩拌　　据目标产品口味调配辅料；将肉块与调味料置于斩拌机内，边加水、边斩拌，使肉糜细腻、均匀混合调味辅料。

（3）腌制　　将斩拌好的肉糜置于8℃以下环境中一定时间，使肉糜良好、均匀入味。

（4）烘干　　将腌制好的肉糜平铺于不锈钢烤盘中，注意根据烘箱产量适当调整肉糜铺盘厚度。进烘箱烘干，烘至产品含水量低于20%时取出，常温下冷却；烘制过程中注意翻盘。

（5）熟制　　将冷却后的肉糜再次置于高温烘箱中，待产品表面油亮、呈现棕红色时，结束熟制；迅速取出，以防产品焦煳。

（6）压片、切片　　熟制后的产品无需冷却，立即进行压片、切片。

（7）成品包装　　选用阻气、阻湿性能好的包装材料进行包装；此工序进行时注意严格控制环境温湿度，以防成品肉脯吸水返潮。

（三）肉脯成品检验

肉脯产品感官状态色泽均匀、呈棕红色或棕黄色；产品薄厚均匀、片型整齐；表面油润、光泽，允许有少量微细空洞；产品不得出现生片、焦片等现象。

理化指标、微生物指标应符合国家标准及相应行业标准。

三、肉松加工

　　肉松是深受我国消费者喜爱的产品,其中以福建肉松、太仓肉松等最为著名。它是一种由动物精瘦肉经熟制、炒制脱水而成的一类外观蓬松的干肉制品。由于肉松质地松软、易于食用、营养丰富,其深受人们尤其是幼儿和老年人喜爱。肉松生产多以猪肉、鸡肉、牛肉及鱼肉为原料,成品则依据原料命名。以下介绍肉松生产的基本工艺。

　　(一)工艺流程

　　原料预处理→煮制→配料复煮→烘烤→搓松→炒松→包装。

　　(二)工艺操作要点

　　(1)原料预处理　　选用健康、新鲜的家畜后腿瘦肉。原料剔骨,去除脂肪、筋腱、血管等不宜加工部分,顺肌纤维切条,洗净沥干待用。

　　(2)煮制　　肉条加水迅速煮沸,清理肉汤表面浮沫及部分漂浮杂质。

　　(3)配料复煮　　依据目标产品口味调配风味辅料;添加辅料后继续小火煮制,使肉条充分入味。

　　(4)烘烤　　煮制好的肉条沥干、均匀铺于不锈钢烤盘上,在70~80℃的温度下烘烤,至肉条含水量达到50%左右时结束烘烤;烘烤过程中注意翻盘。

　　(5)搓松　　用搓松机将烘烤后的肉条搓成松散的细丝状;搓松机在搓松的过程中也具有脱水作用。

　　(6)炒松　　制品再进入炒松机进行翻炒,待制品含水量低于18%即可。

　　(7)包装　　选用阻气、阻湿性能好的包装材料进行包装;肉松制品极易吸水返潮,故此工序进行时注意严格控制环境温湿度,同时确保包装器械、材料处于干燥状态。

　　(三)肉松成品检验

　　肉松产品感官状态:色泽均匀、呈米黄色或金黄色;产品呈絮状,松软、蓬松;无不良气味;产品不得出现焦头、杂质。

　　理化指标、微生物指标:应符合国家标准,不得检出致病菌。

第五章　腌腊肉制品

腌腊肉制品是指肉品经预处理、腌制、脱水、成熟而制成的一类肉制品。腌制及腌腊是一种传统的肉品贮藏手段，但由于其制成品独特的风味，腌腊现已逐渐成为一种独特的肉制品加工工艺。现今腌腊制品的目的已从单纯的防腐保藏发展成为改善风味、提高产品质量、满足消费者特殊口味嗜好。

腌腊制品在我国及世界各国均有较长、较广泛的制作历史。一般，肉品以食盐为主，适量添加硝酸盐、香辛料及调味料等进行腌渍。形成的腌腊肉制品肉质细密、色泽分明、风味独特、咸鲜可口。其产品如陇西腊肉、南京板鸭及各色中、西式火腿等。

第一节　腌腊肉制品的加工原理

一、腌制过程中的防腐作用

（一）食盐的防腐作用

食盐是腌腊制品加工中的主要配料，绝不可少。一方面，食盐可使肉品中大量的蛋白质、脂肪等成分的鲜味在一定浓度的咸味下呈现出来；另一方面，食盐达到一定浓度（10%～15%）后能够抑制许多腐败微生物的生长、繁殖。

食盐的防腐作用主要表现在：①食盐较高的渗透压，引起微生物细胞脱水、破坏水的代谢；②影响微生物分泌的蛋白分解酶；③氯离子抑制微生物活动，钠离子和细胞原生质中的阴离子结合，对微生物有毒害作用。

（二）硝酸盐及亚硝酸盐的防腐作用

普遍认为，硝酸盐及亚硝酸盐对肉毒梭状芽孢杆菌有极大的抑制作用，同时能够在一定程度上抑制其他类型的腐败菌。肉毒梭状芽孢杆菌产生的肉毒梭菌毒素对热稳定，加工中常用到的温度对其不产生影响，而硝酸盐恰恰能够抑制该毒素，有效地减少食物中毒事件的发生。

硝酸盐及亚硝酸盐的防腐作用很大程度上受到 pH 的影响，当 pH 为 6.0 时抑菌作用明显，pH≥6.5 时其抑菌作用逐渐降低，当 pH 达到 7.0 时则完全无任何抑菌效果。

二、腌制过程中的盐渍作用

盐渍，即食盐向肉品中渗透的过程。腌制过程中，产品内部的可溶性成分与食盐及水以渗透和扩散等物理方式重新分配。腌制时食盐、水分等的再分配决定了产品对微生物的稳定性，同时极大地决定了产品的口味、韧性等。

大体来说，腌制过程中有两步，即食盐渗入组织中和组织中盐、水等的再分配。其过程通过两个途径进行：一是通过产品表层膜的渗透；二是通过肌肉组织细胞间隙毛细管系统渗透。盐水腌制肌肉组织时，随着腌制时间的延长，肌肉组织中的盐浓度逐渐升

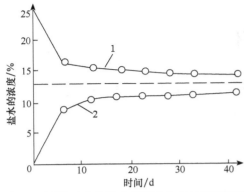

图 5-1　湿腌时水及肌肉组织中食盐浓度的变化
1. 在食盐水中；2. 在肌肉组织中

高，盐水中的盐浓度逐渐降低，最终同时接近于某一终值（图 5-1）。

食盐向组织中渗透的速度取决于盐水的浓度、肌肉组织状态、温度等因素。一般情况下，盐水的浓度越大，渗透得越快；温度越高，食盐在组织内的扩散速度越快；不同组织部位，其渗透速度不同，如脂肪没有肌肉渗透得快，故腌制较肥的猪肉时腌制过程较长。此外，腌制速度也与肌纤维的破坏程度有关，如肌纤维破坏的程度越大，渗透得越快。

三、腌制过程中的呈色作用

（一）硝酸盐和亚硝酸盐对肉色的影响

肉品腌制时食盐会加速血红蛋白（Hb）与肌红蛋白（Mb）的氧化进程，而后形成高铁血红蛋白（MetHb）及高铁肌红蛋白（MetMb），最终使肌肉丧失原始色泽，呈现紫色调的淡灰色，如常见的咸肉的色泽。而腌制配料中的硝酸钠或亚硝酸钠能够与肌肉中的色素蛋白质发生反应，形成色泽鲜亮的亚硝基肌红蛋白和亚硝基血红蛋白。同时获得色素的多少与参与反应的亚硝酸盐的量有关。其发色机制如下。

1）硝酸盐在肉中的脱氮菌或其他还原物质的作用下，还原为亚硝酸盐。

$$NaNO_3 \xrightarrow{\text{脱氮菌还原（+2H）}} NaNO_2 + H_2O$$

2）肉中的乳酸发生复分解作用生成亚硝酸。

$$NaNO_2 + CH_3CH(OH)COOH \longrightarrow HNO_2 + CH_3CH(OH)COONa$$

3）亚硝酸不稳定，分解为一氧化氮。

$$HNO_2 \longrightarrow NO + NO_2 + H_2O$$

4）一氧化氮与肌肉中的血红蛋白或肌红蛋白反应生成鲜红色的亚硝基血红蛋白或亚硝基肌红蛋白，从而改进肉色。

$$NO + 血红蛋白（肌红蛋白）\longrightarrow NO\text{-}血红蛋白（NO\text{-}肌红蛋白）$$

另外，生产时应注意，亚硝酸盐虽然能使肉快速发色，但其呈色作用并不稳定，故仅适用于从生产到货架期结束时间较短的制品；而贮藏、销售周期长的产品则应使用硝酸盐。现代工业生产中，为了平衡产品效果及生产成本等因素，常常使用不同配比的混合腌料。

（二）发色助剂对肉色的稳定

发色助剂主要是促进 NO 生成，防止 NO 及亚铁离子的氧化。发色助剂常常是还原性较好的还原剂，它能够促使亚硝酸盐还原成一氧化氮，并防止生成的一氧化氮被氧化为二氧化氮。通常混合助色剂能够达到防止肌肉褐变的作用。

生产中常用的发色助剂有抗坏血酸、异抗坏血酸及其钠盐、烟酰胺等。

四、腌制过程中的保水作用

保水性是指肉品在加工过程中对自身水分及外源添加水分的保持能力。深泽氏通过实验证明（图5-2），肉品的保水性主要与肌肉中的肌球蛋白有关。

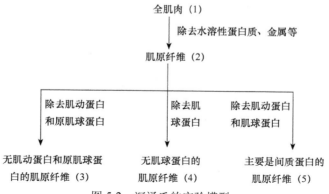

图 5-2 深泽氏的实验模型

实验将肌肉加2.5%的NaCl后制成灌肠，测定各种不同状态的蛋白质数量与黏结性的关系。结果得出（表5-1），处于（4）、（5）状态下，灌肠无黏结性；而在（2）、（3）状态下黏结性良好。结果说明，肌肉中起保水、黏结作用的主要是蛋白质中的肌球蛋白；一旦肌肉中失去肌球蛋白，则肉品即丧失保水性和黏结性。

表 5-1 不同状态下蛋白质数量同黏结性的关系

状态	残留蛋白质量/%	残留ATP酶活性/%	由ATP形成沉淀	灌肠的黏结性
（1）	100.0	100.0	+	+
（2）	71.4	97.4	+	+
（3）	45.4	92.6	+	+
（4）	55.2	25.9	+	—
（5）	28.8	9.3	+	—

（一）食盐的保水作用

前人证实，Na^+与Cl^-能够与蛋白质结合，使得蛋白质立体结构在某一条件下改变、松弛，继而增强肉品的保水性。同时，外源离子的介入，增强了肉的离子强度，肌纤维蛋白质数量增多，这些纤维状肌肉蛋白质加热后能够包裹水分后凝固，使得肉的保水性增强。肉制品生产中，复合磷酸盐的添加量应控制在0.1%～0.3%，如添加量过大则会对肉品色泽造成一定影响，并使产品损失风味。

（二）磷酸盐的保水作用

目前肉及其制品加工中常使用到的磷酸盐是由焦磷酸钠（$Na_5P_5O_7$）、三聚磷酸钠（$Na_2P_3O_{10}$）和六偏磷酸钠组成的复合磷酸盐。各磷酸钠均有其重要作用，焦磷酸钠可增进肉与水的结合能力，从而使产品更加有弹性；三聚磷酸钠对金属离子具有极强的螯合能力，并防止肉品酸败；六偏磷酸钠则能够促进蛋白质凝固，减少产品水分流失。

关于磷酸盐增强肉的保水性和黏结性，目前已清楚的机制如下。

1）提高pH：磷酸盐呈碱性反应，加入肉品中提高肉品的pH，从而增强肉的持水性。

2）增加离子强度：多磷酸盐为多价阴离子化合物，可使球状蛋白溶解度增大，从凝胶态转变为溶胶态，进而提高肉的持水性。

3）螯合金属离子：多磷酸盐能够与多价金属离子结合。加入肉品中，多磷酸盐与肉品中的 Ca^{2+} 及 Mg^{2+} 结合，解离出蛋白质中的羧基（—COOH），羧基之间同性电荷发生相斥作用，造成蛋白质结构松弛，增进肉品的持水性。

4）解离肌动球蛋白：焦磷酸盐和三聚磷酸盐能够将肌肉蛋白质的肌动球蛋白解离为肌球蛋白和肌动（肌凝）蛋白，肌球蛋白的增加使得肉的持水性能得以提升。

第二节　腌制方法

腌制一般用到 4 种方法，即干腌法、湿腌法、注射腌制法和混合腌制法。腌制方法的选用依据目标产品进行；生产中为缩短腌制时间、提高生产效率，也可多法混用进行腌制。

一、干腌法

用食盐或食盐与硝酸盐的混合物及调味液涂擦料肉表面，后将肉块置于容器中。用此法腌制料肉时，料肉内部渗出一些水分和可溶性蛋白质与矿物质等形成盐水，依据渗透及扩散作用，自行完成腌制过程，故整个腌制过程较漫长。此外，干腌时肉制品必然失水，失水程度取决于腌制时间及用盐量；通常腌制周期越长、用盐量越大、料肉越瘦、腌制温度越高，产品失水越严重。此外，涂料不均也会导致腌制不均、失重较大、色泽较差等现象。

干腌法工艺简单、生产设备要求不高，传统手工制作中最为常见。但其产品风味、质地独特，故应用较多。例如，我国的"南腿""北腿"、咸肉、风干肉、腊肉等均用此法；国外采用干腌法生产的产品不多，能见到的主要有一些地域特色浓郁的地方火腿。

二、湿腌法

将经过预处理的料肉完全浸入配制好的腌制料液中，利用扩散作用，让腌制液渗入肉品内部、并均匀分布。

湿法腌制后，产品盐分均匀、质地柔软，同时料液也可重复利用；但此法制得的产品水分含量相对较高，较难长期贮藏，同时产品蛋白质流失严重，风味不及干腌法。

三、注射腌制法

肉品腌制之前，先行用注射器向肉内注入一定浓度的盐水，后置于腌料中进行盐渍，此法能够加速料液渗入肉品内部。注射腌制一般有两种方式，即动脉注射和肌肉注射。

1. 动脉注射腌制法　向动脉血管中泵入盐液，但此法适用于血管没有损伤的、组织完整性较好的肉品，一般用此法对前后腿肉进行腌制。

2. 肌肉注射腌制法　肌肉注射适用于分割肉，注射使用单针头或多针头注射器。此法对肌肉组织的完整性有一定破坏；注射时应缓慢注射，否则会导致腌液过多地聚集于某一部位，短时间内难以散开；此外，成品相较于干腌制品风味较差。

四、混合腌制法

该法是将干腌与湿腌相结合的一种方法。此法应用广泛，一般先将肉品进行干腌、后置于腌液中进行湿腌，最后可根据产品再次进行干腌；或者先给肉品注射腌料后，再在肉品表面涂擦干腌料，最后放入盐水中浸渍。此法使得肉品在腌制时腌料分布均匀、适当升温更能提升腌制速度；制得的产品贮藏性能相对较好、产品无过度脱水现象等。

第三节　腌腊肉制品加工

一、咸肉加工

咸肉即常见的盐腌肉，产品在我国南、北方较常见，其中以上海咸肉、四川咸肉等较著名。产品是用猪肋条肉经食盐及其他调味料腌制而成的生肉制品。

（一）工艺流程

原料整理→开刀门→腌制→成品。

（二）工艺要点

（1）原料整理　　对所选料肉进行修整，去除血管、淋巴及横隔膜等。

（2）开刀门　　　即在料肉上割一些刀口，俗称开刀门，主要是为了加速腌制。

（3）腌制　　使用食盐及其他调味料腌制，食盐用量一般为每100kg鲜肉用盐15～18kg，部分产品可添加硝酸钠发色。腌制时分三次用盐如下。

第一次用盐，用盐量占总盐量的30%，在料肉表面涂擦，排出肉中血水。

第二次用盐，用量约占总盐量的50%，第二次用盐一般在第一次用盐的次日进行。首先沥干料肉，后重新均匀涂抹新盐，刀门处也应适量入盐。

第三次用盐，于第二次用盐4～5d后进行，将剩余腌盐全部使用。第三次用盐腌制7d左右后，即成半成品嫩咸肉；后继续保持腌制10d左右得成品，成品率一般可达90%。整个腌制过程中，除总用盐外，可根据产品腌制状况如部位、肉厚等适量补充入盐；腌制过程中还应注意堆码，料肉应层层堆码、稍有倾斜、以便盐卤聚积、并渗入各个部位。

（三）咸肉贮藏

贮藏有堆垛和浸卤两种方式。堆垛法是在−5～0℃的冷库中进行，堆码应整齐，出库时如贮藏时间长，则产品会有一定量的损失；浸卤法则是将咸肉浸没于24～25°Bé的盐水中，此法可延长贮藏期，同时保持肉色、产品出库沥干后重量无损失。

二、腊肉加工

腊肉是原料肉经处理后以腌料腌制，经长时间风干、发酵或人工烘焙而成的一类肉制品，食用时可凉切或加热食用。腊肉品种很多，依胴体部位、原料品种等各有差异。我国四川腊肉、广式腊肉等较为出名。四川腊肉色泽鲜明，皮红肉黄，咸中带有腊香味；广式腊肉则选料严格，成品肉质细嫩、香味浓郁、咸鲜爽口，以色、香、味俱佳而久负盛名。

（一）工艺流程

原料整理
腌料配制 ｝→ 腌制 → 风干、烘烤、熏烤 → 成品

（二）工艺要点

1. 原料整理 选取皮薄肉嫩、肥膘在 1.5cm 以上的新鲜猪肉为原料，一般选用通脊肉或肋骨肉，其他部位也可。选用肉肥瘦比例为 5：5 或 4：6 左右，剔除骨头及软骨组织后，依标准分切为一定尺寸的肉坯。广式腊肉一般切为长 40～60cm、重约 200g 的薄肉条；四川腊肉则切成每块长 30～50cm、宽 25～40cm 的肉块。手工制作时则常于带皮肥膘的一端刺孔，以便吊挂风干。料肉切坯后用洁净的温水漂洗，去除污物及油垢。

2. 腌料配制 除盐外，依口味习惯适当添加其他调味料，如花椒等，也可加入硝酸钠盐以保持色泽。

3. 腌制 腌制工序，一般干腌、湿腌及混合腌制三法均有使用。干腌时注意腌料涂抹后应反复揉搓肉面、同时注意狭缝及槽头处的堆料；堆码时底层下面及顶层上面都应为皮面。腌制时间视料块大小及腌制方法而异，以腌透为度。

4. 风干、烘烤、熏烤 腊肉手工制作及原始工艺中常常利用风干法，但生产中为加快生产速度，常常对产品进行烘烤。烘烤间温度应以控制在 45～55℃为宜，且温度恒定，不可忽高忽低；烘烤时间据料坯大小而异，一般控制在 24～72h 即可。烘烤时应注意，避免温度过高，以防产品烤焦、肥膘过黄，以及快速脱水导致的"干壳"；温度过低则有可能造成水分蒸发不足、产品发酸等。经一定时间烘烤后，产品表面干燥、同时有出油现象时即可视为烘烤终点。

烘烤后的料坯直接进入干燥通风的晾挂室冷却降温，待降至室温即可。此操作过程一定注意防潮工作，以防制品吸水、受潮。

熏烤过程不是必需的，视产品而定。需熏烤的产品，烘烤后进入熏房熏制即可。

5. 成品 成品包装时应尽量使用真空包装。市面上真空包装的腊肉制品，保质期一般可达 6 个月以上。

三、板鸭加工

板鸭又称"贡鸭"，是我国传统的禽肉腌腊制品。板鸭始于明末清初，其中以始创于江苏南京的南京板鸭和创于南安（今江西省大余县）的南安板鸭最负盛名。现以南京板鸭为例介绍板鸭加工工艺。

（一）工艺流程

选料 → 宰杀 → 浸烫褪毛 → 开膛取出内脏 → 清洗 → 腌制 → 晾挂 → 成品。

（二）工艺要点

1. 原料选择 选择健康、无损伤的肉用活鸭，体长、身宽、胸腿肉发达，其中以两翅下有"核桃肉"、尾部四方肥者为佳。活鸭宰前常用稻谷等催肥 15～20d，以使料肉膘肥、肉嫩、皮肤洁白，这种催肥方式能使料肉脂肪熔点高，贮藏时不易渗油、变哈喇。以该饲料催肥后制成的板鸭常称为"白油板鸭"，是板鸭中的上品；而催肥期饲料主要以玉米、糠麸等为主时，则料肉体表皮肤淡黄，肉质松软，成品易收缩渗油甚至变味。

2. 宰杀

（1）宰前断食 剔除病、伤鸭后，将待宰鸭圈入待宰场，并于宰前 12～24h 停止喂食，只供饮水。

（2）宰杀放血 板鸭为全净膛，为了使内脏易被拉出，多采用颈部宰杀，下刀时注意力度，防止力度过大导致掉头、形成次品，常以刚好切断三管为宜。

3. 浸烫褪毛 待鸭死后且体热尚未散失时放入 65℃ 的热水内，一般于宰后 5～10min 进行；因为鸭体冷凉后，全体毛孔紧缩、拔毛较困难、不易拔尽。拔毛顺序一般由头颈开始，而后依次拔去两翅、肩背、胸腹的余毛，最后清理尾部。脱毛时应脱尽掌衣及嘴衣（加工南安板鸭时应注意保留嘴衣，此为南安板鸭的一大特征），然后拉出鸭舌。

4. 开膛取出内脏 开膛拉出气管及食管，左右翅下划出半月刀口取出心脏、肝等内脏。注意清理直肠内堆积的未排粪便，在距肛门 4cm 左右处拉断直肠，去除所有内脏。

5. 清洗 去除内脏后，先用冷水冲洗体内内脏残余物和血液，后将鸭体置于冷水中浸泡 4～5h，从而浸出体内血液。完工后沥干鸭体准备腌制。

6. 腌制 板鸭腌制工艺一般有擦盐、抠卤、复卤、叠坯 4 个过程。

（1）擦盐 将沥干的鸭体人字骨压扁，用炒熟的细腻食盐遍擦体内外，置于干腌容器中腌制。用盐量一般为净鸭重的 1/16；先将总盐的约 3/4 包入体内，反复转动、轻揉鸭体使食盐布满体腔；然后将余盐涂于大腿、刀口及鸭胸两旁肌肉等部位上。

（2）抠卤 经一定时间干腌的鸭体需取出、撑开肛门后排出盐水及血水，该过程即抠卤。一般在腌制 12h 后进行一次抠卤，以便放出大量盐水；又经 8h 左右后第二次抠卤，以排出血水等。

（3）复卤 抠卤完成后进行湿腌，称复卤。即从鸭体翅下刀口处灌入卤液，然后浸入卤液腌缸内，用重物压住鸭体，使鸭体完全浸入卤液进行腌制，一般腌制 24h 以上。

（4）叠坯 鸭体腌制好出缸后，依抠卤法排出腌液，沥干、压成扁形，再层叠放入缸内 2～4d，此过程即叠坯。

7. 晾挂 取出鸭体后，简单冲洗，然后将鸭体展开晾挂于晾挂架上，通风晾干鸭体；适当整形后于贮藏库中晾挂 2 周即得成品板鸭。

（三）成品板鸭的质量要求

板鸭质量一般要求成品全体干燥、皮面光洁无皱纹；肌肉紧缩、胸部凸起，颈椎露出切口呈扁圆形；肉体切面平整、致密，呈玫红色；产品具板鸭特有滋味。

四、中式火腿加工

中式火腿一般是采用猪后腿或前腿等精料腌制、整形，并历经较长时间的成熟而得的一类肉制品。火腿属上等的腌腊肉制品，名产品选料及制作过程要求严格。我国出产的著名产品有浙江金华火腿、云南宣威火腿、江苏如皋火腿、湖北恩施火腿、贵州威宁火腿及四川剑门火腿等；其中以浙江金华火腿及云南宣威火腿最具代表性，二者俗称"南腿""北腿"，换言之，二者在中式火腿的南、北生产工艺上具有一定的代表性。

浙江金华火腿素以造型美观、做工精细、肉质细嫩、味柔清香而著名。因其上品造型精致独特、酷似琵琶，也称"琵琶腿"等。浙江金华火腿早于 1915 年，曾在巴拿马国际商品博览会上荣获金质奖。云南宣威火腿也称"云腿"，产于我国云南省宣威市，在1915年巴拿马国际博览会上，云南宣威火腿曾荣获金质奖。孙中山先生为其题词"饮和食德"。

现以浙江金华火腿为例，讲解中式火腿生产工艺。

（一）工艺流程

整取鲜猪后腿、修整→上盐→腌制→洗腿→晒腿→整形→发酵→精修→堆垛→成品。

（二）工艺要点

1. 选材　　选用浙江金华当地"两头乌"猪的后腿，挑选皮薄、腿芯饱满、瘦多肥少的原料腿。一般要求腿坯重以5.0～7.5kg为宜。

2. 腿坯修整　　去除毛及屠宰时遗留的污物，使皮面光洁。后削平、修整骨头，去除尾椎及脊骨，使肌肉外露；刮去肌肉上黏附的脂肪等；最后推挤出动脉内的淤血。

3. 腌制　　腌制过程极其重要，决定成品质量等级。金华火腿采用食盐和硝石、以堆叠干腌法腌制，腌制过程中需反复擦盐和倒堆6～7次，总过程约需30d。用盐量占腿重的9%～10%。同时应依据不同气温，适当调整加盐次数、腌制时间等条件。一般最佳腌制温度为0～10℃。以5kg腿为例，具体加工如下。

第一次用盐（小盐），使料肉内淤血及水分排出，用100g左右的盐均匀涂布于腿面。

第二次用盐（大盐），于小盐次日上盐翻腿。用大盐前推挤出淤血，用盐量约为250g。

第三次用盐（复三盐），上大盐3d后进行，用盐量约为95g。对腿型较大、三签头处余盐量少的可适当增加用盐量。

第四次用盐（复四盐），复三盐7d后进行，用盐量约为75g。检验盐溶化程度，溶化多则补盐，抹去腿面局部粘盐、复涂干盐，以防腿皮发白、无光泽。

第五次用盐（复五盐），上次用盐间隔7d后，检验盐分是否完全渗透。腿型大的如三签头处无盐时，适量补盐；腿型小的则无需再补。以此为据，决定是否第六次用盐（复六盐）。

腌制时应注意，尽量分开腌制大、小腿，使三签头检验更具代表性，以便控制用盐量；倒堆是防止脱盐；根据温度变化，及时调整盐量和翻堆等。

4. 洗腿　　洗去腿面上的盐渣及黏附的渗出物等，以便保持后续工艺品质及适度使盐散失，产品咸淡适中。洗腿一般需于清水中浸渍2h左右后洗刷，并再次剔除余毛。必要时可进行2次洗腿。

5. 晒腿、整形　　沥干上道工序中的水分，并再次整理腿面。整形过程一般在产品于晾晒场中晒腿时进行，使产品确定一定的形状，同时使得肌肉经排压后更加紧缩，利于产品发酵成熟。整个工序以产品干洁、腿型固定、皮面平整、肌肉坚实为标准进行。

6. 发酵鲜化　　上述工序完成后的火腿，在外形、颜色、气味及坚实度等方面并未达到相应要求，风味方面与一般咸、腊肉并无二致。而发酵鲜化过程一方面使制品水分继续蒸发；另一方面则使肉中蛋白质、脂肪等发酵分解，使产品形成良好的色、香、味。该工序具体操作：将晾晒好的火腿置于通风条件下，吊挂发酵2～3个月，直至肉面形成绿、白、黑、黄色霉菌及其他火腿正常菌群时结束发酵。发酵过程中霉菌分泌的酶能够促使肌肉中蛋白质、脂肪发生发酵分解作用，从而使火腿逐渐产生鲜、香味。

7. 精修　　发酵完成后，腿部肌肉会干燥收缩，应再次对产品形状进行修整，以保证腿形。

8. 堆垛　　视干燥程度分批、分类上架。堆码时肉面朝上、皮面向下（图5-3）。垛高控制在15层以内；每10d翻倒一次，可将流出的油脂涂于肉面。

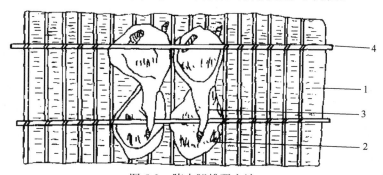

图5-3　腌火腿堆码方法
1. 篾笆；2. 腌腿；3. 压住血筋；4. 竹片

（三）金华火腿规格及质量标准

火腿与其他产品不同，不能单靠仪器等方式鉴定，需要竹签检插后用嗅觉来确定。竹签检插位置如图5-4所示；相应规格及质量标准见表5-2。

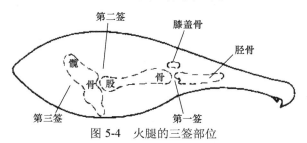

图5-4　火腿的三签部位

表 5-2　金华火腿的规格及质量标准

等级	香味	肉质	重量/（kg/只）	外形
特级	三签香	瘦多肥少，腿芯饱满	2.5～5.0	竹叶形、皮薄、脚直、皮面平整，色黄亮、无毛，无损伤、无疤，无虫蛀鼠咬，油头小，无裂缝，刀工光洁、样式美观、皮面印章清晰
一级	二签香，一签好	瘦多肥少，腿芯饱满	>2.0	出口腿无伤疤，内销腿无大红伤疤，其他要求同特级
二级	一签香，二签好	腿芯稍偏薄，脚头稍咸	>2.0	竹叶形、爪弯、脚直、稍粗，无虫蛀鼠咬，刀工细致、无毛、皮面印章清楚
三级	三签中一签有异味（无臭味）	腿质较咸	>2.0	无鼠咬伤、刀工粗略、印章清晰

五、西式火腿加工

西式火腿一般分为带骨及去骨火腿两大类，原料一般使用品质较佳的猪肉，部分国家如日本也使用鸡肉及鱼肉等原料。常见的西式火腿品种有熏火腿、方火腿、卷火腿、圆火腿、盐水火腿、里脊火腿、肠衣火腿及挤压火腿等；其中盐水火腿自 20 世纪 60 年代面世以来，以其质量、口感等较佳，生产成本低等优势逐渐占据消费市场主导地位。现介绍最为常见的盐水火腿加工工艺。

（一）工艺流程

原料修整→注射盐水→低温腌制→滚揉→充填、装模→烟熏、蒸煮→冷却→包装。

（二）工艺要点

1. 原料修整　　将屠宰分割后的鲜猪肉尽快去除皮、骨、筋腱、隔膜及多余的脂肪即可。盐水火腿制作时也可使用冻肉，但一般鲜肉的制品得率要高于冻肉。

2. 注射盐水　　使用专门的定量注射机向整理好的料肉注射盐水，注射量一般为料肉重的 20% 左右，注射时注意不要将料肉刺穿，以免盐水渗出。注射用盐水多用一定配方的混合粉剂配制而得。该混合粉剂配方各生产商均不同，往往注册成专利，一般需使用的配料大致有食盐、食糖、维生素、亚硝酸钠、磷酸盐及多种品质改良剂等。

3. 低温腌制　　将料肉置于冷凉处腌制 2~3d，注意腌制过程中翻动料肉，以便腌制充分。

4. 滚揉　　在滚揉机内滚揉料肉数次，注意滚揉过程中可适量添加 2% 左右的大豆蛋白，以便增进产品黏结性和提高终产品产率。

5. 充填、装模　　普通肠衣火腿使用填充机将料肉紧实灌入肠衣中；方、圆火腿则需于注膜后压缩。总之该过程要求产品注膜应紧致、空隙少、空气少等。

6. 烟熏、蒸煮　　烟熏过程主要是为产品赋予特殊的风味。烟熏过程在熏房内进行，通常燃烧木屑等获得熏烟，将熏烟过滤除去多环烃后引入熏房，烟熏温度控制在 60~70℃；纤维状肠衣可直接进行烟熏，待制品表面干燥、张紧、有光泽即可终止。塑料肠衣不可直接烟熏，常于充填前使用烟熏液对料肉进行注射或喷雾以获得烟熏风味。

烟熏结束后进行蒸煮，以 72~75℃、2~4h 即可，具体参数依据产品实际大小而定；通常产品中心温度达到 68℃ 即标志产品已煮熟，即可终止蒸煮。

7. 冷却　　冷却过程要求快速，使产品迅速降至室温，生产中大多使用冷水喷淋法。先进的生产线中常会使用较多的全自动、连续化生产设备，冷却过程常于烟熏室或干燥室内烟熏、蒸煮后段工序内完成。

8. 包装　　包装一般无特殊要求，常据市场要求及销售方式进行包装。

第六章 酱卤肉制品及肉类罐藏制品

第一节 酱卤肉制品

酱卤肉制品，即原料肉经食盐、酱油及香辛料等煮制而成的一类肉制品。酱卤肉制品的制作可分为调味和煮制两个过程，制作难度不大，故在我国是一种极常见的传统肉制品；产品在强调调味料香味的同时，也较好地呈现了肉本身的香气，深受消费者喜爱。各色产品在我国各地均有生产，根据饮食习惯也逐渐形成了许多独具特色的名产品，如北京月盛斋酱牛肉、苏州酱汁肉、德州扒鸡、安徽符离集烧鸡等。其中北方的酱卤肉制品更突出咸味，而南方的产品则注重强调甜味。

各色的酱卤肉制品依生产时加入调味料和香辛料的种类、数量不同，一般分为酱制品、卤制品、糖醋制品及糟制品等。

一、酱卤肉制品的种类

（一）白煮肉类

白煮也称白烧、白切，是料肉直接在盐水中煮制而成的一类肉制品，加工中也有料肉用食盐腌制后在清水中煮制的方式。产品加工中仅使用到食盐，基本保持产品原始色泽及鲜味。常见产品有白切肉、白切猪肚、白斩鸡及盐水鸭等。

（二）酱卤肉类

（1）酱制品　　也可称为红烧或五香，是酱卤制品中最有代表性的一类。酱制品生产时所用调味料及香辛料种类、数量较多，加工时将各种原、辅料一起下锅，大火烧开、文火收汤，产品酱香味浓。

（2）卤制品　　卤制品主要使用盐水及少量调味料、香辛料煮成清汤之后，再将料肉下锅以旺火煮成，产品色淡，突出原料原有的色、香、味。

（3）酱汁制品　　在酱制的基础之上，加入红曲米熬制，使产品具有樱红色泽；在肉汁将要收干前，将糖汁刷于肉面。产品色泽诱人，咸中带甜。

（4）蜜汁制品　　蜜汁制品加工时，是将锅内肉块煮烂、汤汁黏稠时，捞出并沥干料肉下锅油炸，然后再向汤汁锅内加入白糖和红曲米水、进一步熬制浓汁，将所得浓汁均匀浇在油炸过的料肉上即得蜜汁制品。蜜汁制品多为红褐色，表面发亮，鲜香可口，如蜜汁排骨等。

（5）糖醋制品　　糖醋制品加工与酱制品加工类似，只是需要在配料中加入糖和醋，以赋予制品一定的酸甜味。

（三）糟肉类制品

糟肉类制品是用酒糟、香糟等代替酱汁而制成的一类产品。产品加工时首先将料肉进行白煮，然后用糟曲糟制而得。加工相对简易，产品风味独特，曲香浓郁。加工时应注意使用风味、色泽纯正的上等糟曲制作。常见的糟肉、糟鸡、糟鹅均是我国的著名产品。

二、酱卤肉制品的加工

酱卤肉制品的加工主要有两个过程，即调味及煮制（酱制）。现以如下产品为例简要介绍酱卤肉制品加工的一般过程。

（一）酱牛肉

酱牛肉味道鲜美、营养丰富，是一种十分常见的酱肉制品，在我国各地均有生产，各地依饮食习惯不同制作时使用到不同香辛料。产品呈褐色、肉烂、味道鲜美。

1. 常用配料　酱牛肉的常用配料见表6-1。

表6-1　酱牛肉的常用配料（kg）

配料	用量	配料	用量
鲜瘦牛肉	50	姜	0.5
食盐	3	蒜	0.05
面酱	4	葱	0.5
白酒	0.2	五香粉	0.2

2. 生产工艺

（1）选料、整理　选择瘦多肥少的新鲜牛肉，剔除筋腱、隔膜及肥膘等，然后切为一定重量、形状的肉坯，用清水洗净待用；葱、姜、蒜等辅料处理后制成调料包。

（2）预煮　将肉坯置于沸水中煮制约1h、打出血沫，然后捞出肉坯用清水冲洗至无血水即可。

（3）煮制　将各种调料及辅料包与预煮过的肉坯一起下锅煮制，大火煮开后、改小火慢炖，待肉煮烂时出锅，冷却后即得成品。

（二）酱鸭

酱鸭以糖色为基色，制作时使用适量酱油以调味并赋色，产品制作时酱卤兼用；成品色泽独特、香气浓郁。

1. 常用配料　酱鸭的常用配料见表6-2。

表6-2　酱鸭的常用配料（kg）

配料	用量	配料	用量
鲜肥鸭	1.5	葱	0.1
酱油	0.25	食用油	0.2
白糖	0.3	五香粉	0.05
生姜	0.05		

2. 生产工艺

（1）选料、整理　将鸭子洗净去翅、爪、舌，翅下开口取出内脏；清理好后，用清水浸泡、以浸出血水，沥干后再次浸于盐水中约1h，最后晾挂沥干卤汁。汤锅加热后，均匀浇于鸭体表面、使鸭皮收紧，挂起沥干。辅料制成调料包。

（2）上色　炒锅内放入食用油升温、再加入适量白糖持续翻炒，待锅中微微起烟时倒入少量热水；然后将所得糖液均匀浇于鸭体，挂起吹干即可。

（3）煮（酱）制　汤锅中放入各种调味料及调料包后烧开、打去浮沫；然后将鸭置于锅中酱制，完成后沥干鸭体，将油刷于鸭体表面即成成品。

（三）盐水鸭

盐水鸭制作过程相对便捷，可现做现售。产品肉质细嫩，口味鲜美，营养丰富。我国的南京盐水鸭是其中有代表性的一种著名产品。

1. 配料　　健康肥鸭、食盐、葱、姜、八角等。

2. 生产工艺

（1）选料、整理　　选取健康的肥鸭、去翅去爪，翅下开膛、取出内脏，用清水洗净、浸泡去血水后沥干待用。

（2）腌制　　将食盐及其他调味料干炒而成的腌料均匀涂擦于鸭子体表、塞于体腔，进行干腌，用盐量每只鸭 100～150g，腌制 2～4h。干腌完成后扣卤、继续复卤 3～4h 完成腌制，沥干待用。复卤是由食盐、葱、姜及各种香辛料熬煮而成的老卤。

（3）烘坯　　将鸭挂于 40～50℃的烘房内，热烘 20～30min，以除去多余水气，待鸭烘干、体表未变色时立即取出、冷却。热烘时注意烘房温度的控制，防止温度过高造成鸭体表变色及鸭体表皱裂等现象，影响产品品质。

（4）上通　　用直径约 1cm、长 6cm 左右的中空竹管插入鸭的肛门，再从开口处向腹腔内填入姜、葱、八角等调味料及香辛料，然后用开水浇淋鸭体表，使肌肉、外皮紧绷，外形饱满。

（5）煮制　　水中将葱、姜、八角煮沸、出香后停止加热，将鸭放入汤水中，开水很快进入体腔，立即将鸭提出以放出体腔内热水，再将鸭放入汤中小火焖煮 20min 左右，如此重复 2～3 次即可。注意煮制时温度控制在 85～90℃，以防止肉中脂肪过度熔解导致肉质变老。

（四）烧鸡

烧鸡是酱卤肉制品中重要的一类熟禽制品，产品造型美观、色泽鲜艳、肉嫩易嚼，各色产品历史悠久，不乏享有盛名的特色产品，其中以河南道口烧鸡、安徽符离集烧鸡及山东德州扒鸡最为著名。现以河南道口烧鸡为例，简要介绍烧鸡加工工艺。

1. 常用配料　　烧鸡的常用配料见表 6-3。

表 6-3　烧鸡的常用配料（kg/100 只鸡用料）

配料	用量	配料	用量
砂仁	0.015	草果	0.03
丁香	0.003	良姜	0.09
肉桂	0.09	白芷	0.09
陈皮	0.03	食盐	3
豆蔻	0.015	亚硝酸盐	0.015

2. 生产工艺

（1）选料、整理　　选取健康的肥鸡，并于宰前禁食 12～24h，切断三管法宰杀；浸烫去毛，再在清水中揉搓表面，剔除细毛。

（2）开膛、造型　　于脖根处切口取出嗉囊及三管；于胸骨处开膛，去除内脏，用清水洗净；最后去爪、肛门。

造型是道口烧鸡一大特色。一般用一截木棍插入鸡腹内、撑开鸡体，再把两腿交叉插于肛门处切割口内，两翅交叉塞进鸡口腔内，整体呈两头尖的半圆形。造型完成后将鸡体在清水中浸泡 1～2h，待鸡体发白后取出沥干、待用。

（3）油炸、上色　　在沥干的鸡体表面均匀涂抹蜂蜜水溶液，沥干后放入 170～180℃ 的植物油中翻炸 1min，待鸡体呈浅橙黄色时取出。翻炸时注意防止破皮。

（4）煮制　　将各种调味料及香辛料装于料包中置于锅底，逐层整齐放置炸制好的鸡，缓缓注入老汤后加适量清水，最后用竹篦压在最上层防止鸡上浮。煮制时先用旺火烧开、后改用文火焖煮。煮制时间随鸡龄、个体重等适度调节。煮制完成取出沥干即得成品。煮制及取出时注意保持鸡体造型及外观的完整性。

第二节　肉类罐藏制品

一、肉类罐头的种类

罐头食品是各种密封容器包装的，经过适度的热杀菌后达到的商业无菌，在常温下能较长时间保存的罐藏食品。肉类罐头种类繁多，分类各异。一般肉类罐头按加工及调味方式分为清蒸类罐头、调味类罐头、腌制类罐头、香肠类罐头、烟熏类罐头及内脏类罐头等。

二、肉类罐头加工工艺

（一）工艺流程

制罐→清洗、消毒→原料处理→装罐→预封→排气→真空封罐→杀菌→冷却→保温检验→成品。

（二）工艺要点

1. 制罐、清洗、消毒　　肉类罐头生产常用金属及玻璃罐，以镀锡薄板罐和镀锡薄板涂料罐，即马口铁罐，最为常见；同时也使用铝罐和镀铬铁罐。此外，塑料薄膜蒸煮袋等材料制成的软罐也逐渐广泛应用；此种材料耐腐蚀性好、成本较低、携带方便，广泛应用于军需、登山等特殊需求食品的包装。

2. 原料处理

（1）原料肉整理与预煮　　选好的料肉按要求切为大肉坯，后预煮至八成熟，使肌肉中一部分水分排出，组织达到一定硬度。

（2）整理　　预煮后的肉按成品要求整理成为一定大小的肉块。

3. 预封、封罐　　排气预封能够防止内容物氧化变质；减轻罐头高温杀菌时发生变形或损坏；抑制罐内残留的好气菌及霉菌的繁殖；防止或减轻贮藏过程中罐内壁的腐蚀。

4. 杀菌　　肉类罐杀菌保证杀死细菌、芽孢，故杀菌温度一般需达到 116℃ 以上。一般采用加压蒸汽杀菌和加压水杀菌等，罐头杀菌温度和杀菌时间的选择，参考相关生产标准。

5. 检验

1）外观检验：检验有无机械损伤、漏气、蚀孔、裂缝及是否胀罐。

2）保温检查：将罐头放在（37±2）℃条件下保温 7 昼夜，然后仔细检查，凡有胀罐现象均认为已经变质。

3）敲检：木棒击打底盖，发声清脆为正常罐头，发声浑浊为质量较差品。

4）真空度检查：正常罐头真空度一般可达 4～5MPa。

5）开罐内容物成分、微生物检查。

总的来说，产品应无膨听、无泄漏、容器内外表面无锈蚀、内壁涂料完整；微生物指标符合商业无菌要求；理化指标参照国家标准。

三、肉类罐头加工

（一）清蒸类肉罐头

清蒸类肉罐头能够最大限度地保存肉品原有的风味，制作相对简单，如常见的清蒸猪肉、原汁白肉、白烧鸡等罐头制品，该类制品保持原料原有风味、色泽正常、肉块完整。现以清蒸猪肉罐头为例简要说明清蒸类罐头的加工工艺。

1.工艺流程　　原料预处理→切块→分级→装罐→排气密封→杀菌→冷却→检验→成品。

2．工艺要点

（1）原料预处理　　选取优质猪肉（也可使用较好的冻肉），去残毛、污物，清理肥膘、控制肥膘厚 1.0～1.5cm，去骨及隔膜等；注意去骨时尽量保证肉条的完整性。如使用冻肉做原料则应在 16～18℃条件下温和解冻，解冻后肉的中心温度不超过 10℃且无冰晶。

（2）切块、分级

1）切块：按要求将料肉分切为一定长、宽和重量的肉块；腱子肉可切为稍大块。

2）分级：检验切好的肉块，挑出预处理时未整理好的肉块重新处理；大小均匀的肉块直接用作生产，较小的和带肥膘的肉块则挑出用以搭配。

（3）装罐　　空罐消毒后，在罐内定量加入料肉及调味料、香辛料，然后加适量汤水。

（4）排气密封　　罐头中心温度不低于 65℃，真空密封时真空度应达 $6×10^4$Pa。

（二）腌制类肉罐头

腌制可赋予肉品特殊的色泽，同时也可抑制微生物，广泛应用于各类肉制品加工。腌制类肉罐头以其特殊的风味深受消费者喜爱，如午餐肉、猪肉火腿等罐头产品。现以午餐肉为例简要介绍该类罐头的加工工艺。

1.工艺流程　　原料预处理→分级→切块→腌制→绞肉→斩拌→加配料→斩拌→装罐→密封→杀菌、冷却→清洗、烘干→检验→成品。

2．工艺要点

（1）斩拌　　配料肉及配料在斩拌机中斩拌 3～5min，使之呈肉糜状；然后在真空搅拌机中搅拌 2min，控制真空度在 $1×10^5$～$8×10^5$Pa。

（2）装罐　　肉糜搅拌均匀后，进入填充机定量灌装。午餐肉的罐盒内壁应使用脱膜涂料和抗硫涂料进行涂层。

（3）排气密封　　真空度达 $6×10^4$Pa。

第七章　熏烤肉制品

　　熏烤肉制品中熏与烤实际上是两种不同的加工方式，产品一般有烟熏制品及烧烤制品两大类。但现如今肉制品加工工业中，烟熏已不再是一种独立的加工方式，而更多的作为某一加工中的一个工艺环节，从而赋予制品特殊风味。

　　熏制是利用木材、木屑、茶叶等材料不完全燃烧时产生的熏烟和热量赋予肉制品特有烟熏风味的加工方式。烟熏最初作为一种保藏方法而被广泛应用，但由于其制作过程中使用到熏、烧、烤等工艺，产品色泽喜人，肉质脆嫩可口，且具有浓郁的烟熏风味，现如今完全被作为一种特殊嗜好品而深受消费者喜爱。

　　烤制品又称烧烤制品，此法利用高热空气对制品进行高温烘烤，是一种常见的肉制品加工方式。烧烤工艺能够使肉产生特殊香味，使肉品表面酥脆、色泽美观。世界各国消费者对烧烤制品均广泛喜爱，其中我国名产品有北京烤鸭、广式烤乳猪、广东化皮烧肉、四川灯影牛肉及各地烧鹅、烧鸡、叉烧肉等。

第一节　熏肉制品的加工原理及生产工艺

一、烟熏的目的

　　烟熏的主要目的有赋予产品特殊色泽、特殊香味，使肉制品脱水、杀菌及具有抗氧化作用。在长时间的熏制过程中，烟中的防腐物质逐渐进入肉内，使肉品干燥达到防腐目的；同时过程中的干燥脱水作用也增进肉的防腐性能。但随着贮藏手段的改进，烟熏制品现已成为赋香的手段，以及产生特殊风味的嗜好品。

二、烟熏的原理

（一）呈色作用

　　烟熏制品表面一般呈亮褐色，脂肪呈金黄色，肌肉组织呈暗红色，产品整体色泽良好。发色的原因主要是熏烟成分与制品成分和氧发生化学反应，加温可促进发色效果。肉温上升，促使 NO-血（肌）红蛋白生成迅速，从而使肉呈现鲜亮的红色；同时焦油物质附着于肉品表面，使肉品表面呈现出茶褐色。

（二）呈味作用

　　熏烟中的酚、芳香醛、酮、羧基化合物、酯、有机酸等有机化合物附着于肉品上，赋予其特有的风味。其中酚类使制品具有烟熏风味；甲基苯、麝香草酚、甲基愈创木酚等香气强烈的物质，促使制品增加香味。此外，烟熏过程通常伴有加热，这能够促进脂肪及酶蛋白的分解，通过生成氨基酸、脂肪酸等物质使肉制品具有独特风味。

（三）干燥作用

　　常规烟熏工艺常常伴随着热干燥过程。肉制品在烟熏之前，一般需进行干燥，使制品表面脱水，抑制微生物发育，便于烟熏过程中熏烟的附着、渗透。同时熏制过程中的热量也有利于制品干燥脱水。

（四）杀菌作用

熏烟中的部分有机酸、乙醇、醛类等，具有一定的杀菌作用；在熏制过程中随着熏烟在肉品上的沉积，最终使肉制品具有一定的防腐性能。以往的研究结果表明，熏烟的杀菌效果在肉品表面最为明显，其中大肠杆菌、葡萄球菌等对熏烟十分敏感，3～4h即可死亡，但霉菌及细菌芽孢则更加稳定。当肉制品经过腌制后进行烟熏时，熏烟才可能对肉制品内部深处的细菌具有一定的杀灭作用。

但需注意，烟熏所产生的杀菌和防腐作用是微弱的，常见的耐贮藏熏制品主要是由于腌制及烟熏前、中、后所做的干燥处理等工艺的综合结果。

（五）抗氧化作用

熏烟中的许多成分具有抗氧化作用，如酚类等。其中以邻苯二酚、邻苯三酚及其衍生物作用尤为显著。

三、烟熏对肉的影响

肉品在熏制的过程中，熏烟中的成分在肉中不断积累、渗透，最终引起肉品物理、化学性质的变化。

（一）物理变化

（1）重量变化　　熏制过程中，造成产品质量发生变化最主要的原因是水分蒸发；同时在加热作用下，一些挥发性的酸成分等虽然本身重量不大，但其挥发也会对制品终重量造成些许影响。

（2）颜色、色泽变化　　熏制加工中，产品的颜色会随时间延长而逐渐浓重，同时产生一层有光泽的油膜。颜色变化在烟熏机制中已做简介，此处不再赘述。

（二）主要成分的化学变化

（1）蛋白质变化　　烟熏制品蛋白质最显著的变化是可溶性蛋白态氮及浸出物氮大幅度增加，肌肉蛋白质 pH 下降，部分游离氨基态氮减少（表7-1），这是熏烟成分与肉中相应官能团反应的结果。

表 7-1　烟熏对猪肉蛋白质的影响

项目	未处理	加热	加热烟熏
pH	5.31	5.48	4.95
氨基态氮含量	9.05	7.06	6.57
游离—SH 含量/（μmol/g）	91.87	120.37	69.81

（2）油脂变化　　熏烟中的有机酸在熏制过程中不断沉积，肉品酸价明显增高、游离脂肪酸含量增加；同时在熏烟中的酚类及其衍生物的作用下，油脂的性质更加稳定。

四、烟熏产烟材料和方法

（一）烟熏产烟材料

烟熏材料一般选择树脂少、烟味好及防腐物质含量多的木材。常用桦木、栎木、杨木、樱花树木、山毛榉木、白桦木、白杨木等硬木作为产烟材料。其中树脂含量最高的木材如松木、榆木等燃烧后产生大量不适宜熏制的黑烟，并含有萜烯类的不良气味，故不适宜生产用。此外，乙醛和苯酚等防腐物质含量少的材料，虽不影响品质，但也不适宜作为烟熏材料。

（二）烟熏法的分类及简介

1.烟熏法的分类

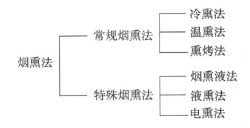

2.烟熏法简介

（1）冷熏法　　此法一般在 15～30℃低温下烟熏 4～20d，熏制前产品需盐渍、干燥成熟。本法多用于灌肠等的生产，也可用于腌肉生产，但对肉色影响较大。

（2）温熏法　　温熏法在肉品加工工厂应用十分广泛，温熏又可分为中温熏制和高温熏制。

1）中温熏制法：温度一般控制在 40～50℃，火腿熏制时间控制在 1～3d，其他腌制类肉品的时间按肉块大小控制在 5～10h 即可。

2）高温熏制法：此法熏制温度为 50～80℃，一般腌肉的熏制时间按肉块大小控制在 2～5h 即可，火腿熏制时间稍长，为 6～10h。此法熏制过程较快，故生产中十分常见。

（3）熏烤法　　温度采用 100℃左右或 95～120℃的高温进行熏制，熏制时间为 2～4h。但由于熏制温度过高，本法较适合于精瘦肉的熏制；而脂肪较多的肉则会在高温下熔化较多的脂肪，严重影响产品的品质及耐贮性。

（4）烟熏液法　　烟熏液是由熏房内的凝结水，木材干馏时产生的木醋酸、杂酚油等成分人工配制而成的烟熏浓缩液。烟熏液的配制方法非常多，且风味有所差异。此法生产时一般将烟熏液盛于浅盘中、同时放入海绵，然后于熏房中加热蒸发即可起到熏制目的。

（5）液熏法　　此法是用含有熏烟成分的溶液浸渍、注射料肉后，使溶液中成分渗入、并吸附于料肉上的一种加工方式。此法关键在于配制较好的烟液，目前常见烟液成分有木醋酸、杂酚油、硼酸、明矾、乙醇、杜松油、肉桂油、硫黄、硝酸钾等，同时应适量加入食用色素、食盐及各色香辛料等。

（6）电熏法　　电熏法的原理是把料肉作为电极进行电晕放电，电晕放电能够使熏烟的微粒带电荷，带电荷的微粒可迅速地附着在带相反电荷的料肉块上，进而加速了烟熏的过程。

电熏过程中可产生臭氧与硝酸，同时熏烟中的酚类及醛类分子被活化、易于反应。上述物质均具有强烈的杀菌、防腐作用，因此此法的制品具有较好的贮藏性能。同时应注意，电晕放电过程中也会产生氨等有害物质，从而对制品产生一定的不良影响。

五、烟熏制品的加工

在现代肉制品加工业中，熏制已不能称为一个完整的加工方式，其仅仅作为某制品的一个工艺过程，如培根等。

（一）培根制作

培根（Bacon）是一种极具特色的西式熏肉制品，产品具有适口的咸鲜味及浓郁的烟熏味；西方国家的消费者对其极为喜爱，也用上等培根制作一些西餐中上品菜。培根易于贮藏，只需悬挂于冷凉、通风处即可贮藏数月。

培根一般按使用料肉部位不同分为排培根、奶培根和大培根（也称丹麦培根）三种。三种产品除使用料肉部位不同外，加工方式一致。

工艺流程：选料→整形→低温腌制→浸泡→剔骨、修割→整形→烟熏→成品。

1. 选料　选择种好、无病、优良的猪，宰后分割，吊挂预冻，使其不易变形。

排培根与奶培根：各自均有去皮、带皮两种，取自白条肉，前至第五根胸骨、后至荐椎骨末两节处斩下，去奶脯、沿距背脊 13～14cm 处斩成两部分。其中奶脯用以制作奶培根，其余部分制作排培根。排培根脂肪厚度最厚处以 2.5～3.0cm 为宜；奶脯脂肪厚度最厚处以 2.5cm 左右为宜。

大培根：取自整片带皮白条肉的中段，前至第三根胸骨、后至荐椎骨与尾椎骨交界处，割去奶脯。脂肪厚度最厚处以 3.5～4.0cm 为宜。

2. 整形　将料肉四周修剪整齐、基本呈直线型，并割去腰肌和横膈膜。

3. 低温腌制　腌制时用到硝盐与浸泡盐水。盐水配方为食盐 6～7kg、食糖 0.5kg、亚硝酸钠 30～55g，后溶于 50kg 水中。硝盐则是食盐与硝酸钠的混合物，主要成分是盐，一般盐硝比可在 100∶0.5 左右酌情调整。

将硝盐均匀揉擦于料肉表面；每块料肉用硝盐 100g（大培根 200g），然后置于浅盘中干腌 24h 左右。干腌后将料肉整齐置于腌缸内，下层皮面向下、上层皮面向上，然后注入盐水进行湿腌；盐水用量为肉重的 1/4～1/3，浸没肉面。腌制时间视肉坯实际厚度及腌制具体温度而定。一般要求腌制室温度控制在 0～2℃，腌制期为 12～14d，期间需翻缸 3～4 次。

4. 浸泡、清洗　浸泡、清洗使用 25℃ 左右的温水，浸洗 3～4h。浸泡、清洗主要为了使肉坯温度适当上升，表面油污溶解、肉质变软，以便清洗、修割；同时可以洗去表面多余盐分，防止熏制时制品表面产生"盐花"。

5. 剔骨、修割、整形　培根对剔骨工艺要求十分高，上品只允许剃刀划破鼓面上的薄膜，而后在肋骨末端与软骨交界处用刀尖轻轻拨开薄膜，然后慢慢取出骨头。此过程中刀具不得划破肌肉，以防肉中浸入水而不耐贮藏；肌肉被划破，经烟熏后形成显著的裂缝，也会影响耐贮性。修割则是为了刮尽残毛及油污。此次整形是为修整加工过程中料肉的变形，使制品四周呈近直线。完成后穿绳晾挂，沥去水分，6～8h 后即可进行烟熏。

6. 烟熏　控制熏房温度在 60～70℃、先高后低，熏制 8h 左右；成品肌肉呈浅咖啡色、皮质金黄，手按时有一定硬度、并具有弹性即可。

（二）熏肉

1. 原料预处理　鲜肉及冻肉均可。将料肉洗净，去骨、去毛，然后切为 15cm³ 左右的肉块，切完后于冷水中浸泡 2h。

2. 煮制　常用调味料、香辛料见表 7-2，按 100kg 原料计。

表 7-2　熏肉煮制料配方（kg）

配料	用量	配料	用量	配料	用量	配料	用量
花椒	0.05	桂皮	0.2	生姜	0.3	食盐	6.0
大料	0.15	茴香	0.1	大蒜	0.5	白糖	0.3

　　将所有调料及肉坯全部入锅，煮沸后撇出浮沫，然后煮制 1h 左右即可，捞出沥干。注意煮制过程中应每隔 20min 翻动一次。

　　3. 烟熏　将铁锅干锅加热，锅温升起后，将砂糖撒入锅内，然后在锅内架起铁帘，把肉放在铁帘上加盖烟熏。5～10min 后即可出锅为成品。

　　（三）熏鸡

　　1. 原料预处理　去除鸡毛、剔除杂细毛；用骨剪剪断鸡胸前软骨，将翅膀交叠插入脖颈宰杀刀口处；最后将两腿掰断，将双爪交叠塞入腹腔中。

　　2. 烫皮　将处理后的鸡胴体置于沸水中 2～4min，使鸡皮紧缩，固定形态后捞出晾干。

　　3. 油炸　用毛刷将 1∶8 的蜜水均匀刷于表面，晾干。然后置于 150～200℃热油中油炸，将鸡炸至橙黄色即可，捞出沥干待用。

　　4. 煮制　常用调味料、香辛料见表 7-3，按正常大小 100 只鸡为原料计。

表 7-3　熏鸡煮制料配方（kg）

配料	用量	配料	用量	配料	用量	配料	用量
白糖	0.50	花椒	0.25	白芷	0.10	豆蔻	0.05
生姜	0.25	八角	0.25	陈皮	0.10	桂皮	0.15
葱	0.15	丁香	0.15	草果	0.15		
蒜	0.15	山柰	0.15	砂仁	0.05		

　　将所有调料全部入锅，放入料鸡，加水 75～100kg 进行煮制，待汤沸腾后，将水温保持在 90～95℃煮制 2～4h 即可，捞出沥干。

　　5. 烟熏　将铁锅干锅加热，锅温升起后，将砂糖撒入锅内，然后在锅内架起铁帘，把鸡放在铁帘上加盖烟熏。3～5min 后即可出锅。

　　6. 涂油　将熏好的鸡肉用毛刷均匀地涂刷一层香油即成烧鸡。

第二节　烤肉制品的加工原理及生产工艺

　　烤制即烧烤，是一种常见的肉制品加工工艺。此法的目的是使制品表面色泽良好、酥脆可口；同时使制品较好地脱水干燥、杀菌防腐，提高制品的耐贮性。

一、烤制的基本原理

　　烤制是利用热空气对料肉进行热加工，料肉经高温烤制后，制品表面产生一种焦化物，使制品表面酥脆，并形成诱人的色泽及香味。而烧烤制品之所以香味浓郁，是因为肉品中的蛋白质、脂肪、糖类等物质在加热过程中发生降解、氧化、脱水、脱羧等一系列化学反应，从而生成由醛类、酮类、醚类、内酯、呋喃、吡嗪、硫化物及低级脂肪酸等物质共同构成的香气成分。其中尤其是糖与氨基酸间发生的美拉德反应，不仅生成棕褐色物质以赋予制品诱人色泽，同时生成多种香气物质，构成特殊的"美拉德烤肉味"。另外，烤制中蛋白质分解产生的谷氨酸与钠盐结合生成的谷氨酸钠也具有提鲜的作用。

二、烤制方法

烧烤的方法有两种：明炉烧烤和挂炉烧烤。其中广式烤乳猪及土耳其烤肉等即为最常见的使用明炉烧烤法加工的制品；而北京烤鸭等则是挂炉烧烤法的典型生产实例。

（一）明炉烧烤法

明炉烧烤是用铁质的、上方开放的、长方形烤炉，在炉内烧红木炭，然后把腌制好的料肉用长铁叉串起，放在烤炉上转动烤制，从而使制品受热均匀。此法设备简单、烤制均匀，产品质量好。明炉烧烤法应用广泛，各国均有此加工法应用的传统制品，除上述制品外，阿根廷、巴西等南美国家非常喜爱的烤肉多用此法烤制。此外，现代户外运动中也常用此法进行烧烤。

（二）挂炉烧烤法

挂炉烧烤法也称暗炉烧烤法，此法使用一种可相对封闭的烧烤炉，在炉内烧红木炭，而后将腌制好的料肉悬挂于炉内，然后关闭炉门进行烤制。加工温度一般可达 200～220℃，加工时间则视料肉而定。另外，此法使用烤炉也有电炉、远红外烤炉等形式，此类烤炉利用电能形成热源，具有易于控制温度等优点。挂炉烧烤法应用也十分广泛，对环境污染少、一次加工量大、劳动强度低，但此法制得的产品火候不是十分均匀，成品质量相对明炉烧烤法稍逊一筹。

三、烧烤制品加工工艺

（一）北京烤鸭

北京烤鸭是我国著名产品，产品色泽红润、鸭体丰满、皮脆肉嫩，深受消费者喜爱。

1. 选料、预处理　　选用经过填肥的、活重 2.5～3.0kg 甚至以上的北京填鸭或樱桃谷鸭。活鸭倒挂宰杀放血，再用 62～63℃的热水浸烫、脱毛。宰杀后，剥离食道周围的结缔组织，从道口处向鸭体内充气，使鸭子保持膨大的外形。后于右翼下开月牙形刀口，取出内脏，并插入秸秆支撑胸腔。处理后，从右翼下刀口处灌入 4～8℃的清水，反复冲洗。清洗干净后，立即用 100℃的沸水烫皮，先烫刀口及其周围，使得鸭体紧缩、防止刀口处跑气，然后继续淋烫其他部位。

制作工艺中烫皮主要为了使鸭表皮紧缩，烤制时减少毛孔处流失的脂肪；同时烫皮可使皮肤层蛋白质凝固，烤制好后产品表皮酥脆。

2. 制坯　　鸭体经上述处理后，立即浇淋 10%的麦芽糖水溶液，以使烤制后的产品呈枣红色，并增加产品表皮酥脆性。淋过糖液的鸭体需晾皮，这是一个在通风冷凉处进行的一个简单初步的干燥过程，其目的是为了蒸发掉皮层和肌肉中多余的水分，以使产品烤制后表皮酥脆。此时，鸭坯基本制成。

向鸭坯体腔内灌入 100℃的汤水 100mL 左右，称为"灌汤"。目的是烤制时对体内肌肉脂肪进行蒸煮，即手工制作时讲究的"外烤里蒸"。同时应再次向鸭体表面浇淋些许糖液，以弥补糖色，称"打色"。

3. 挂炉烤制 鸭坯进挂炉，先将鸭坯挂在炉膛的前梁上，烤制右侧刀口一边，使体腔内升温促进体腔内汤水汽化，促进快熟；当鸭坯右侧呈橘黄色时转烤左侧，直到两侧颜色均一。接下来转动鸭体烤制胸部及下肢等部位。当鸭整体呈橘红色时，将鸭坯推至烤炉后梁，鸭背向火持续烘烤 10～15min 即可。

鸭坯是否烤熟有两个标志，一是鸭体全身呈枣红色，皮层渗出白色油滴；二是鸭体失重变轻，一般鸭坯在烤制时失重 0.5kg 左右。

（二）烧鹅

烧鹅也称烤鹅，以广式烧鹅较佳，其特点为色泽鲜艳、皮脆肉香、肥而不腻。

1. 选料、预处理 选用体肥、肉嫩、骨细、活重 2.3～3.0kg 的肉用鹅。活鹅宰杀、放血、去毛、去内脏，于关节处切除鸭脚及翅膀，洗净鹅体。

2. 调味配料 常用调味料、香辛料见表 7-4，按 50kg 鹅坯计。

表 7-4　烧鹅调味料配方（g）

配料	用量	配料	用量	配料	用量	配料	用量
食盐	2000	白糖	200	葱白	100	生抽	200
五香粉	200	白酒	50	芝麻酱	100		

3. 制坯 在鹅坯腹腔内放置适量调味配料，然后将刀口缝好。用 70℃ 以上的热水烫洗鹅坯，稍干后于鹅坯表面均匀涂抹麦芽糖水溶液，然后置于通风、阴凉处晾干。

4. 烤制 把晾干后的鹅坯送入烤炉，鹅背向火、微火烤制 20min，以烤干鹅体；然后将炉温升至 200℃，使鹅胸部向火，烤制 25～30min 即可出炉，期间可适当翻转。出炉后在制品表面涂刷香味较好的花生油即得成品烧鹅。

（三）广式烤乳猪

广式烤乳猪也称脆皮乳猪，是我国广东著名烧烤制品。产品色泽鲜艳、皮脆肉香、入口即化。

1. 选料 选用皮薄、体肥、活重 5～6kg 的乳猪。

2. 配辅料 常用调味料、香辛料见表 7-5，按 2.5kg/只的光猪计。

表 7-5　烤乳猪辅料配方（g）

配料	用量	配料	用量	配料	用量	配料	用量
五香盐	50	豆腐乳	25	五香粉	0.5	味精	0.5
白糖	200	芝麻酱	50	清香白酒	40	麦芽糖	50
调味酱	100	蒜蓉	25	大茴香	0.5		

3. 制坯

1）乳猪屠宰、放血、去毛、去内脏，冲洗干净。然后将头和背脊骨从中劈开，取出脑髓、脊髓，斩断第四根肋骨，取出第五至八肋骨及两侧肩胛骨。用刀割划后腿肌肉较厚的部位，以便入味、快熟。

2）将乳猪平放于案板上，用五香盐均匀涂擦腹腔内部，腌制 20～30min 后，将猪挂起，沥出水分；然后将其余调味料均匀涂于腹腔内部腌制 20～30min。

3）用两条木条撑在猪腹腔内；用特制铁叉（图7-1）将猪由后腿穿入自嘴角处伸出，插好猪坯；再用铁丝将猪前后腿扎紧，以固定体形。

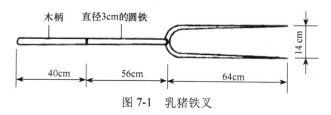

图7-1　乳猪铁叉

4．烧烤　　可用明炉烧烤法，也可用挂炉烧烤法。传统工艺一般使用明炉烧烤法，在炉内烧红木炭，将叉好的猪坯上架，慢火烤制10min，然后逐渐加大火力。烧烤时不断转动猪身，使其受热均匀，并不时用针刺猪皮、扫油，以使成品表皮酥脆。一般猪皮呈红色时即可成品。烤猪明炉见图7-2。

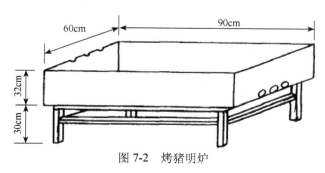

图7-2　烤猪明炉

（四）叉烧肉

叉烧肉在我国南方各地均有加工制作传统，各地制作时所用辅料及工艺略有差异，各具特色，深受消费者喜爱。现以广式蜜汁叉烧肉为例，对该类制品的加工工艺做一简要介绍。

1．原料　　选取新鲜、无病的猪前腿、后腿瘦肉，洗净、去皮。

2．调味料配制　　常用调味料、香辛料见表7-6，按料10kg计。

表7-6　叉烧肉调味料配方（kg）

配料	用量	配料	用量	配料	用量	配料	用量
白糖	0.8	食盐	0.2	生抽	0.4	老抽	0.5
清香白酒	0.3	芝麻酱	0.1	五香粉	0.01		

3．腌制　　将料肉切为250～300g的肉条，然后置于盆内，并加入各色调味料拌匀腌制50～60min，期间每隔20min翻动一次。待肉条腌制充分后，加入白酒拌匀。最后用铁环将肉条逐条串起。

4．烧烤　　一般使用挂炉进行烤制。将炉温升至100℃，然后将肉条入炉烤制。待炉温升至200℃左右时，继续烤制25～30min即得成品。烤制过程中应注意，随时转动肉条以使烤制均匀。

此类产品一般即食，如需隔天出售，则应于0℃条件下贮藏，取出后复烤。

第八章 肠类灌制品的加工

第一节 肠类灌制品概述及分类

肠类灌制品是以畜禽肉为原料，经腌制（可不腌制）、斩拌及绞碎而使肉成为块状或肉糜状，同时配以其他调味料，经搅拌或滚揉后灌入人造或天然肠衣内，经烘烤、熟制和烟熏等工艺制成的灌肠制品，所得产品为熟制品。而不经熟制加工而成的产品则应称为生鲜肠。肠类制品在各国均有生产，各地消费者均十分喜爱此类制品；肠类制品多见熟制品，食用方便、口感好、风味佳，是极具发展潜力的一类肉制品。

肠类制品接受范围广，各国、各地消费者均有自己独特的喜好，该类制品制作加工时使用到不同原料、配料等，形成种类繁多的产品。我国与德国、意大利被业界并称为三大"香肠国"。

香肠种类繁多，有报道称仅法国就有 1500 余个品种，业内分类多使用美国分类方式。

（1）生鲜香肠 原料肉不经腌制，绞碎后加入香辛料和调味料充入肠衣内而成。这类肠制品需在冷藏条件下贮存，食用前需经加热处理。

（2）生熏肠 该类制品可采用经腌制或未经腌制的原料肉进行加工；加工工艺中要经过烟熏处理，使制品具有较好的烟熏风味；但工艺过程中不进行熟制加工。

（3）熟熏肠 经过腌制的原料肉，经绞碎、斩拌等工艺加工后灌入肠衣，再经熟制、烟熏加工而成。产品食用方便，烟熏风味良好。

（4）半干制及干制肠 半干制香肠属德国发酵香肠。制品原料选择猪肉、牛肉共同制作，该类香肠制作时常用到熏制、蒸煮工艺。料肉在微生物的作用下发酵，pH 降至 5.3 以下，在热处理和烟熏过程中，除去 15% 的水分，以保证制品中水分与蛋白质的比例不超过 3.7：1。

干制香肠属意大利发酵香肠，多由猪肉制成，不经熏制或煮制。制品生产时，肠衣内料肉同样经过细菌的发酵作用，pH 降至 5.3 以下，然后干燥除去 20%～50% 的水分，保持制品中水分与蛋白质的比例不超过 2.3：1。

第二节 肠类灌制品加工原理、辅料及一般加工工艺

一、肠类灌制品原、辅料

（一）加工原料

生产香肠的原料范围很广。原料肉经修整，剔去碎骨、污物、筋腱及结缔组织膜，使其成为纯精肉，然后按肌肉组织的自然块形分开，并切成长条或肉块备用。肥肉多切成丁。

（二）加工辅料

加工辅料除应有的调味料及淀粉等之外，主要是肠衣的选择。肠衣可以看作香肠的

容器，其在香肠加工中作用重大。首先，肠衣应具备足够的强度以容纳内容物，并能承受充填、封口时的机械力；其次，香肠加工中常常出现收缩、膨胀等现象，因此也要求肠衣应具有较好的收缩、拉伸性能。肠衣一般分为天然肠衣及人造肠衣两大类。

1．天然肠衣　　天然肠衣即动物肠衣，多由猪、牛、羊的消化器官和泌尿系统的脏器除去黏膜后干制而成。常见的有牛的大肠、小肠、盲肠和食管；猪的大肠、小肠；羊的小肠、盲肠；以及它们的膀胱等。

天然肠衣韧性、坚实度较好，能够承受加工中的压力及收缩、膨胀；同时具有透水、气和熏烟的能力；可安全使用，是一类理想的肠衣。但天然肠衣多直径不一、呈弯曲状等，也给生产带来不便。

猪的肠衣每 100 码（91.5cm）计为一把，每把不得超过 18 节，每节不得短于 1.35cm。常见肠衣的分类标准见表 8-1。

表 8-1　部分肠衣分类标准（mm）

品种	分路					
	一路	三路	四路	五路	六路	七路
猪小肠	24～26	28～30	30～32	32～34	34～36	36 以上
猪大肠	60 以上	45～50	—	—	—	—
羊小肠	22 以上	18～20	16～18	14～16	12～14	—
牛小肠	45 以上	35～40	30～35	—	—	—
牛大肠	55 以上	35～45	30～35	—	—	—

2．人造肠衣

（1）胶原肠衣　　胶原肠衣是在皮革制品的碎屑中提取出胶原纤维蛋白，然后于碱液中挤压成型制得的管状肠衣，有可食及不可食两种。使用前需用温水泡开。

（2）纤维肠衣　　纤维肠衣可分为纤维素肠衣及纤维状肠衣两种。纤维素肠衣是用纤维黏胶挤压而成，材料取自棉花、木屑、亚麻等。纤维状肠衣则是由高强度纤维作纸基，制成连续的筒状后再渗透纤维黏胶而成。这两种肠衣都能透过水分和水蒸气，也可烟熏，但均不可食用。

（3）塑料肠衣　　塑料肠衣无通透性，只能煮，不可熏。国内多使用聚偏二氯乙烯（PVDC）进行制作。

（4）玻璃纸肠衣　　玻璃纸肠衣是一种再生胶质纤维素薄膜，纵向强度大于横向强度。该类制品不透油脂，干燥时不透气，强度高。

二、一般加工工艺

（一）工艺流程

原料肉选择与整理→低温腌制→绞碎→斩拌→灌制→烘烤→熟制→烟熏、冷却。

（二）工艺要点

1．低温腌制　　使肉含有一定量的食盐以保证产品具有适宜的咸味，同时提高制品的保水性和风味。根据不同产品的配方将瘦肉加食盐、亚硝酸钠、多聚磷酸盐等添加剂混合均匀。肥膘只加食盐进行腌制。原料肉腌制结束的标志是瘦猪肉呈现均匀粉红色、结实而富有弹性。料肉呈柔和的粉红色。

2. 绞碎　　将腌制的原料精肉和肥膘分别通过不同筛孔直径的绞肉机绞碎。绞肉时投料量不宜过大，否则会造成肉温上升，对肉的黏结性产生不良影响。

3. 斩拌　　首先将瘦肉放入斩拌机内，并均匀铺开，然后开动斩拌机，继而加入（冰）水，以利于斩拌。加（冰）水后，最初肉会失去黏性，变成分散的细粒状，但不久黏结性就会不断增强，最终形成一个整体，然后再添加调料和香辛料，最后添加脂肪。在添加脂肪时，要一点一点地添加，使脂肪均匀分布。斩拌过程中应添加冰屑以降温。以猪肉、牛肉为原料肉时，斩拌的最终温度不应高于 16℃，以鸡肉为原料时斩拌的最终温度不得高于 12℃，整个斩拌操作控制在 6～8min 之内快速完成。

4. 灌制（填充）　　将斩好的肉馅用灌肠机充入肠衣内的操作。灌制时应做到肉馅紧密而无间隙，防止装得过紧或过松。过松会造成肠馅脱节或不饱满，在成品中有空隙或空洞。过紧则会在蒸煮时使肠衣胀破。灌好后的香肠每隔一定的距离打结（卡）。选用真空定量灌肠系统可提高制品质量和工作效率。

5. 烘烤　　用动物肠衣灌制的香肠必须进行烘烤，传统的方法是用未完全燃烧木材的烟火来烤，目前用的烟熏炉烘烤是由空气加热器循环的热空气烘烤的。烘烤的目的主要是使肠衣蛋白质变性凝固，增加肠衣的坚实性；烘烤时肠馅温度提高，促进发色反应。

第三节　主要灌肠加工

一、法兰克福香肠加工

法兰克福香肠是德国的一种香肠，起源于法兰克福，因而得名。法兰克福香肠通常会以热狗的方式食用，因此有热狗肠之称。

（一）配方

法兰克福香肠的配方见表 8-2。

表 8-2　法兰克福香肠的配方

配料	用量	配料	用量	配料	用量	配料	用量
牛肉	18.1kg	猪颊肉	11.3kg	牛头肉	9.0kg	猪碎肉	6.8kg
冰	13.6kg	脱脂奶粉	1.8kg	食盐	1.4kg	白胡椒	112.7g
肉蔻	4.5g	姜粉	7g				

（二）制作工艺

1）将料肉冷却至 0～2℃，通过直径 3mm 筛孔的绞肉机绞碎；然后置于斩拌机中斩拌。首先用低速斩拌，当肉发黏时，加入总量 2/3 的冰屑和辅料快速斩拌至肉馅温度4～6℃，再加入剩余的冰屑快速斩拌至肉馅终温低于 14℃。

2）充入 20～22mm 的天然羊肠衣，扎紧打结。

3）先于 45℃烘烤 10～15min，继续在 55℃条件下烘烤 5～10min 完成烘烤过程；然后于 58℃熏制 10min，68℃熏制 10min；最后在 78℃条件下对制品熟制，待制品中心温度大于 67℃即得成品。

二、里道斯红肠

产品外表呈枣红色，形状半弯，有皱纹，无裂痕，肉馅均匀，无黑心，无气泡，坚固而有弹性，肠衣紧贴在肉馅上，切面光润，味香而鲜美。

（一）配方

里道斯红肠的配方见表 8-3。

表 8-3　里道斯红肠的配方

配料	用量	配料	用量	配料	用量	配料	用量
猪精肉	40kg	味精	50g	淀粉	35kg	大蒜	250g
肥膘肉	10kg	胡椒粉	50g	精盐	1.75~2kg	硝酸钠	25g

（二）制作工艺

1）选择精肉切成 100~150g 重的肉块；在 10℃条件下进行腌制，瘦肉腌 3d，肥肉腌制 3~5d。

2）将瘦肉搅碎，肥肉切成 1cm³ 的方丁，然后将绞好的精肉放进拌馅机，加入 2~3.5kg 水，再放进切好或绞好的大蒜和其他调料，搅拌均匀再加 2.5kg 水搅开，然后加入淀粉、肥膘搅匀即可。用直径 3cm 的牛、猪小肠衣灌制。

3）大火烘烤 1h 后，在 85℃水温下煮 25min 左右，最后再进行烟熏，炉内温度为 35~40℃，熏 12h 出炉即得里道斯红肠。

三、茶肠（大红肠）

产品外表呈浅红色，有光泽，无裂痕，形状半弯，肉馅均匀细腻，无空洞，有弹力，切断面光润，无黏性，肉嫩而味鲜美。

（一）配方

茶肠的配方见表 8-4。

表 8-4　茶肠的配方

配料	用量	配料	用量	配料	用量	配料	用量
猪精肉	40kg	味精	75g	淀粉	7kg	精盐	2~2.25kg
肥膘肉	10kg	胡椒粉	75g	大蒜	350g	硝酸钠	25g

（二）制作工艺

1）精肉细绞两次，肥肉切成 0.5~0.7cm³ 的小方块。

2）将瘦肉、肥肉加入 2.0~3.5kg 水，再放进切好或绞好的大蒜和其他调料，搅拌均匀再加 2.5kg 水搅开，然后加入淀粉。用牛、猪小肠衣灌制。

3）大火烘烤 0~1.5h，皮干即可。然后煮制 1.0~1.5h，即得茶肠。

四、发酵香肠

发酵香肠（fermented sausage）也称生香肠，产品通常在常温条件下贮存、运输，并且不经过熟制处理直接食用。在发酵过程中，乳酸菌发酵碳水化合物形成乳酸，使香肠的最终 pH 降低到 4.5~5.5，这一较低的 pH 使肉中的盐溶性蛋白质变性，形成具有切片性的凝胶结构。

较低的 pH 由添加的食盐和干燥过程降低的水分活度共同作用,保证了产品的稳定性和安全性。

(一)发酵香肠菌种的选择

1. 酵母菌　　适合加工干发酵香肠。汉逊式德巴利酵母是常用菌种。该菌耐高盐、好气并具有较弱的发酵性,一般生长在香肠的表面。通过添加该菌,可提高香肠的风味。但该菌没有还原硝酸盐的能力。

2. 霉菌　　发酵香肠时最常用的菌种,可使产品具有干香肠特殊的芳香气味和外观。由于霉菌酶具有蛋白质和脂肪分解能力,对产品的风味有利。另外,由于霉菌大量存在于肠的外表,能起到隔氧的作用,因此可以防止发酵香肠的酸败。

3. 细菌　　用作发酵香肠发酵剂的细菌主要是乳酸菌和球菌。乳酸菌能将发酵香肠中的碳水化合物分解成乳酸,降低原料的 pH,抑制腐败菌的生长。同时由于 pH 的降低,降低了蛋白质的保水能力,有利于干燥过程的进行,因此是发酵剂的必需成分,对产品的稳定性起决定性作用。而微球菌和葡萄球菌具有将硝酸盐还原成亚硝酸盐、分解脂肪和蛋白质,以及产生过氧化氢酶的能力,对产品的色泽和风味起决定性作用。因此,发酵剂常采用乳酸菌和微球菌或葡萄球菌混合使用。此外,灰色链球菌可以改善发酵香肠的风味,气单胞菌无任何致病性和产毒能力,对香肠的风味有利。

(二)发酵香肠制作工艺

1. 正阳楼香肠(哈尔滨风干肠)

(1)配方　　哈尔滨风干肠的配方见表 8-5。

表 8-5　哈尔滨风干肠的配方

配料	用量	配料	用量	配料	用量	配料	用量
猪精肉	45kg	猪肥肉	5kg	无色酱油	9～10kg	砂仁粉	75g
紫蔻粉	100g	桂皮粉	75g	花椒粉	50g	鲜姜	50g

(2)制作工艺　　将瘦肉切成 1cm 见方的小块,用亚硝酸钠腌制 6～8h,然后将肥丁和调料一起加入拌匀,灌好后放通风干燥处,自然干燥 2～3d 后进行煮制后即成品。此品水分含量较高,不宜风干时间过长,更不宜长期保管。

2. 萨拉米　　萨拉米(Salami)是欧洲消费者喜爱的一种腌制肉肠,肉一般是单一种肉类,不经过任何烹饪,只经过发酵和风干程序。由于这种肉肠能在室温下长期保存,在贮藏技术不先进的时期,人们常用这种方法保存肉类,以长期食用。

(1)配方　　萨拉米的配方见表 8-6。

表 8-6　萨拉米肠的配方

配料	用量	配料	用量	配料	用量	配料	用量
猪肉	18.2kg	白胡椒	168g	大蒜	228g	亚硝酸盐	3g
蔗糖	168g	食盐	1.53kg	丁香	3.5kg	红酒	224g
发酵剂按要求加入							

(2)制作工艺　　猪肉通过筛孔直径为 1.27cm 的绞肉机。除盐外,将其他配料都放入斩拌机中搅拌 1～2min,在斩拌的最后 1min 内加入食盐。将肠馅灌入猪直肠肠衣或同体积的纤维素肠衣。将肠在 23℃、湿度 75% 的室内放置 36h。这种肠不经过烟熏,在温度 10℃、相对湿度 70% 的干燥室内干燥成熟 9～10 周。

第三篇　乳与乳制品工艺学

第九章　乳品学基础

第一节　乳的组成及溶液性质

一、乳的组成

乳的成分非常复杂，其中化学成分至少含有 100 种，主要包括水分、蛋白质、脂肪、碳水化合物、磷脂类、无机盐、维生素、免疫体、酶、色素、气体及动物体所需的各种微量元素。正常牛乳的成分基本上是比较稳定的，另外受奶牛的品种、年龄、个体、泌乳期、地区、饲料、挤乳方法、季节、环境、温度及健康状况等因素的影响，也会使其略有差异，其中变化最大的是乳脂肪，其次是蛋白质，乳糖及灰分比较稳定。牛乳的基本组成见表 9-1。

表 9-1　牛乳的基本组成

牛乳	水分		
	乳干物质	脂类	脂肪
			磷脂质：软磷脂、脑磷脂、神经磷脂
			脂溶性维生素：维生素 A、维生素 D、维生素 E、维生素 K、胡萝卜素
			胆固醇
		无脂干物质	蛋白质：乳蛋白、酪蛋白、乳白蛋白、乳球蛋白、非蛋白态氮化合物
			糖类：乳糖、葡萄糖
			矿物质：主要含钙、磷、钾、氯；含少量钠、镁、硫、铁；含微量锌、铝、铜、硅、碘；含痕量锰、钼、锂、锶、硼、氟
			色素：胡萝卜素、叶黄素
			水溶性维生素：维生素 B_1、维生素 B_2、维生素 B_6、维生素 B_{12}、维生素 C、烟酸、泛酸、生物素、叶酸
			酶类：解酯酶、磷酸酶、过氧化氢酶、过氧化物酶、还原酶、蛋白酶等
			气体：二氧化碳、氮
			细胞：乳房内部表皮细胞、白细胞等

二、乳的溶液性质

乳属于一种复杂的分散系，其中水是分散剂，其他各种成分如脂肪、蛋白质、无机盐、乳糖等呈分散质分散在水中，形成一种复杂的具有胶体特性的生物学液体分散体系。

（一）呈乳浊液与悬浮液状态分散在乳中的物质

分散质中直径≥0.1mm 的粒子可分为乳浊液和悬浊液。牛乳脂肪在常温下呈液态的微小球状分散在乳中，平均直径在 3mm 左右，所以乳浊液的分散质是牛乳中的脂肪球。若将牛乳或稀奶油进行低温冷藏后，最初为液态的脂肪球会凝固成固体，即成为分散质为固态的悬浮液。用稀奶油制造奶油时，要将稀奶油在 5～10℃进行成熟，使得稀奶油中的脂肪球从乳浊态变成悬浮态，这在制造奶油时，是一项重要的操作过程。

（二）呈乳胶态与悬浮态分散在乳中的物质

粒子的直径为 1nm～0.1mm 的称为胶态（colloid），胶态的分散体系也称为胶体溶液（colloidal solution）。乳中属于胶态的有下列两种。乳胶态：分散质是液体或者是包有液体皮膜的固体，包括酪蛋白、乳球蛋白、乳白蛋白颗粒和 0.1mm 以下的脂肪球。悬浮态：分散质是固体，包括二磷酸盐、三磷酸盐的一部分，也以悬浮液胶体状态分散于乳中。

（三）呈分子或离子状态（溶质）分散在乳中的物质

凡粒子直径在 1nm 以下，以分子或离子状态存在的分散系称为真溶液。牛乳中以分子或离子状态存在的溶质有磷酸盐的一部分、柠檬酸盐、乳糖及钠、钾、氯等。乳糖和盐类在电子显微镜下很难看到，也不能用过滤、静置、离心分离等方法进行分离。脂肪可用静置及离心法分离。胶体状态的蛋白质只能用超速离心法进行分离，不能用过滤或普通离心法分离。

第二节　乳中各成分的化学性质

一、水分

水分是乳的主要组成部分，占 87%～89%。乳及乳制品中的水分可分为自由水、结合水、结晶水和膨胀水。

（一）自由水

自由水也称游离水，是乳中的主要水分，占乳中总水分的 95%～97%，可溶解有机质、气体和矿物质，具有常水的特性，可被微生物充分利用。而其他水分则不同，在乳及乳制品中具有特殊的性质和作用。

（二）结合水

结合水占 2%～3%，以氢键和蛋白质的亲水基或与乳糖及某些盐类结合存在，无溶解其他物质的特性，在常水结冰的温度下不结冰。存在于带有电荷的胶体颗粒表面的结合水分子，由于水分子的极性，形成水的单分子层，在单分子层上又吸附着一些微水滴，于是又形成一层新的结合水。水层在不断加厚时，胶粒对水的吸引力逐渐减弱，从而围绕着微粒形成一层疏松的扩散性水层。外水层与胶体表面联结力很弱，在乳干燥过程中容易和胶体分离，但内层结合水很难除去，只有加热到 150～160℃，或者长时间保持在 100～105℃的恒温时才能除去这部分水。奶粉经长时间高温处理后，乳成分会遭到破坏，奶粉会失去营养价值。所以，在奶粉生产中要保留一部分结合水，即不能得到绝对无水的产品。在良好的喷雾或滚筒干燥条件下，保留 3%左右的水分。

（三）结晶水

结晶水存在于结晶性化合物中。当生产奶粉、炼乳及乳糖等产品而使乳糖结晶时，就可以发现含结晶水的乳制品，即乳糖中含有一分子的结晶水（$C_{12}H_{22}O_{11} \cdot H_2O$）。

（四）膨胀水

膨胀水存在于凝胶结构的亲水性胶体内，由于胶粒膨胀程度不同，膨胀水的含量也就各异，而影响膨胀程度的主要因素为中性盐类、酸度、温度及凝胶的挤压程度。

二、乳中的气体

乳中的气体主要有二氧化碳、氧气和氮气等，占鲜牛乳体积的 5%～7%，其中二氧化碳最多，氧气最少。在挤乳及贮存过程中，氧、氮因与大气接触而增多，而二氧化碳因逸出而减少。牛乳在输送或贮存过程中应尽量在密闭的容器内进行，因为牛乳中氧气的存在会导致脂肪和维生素的氧化。细菌繁殖后，其他的气体如氢气、甲烷等也都在乳中产生。一般乳品生产中的原料乳不能用刚挤出的乳检测其密度和酸度，因为刚挤出的牛乳含气量较高。

三、乳脂质

乳中含有乳脂质（milk lipid），其中主要的成分是乳脂肪（milk fat），占乳脂质的97%～99%，其他含有约 1%的磷脂和少量的甾醇、游离脂肪酸和脂溶性维生素等。

（一）乳脂肪

乳脂肪是中性脂肪，在牛乳中的平均含量为 3.5%～4.5%，是牛乳的主要成分之一。牛乳的脂肪球大小通常是 0.1～10μm，平均 3μm，大部分在 4μm 以下，10μm 以上的很少。1mL 牛乳中含有 2×10^9～4×10^9 个脂肪球，形状呈球形或椭球形，脂肪球的大小随乳牛的品种、泌乳期、健康状况及饲料质量等而异。一般来说，脂肪含量高的品种要比脂肪含量低的脂肪球大；脂肪球会随着泌乳期的延长而变小。

1. 乳脂肪的组成　　乳脂肪是由一个分子的甘油和三个分子相同或不相同的脂肪酸组成的，形成甘油三酯的混合物。

2. 乳脂肪的脂肪酸组成及生理功能　　乳中的脂肪酸可分为三类：第一类为水溶性挥发性脂肪酸，如丁酸、乙酸、辛酸和癸酸等；第二类是非水溶性挥发性脂肪酸，如十二碳酸等；第三类是非水溶性不挥发脂肪酸，如十四碳酸、二十碳酸、十八碳烯酸和十八碳二烯酸等。乳脂肪的脂肪酸组成受饲料、环境、营养、季节等因素的影响。一般来说，夏季放牧期间乳脂肪中的不饱和脂肪酸含量升高，而冬季舍饲期间不饱和脂肪酸含量降低，所以夏季加工的奶油的熔点比较低。

乳中脂肪酸的生理功能：①乳中含有亚油酸、亚麻酸、花生四烯酸等维生素 F；②一些长链不饱和脂肪酸（LCP）在婴儿营养上有特殊作用；③某些不饱和脂肪酸在治疗心血管疾病上有一定作用；④具有抗癌作用。

3. 脂肪球的构造及其存在状态　　乳脂肪球在显微镜下呈现为圆球形或椭圆球形，表面被一层 5～10nm 厚的膜所覆盖，称为脂肪球膜。脂肪球膜主要由蛋白质、磷脂、胆甾醇、高熔点甘油三酸酯、维生素、金属离子、酶类等复杂的化合物所构成，

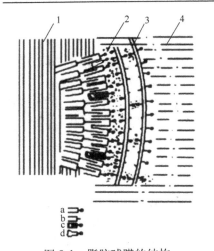

图 9-1　脂肪球膜的结构
1. 脂肪；2. 结合水；3. 蛋白质；4. 乳浆；
a. 磷脂；b. 高熔点甘油三酸酯；c. 甾醇；
d. 维生素 A

同时还有盐类和少量结合水。脂肪球能够稳定地存在于乳中是因为脂肪球膜含有磷脂与蛋白质形成的脂蛋白络合物。磷脂是极性分子，其疏水基朝向脂肪球的中心，与甘油三酯结合形成膜的内层，磷脂的亲水基向外朝向乳浆，连着具有强大亲水基的蛋白质，构成了膜的外层。脂肪球膜的结构如图 9-1 所示。脂肪球膜具有保持乳浊液稳定的作用，即使脂肪球上浮分层，仍能保持着脂肪球的分散状态，在机械搅拌或化学物质作用下，脂肪球膜遭到破坏后，脂肪球才会互相聚结在一起，因此可以利用这一原理生产奶油和测定乳的含脂率。

脂肪球的大小对乳制品加工的意义在于：脂肪球的直径越大，上浮的速度就越快，故大脂肪球含量多的牛乳，容易分离出稀奶油。当脂肪球直径接近 1μm 时，脂肪球基本不上浮。所以在生产中若想得到长期不分层的稳定产品，可将牛乳进行均质处理。

4. 乳脂肪的理化常数　　乳脂肪的理化常数取决于乳脂肪的组成与结构，见表 9-2。

表 9-2　乳脂肪的理化常数

项目	指标	项目	指标
比重（d）	0.935～0.943	赖克特迈斯尔值*	21～36
熔点/℃	28～38	波伦斯克值**	1.3～3.5
凝固点/℃	15～25	酸值	0.4～3.5
折射率（n_D^{25}）	1.4590～1.4620	丁酸值	16～24
皂化值	218～235	不皂化物	0.31～0.42
碘值	26～36（30 左右）		

*指水溶性挥发性脂肪酸值；**指非水溶性挥发性脂肪酸值

1）比重：乳脂肪的比重，在 15℃时与同温度同体积水之比为 0.935～0.943，100℃时为 0.865～0.870。

2）熔点：根据所含甘油酯的种类与数量不同而异，一般为 28～38℃。

3）皂化值：指将 1g 油脂完全皂化所需 NaOH（KOH）的质量数值（毫克数），皂化值与脂肪酸的相对平均分子质量成反比，故根据皂化值可以估计脂肪酸的种类。

4）碘值：其表示不饱和脂肪酸的数量，即以 100g 油脂所能吸收碘的 g 数来表示，乳脂肪为 26～36（30 左右）。

5）赖克特迈斯尔值：指中和 5g 脂肪蒸发出的挥发性脂肪酸所消耗的 0.1mol/L 碱溶液的体积数值（毫升数），乳脂肪为 21～36，动植物油脂大约为 1。

6）波伦斯克值：指脂肪中所含非水溶性挥发性脂肪酸的数量，即中和 5g 脂肪中所含非水溶性挥发性脂肪酸所消耗的 0.1mol/L 碱溶液的体积数值（毫升数），牛乳脂为 1.3～3.5。

7）酸值：指中和油脂中所含游离脂肪酸的量，即存在于 1g 油脂中的游离脂肪酸用碱中和时所消耗的质量数值（毫克数），一般乳脂肪的酸值为 0.4～3.5，陈旧的奶油酸值可达 30 以上。

乳脂肪的理化特点是水溶性脂肪酸值高，碘值低，不饱和脂肪酸较少，挥发性脂肪酸比其他脂肪多，皂化值比一般脂肪高。

（二）磷脂

磷脂（phosphatide）的化学组成与脂肪接近，由甘油、脂肪酸、磷脂和含氮物组成，在乳中含量一般为 0.072%～0.086%，包括卵磷脂、脑磷脂和神经磷脂三种，其中意义最大的是卵磷脂，含量为 0.036%～0.049%，它是构成脂肪球膜蛋白质络合物的主要成分。

（三）甾醇

乳中甾醇（sterol）含量很低（每 100mL 牛乳中含 7～17mg），主要存在于脂肪球膜上。乳脂肪中甾醇的最主要部分是胆固醇。牛乳中有少量胆固醇与脂肪酸形成胆固醇酯，大多数胆固醇是以游离形式存在的。有些甾醇（如麦角甾醇）经紫外线照射后会具有维生素特性，有很重要的生理意义，但乳经过照射后会引起脂肪氧化，故没有实际应用。

四、乳蛋白

乳蛋白（milk protein）在牛乳含氮化合物中占 95%，在牛乳中含量为 2.8%～3.8%，可分为酪蛋白和乳清蛋白两大类，乳清蛋白中有对热不稳定的乳白蛋白和乳球蛋白，还有对热稳定的小分子蛋白和胨，还有少量脂肪球膜蛋白质。牛乳蛋白中含有 20 种以上的氨基酸。

（一）酪蛋白

在 20℃时调节脱脂乳的 pH 至 4.6 时沉淀的一类蛋白质称为酪蛋白（casein），占乳蛋白总量的 80%～82%。酪蛋白不是单一的蛋白质，而是由 α_s-酪蛋白、β-酪蛋白、κ-酪蛋白和 γ-酪蛋白组成，其主要的区别在于磷的含量。α-酪蛋白含磷多，故又称磷蛋白。含磷量对皱胃酶的凝乳作用影响很大。γ-酪蛋白含磷量很少，因此 γ-酪蛋白几乎不能被皱胃酶凝固。在制造干酪时，由于蛋白质中含磷量过少，会使有些乳常出现软凝块或不凝固现象。酪蛋白具有明显的酸性，是因为它虽是一种两性电解质，但其分子中含有的酸性氨基酸远多于碱性氨基酸。

1. 酪蛋白的存在形式　　乳中的酪蛋白与钙结合生成酪蛋白酸钙，再与胶体状的磷酸钙结合形成酪蛋白酸钙-磷酸钙复合体，以胶束状态存在于牛乳中，其胶体微粒直径为 30～300nm，大多数为 80～120nm。此外，酪蛋白胶粒中还含有镁等物质。

酪蛋白酸钙-磷酸钙复合体的胶粒大体上呈球形，按 Payens（1966）设想，胶体内部由 β-酪蛋白的丝形成网状结构，其上附着有 α_s-酪蛋白，外面覆盖有 κ-酪蛋白，并结合有胶体状的磷酸钙，如图 9-2 所示。

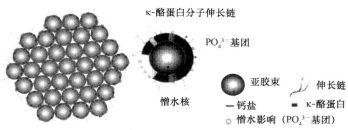

图 9-2　酪蛋白胶束的结构及其稳定性

2. 酪蛋白的性质

（1）酪蛋白的酸凝固性　　酪蛋白胶粒对 pH 的变化很敏感。当牛乳中加酸后 pH 达 5.2 时，磷酸钙先行分离，酪蛋白开始沉淀，继续加酸而使 pH 达到 4.6 时，钙又从酪蛋白钙中分离，游离的酪蛋白完全沉淀。在加酸凝固时，酸只和酪蛋白酸钙-磷酸钙复合体作用，因此除了酪蛋白外，白蛋白、球蛋白都不起作用。

盐酸干酪素：如加酸不足，则钙不能完全被分离，于是在干酪素中往往包含一部分的钙盐。若要获得纯的酪蛋白，就必须在等电点下使酪蛋白凝固。硫酸干酪素：因为硫酸钙不能溶解，所以有使灰分增多的缺点。乳酸干酪素：乳酸是最适于沉淀酪蛋白的酸，其原因是乳酸能使酪蛋白形成硬的凝块，并且稀乳酸及乳酸盐均不溶解酪蛋白。

（2）酪蛋白的凝乳酶凝固　　牛乳中的酪蛋白在凝乳酶的作用下也会发生凝固，利用此原理可以在工业上生产干酪。酪蛋白在凝乳酶的作用下变为副酪蛋白（paracasein），在钙离子存在下可以形成不溶性的凝块，称为副酪蛋白钙，其凝固过程如下。

$$酪蛋白酸钙＋皱胃酶 \longrightarrow 副酪蛋白钙 \downarrow ＋糖肽＋皱胃酶$$

（3）盐类及离子对酪蛋白稳定性的影响　　乳中的酪蛋白酸钙-磷酸钙胶粒容易在氯化钠或硫酸铵等盐类的饱和溶液或半饱和溶液中形成沉淀，这种沉淀因电荷的抵消与胶粒脱水而产生。由于乳汁中的钙和磷以平衡状态存在，因此鲜乳中酪蛋白微粒具有一定的稳定性。若向乳中添加氯化钙时，则会破坏平衡状态，因此在加热时酪蛋白会发生凝固现象。试验证明，在 90℃ 时加入 0.12%～0.15% 的 $CaCl_2$ 即可使乳凝固。利用氯化钙凝固乳时，当加热到 95℃ 时，乳汁中蛋白质总量的 97% 可以被利用，而此时氯化钙的加入量以每升乳 1.00～1.25g 为最适宜。采用钙凝固法，乳蛋白的利用程度一般要比酸凝固法高 5%，比皱胃酶凝固法高 10% 以上。

（4）酪蛋白与醛的反应　　酪蛋白在弱酸性环境中与甲醛反应可形成亚甲基桥，可将两分子酪蛋白连接起来，所得的亚甲基蛋白质不溶于酸碱溶液，不腐败，也不被酶分解，被广泛应用于塑料工业、人造纤维的生产及检验乳样的保存方面。

（5）酪蛋白与糖的反应　　具有还原性羰基的糖可与酪蛋白反应生成氨基糖而产生芳香味及色素。工业用干酪素若洗涤不干净，或贮存条件不佳，也会发生这种变化。炼乳罐头也同样有这种情况，尤其是含转化糖较多时变化更显著。由于酪蛋白与乳糖的反应，会出现产品变暗现象并失去有价值的氨基酸，如赖氨酸失去 17%，组氨酸失去 17%，精氨酸失去 10%。由于这三种氨基酸是无法补偿的，因此这种情况会使产品的颜色和气味变劣，营养价值也有很大损失。

（二）乳清蛋白

原料乳去除在 pH4.6 等电点时沉淀的酪蛋白后，留下的蛋白质统称为乳清蛋白，占乳蛋白的 18%～20%，可分为热稳定和热不稳定的乳清蛋白两类。

1. 热不稳定的乳清蛋白　　调节乳清 pH 至 4.6～4.7 并煮沸 20min，发生沉淀的一类蛋白质为热不稳定的乳清蛋白，约占乳清蛋白的 81%。热不稳定的乳清蛋白分为乳白蛋白和乳球蛋白两类。

（1）乳白蛋白　　乳白蛋白是指在中性乳清中加入饱和硫酸铵或饱和硫酸镁盐析时，呈溶解状态而不析出的蛋白质。乳白蛋白包括 α-乳白蛋白（约占乳清蛋白的 19.7%）和人血白蛋白（约占乳清蛋白的 4.7%）。

（2）乳球蛋白　　中性乳清中加饱和硫酸铵或饱和硫酸镁盐析时，能析出的乳清蛋白即乳球蛋白，约占乳清蛋白的 13%，包括 β-乳球蛋白和免疫球蛋白。

1）β-乳球蛋白：β-乳球蛋白（β-lactoglobulin）约占乳清蛋白的 43.6%，因为加热后与 α-乳白蛋白一起沉淀，所以过去将它包括在白蛋白中，但它实际具有球蛋白的特性。β-乳球蛋白的等电点为 pH4.5～5.5（平均为 5.2），在等电点时加热至 75℃ 即沉淀，皱胃酶不能使其沉淀。

2）免疫球蛋白：在乳中具有抗原作用的球蛋白称为免疫球蛋白（immunoglobulin），以单体或多聚体形式存在。在牛乳中主要有 4 种，即 IgA、IgG_1、IgG_2、IgM，其中 IgG_1 是主要的免疫球蛋白。免疫球蛋白在初乳或患病牛乳中含量较高。

2．热稳定的乳清蛋白　　将乳清煮沸 20min，pH 为 4.6～4.7 时，仍溶解于乳中的乳清蛋白为热稳定的乳清蛋白。这类蛋白质主要包括小分子蛋白和胨类，约占乳清蛋白的 19%。

（三）脂肪球膜蛋白质

牛乳中除酪蛋白和乳清蛋白之外，还有一些吸附于脂肪球表面的蛋白质与酶的混合物，其中含有脂蛋白、黄嘌呤氧化酶和碱性磷酸酶等，这些属于脂肪球膜蛋白质。这些蛋白质可以用洗涤和搅拌稀奶油的方法将其分离出来。

（四）其他蛋白质

除上述蛋白质外，乳中还有数量很少的其他蛋白质和酶蛋白，如乳中含有少量的乙醇可溶性蛋白，以及与血纤蛋白相类似的蛋白质等。

（五）非蛋白含氮物

牛乳的含氮物中，除了乳蛋白外，还有约 5%非蛋白态含氮化合物，如氨、游离氨基酸、尿酸、尿素、肌酸及嘌呤碱等。这些物质基本上是机体蛋白质代谢的产物，通过乳腺细胞进入乳中。另外，还有少量维生素态氮。

五、碳水化合物

乳中的碳水化合物主要为乳糖，此外还有少量的葡萄糖、果糖、半乳糖等。乳糖是哺乳动物乳汁中特有的糖类，为 D-葡萄糖与 D-半乳糖以 β-1，4-键结合的二糖，又称为 1，4-半乳糖苷葡萄糖。因其分子中有羰基，所以属还原糖。不同乳中乳糖含量：牛乳 4.5%，马乳 7.6%，兔乳 1.8%，人乳 6%～8%。

（一）乳糖的分类

因 D-葡萄糖分子中游离苷羟基的位置不同，乳糖有 α-乳糖及 β-乳糖两种异构体。α-乳糖及 β-乳糖在水中的溶解度因温度的不同而有所差异。α-乳糖溶解于水中时逐渐变成 β-乳糖，因为 β-乳糖较 α-乳糖易溶于水，所以乳糖最初溶解度并不稳定，而是逐渐增加，直至 α-乳糖与 β-乳糖平衡为止。α-乳糖很容易与一分子结晶水结合，变为 α-乳糖水合物，所以乳糖实际上共有三种形态。乳糖异构体的特性见表 9-3。甜炼乳中的乳糖大部分呈结晶状态，结晶的大小直接影响炼乳的口感，而结晶的大小可根据乳糖的溶解度与温度的关系加以控制。

表 9-3　乳糖异构体的特性

项目	α-乳糖水合物	α-乳糖无水物	β-乳糖无水物
制法	乳糖浓缩液在 93.5℃以下结晶	α-乳糖含水物减压加热或无水乙醇处理	乳糖浓缩液在 93.5℃以上结晶
熔点/℃	201.6	222.8	252.2
比旋光度	+86.0	+86.0	+35.5
溶解度（20℃）/（g/100mL）	8	—	55
甜味	较弱	—	较强
晶形	单斜晶三棱形	针状三棱形	金刚石形、针状三棱形

一部分人随着年龄增长，消化道内缺乏乳糖酶不能分解和吸收乳糖，饮用牛乳后会出现呕吐、腹胀、腹泻等不适应症，称为"乳糖不耐症"。在乳品加工中利用乳糖酶，将乳中的乳糖分解为葡萄糖和半乳糖；或利用乳酸菌将乳糖转化成乳酸，可预防"乳糖不耐症"。

（二）乳糖的性质及作用

1）乳糖远较麦芽糖难溶解于水，其饱和溶液 15℃时浓度为 14.5%，25℃时浓度为 17.8%。

2）乳糖的甜度较蔗糖弱，为蔗糖的 1/6～1/5。

3）只有乳糖酶可以分解乳糖。

4）乳糖对酸的作用较蔗糖和麦芽糖稳定。

5）乳糖与钙的代谢有密切关系。

6）乳糖可以防止肝脏脂肪沉积。

7）乳糖分解后生成的半乳糖是形成脑神经的重要成分（糖脂质）。

（三）乳中其他糖类

乳中除了乳糖，还有少量其他的碳水化合物。常乳中含有极少量的葡萄糖（4.08～7.58mg/100mL），而在初乳中可达 15mg/100mL。乳中还含有约 2mg/100mL 的半乳糖及微量的低聚糖、果糖、己糖胺等。

六、乳中的酶类

牛乳中有很多酶类，主要来源于乳腺的分泌，挤乳后微生物的代谢及白细胞崩坏。与乳品生产有密切关系的主要为水解酶类、氧化还原酶类和还原酶类。

1. 水解酶类

（1）脂酶　　　将脂肪分解为甘油和脂肪酸的酶称为脂酶（lipase）。牛乳中的脂酶至少有两种：一种是着附于脂肪球膜间的膜脂酶（membrane lipase），它在乳房炎乳、末乳及其他一些生理异常乳中常出现，但在常乳中不多见；另一种存在于脱脂乳中与酪蛋白相结合的乳浆脂酶（plasma lipase）中。

脂酶的相对分子质量一般为 7000～8000，最适作用温度为 37℃，最适 pH9.0～9.2，钝化温度高于 80～85℃。脂酶的来源影响着其钝化温度，其中来源于微生物的脂酶耐热性高，已钝化的酶有恢复活力的可能。牛乳带有脂肪分解的酸败气味（acid flavor）是由于乳脂肪在脂酶的作用下水解产生游离脂肪酸，这是乳制品特别是奶油生产上常见的缺陷。在奶油生产过程中，一般通过不低于80℃的高温或超高温处理来抑制脂酶的活性。另外，加工过程也能使脂酶加强其作用。例如，均质处理使乳脂肪更易水解是由于破坏脂肪球膜而增加了脂酶与乳脂肪的接触面，故均质后应及时进行杀菌处理。另外，牛乳多次通过乳泵或在牛乳中通入空气剧烈搅拌，同样也会使脂酶的作用增强，导致牛乳风味变劣。

（2）磷酸酶　　复杂的有机磷酸酯能被磷酸酶水解，其在自然界中的种类很多。牛乳中的磷酸酶（phosphatase）主要有两种：一种是存在于乳清中的酸性磷酸酶；另一种为碱性磷酸酶，吸附于脂肪球膜处。其中碱性磷酸酶经63℃、30min或71～75℃、15～30s加热后可钝化，故低温巴氏杀菌法处理的消毒牛乳的杀菌程度是否完全可以通过这种特性来检验。常用酚酞磷酸钠的氨溶液作为磷酸酶试验的指示剂。

（3）蛋白酶　　牛乳中的蛋白酶存在于α-酪蛋白中，主要来源于乳本身和污染的微生物。多数为细菌性酶，细菌性的蛋白酶可使蛋白质水解后形成蛋白胨、多肽及氨基酸。其中由乳酸菌形成的蛋白酶在乳制品中特别是在干酪中具有非常重要的意义。高于75℃的温度会使蛋白酶被破坏；在70℃以下时，可以稳定地耐受长时间的加热；在37～42℃时，这种酶在弱碱性环境中作用最大，酸性及中性环境中作用减弱。

（4）乳糖酶　　此酶可以催化乳糖分解为葡萄糖和半乳糖的反应。在pH5.0～7.5时反应较弱，有研究证明，一些成人和婴儿喝牛乳后会腹泻是因为体内缺乏乳糖酶，对乳糖吸收不完全所致。服用乳糖酶时则有良好效果。

2．氧化还原酶类

（1）过氧化氢酶　　牛乳中的过氧化氢酶（catalase）主要来自白细胞的细胞成分，尤其在初乳和乳房炎乳中含量较多。所以，在判定牛乳是否为乳房炎乳或其他异常乳时可通过测定过氧化氢酶来确定。经65℃、30min加热，过氧化氢酶的95%会钝化；经75℃、20min加热，则100%钝化。

（2）过氧化物酶　　过氧化物酶（peroxidase）是乳中固有的酶，来自白细胞的细胞成分，其数量与细菌无关。它能促使过氧化氢分解产生活泼的新生态氧，从而使乳中的多元酚、芳香胺及某些化合物氧化。最适温度25℃，最适pH4～6，钝化条件为76℃、20min，77～78℃、5min或85℃、10s。但经过85℃、10s处理后的牛乳，若在20℃贮藏24h或37℃贮藏4h，会发现已钝化的过氧化物酶有重新复活的现象，因此可鉴定牛乳是否为巴氏杀菌乳。另外，过氧化物酶还具有抑制某些乳酸菌生长发育的作用。

3．还原酶类　　还原酶类包括还原酶、氧化酶等，来自于微生物代谢产物，故酶的数量与微生物污染程度有直接关系。这种酶可以使亚甲蓝（甲基蓝）还原成无色，乳中还原酶的数量与微生物污染的程度成正比，据此可以测定乳的质量和新鲜程度。最适条件：40～45℃、pH5.5～8.5。钝化条件：69～70℃、30min或75℃、5min完全破坏。

七、乳中的维生素

牛乳中含有几乎所有的已知维生素，特别是维生素B_2的含量很丰富，但维生素D含量不多。牛乳中维生素有脂溶性维生素（维生素A、维生素D、维生素E、维生素K）

和水溶性维生素（维生素 B_1、维生素 B_2、维生素 B_6、烟酸、维生素 B_{12}、维生素 C）等。

乳中维生素的含量直接受泌乳期的影响，如初乳中维生素 A、β-胡萝卜素含量多于常乳。放牧季节吃青草比舍饲所产牛乳的维生素含量高。乳中的维生素有的来自饲料如维生素 E，有的靠奶牛自身合成，维生素 B 群可靠瘤胃中的微生物合成。维生素的热稳定性也不同，有些热稳定性较强，如维生素 A、维生素 D、维生素 B_2 等，但有些热稳定性较差，如维生素 C。

八、乳中的无机物

牛乳中的无机物（inorganic salt）即矿物质，是指除碳、氢、氧、氮以外的各种无机元素，主要有磷、钙、镁、钠、氯、硫、钾等。此外，还有一些微量元素，主要有碘、铜、硅、氟、锰、铝、锌、溴、钴、铅等，测定方法为将牛乳蒸发干燥，然后灼烧成灰分，以灰分的量表示无机物的量。通常牛乳中无机物的含量为 0.35%～1.21%，平均为 0.7%左右。

乳中的矿物质大部分以无机盐或有机盐形式存在，其中以磷酸盐、酪酸盐和柠檬酸盐存在的数量最多。钠的大部分是以氯化物、磷酸盐和柠檬酸盐的离子状态存在。磷是乳中磷蛋白和磷脂的成分。20%的钙和磷与酪蛋白结合形成酪蛋白酸钙-磷酸钙复合体，大约 1/3 的镁也与酪蛋白结合，50%多的钙是以胶体无机钙存在，剩余 30%是以钙离子形式溶解在乳中。一些铜、锌、镁和铁都是在脂肪球膜中，60%～70%的铁与酪蛋白胶粒结合，80%的锌与酪蛋白结合，20%的锌是与免疫球蛋白结合。

乳中的矿物质含量比较稳定，随泌乳期及个体健康状态等因素而异，受季节和饲料的影响较小。初乳中矿物质总量和每种矿物质元素含量都比较高，有些矿物质如钙、磷、钠和氯等，在泌乳末期又会升高。

牛乳中的盐类含量虽然很少，但对乳品加工特别是对热稳定性起着重要作用。牛乳中的盐类平衡，特别是钙、镁等阳离子与磷酸、柠檬酸等阴离子之间的平衡，对于牛乳的稳定性具有非常重要的意义。当受饲料、季节、生理或病理等影响，往往是由于钙、镁离子过剩，盐类的平衡被打破从而使牛乳发生不正常凝固。这时为了维持盐类平衡，保持蛋白质的热稳定性，可向乳中添加磷酸或柠檬酸的钠盐。生产炼乳时常常采用这种方法保持炼乳的稳定性。

乳与乳制品的营养价值，在一定程度上受矿物质的影响。以钙而言，因牛乳中钙的含量是人乳的 3～4 倍，所以牛乳在婴儿胃内所形成的蛋白凝块相对人乳比较坚硬，不易消化。为了消除可溶性钙盐的不良影响，可采用离子交换的方法，将牛乳中的钙除去 50%，从而使凝块变得很柔软，便于消化。但在加工上如缺乏钙时，对乳的加工特性就会发生不良影响，尤其不利于干酪的制造。牛乳中铁的含量为 100～900mg/L，较人乳中少，故人工哺育幼儿时应补充铁。

九、细胞成分

乳中的细胞成分主要是白细胞和一些乳房分泌组织的上皮细胞，也有少量红细胞。牛乳中的细胞含量的多少是衡量乳房健康状况及牛乳卫生质量的标志之一，一般正常乳中细胞数不超过 50 万个/mL，平均为 26 万个/mL。

十、乳中其他成分

除上述成分外，乳中尚有少量的有机酸、色素、风味成分及激素等。有机酸主要是柠檬酸，此外还有微量乳酸、马尿酸、丙酮酸等。柠檬酸含量为 0.07%～0.40%，平均为 0.18%。在乳中柠檬酸以盐类状态存在，柠檬酸盐除了是酪蛋白胶粒的成分外，还有分子、离子状态的柠檬酸盐。柠檬酸对乳中的盐类平衡及乳在加热或冷冻过程中的稳定性均起重要作用，同时它还是发酵乳制品的芳香成分丁二酮的前体。

第三节 异 常 乳

一、异常乳的概念和种类

（一）异常乳的概念

正常乳的成分和性质比较稳定，当乳牛受到疾病、饲养管理、气温及其他因素的影响时，乳的性质和成分会发生变化，这种乳称作异常乳（abnormal milk），不适于加工优质的乳制品。

乳品工业中原料乳的品质经常以 70％的乙醇来检查，酒精试验（alcohol test）为阳性的乳通常都被称为异常乳，这是为了检验简单易行而形成的概念。但实际上，有些异常乳却在酒精试验中呈阴性，所以异常乳不但种类很多，而且变化很复杂。

（二）异常乳的种类

有时异常乳与正常乳之间无明显区别，按利用情况而论，异常乳可分为下列几种。

异常乳
- 生理异常乳——营养不良乳、初乳、末乳
- 化学异常乳
  - 高酸度酒精阳性乳、低酸度酒精阳性乳
  - 冻结乳、低成分乳
  - 混入异物乳、风味异常乳
- 微生物污染乳
- 病理异常乳——乳房炎乳、其他病牛乳

二、异常乳的产生原因和性质

（一）生理异常乳

1. 初乳 产犊后一周之内所分泌的乳称为初乳，初乳呈黄褐色、有苦味、异臭、且黏度大，特别是 3d 之内，初乳特征更为明显。初乳加热时易凝固，对热的稳定性差。脂肪和蛋白质（特别是乳清蛋白）含量高，乳糖含量低，维生素和灰分含量高。初乳中含铁量为正常乳的 3～5 倍，铜含量约为正常乳的 6 倍。初乳中有初乳球，可能是脱落的上皮细胞，或白细胞吸附于脂肪球处而形成，在产犊后 2～3 周即消失。

牛初乳平均总干物质含量为 14.4%，其中蛋白质 5.0%，脂肪 4.3%，灰分 0.9%，并且含有丰富的维生素 A、维生素 D、维生素 E、维生素 B_{12} 和铁。此外，牛初乳含有多种生物活性蛋白，包括免疫球蛋白（Ig）、乳铁蛋白（Lf）、溶菌酶（Lz）、乳过氧化物酶（Lp）、人血白蛋白（BSA）、β-乳球蛋白（β-Lg）、α-乳白蛋白（α-La）、维生素 B_{12} 结合蛋白、叶酸结合蛋白、胰蛋白酶抑制剂和各种生长刺激因子等。由于初乳的成分和其物理性质与正常乳差别很大，故不适合做普通乳制品的生产原料，但牛初乳因其特有的生

理活性，近年来许多乳品厂用牛初乳作保健型乳制品的原料。

2. 末乳　　末乳即干奶期前两周所产的乳，也称老乳。其成分除脂肪外，均较正常乳高，有苦而微咸的味道，含脂酶多，常有油脂氧化味。一般末乳 pH 为 7.0，细菌数达 250 万 cfu/mL，氯离子浓度约为 0.16%。这种乳不适合加工乳制品。

3. 营养不良乳　　因饲料不足、营养不良的乳牛所产的乳对皱胃酶几乎不凝固，所以这种乳不适合制造干酪。当喂以充足的饲料，加强营养之后，牛乳即可恢复正常，对皱胃酶也可凝固。

（二）化学异常乳

1. 酒精阳性乳　　乳品厂检验原料乳时，一般先用 68%、70% 或 72% 的乙醇进行检验，凡产生絮状凝块的乳称为酒精阳性乳。酒精阳性乳有下列几种。

（1）高酸度酒精阳性乳　　一般酸度超过 20°T 的乳酒精试验均为阳性，称为酒精阳性乳。其原因是鲜乳中微生物繁殖使酸度升高。因此要注意挤乳时的卫生并将挤出的鲜乳保存在适宜的温度条件下，避免微生物污染。

（2）低酸度酒精阳性乳　　被称作低酸度酒精阳性乳的牛乳酸度低（16°T 以下），但酒精试验也呈阳性。这种情况往往给生产上造成很大的损失。低酸度酒精阳性乳产生的原因有以下几种。

1）环境：一般在春季发生较多，到采食青草时自然治愈。开始舍饲的初冬，气温剧烈变化，或者夏季盛暑期也易发生。卫生管理越差发生得越多。年龄在 6 岁以上的居多数。因此采用放牧、日光浴、改进换气设施等环境条件的改善措施具有一定的效果。

2）饲养管理：饲喂腐败饲料或过量喂给食盐，长期饲喂单一饲料或者喂料量不足，会经常出现低酸度酒精阳性乳。挤乳过度而热能供给不足时，容易出现耐热性低的酒精阳性乳。产乳旺盛时，单靠供给饲料不足以维持，所以分娩前必须给予充分的营养。由于饲料骤变或维生素不足引起时，可通过饲喂根菜类饲料改善。

3）生理机能：乳腺的发育和乳汁的生成受各种内分泌的机能所支配。阳性乳的产生与发情激素、甲状腺素、副肾上腺皮质素等都有关系。而这些情况一般与肝脏机能障碍、软骨症、乳房炎、酮体过剩等并发。例如，牛乳中含大量可溶性钙、镁、氯化合物而无机磷较少时会产生异常乳；机体血液中乙酰乙酸、丙酮、β-羟基丁酸过剩，蓄积而引起酮血病也会造成乳腺分泌异常乳；机体酸中毒、体液酸碱失去平衡，使体液 pH 下降时同样会分泌异常乳。

（3）冻结乳　　冬季因受气候和运输的影响，鲜乳易发生冻结现象，这时乳中一部分酪蛋白已变性。同时，在处理时因温度和时间的影响，酸度相应升高，易产生酒精阳性乳。但这种酒精阳性乳的耐热性要比其他原因产生的酒精阳性乳高。

2. 低成分乳　　乳的成分明显低于正常乳，是指乳的总干物质不足 11%，乳脂率低于 2.7% 的原料乳。其主要受遗传和饲养管理所左右。榨乳、收纳、储存不当也会造成乳成分低于正常值。

3. 混入异物乳　　混入原来不存在的物质的乳称为混入异物乳。其中，分为人为混入异常乳和因预防治疗、食品保藏过程中及促进发育使用抗生素和激素等而进入乳中的异常乳。此外，还有因饮水和饲料等使农药进入乳中而造成的异常乳。乳中含有防腐剂、抗生素时，不应用作加工的原料乳。

4. 风味异常乳　　造成牛乳风味异常的因素很多，主要有通过机体转移或从空气中吸收而来的饲料臭，由于脂酶作用而产生的脂肪分解臭，挤乳后从外界污染或吸收的牛体臭或金属臭等。

（1）**生理异常风味**　　由于脂肪没有完全代谢，使牛乳中的酮体类物质过多增加而引起的乳牛味；因冬季、春季牧草减少而以人工饲养时产生的饲料味。产生饲料味的饲料主要是各种青贮料、卷心菜、芜青、甜菜等；杂草味主要由大蒜、苦艾、韭菜、毛茛、猪杂草、甘菊等产生。

（2）**脂肪分解味**　　由于乳脂肪被脂酶水解，生成了大量游离的低级挥发性脂肪酸而引起。

（3）**氧化味**　　由于乳脂肪氧化而产生的不良风味。产生氧化味的主要因素为氧、重金属、光线、抗坏血酸、贮藏温度及饲料、牛乳处理和季节等，其中以铜的影响最大。此外，抗坏血酸对氧化味的影响很复杂，也与铜有关。如果把抗坏血酸全部破坏或增加3倍均可防止发生氧化味。加热后（76.7℃以上）因产生—SH化合物可以防止氧化。另外，光线所诱发的氧化味与核黄素有关。

（4）**日光味**　　牛乳在阳光下照射10min可检出日光味，这是由于乳清蛋白受阳光照射而产生的异味。日光味类似毛烧焦味和焦臭味。日光味的强度与维生素 B_2 和色氨酸的破坏有关，日光味的成分为乳蛋白-维生素 B_2 的复合体。

（5）**蒸煮味**　　乳清蛋白中的乳球蛋白，因加热而产生硫氢基，致使牛乳产生蒸煮味。例如，牛乳在76～78℃、3min 或 70～72℃、30min 加热均可使牛乳产生蒸煮味。

（6）**苦味**　　乳经长时间冷藏时，容易产生苦味。其原因为低温菌或某种酵母使牛乳产生脂肽化合物，或者是由于解脂酶使牛乳产生游离脂肪酸所形成。

（7）**酸败味**　　主要由于牛乳在发酵过程中受非纯正的产酸菌污染所致。这使牛乳、奶油、稀奶油、冰淇淋及发酵乳等产生较浓烈的酸败味。

（三）**微生物污染乳**

微生物污染乳也是异常乳的一种。鲜乳容易由乳酸菌产酸凝固，由芽孢杆菌产生胨化和碱化，由大肠菌产生气体，并发生异常风味（腐败味）。脂肪的分解会导致出现脂肪分解味、苦味和非酸凝固。低温菌也可能产生胨化和变黏。由于挤乳前后的污染、不及时冷却和器具的洗涤杀菌不完全等，可使鲜乳被大量微生物污染。

（四）**病理异常乳**

1. 乳房炎乳　　由于外伤或者细菌感染，使乳房发生炎症。这时乳房所分泌的乳，其成分和性质都发生变化，乳糖含量降低，酪蛋白含量下降，氯含量增加及球蛋白含量升高，并且细胞（上皮细胞）数量多，以致无脂干物质含量较正常乳少。造成乳房炎的原因主要是乳牛体表和牛舍环境卫生不合乎要求，或挤乳方法不合理，尤其是使用挤乳机时，使用不合理或不彻底清洗杀菌，使乳房炎发病率升高。乳牛患乳房炎后，牛乳的凝乳张力下降，用凝乳酶凝固乳时所需的时间较正常乳长，这是因乳蛋白异常所致。另外，乳房炎乳中维生素 A、维生素 C 的影响不大，而维生素 B_1、维生素 B_2 含量减少。

2. 其他病牛乳　　主要由患口蹄疫、布氏杆菌病等的乳牛所产的乳，乳的质量变化大致与乳房炎乳相类似。另外，乳牛患酮体过剩、繁殖障碍、肝机能障碍等时，易分泌酒精阳性乳。

第十章　乳的物理性质

乳的物理性质对选择正确的工艺条件，鉴定乳的品质具有重要的意义。下面分别简述牛乳的主要物理性质。

一、乳的比重和密度

乳的比重是指在 15℃时乳的重量与同温度同体积水的重量之比，正常乳的比重平均为 1.032。乳的密度是指乳在 20℃时的重量与同体积水在 4℃时的重量之比，正常乳的密度平均为 1.030。

在同温度下乳的比重较密度大 0.0019，故乳品生产中常以 0.002 的差数进行换算；密度受温度影响，在 10～30℃时，温度每升高或降低 1℃实测值就减少或增加 0.0002。乳脂肪的比重较低，约为 0.9250，所以随着乳脂率的升高，乳的比重或密度降低；与此相反，无脂干物质（SNF）的比重较大，约为 1.6150，故 SNF 含量越高，则乳的比重或密度就越大。

乳的相对密度在挤乳后 1h 内最低，放置 2～3h 后逐渐上升，最后可大约升高 0.001，主要是由于气体的逸散、蛋白质的水合作用及脂肪的凝固使容积发生变化。故不宜在挤乳后立即测试比重或密度。

二、乳的色泽及光学性质

正常新鲜的牛乳呈不透明的乳白色或淡黄色。乳中的酪蛋白酸钙-磷酸钙胶粒及脂肪球等微粒对光的不规则反射使牛乳呈乳白色。乳略带淡黄色是因为牛乳中含有脂溶性胡萝卜素和叶黄素。而水溶性的核黄素使乳清呈荧光性黄绿色。

三、乳的滋味与气味

乳中含有挥发性脂肪酸及其他挥发性物质，这些物质是牛乳滋、气味的主要构成成分。

由于乳中含有乳糖使新鲜纯净的乳稍带甜味。乳中除甜味外，还稍带咸味，是由于其中含有氯离子。正常乳中的咸味因受乳糖、蛋白质、脂肪等所调和而不易觉察，但异常乳如乳房炎乳中氯含量较高，故有浓厚的咸味。乳中的苦味主要来自于 Mg^{2+}、Ca^{2+}，而酸味由柠檬酸及磷酸所产生。

四、乳的酸度和氢离子浓度

刚挤出的新鲜乳的酸度称为固有酸度或自然酸度，以乳酸度计酸度为 0.15%～0.18%（16～18°T），主要由乳中的蛋白质、磷酸盐、柠檬酸盐及二氧化碳等酸性物质所构成，其中 CO_2 占 0.01%～0.02%（2～3°T），柠檬酸盐占 0.01%，乳蛋白占 0.05%～0.08%（3～4°T），部分磷酸盐占 0.06%～0.08%（10～12°T）。

乳在微生物的作用下发生乳酸发酵，导致乳的酸度逐渐升高。由于发酵产酸而升高的这部分酸度称为发酵酸度。固有酸度和发酵酸度之和称为总酸度。一般条件下，乳品工业所测定的酸度就是总酸度。

1. 吉尔涅尔度（°T）　　取 10mL 牛乳，用 20mL 蒸馏水稀释，加入 0.5％的酚酞指示剂 0.5mL，以 0.1mol/L 氢氧化钠溶液滴定，将所消耗的 NaOH 毫升数乘以 10，即中和 100mL 牛乳所需 0.1mol/L 氢氧化钠的毫升数，消耗 1mL 为 1°T。

2. 乳酸度（乳酸％）　　用乳酸量表示酸度时，按上述方法测定后用下列公式计算。

$$乳酸度（\%）=\frac{0.1mol/L\ NaOH毫升数×0.009}{供试牛乳重量（g）（毫升数×比重）}×100$$

3. pH　　酸度可用氢离子浓度指数（pH）表示，正常新鲜牛乳的 pH 为 6.5～6.7，一般酸败乳或初乳的 pH 在 6.4 以下，乳房炎乳或低酸度乳 pH 则在 6.8 以上。

乳挤出后由于微生物的作用使乳糖分解为乳酸。乳酸是一种电离度小的弱酸，且乳是一个缓冲体系，其蛋白质、柠檬酸盐、磷酸盐等物质都有缓冲作用，可使乳中保持相对稳定的活性氢离子浓度，所以在一定范围内，虽然产生了乳酸，但乳的 pH 并不发生显著的规律性变化。滴定酸度可以及时准确地反映出乳酸产生的程度，而 pH 则不呈现规律性的关系，因此生产中广泛地通过测定滴定酸度来间接掌握乳的新鲜度。其热稳定性随乳酸度的升高而降低，因此测定乳的酸度具有重要意义。

五、乳的热学性质

1. 乳的冰点　　牛乳的冰点一般为 −0.565～−0.525℃，平均为 −0.540℃。导致牛乳冰点下降的主要因素是牛乳中含有的乳糖和盐类。正常的牛乳中乳糖及盐类的含量变化很小，所以冰点很稳定。

$$X（\%）=\frac{T-T_1}{T}×100$$

式中，X 为掺水量；T 为正常乳的冰点；T_1 为被检乳的冰点。

酸败的牛乳其冰点会降低，所以测定冰点必须要求牛乳的酸度在 20°T 以内。

2. 沸点　　101.33kPa（1 个大气压下）牛乳的沸点为 100.55℃，乳的沸点受其固形物含量的影响。浓缩到原体积一半时，沸点上升到 101.05℃。

3. 比热容　　牛乳的比热容为其所含各成分之比的总和。牛乳中主要成分的比热容 [kJ/(kg·K)] 为：乳脂肪 2.09，乳蛋白 2.09，盐类 2.93，乳糖 1.25，计算得牛乳的比热容约为 3.89kJ/(kg·K)。

乳和乳制品的比热容，在乳品生产过程中常用于加热量和制冷量的计算，可按照下列标准计算：牛乳为 3.94～3.98kJ/(kg·K)，稀奶油为 3.68～3.77kJ/(kg·K)，炼乳为 2.18～2.35kJ/(kg·K)，干酪为 2.34～2.51kJ/(kg·K)，加糖乳粉为 1.84～2.011kJ/(kg·K)。

六、乳的黏度与表面张力

牛乳大致可认为属于牛顿流体。正常乳的黏度为 0.0015～0.002Pa·s，牛乳的温度越高，其黏度越低。在乳的成分中，脂肪及蛋白质对黏度的影响最显著，其黏度随着含脂率、乳固体含量的增高而增高。初乳、末乳的黏度都比正常乳高。在加工中，黏度受杀菌、脱脂、均质等操作的影响。

黏度在乳品加工上具有重要意义。例如，在浓缩乳制品方面，黏度过高或过低都不是正常情况。在生产乳粉时，黏度过高可能妨碍喷雾、产生雾化不完全及水分蒸发不良等现象，因此保证雾化充分就要掌握适当的黏度。此外，在生产甜炼乳时，黏度过低则可能发生分层或糖沉淀，黏度过高则可能发生浓厚化。贮藏中的淡炼乳，如黏度过高则可能产生矿物质的沉积或形成冻胶体（即形成网状结构）。

液体表面层由于分子引力不均衡而产生的沿表面作用于任一界线上的张力为表面张力。通常，由于环境不同，处于界面的分子与处于相本体内的分子所受力是不同的。在水内部的一个水分子受到周围水分子的作用力的合力为 0，但在表面的一个水分子却不如此。因上层空间气相分子对它的吸引力小于内部液相分子对它的吸引力，所以该分子所受合力不等于零，其合力方向垂直指向液体内部，结果导致液体表面具有自动缩小的趋势，这种收缩力称为表面张力。其大小与温度和界面两相物质的性质有关。

牛乳的表面张力受牛乳的起泡性、乳浊状态、热处理、微生物的生长发育、均质作用及风味等因素的影响。测定表面张力的目的是为了鉴别乳中是否混有其他添加物。

牛乳表面张力在 20℃时为 0.0460～0.0475N/m。牛乳的温度上升时表面张力降低，牛乳含脂率减少时表面张力增大。乳经过均质处理，脂肪球表面积会增大，由于表面活性物质吸附于脂肪球界面处，从而增加了表面张力。但如果不将脂酶先经加热处理使其钝化，均质处理会使脂肪酶活性增加，使乳脂水解生成游离脂肪酸，降低其表面张力。表面张力还与乳的泡沫性有关，加工冰淇淋或搅打发泡稀奶油时希望形成浓厚而稳定的泡沫，但在运送、净化、杀菌及稀奶油分离时则不希望形成泡沫。

七、乳的电学性质

1. 导电率　　乳中因溶解有电解质而能传导电流。牛乳的导电率与其成分，特别是氯离子和乳糖的含量有关。正常牛乳在 25℃时，其导电率为 0.004～0.005 西门子（S）。乳房炎乳中 Na^+、Cl^- 等离子增多，导电率会上升。一般导电率超过 0.06 西门子（S）即可认为是患病牛乳。故可通过测定导电率进行乳房炎乳的快速鉴定。

将牛乳煮沸时，由于 CO_2 消失，且磷酸钙沉淀，导电率降低。乳在蒸发过程中，干物质浓度在 36%～40% 时导电率增高，此后又逐渐降低。因此，在生产中可以利用导电率来检查乳的蒸发程度及调节真空蒸发器的运行。脱脂乳中由于妨碍离子运动的脂肪已被除去，因此导电率比全乳高。

2. 氧化还原势　　乳中含有很多具有氧化还原作用的物质，如维生素 B_2、维生素 C、维生素 E、溶解态氧、酶类、微生物代谢产物等。乳中这类物质的含量可决定其氧化还原反应进行的方向和强度。氧化还原势可反映乳中进行的氧化还原反应的趋势。一般牛乳的氧化还原电势（E_h）为 +0.23～+0.25V。

乳经过加热会产生还原性较强的硫基化合物而使 E_h 降低；Cu^{2+} 存在可使 E_h 增高；牛乳若受到微生物污染，随着氧的消耗和还原性代谢产物的产生，E_h 会降低，当与亚甲蓝、刃天青等氧化还原指示剂共存时可显示其褪色，应用此原理可判断微生物的污染程度。

第十一章 鲜乳的质量控制

第一节 乳中的微生物

一、微生物的来源

1. 来源于乳房内的污染　乳房的清洁程度决定乳房中微生物的数量，许多细菌通过乳头管栖生于乳池下部，这些细菌从乳头端部侵入乳房，通过乳房的物理蠕动和细菌本身的繁殖而进入乳房内部。因此，第一股乳流中微生物的数量最多。正常情况下，乳中细菌含量随挤乳的进行而逐渐减少。所以最初挤出的乳应单独存放，另行处理。

2. 来源于牛体的污染　挤奶时鲜乳易受乳房周围和牛体其他部分的污染。因牛舍空气、尘土、垫草及本身的排泄物中的细菌大量附着在乳房的周围，挤乳时易混入牛乳中。这些污染菌中，大多数属于芽孢杆菌和大肠杆菌等。所以在挤乳时，应用温水严格清洗乳房和腹部，并用清洁的毛巾擦干。

3. 来源于乳桶和挤乳用具的污染　挤乳时所用的桶、过滤布、挤乳机、洗乳房用布等要提前进行清洗杀菌，否则通过这些用具也会使鲜乳受到污染。所以乳桶的清洗杀菌，对防止微生物的污染有重要意义。乳桶由于内部凹凸不平、易生锈和存在乳垢等，以致虽经清洗杀菌，但细菌数仍然很高。

各种挤乳用具和容器中所存在的细菌，多数为耐热的球菌属，其次为杆菌和八叠球菌。所以这类用具和容器如果不经过严格的清洗杀菌，一旦鲜乳被污染后，即使用高温瞬间杀菌也不能消灭这些耐热性的细菌，结果使鲜乳变质甚至腐败。

4. 来源于空气的污染　在挤乳及收乳过程中，鲜乳经常暴露在空气中，易受微生物污染。尤其是牛舍中含有大量的细菌，每毫升空气中含有 50～100 个，灰尘多的时候可达 10 000 个。其中以带芽孢的杆菌和球菌属居多，此外霉菌的孢子也很多。

5. 其他污染来源　操作工人的手不清洁，或者混入苍蝇及其他昆虫等，都是污染的原因。还要注意勿使污水溅入桶内，并防止其他直接或间接的原因从桶口侵入微生物。

二、微生物的种类及其性质

牛乳在健康的乳房中，已有某些细菌存在，加上在挤乳和处理过程中外界的微生物不断侵入，因此乳中微生物的种类很多，主要有细菌、霉菌和酵母，其中以细菌在牛乳贮藏与加工中的意义最为重要。

（一）细菌

在室温或室温以上时牛乳中的细菌会大量增殖，根据其对牛乳所产生的变化可分为以下几种。

1. 产酸菌　主要为乳酸菌，指能分解乳糖产生乳酸的细菌。分解糖类只产生乳酸的菌称为正型乳酸菌。分解糖类除产乳酸外，还产生乙醇、CO_2、乙酸、氢等产物的菌称为异型乳酸菌。乳酸菌的种类繁多，在自然界分布很广，在乳和乳制品中主要有乳球菌科和乳杆菌科，包括链球菌属、乳杆菌属、明串珠菌属等。

2. 产气菌　　这类菌在牛乳中生长时能生成酸和气体。例如，大肠杆菌（*Escherichia coli*）和产气杆菌（*Aerobacter aerogenes*）是牛乳中常见的产气菌。产气杆菌能在低温下增殖，是牛乳在低温贮藏时导致酸败的一种重要菌种。

另外，丙酸菌是一种分解碳水化合物和乳酸而形成乙酸、丙酸、二氧化碳的革兰氏阳性短杆菌，可从牛乳和干酪中分离得到费氏丙酸杆菌（*Propionibacterium freudenreichii*）和谢氏丙酸杆菌（*Propionibacterium shermanil*）。适宜的温度为 15～40℃。用丙酸菌生产干酪时，可使产品具有气孔及特有的风味。

3. 芽孢杆菌（spore-forming bacillus）　　该菌因能形成耐热性芽孢，故经杀菌处理后，仍能残存在乳中。其可分为好氧性芽孢杆菌属和厌氧性梭状芽孢杆菌属两种。

4. 肠道杆菌　　是寄生在肠道的一群革兰氏阴性短杆菌。在乳品生产中是评定乳制品污染程度的指标之一。其中主要的有大肠菌群和沙门菌族。

5. 球菌类（Micrococcaceae）　　一般为好氧性，能产生色素。牛乳中常出现的有微球菌属和葡萄球菌属。

6. 低温菌　　凡能生长繁殖在 7℃以下的细菌称为低温菌，在 20℃以下能繁殖的称为嗜冷菌。乳品中常见的低温菌属有醋酸杆菌属和假单胞菌属。这些菌在低温下生长良好，能引起乳制品腐败变质，主要使乳中蛋白质分解引起牛乳胨化，分解脂肪使牛乳产生哈喇味。

7. 蛋白分解菌和脂肪分解菌

（1）蛋白分解菌　　能产生蛋白酶而将蛋白质分解的菌群称为蛋白分解菌。生产发酵乳制品时的大部分乳酸菌，能使乳中蛋白质分解，属于有用菌。例如，乳油链球菌的一个变种，能使蛋白质分解成肽，致使干酪带有苦味。芽孢杆菌属、假单胞菌属等低温细菌、放线菌中的一部分等，属于腐败性的蛋白分解菌，能使蛋白质分解出氨和胺类，可使牛乳产生碱性、黏性、胨化。其中也有对干酪生产有益的菌种。

（2）脂肪分解菌　　脂肪分解菌是指能使甘油酯分解生成甘油和脂肪酸的菌群。脂肪分解菌中，除一部分在干酪生产方面有用外，一般都是使牛乳和乳制品变质的细菌，尤其对稀奶油和奶油危害更大。

主要的脂肪分解菌（包括酵母、霉菌）有荧光极毛杆菌、无色解脂菌、蛇蛋果假单胞菌、干酪乳杆菌、解脂小球菌、黑曲霉、白地霉、大毛霉等。大多数的解脂酶有耐热性，并且在 0℃以下也具有活力。因此，牛乳中若含有脂肪分解菌，即使进行冷却或加热杀菌，也往往带有意想不到的脂肪分解味。

8. 高温菌和耐热性细菌　　在 40℃以上能正常生长繁殖的菌群称为高温菌或嗜热性细菌，如乳酸菌中的保加利亚乳杆菌、嗜热链球菌、好氧性芽孢菌（如嗜热脂肪芽孢杆菌）、厌氧性芽孢杆菌（如好热纤维梭状芽孢杆菌）和放线菌（如干酪链霉菌）等。特别是嗜热脂肪芽孢杆菌，最适发育温度为 60～70℃。

耐热性细菌在生产上是指低温杀菌条件下还能存活的细菌，如乳酸菌的一部分、耐热性大肠杆菌、微杆菌，一部分的球菌类和放线菌等。此外，芽孢杆菌在加热条件下都能生存。但用超高温杀菌时（135℃，数秒），上述细菌及其芽孢都能被杀死。

9. 放线菌　　与乳品有关的有分枝杆菌科的分枝杆菌属、放线菌科的放线菌属、链霉科的链霉菌属。

分枝杆菌属（*Mycobacterium*）是抗酸性的杆菌，无运动性，多数具有病原性。例如，结核分枝杆菌形成的毒素，有耐热性，对人体有害。牛型结核菌（*Mycobacterium bovis*）对人体和牛体都有害。

放线菌属中与乳品相关的主要有牛型放线菌（*Actinomycete bovis*），此菌生长在牛的口腔和乳房，随挤乳转入牛乳中。

链霉菌属中与乳品有关的主要是干酪链霉菌，属胨化菌，能使蛋白质分解导致腐败变质。

（二）酵母

乳与乳制品中常见的酵母有酵母属的脆壁酵母（*Sachar frahilis*）、德巴利氏酵母属的汉逊氏酵母（*Debaryomyces hansenii*）、毕赤氏酵母属（*Pichia*）的膜醭毕赤氏酵母（*P. membrane faeiens*）和圆酵母属及假丝酵母属等。

脆壁酵母能使乳糖分解为乙醇和二氧化碳。该酵母是生产酸马奶酒、牛乳酒的珍贵菌种，常用于乳清的乙醇发酵。

毕赤氏酵母能使低浓度的乙醇饮料表面形成干燥皮膜，故有产膜酵母之称。膜醭毕赤氏酵母主要存在于发酵奶油及酸凝乳中。

圆酵母属能使乳糖发酵，污染乳和乳制品产生酵母味，并能使干酪和炼乳罐头膨胀，是无孢子酵母的代表。

汉逊氏酵母多存在于干酪及乳房炎乳中。

假丝酵母属的氧化分解力很强，能使乳酸分解形成二氧化碳和水。由于其乙醇发酵力很高，因此也用于开菲尔乳（Kefir）和乙醇发酵。

（三）霉菌

牛乳及乳制品中存在的主要霉菌包括根霉、毛霉、青霉、曲霉、串珠霉等，大多数（如污染奶油、干酪表面的霉菌）是有害菌。与乳品有关的主要有白地霉、毛霉及根霉属等，如生产卡门培尔（Camembert）干酪、罗奎福特（Roquefort）干酪和青纹干酪时依靠霉菌。

（四）噬菌体

噬菌体（bacteriophage）是侵入微生物中病毒的总称，故也称细菌病毒。噬菌体先附着于宿主细菌，然后侵入该菌体内增殖。当其成熟生成多数新噬菌体后，即将新噬菌体释放，产生溶菌作用。当乳制品发酵剂受噬菌体污染后，就会导致发酵失败，是酸奶、干酪生产中很难解决的问题。

三、鲜乳存放期间微生物的变化

（一）牛乳在室温贮藏时微生物的变化

新鲜牛乳在杀菌前期都有不同种类、一定数量的微生物存在，如果放置在室温（10～21℃）条件下，乳液会因微生物的繁殖而逐渐变质。室温下微生物的生长过程可分为以下几个阶段。

1. 抑制期　　新鲜乳中含有抗菌物质，其抑菌或杀菌作用在含菌少的鲜乳中可持续36h（在13～14℃）；若在污染严重的乳液中，其作用可持续18h左右。在此期间，乳液含菌数不会增加，抗菌物质的作用会随温度升高而增强，但持续时间会缩短。因此，鲜乳放置在室温环境中，在一定时间内不会发生变质现象。

2. 乳链球菌期　　当鲜乳中的抗菌物质减少或消失后，存在于乳中的微生物会迅速繁殖，占优势的细菌是乳酸链球菌、大肠杆菌、乳杆菌和一些蛋白分解菌等，其中以乳酸链球菌生长繁殖特别旺盛。乳链球菌使乳糖分解，产生乳酸，所以乳液的酸度不断升高。如有大肠杆菌繁殖时，会伴有产气现象出现。因乳的酸度不断地上升，就抑制了其他腐败菌的生长。当酸度升高至一定程度时（pH4.5），乳酸链球菌本身生长受到抑制，并逐渐减少。这时有乳凝块出现。

3. 乳杆菌期　　pH 上升至 6 左右时，乳杆菌的活动力逐渐增强，不断产酸。当 pH 继续下降至 4.5 以下时，由于乳杆菌耐酸力较强，尚能继续繁殖并产酸。在此阶段乳液中可出现大量乳凝块，并有大量乳清析出。

4. 真菌期　　当 pH 继续下降至 3.0～3.5 时，绝大多数微生物被抑制甚至死亡，仅酵母和霉菌尚能适应高酸性的环境，并能利用乳酸及其他一些有机酸。由于酸被利用，乳液的酸度会逐渐降低，使乳液的 pH 不断上升接近中性。

5. 胨化菌期　　当乳液中的乳糖被大量消耗后，残留量已很少，而适宜分解蛋白质和脂肪的细菌大量生长繁殖，这样就出现了乳凝块被消化，乳液的 pH 逐渐升高向碱性方向转化，并产生腐败臭味的现象。这时的腐败菌大部分属于假单胞菌属、芽孢杆菌属及变形杆菌属。

（二）牛乳在冷藏中微生物的变化

在冷藏条件下，适合于室温下繁殖的鲜乳中的微生物生长被抑制；而嗜冷菌却能生长，但生长速度非常缓慢。这些嗜冷菌包括假单胞杆菌属、无色杆菌属、产碱杆菌属、黄杆菌属、克雷伯氏杆菌属和小球菌属。

由于乳液中的脂肪和蛋白质分解是冷藏乳变质的主要因素。多数假单胞杆菌属中的细菌具有产生脂肪酶的特性，这些脂肪酶在低温下活性非常强，并具有耐热性，即使在加热消毒后的乳液中，还有残留脂酶活性。在低温条件下促使蛋白质分解胨化的细菌主要为假单胞杆菌属和产碱杆菌属。

四、微生物引起的乳品腐败变质

乳和乳制品是微生物的最好培养基，因此牛乳被微生物污染后若不及时处理，乳中的微生物就会大量繁殖，分解糖、蛋白质和脂肪等产生酸性产物、色素或气体，生成影响产品风味及卫生的小分子产物及毒素，从而导致乳品出现酸凝固、风味异常、色泽异常等腐败变质现象，降低了乳品的品质与卫生状况，甚至使其失去食用价值。因此，在乳品工业生产中要严加控制微生物的污染和繁殖。乳品变质种类及相关微生物见表2-4。

第二节　鲜乳的质量保障

原料乳送到工厂必须根据指标规定，尽快进行质量检验，按质论价分别处理。

一、原料乳的质量标准

我国规定生鲜牛乳收购的质量标准（GB 19301—2010）包括感官指标、理化指标及细菌指标。

（一）感官指标

正常牛乳为白色或微带黄色，不得含有肉眼可见的异物，不得有绿色、红色或其他异色。不能有苦味、涩味、咸味、青贮味、饲料味和霉味等异常味。

（二）理化指标

理化指标只有合格指标，不再分级。我国国家标准规定原料乳验收时的理化指标见表 11-1。

表 11-1　鲜奶理化指标

项目	指标
密度（20℃/4℃）	≥1.0280（1.028～1.032）
脂肪/%	≥3.10（2.8～5.0）
蛋白质/%	≥2.95
酸度（以乳酸表示）/%	≤0.162
杂质度/（mg/kg）	≤4
汞/（mg/kg）	≤0.01
六六六、滴滴涕/（mg/kg）	≤0.1
抗生素/（IU/L）	<0.03

（三）细菌指标

细菌指标检测可采用平皿培养法计算细菌总数，也可采用亚甲蓝还原褪色法，按亚甲蓝褪色时间分级指标进行评级，两者只允许用一个，不能重复。细菌指标分为 4 个级别，按表 11-2 中细菌总数分级指标进行评级。

表 11-2　原料乳的细菌指标

分级	平皿细菌总数分级指标法/（万个/mL）	亚甲蓝褪色时间分级指标法
I	≤50	≥4h
II	≤100	≥2.5h
III	≤200	≥1.5h
IV	≤400	≥40min

此外，许多乳品收购单位还规定下述情况之一者不得收购：①产犊前 15d 内的末乳和产犊后 7d 内的初乳；②牛乳颜色有变化，呈红色、绿色或显著黄色者；③牛乳中有凝块或絮状沉淀者；④牛乳中有肉眼可见杂质者；⑤用抗生素或其他对牛乳有影响的药物治疗期间，母牛所产的乳和停药后 3d 内的乳；⑥牛乳中有畜舍味、霉味、苦味、涩味、臭味、煮沸味及其他异味者；⑦添加有抗生素、防腐剂和其他任何有碍食品卫生的乳；⑧酸度超过 20°T。

二、验收

（一）感官检验

鲜乳的感官检验主要是对嗅觉、味觉、尘埃、外观等进行鉴定。首先打开罐式运乳车容器或冷却贮乳器的盖后，应立即嗅容器内鲜乳的气味。否则，会因开盖时间过长，导致外界空气将容器内气味冲淡，对气味的检验不利。然后将试样含入口中，并使之分布于整个口腔的各个部位，因为舌面对各种味觉分布并不均匀，以此鉴定是否存在各种异味。在对风味检验的同时，对混入的异物、鲜乳的色泽、是否出现过乳脂分离现象进行观察。

正常鲜乳为白色或微带黄色，不得含有肉眼可见的异物，不得有绿色、红色或其他异色。不能有苦味、涩味、咸味、青贮味、饲料味和霉味等异常味。

（二）酒精试验

酒精试验法是为判断鲜乳的抗热性而广泛使用的一种简便方法。酪蛋白以稳定的胶体状态存在是因为乳中酪蛋白胶粒带有负电荷并具有亲水性，在胶粒周围形成了结合水层。新鲜牛乳对乙醇的作用表现出相对稳定；而不新鲜的牛乳，酪蛋白胶粒不稳定，当受到乙醇的脱水作用时，会加速其凝固。此法可验出鲜乳的酸度，以及盐类平衡不良乳、初乳、末乳及细菌作用产生凝乳酶的乳和乳房炎乳等。

酒精试验受乙醇浓度的影响，一般以72%容量浓度的中性乙醇与原料乳等量混合摇匀，以无凝块出现为标准。酒精试验过程中，两种液体须等量混合，混合时化合热会使温度升高5～8℃，故两种液体的温度应保持在10℃以下，否则会使检验的误差明显增大。

通过酒精试验可鉴别原料乳的新鲜度，了解乳中微生物的污染状况。正常牛乳的滴定酸度不高于18°T，不会出现凝块。新鲜牛乳贮存应适当合理，存放时间不宜过长，否则乳中微生物大量繁殖使乳中的酸度升高，酒精试验易出现凝块。影响乳中蛋白质稳定性的因素较多，如乳中钙盐增高时，在酒精试验中会由于酪蛋白胶粒脱水失去水合层，使钙盐容易和酪蛋白结合，形成酪蛋白酸钙沉淀。

新鲜牛乳的滴定酸度为16～18°T。为了合理利用原料乳和保证乳制品质量，用于制造淡炼乳和超高温灭菌奶的原料乳，用75%乙醇进行试验；用于制造乳粉的原料乳，用68%乙醇进行试验（酸度不得超过20°T）。酸度不超过22°T的原料乳尚可用于制造奶油，但其风味较差。酸度超过22°T的原料乳只能用于制造工业用的乳糖、干酪素等。

（三）滴定酸度

滴定酸度是用碱液中和乳中的酸性物质，根据碱的用量确定鲜乳的酸度。该法比较准确，但现场收购受到实验室条件所限，可采用简易办法：用17.6mL的贝布科克氏鲜乳移液管，取18mL鲜乳样品，加入等量的不含二氧化碳的蒸馏水稀释，以酚酞作指示剂，再加入18mL 0.02mol/L氢氧化钠溶液，使之充分混合，如呈微红色说明乳样酸度在0.18%以下。

（四）比重

比重是评定鲜乳厂房是否正常的一个常用指标，但不能仅用此法判断，需结合脂肪、风味等方面的测定，可判断鲜乳是否经过脱脂或加水。测定比重时应迅速，将比重计放入鲜乳并静止后，即刻读取液面上端所示刻度。放置时间不宜过长，否则脂肪球上浮，会导致下层脂肪减少，使比重计所测数值也偏高。测定最好在10～20℃进行。另外，若倒入鲜乳时产生过多泡沫，会导致密度变小，比重测定值会降低。

（五）细菌数、体细胞数、抗生素检验

一般现场收购鲜乳不做细菌检验，但在加工前，必须检查细菌总数、体细胞数，以确定原料乳的质量和等级。如果是作为加工发酵乳制品的原料乳，必须做抗生素检验。

1. 细菌检查　　细菌检查有多种，包括亚甲蓝还原试验、稀释倾注平板法、直接镜检等方法。

1）亚甲蓝还原试验：是一种色素还原试验，用来判断原料乳的新鲜程度。乳中含有还原酶（主要是脱氢酶），来自微生物代谢，故该酶的数量直接影响微生物污染程度，如污染大量微生物产生还原酶使颜色逐渐变淡，直至无色，通过测定颜色变化速度，可以间接推断出鲜乳中的细菌数（表11-3）。

表11-3　亚甲蓝的褪色时间与乳中细菌数目的关系

乳的等级	褪色时间/h	1mL乳中细菌数	乳的质量
一级（优）	超过5.5	良好	优
二级（中）	2.0~5.5	50万~400万	及格
三级（差）	20min~2h	400万~2000万	差
四级（劣）	不足20min	2000万以上	劣

该法除了可以间接迅速查明细菌数外，对白细胞及其他细胞的还原作用也很敏感。因此，也可用于异常乳检验，如乳房炎乳、初乳及末乳等。

2）稀释倾注平板法：平板培养计数是取样稀释后，接种于琼脂培养基上，培养24h后计数，测定样品的细菌总数。该法能测定样品中的活菌数，但需要较长时间。

3）直接镜检法（费里德氏法）：是一种利用显微镜直接观察确定乳中微生物数量的方法。取一定量的乳样，在载玻片涂抹一定的面积，经过干燥、染色、镜检观察细菌数，根据显微镜视野面积，推断出鲜乳中的细菌总数，而非活菌数。直接镜检法比平板培养法更能迅速判断结果，通过观察细菌的形态，推断细菌数增多的原因。

2. 体细胞数检验　　正常乳中的体细胞，多数来源于上皮组织的单核细胞，如出现明显的多核细胞，可判断为异常乳。常用的方法有直接镜检法（同细菌检验）或加利福尼亚细胞数测定法（GMT法）。GMT法是根据细胞表面活性剂的表面张力，细胞在遇到表面活性剂时，会收缩凝固。细胞越多，凝集状态越强，出现的凝集片也越多。

3. 抗生素残留量检验　　抗生素残留量检验是验收发酵乳制品原料乳的必检指标。常用的方法有以下几种。

1）2，3，5-氯化三苯基四氮唑（TTC）试验：若鲜乳中有抗生素残留，在被检乳样中，接种细菌进行培养，则细菌不能增殖，此时加入的指示剂TTC保持原有的无色状态（未经过还原）。反之，如果无抗生素残留，试验细菌就会增殖，使TTC还原，被检样变成红色。因此，被检样保持鲜乳的本色，即为阳性；若变为红色，则为阴性。

2）纸片法：将指示菌接种到琼脂培养基上，然后将浸过被检乳样的纸片放在培养基上进行培养。若被检乳样中有抗生素残留，会向纸片的四周扩散，阻止指示菌的生长，在纸片的周围形成透明的组织带，根据组织带的直径，可判断抗生素的残留量。

（六）乳成分的测定

近年来随着分析仪器的出现与发展，在乳品检测方面出现了很多高效率的检验仪器。采用光学法可测定乳脂肪、乳糖、乳蛋白及总干物质，并已开发并使用了各种微波仪器。

1. 微波干燥法测定总干物质（TMS检验）　　通过2450MHz的微波干燥牛乳，并自动称量、记录乳总干物质的重量，测定速度快，测定准确，便于指导生产。

2. 红外线牛乳全成分测定　　通过红外线分光光度计，自动测出牛乳中的脂肪、蛋白质、乳糖三种成分。红外线通过牛乳后，牛乳中的脂肪、蛋白质、乳糖的不同浓度，减弱了红外线的波长，通过红外线波长的减弱率反映出三种成分的含量。该法测定速度快，但成本较高。

第三节　原料乳的处理

乳制品质量的关键是原料乳的质量好坏，只有采用优质的原料乳才能保证生产优质的产品。为了保证原料乳的质量，就要除去机械杂质并减少微生物的污染，所以挤出的牛乳必须在牧场立即进行过滤、冷却等初步处理。

一、过滤与净化

（一）过滤

过滤就是通过多孔质的材料（过滤材料）将液体微粒的混合物分开的操作。牧场在没有严格遵守卫生条件下挤乳时，乳容易受到大量粪屑、垫草、饲料、牛毛和蚊蝇等的污染。因此挤下的乳必须及时进行过滤。凡是将乳进行空间转移时，都应该进行过滤。

过滤的方法有常压（自然）过滤、减压过滤（吸率）和加压过滤等，也可采用膜技术（如微滤）去杂质。过滤材料多选用滤孔比较粗的纱布、滤纸、金属绸或人造纤维等。过去牧场中常用纱布过滤，但必须保持纱布的清洁卫生，否则会被微生物污染。牧场要求纱布的一个过滤面不超过 50kg 乳。使用后的纱布应用温水清洗，并用 0.5% 的碱水洗涤，然后再用清洁的水冲洗，最后煮沸 10～20min 杀菌，并存放在清洁干燥处备用。目前牧场中一般采用尼龙或其他类化纤滤布过滤，特点是易清洗、干净、耐用，且过滤效果好。

在收乳站或乳制品厂也要对乳过滤。除用纱布外，也可以使用过滤器进行过滤。某种管式过滤器，设备简单并备有冷却器，过滤后可马上进行冷却或净乳。

（二）净化

原料乳经过数次过滤后，虽然除去了大部分的杂质，但由于乳中还存在很多极为微小的机械杂质和细菌细胞，很难用一般的过滤方法除去。一般采用离心净乳机进行净化，从而达到更高的纯净度。

离心净乳就是利用乳在分离钵内受到强大离心力的作用，将大量的机械杂质留在分离钵内壁上，从而达到净化乳的目的。离心净乳机的构造与奶油分离机基本相似。但净乳机的分离钵具有较大聚尘空间，上部没有分配杯盘，杯盘上没有孔。没有专用离心净乳机时，也可以用奶油分离机代替，但效果较差。现代乳品厂多采用离心净乳机。目前大型工厂采用自动排渣净乳机或三用分离机（奶油分离、净乳、标准化），是因为普通的净乳机在运转 2～3h 后需停车排渣。净化对提高乳的质量和产量起了重要的作用。

二、冷却

净化后的乳最好直接加工，如需要进行短期贮藏时，为保持乳的新鲜度，必须及时冷却，以保持乳的新鲜度。

（一）冷却的作用

刚挤下的乳温度在 36℃ 左右，是最适宜微生物繁殖的温度，若不及时冷却，混入乳中的微生物会迅速繁殖，使乳的酸度增高，凝固变质，质量变差。因此新挤出的乳，经净化后需冷却到 4℃ 左右以抑制乳中微生物的繁殖。冷却对乳中微生物的抑制作用见表 11-4。

表 11-4　乳的冷却与乳中细菌数的关系（个/mL）

贮存时间	刚挤出的乳	3h	6h	12h	24h
冷却乳	11 500	11 500	8 000	7 800	62 000
未冷却乳	11 500	18 500	102 000	114 000	1300 000

由表 11-4 可以看出，未冷却的乳中微生物繁殖迅速，而冷却乳则增殖缓慢。6～12h 微生物数量还有减少的趋势，这是因为低温乳中自身含有抗菌物质——乳烃素（拉克特宁，lactenin），使细菌的繁殖受到抑制。

新挤出的乳迅速冷却可以使其抗菌特性保持较长的时间。另外，原料乳污染越严重，抗菌作用时间越短。例如，乳温 10℃ 时，挤乳时严格执行卫生制度的乳样，其抗菌期是未严格执行卫生制度乳样的 2 倍。因此，为保证鲜乳较长时间保持新鲜度，刚挤出的乳有必要迅速冷却。通常可以根据贮存时间的长短选择适宜的温度（表 11-5，图 11-1）。

表 11-5　牛乳的贮存时间与冷却温度的关系

乳的贮存时间/h	应冷却的温度/℃
6～12	10～8
12～18	8～6
18～24	6～5
24～36	5～4

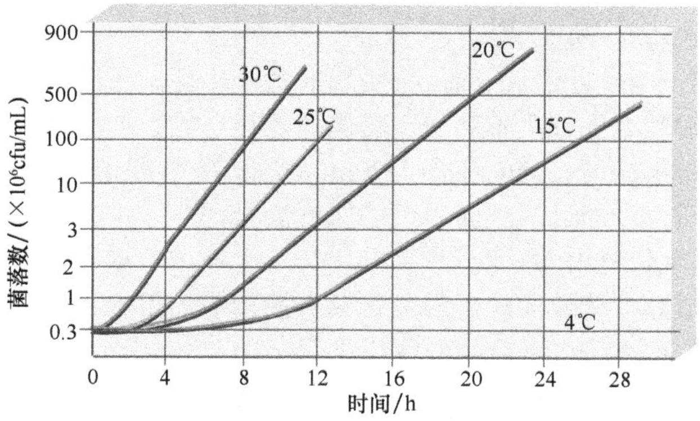

图 11-1　贮藏温度对原料奶中细菌生长的影响

（二）冷却的方法

1. 水池冷却　最简单的方法是把装乳桶放在水池中，用冷水或冰水进行冷却，可使乳温度冷却到比冷却水温度高 3～4℃。冷却时进行搅拌可加快冷却速度，且要按照水温进行排水和换水。池中水量应为冷却乳量的 4 倍，水面应没到奶桶颈部，有条件的地方可用自然长流水冷却（进水口在池下部，冷却水由上部溢流）。每隔 3d 需清洗一次水池，并用石灰溶液进行消毒。冷却缓慢、消耗水量较多、不易管理、劳动强度大是水池冷却的缺点。

2. 冷却罐及浸没式冷却器冷却　　适合于奶站和较大规模的牧场，因为这种冷却器可以插入奶桶或贮乳槽中来达到冷却目的。浸没式冷却器中带有离心式搅拌器，可以调节搅拌速度，并带有自动控制开关，可以定时自动进行搅拌，故可使牛乳冷却均匀，并防止稀奶油上浮。

3. 板式热交换器冷却　　牛乳流过冷排冷却器与冷剂（冷水或冷盐水）进行热交换后流入贮乳槽中。这种冷却器价格低廉，构造简单，冷却效率也比较高，目前许多奶站及乳品厂都用板式热交换器对乳进行冷却。板式热交换器克服了表面冷却器因乳液暴露于空气而容易污染的缺点，用冷盐水作冷媒时，可使乳温迅速降至 4℃ 左右。

三、贮存

（一）贮存要求

有一定的鲜乳贮存量可以保证工厂连续生产的需要。一般工厂总的贮乳量应根据各

图 11-2　贮乳罐

厂每天牛乳总收纳量、收乳时间、运输能力及时间等因素决定，一般不少于 1d 的处理量。一般贮乳罐的总容量应为日收纳总量的 2/3 以上，且每只贮乳罐的容量应适应于每班生产能力（图 11-2）。每班的处理量一般相当于两个贮乳罐的乳容量，否则用多个贮乳罐会增加调罐和清洗的工作量并增加牛乳的损耗。

贮乳设备一般采用不锈钢材料制成，并配有适当的搅拌机构。贮乳罐的装乳能力一般为 5t、10t 或 30t。10t 以下的贮藏罐多装于室内，分为立式或卧式；大罐多装于室外，带保温层和防雨层，均为立式。为防止罐内温度上升，贮乳罐外边有绝缘层（保温层）或冷却夹层。贮罐要求保温性能良好，一般要求乳经过 24h 贮存后，乳温上升不得超过 3℃。

贮乳罐使用前应彻底清洗、杀菌，待冷却后贮入牛乳。每罐须放满，并加盖密封。如果装半罐，会加快乳温上升，不利于原料乳的贮存。贮存期间要定时搅拌牛乳防止乳脂肪上浮而造成分布不均匀。24h 内搅拌 20min，乳脂率的变化在 0.1% 以下。为防止温度升高而使牛乳变质，冷却后的乳应尽可能保持低温。

（二）乳在贮存过程中的变化

原料乳的组成成分、特性及质量的变化会直接影响加工过程，以及最终产品的组成和质量，乳在较大的贮存罐中混合会发生以下变化。

1. 微生物的繁殖　　嗜冷菌的生长可以决定乳在贮乳罐中的微生物变化。生产之前，若乳中细菌数超过 5×10^5 个/mL 时，就说明嗜冷菌已产生了足够的耐热酶，即脂酶和蛋白酶，这些酶能破坏乳品质量。如果把来自含有许多嗜冷菌的少量乳与含有少量嗜冷菌的大量乳混合，混合乳中含有的高数量嗜冷菌所造成的危害要比含有相同菌数的乳更大，这是因为嗜冷菌在对数生长期的最后阶段胞外酶产生占优势。

因为从牧场到乳品厂的运输过程中乳温会增高，所以乳必须被冷却到 4℃ 以下，在高温下细菌的传代间隔明显缩短，因此必须采取一定措施以使原料乳保存更长时间。

预热是一种控制原料乳质量的较好方法，采用一种较为温和的热处理方法（如 65℃、15s 称为预热），常用以降低原料乳中嗜冷菌的数量，同时该法在乳中保留了大部分完好

的酶和凝集素。热处理之后，如果乳没有再次受到嗜冷菌的污染，就可以在6～7℃保持4～5d，而细菌数量不增加。乳最好能在运抵乳品厂之后立即进行预热，但预热后的乳仍会受到非常耐热的嗜冷菌（如耐热性产碱杆菌）的威胁。

2. 酶活性　　虽然乳中其他酶（如蛋白酶和磷酸酶）也能引起乳的变化，但是脂酶对鲜乳质量影响更为突出。因此，温度应保持在5～30℃，避免温度反复波动以破坏脂肪球。

3. 化学变化　　阳光曝晒会导致乳产生日光味，所以应尽量避免曝晒。也应避免冲洗水（引起稀释）、消毒剂（氧化）的污染，特别是铜（起触媒作用引起油脂氧化）的污染。

4. 物理变化

1) 在低温条件下原料乳或预热乳中脂肪会迅速上浮，通过有规律的搅拌（如每小时搅拌2min）能避免稀奶油层的形成。这经常用通入空气的方法来完成，所用空气必须是无菌的，且空气泡非常大，否则许多脂肪球就会吸附在气泡上。

2) 在低温条件下，部分酪蛋白（主要是β-酪蛋白）就会由胶束溶解于乳清中。这种溶解是一个缓慢的过程，大约经过24h才能达到平衡。一些酪蛋白的溶解增加了乳清的黏度，约增加10%，从而降低了这种乳的凝乳能力。凝乳能力的降低部分是由于钙离子活力的变化。将乳暂时加热至50℃或更高温度可使其凝乳能力全部恢复。

3) 由于空气的混入和温度的波动可引起脂肪球的破坏。温度的波动能导致脂肪分解加速，是因为其会使一些脂肪球熔化和结晶。如果脂肪球是液态的就会导致脂肪球的破坏，如果这种脂肪部分是固体（10～30℃），就能导致脂肪球结块。

四、运输

乳的运输是乳品生产上重要的一环，运输不当往往会造成很大的损失。目前我国乳源分散的地方多采用乳桶运输；乳源集中的地方，多采用乳槽车运输。无论采用哪种运输方式，都应注意以下几点。

1) 运输最好在夜间或清晨，或用隔热材料盖好桶（特别是在夏季），以防止乳在途中升温。

2) 夏季必须装满盖严，以防震荡；冬季不得装得太满，避免因冻结而使容器破裂。

3) 所采用的容器须保持清洁卫生，并加以严格杀菌。乳桶盖内应有橡皮衬垫，绝不能用碎布、油纸或碎纸等代替。

4) 长距离运送乳时，最好采用乳槽车。利用乳槽车运乳的优点是单位体积表面积小，乳的升温慢，特别是在乳槽车外加绝缘层后可以基本保持在运输中不升温。

第四节　加工设备的清洗消毒

一、清洗消毒的目的

巴氏杀菌设备运行一定时间（一般为6h，视原料奶质量和设备而定）后，为防止细菌繁殖并有利于热交换，同时杀灭设备和管道内的微生物，必须进行清洗消毒，冲洗物料管内和单元设备内残留的乳成分，清除设备及管道内污垢。

巴氏杀菌设备运行数小时之后，冷却段内的乳会滋生细菌。在巴氏杀菌中存活下来的细菌附着在乳垢里形成的薄层称为微生物薄层。微生物薄层中的细菌生长很迅速，所以设备持续使用10h后，巴氏杀菌乳中的微生物数量会显著增加。这些微生物绝大多数是嗜热链球菌（最高生长温度53℃），而粪渣链球菌、坚忍链球菌（最高生长温度52℃）和粪链球菌（最高生长温度47℃）也会带来问题，因此定期清洗是有效的补救措施。

二、清洗剂的选择

清洗剂的作用主要为乳化、润湿、悬浊、松散、洗涮、软化、螯合、溶解等。通常可分为5类，即碱类、磷酸盐类、酸类、润湿剂类、螯合剂类等。

食品加工厂对清洗剂的选择，以前首先考虑清洁程度和经济效果，现在则首先考虑环境污染。关于清洗剂，多使用氢氧化钠、硅酸盐、磷酸盐等碱性清洗剂和磷酸、盐酸、硝酸、硫酸等酸性清洗剂。

近年来又在这些清洗剂中添加表面活性剂或金属螯合物，清洗性能有了显著提高，使其更容易除去污物和改善洗涤性能并防止乳垢沉着。碱性清洗剂虽对金属有腐蚀作用并对垫圈有不良影响，但目前仍以碱性清洗剂为主。因此对清洗剂的耐热、耐磨耗和耐药性等有必要加以充分考虑。此外，对无机清洗剂的危害问题和有机清洗剂对生物需氧量（BOD）、化学需氧量（COD）的影响等也要加以注意。

三、清洗消毒的方法

　　　　加热器表面

蛋白质　　磷酸盐　　脂肪

图 11-3　加热器表面沉积物

设备在生产结束后或生产间歇（一般连续生产 6h），一定要认真清洗和消毒。清洗和消毒必须分开进行，不可同时完成，因为未经清洗的导管和设备，消毒效果不好。清洗时要洗掉附在管壁和设备内残存的牛奶，用 38～60℃ 的温水进行冲洗，温度不宜太高以防蛋白质等受热变性黏附，造成清洗困难；然后除去容器内壁的蛋白质和脂肪等固体奶垢，要用热的清洗剂（71～72℃）进行冲洗（图 11-3）。

如果发现用清洗剂冲后仍有奶垢，则应用六偏磷酸钠等处理，否则会影响牛乳的杀菌效果。清洗挂锡的奶桶时，在碱液内添加亚硫酸钠（氢氧化钠：亚硫酸钠＝4：1）以保护桶内的锡不受腐蚀。用清洗剂清洗后，再用清水彻底冲洗干净，并保持干燥状态。

清洗后的管道、设备和容器等在使用前必须进行消毒处理。常用的消毒方法有以下三种。

1. 沸水消毒法　　此法是最简便的方法，牧场中也较易做到。用沸水消毒时，必须使消毒物体达到90℃以上，并保持2～3min。

2. 蒸汽消毒法　　此法是用蒸汽直接喷射在消毒物体上。消毒导管和保温缸等设备时，通入蒸汽后，应使冷凝水出口温度达82℃以上，然后把冷凝水彻底放尽。

3. 次氯酸盐消毒法　　这是乳品工业常用的消毒方法。消毒时需将消毒物件充分清洗，以除去有机质。必须注意浓度和pH，因为次氯酸盐容易腐蚀金属（包括不锈钢），特别是使用软水而 pH 很低时更易腐蚀。通常杀菌剂溶液中有效氯的含量为 200～300mg/kg，如使用软水时，应在水中添加 0.01％的碳酸钠。用这种方法消毒时，必须彻底冲洗干净，直到无氯味为止。

使用次氯酸盐消毒时，应测定有效氯的浓度来控制有效氯的含量。方法为：取 50mL 次氯酸盐溶液于锥形瓶中，加 15％的碘化钾溶液 5mL 和 50％的乙酸 2mL，在暗处静置 5～6min 后，加 5％的可溶性淀粉溶液 1～2mL，用 1/50mol/L 的硫代硫酸钠溶液滴定游离碘，直至无色为止。每毫升 1/50mol/L 的硫代硫酸钠溶液相当于 14.2mg/kg 有效氯。

四、就地清洗

设备（罐体、管道、泵等）及整个生产线在无需人工拆开或打开的前提下，在闭合的回路中进行清洗，而清洗过程是在增加了湍动性和流速的条件下，对设备表面的喷淋或在管路中的循环，此项技术称为就地清洗（cleaning in place，CIP）。

CIP 具有以下优点：①安全可靠，设备无须拆卸。②按程序设定步骤进行，有效减少人为失误。③清洗成本降低，水、清洗剂、杀菌剂及蒸汽的耗量少。

五、清洗程序的选择

（一）冷管路及其设备的清洗程序

1）水冲洗 3～5min。

2）用 75～80℃热碱性清洗剂循环 10～15min（若选择氢氧化钠，建议溶液浓度为 0.8％～1.2％）。

3）水冲洗 3～5min。

4）建议每周用 65～70℃的酸循环一次（如浓度为 0.8％～1.0％的硝酸溶液）。

5）用 90～95℃热水消毒 5min。

6）逐步冷却 10min（储奶罐一般不需要冷却）。

（二）热管路及其设备的清洗程序

1. 受热设备的清洗程序

1）用水预冲洗 5～8min。

2）用 75～80℃热碱性清洗剂循环 15～20min。

3）用水冲洗 5～8min。

4）用 65～70℃酸性清洗剂循环 15～20min（如浓度为 0.8％～1.0％的硝酸或 2.0％的磷酸）。

5）用水冲洗 5min。

6）生产前一般用 90℃热水循环 15～20min，以便对管路进行杀菌。

2. 巴氏杀菌系统的清洗程序

1）用水预冲洗 5～8min。

2）用 75～80℃热碱性清洗剂循环 15～20min（如浓度为 1.2％～1.5％的氢氧化钠溶液）。

3）用水冲洗 5min。

4）用 65～70℃酸性清洗剂循环 15～20min（如浓度为 0.8％～1.0％的硝酸溶液或

2.0%的磷酸溶液）。

　　5）用水冲洗 5min。

　　3. UHT 系统的正常清洗程序　　板式 UHT 系统可采取以下的清洗程序。

　　1）用清水冲洗 15min。

　　2）用生产温度下的热碱性清洗剂循环 10～15min。

　　3）用清水冲洗至中性，pH 为 7。

　　4）用 80℃的酸性清洗剂循环 10～15min。

　　5）用清水冲洗至中性。

　　6）用 85℃的碱性清洗剂循环 10～15min。

　　7）用清水冲洗至中性，pH 为 7。

　　对于管式 UHT 系统，则可采用以下的清洗程序。

　　1）用清水冲洗 10min。

　　2）用生产温度下的热碱性清洗剂循环 45～55min（如 137℃，浓度为 2.0%～2.5%的氢氧化钠溶液）。

　　3）用清水冲洗至中性，pH 为 7。

　　4）用 105℃的酸性清洗剂循环 30～35min（如浓度为 1.0%～1.5%的硝酸溶液）。

　　5）用清水冲洗至中性。

　　4. UHT 系统的中间清洗　　中间清洗（aseptic intermediate cleaning，AIC）是指生产过程中在没有失去无菌状态的情况下，对热交换器进行清洗，而后续的灌装可在无菌罐供乳的情况下正常进行的过程。若想去除加热面上沉积的脂肪、蛋白质等垢层，降低系统内压力，有效延长运转时间，可采用这种清洗方法。常用程序如下。

　　1）用水顶出管道中的产品。

　　2）用碱性清洗剂（如浓度为 2%的氢氧化钠溶液）按"正常清洗"状态在管道内循环，时间一般为 10min，但标准是热交换器中的压力下降到设备典型的清洁状况（即水循环时的正常压降）。

　　3）当压力降到正常水平时，即认为热交换器已清洗干净。此时用清洁的水替代清洗剂，随后转回产品生产。

六、清洗效果的检验

（一）清洗效果检验的意义

　　对清洗的效果进行检验可以实现控制费用，经济清洗。对可能出现的失败产品提前预警，在事故发生之前解决问题。长期、稳定、合格的清洗效果是生产高质量产品的前提。

（二）检验过程

　　1. 设定标准　　若使评估结果有意义，必须要有一定的标准。基本要求如下。

　　（1）气味　　适当清洗过的设备应有清新的气味。

　　（2）设备的视觉外观　　不锈钢罐、管道等表面应光亮，无积水，无乳垢，无膜及其他异物。

　　（3）微生物　　设备清洗后达到绝对无菌是不可能的，但越接近无菌越好。

2．可靠的检测方法

（1）检验频率

1）奶槽车：送到乳品厂的乳接受前和奶槽车经 CIP 后。

2）贮存罐（生乳罐、半成品罐、成品罐等）：一般每周检查一次。

3）净乳机、均质机、泵类：净乳机、均质机、泵类也应检查，维修时，如怀疑有卫生问题，应立即拆开检查。

4）板式热交换器：一般每月检查一次，或按供应商要求检查。

5）灌装机：对于手工清洗的部件，清洗后安装前一定要仔细检查并避免安装时的再污染。

（2）产品检测

1）取样人员的手应清洁、干燥，取样容器应是无菌的，取样方式也应在无菌条件下进行。

2）原料乳应通过检测外观、滴定酸度、风味来判断是否被清洗剂污染。

3）灌装机是很重要的潜在污染源。

4）刚刚开始热处理的产品应取样进行大肠菌群的检查。

5）涂抹地点一般为最易出问题的地方，涂抹面积为（10×10）cm^2。

6）最后冲洗试验，即清洗后通过取罐中或管道中残留水来进行微生物的检测，从而判断清洗效果。

3．记录并报告检测结果　　化验室对每一次检验结果都要有详细的记录,遇到问题、情况时应及时将信息反馈给相关部门。

4．采取行动　　跟踪调查，当发现清洗问题后应尽快采取措施。同时也建议生产和品控人员定期总结，及时发现问题，防微杜渐，把问题解决在萌芽状态。

第十二章 牛乳在加工处理中的变化

第一节 乳加工后各组分的名称

加工处理之前的牛乳称为全脂乳。全脂乳经离心分离处理后可产生两部分，分离出来的富含脂肪部分称为稀奶油，另一部分含脂肪较少的称为脱脂乳。稀奶油继续搅拌还可产生两部分，一部分为脂肪（可加工成奶油），另一部分为酪乳。

全脂乳加酸或凝乳酶处理后可生成以酪蛋白和脂肪为主要成分的凝乳，除去凝乳后所剩的透明黄绿色液体称为乳清，其中含有乳糖、可溶性的乳清蛋白、矿物质、水溶性维生素等。脱脂乳经酸或凝乳酶处理后可生成以酪蛋白为主的凝乳和乳清两部分。牛乳加工后各组分的名称见图 12-1。

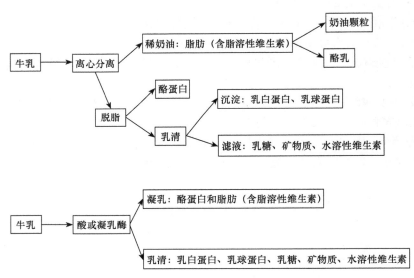

图 12-1　牛乳加工后各组分的名称

第二节 乳的热处理

所有液体乳和乳制品的生产中要杀死微生物和使酶失活，就需要热处理，或获得一些变化，主要为化学变化。热处理的强度（加热温度和受热时间）可以决定这些变化。但还是要谨慎使用热处理，因为热处理也会带来不好的变化，如褐变、营养物质损失、风味变化、菌抑制剂失活和对凝乳力的损害。

一、热处理的目的

1. 延长保质期　　热处理可以杀死腐败菌及其芽孢，使乳中天然存在或由微生物分泌的酶灭活。热处理抑制了脂肪自身氧化带来的化学变质，"凝乳素"失活可避免迅速形成稀奶油。

2. 保证消费者的安全　　热处理主要杀死如结核杆菌、沙门菌、金黄色葡萄球菌、李斯特菌等病原菌，以及进入乳中的潜在病原菌和腐败菌，其中很多菌耐高温。

3. 形成产品的特性

1）乳蒸发前加热可提高炼乳杀菌期间的凝固稳定性。

2）灭活细菌抑制剂如乳过氧化氢酶和免疫球蛋白来促进发酵剂菌的生长。

3）促进乳在酸化过程中酪蛋白和乳清蛋白的凝集。

4）获得酸奶的理想黏度。

二、加热引起的变化

1. 物理化学变化

1）包括 CO_2 在内的气体（如果它们能从加热设备中排出）可以在加热期间除去，特别是除去 O_2 对加热期间氧化反应速度和随后细菌增长速度有重要影响。

2）胶体磷酸盐增加，而 Ca^{2+} 含量减少。

3）酪蛋白中的磷酸根、磷脂会降解而无机磷增加。

4）产生乳糖的同分异构体（如异构化乳糖）和乳糖的降解物（如乳酸等有机酸）。

5）乳的 pH 降低，并且滴定酸度增加，这些变化都与条件的变化密切相关。

6）许多酶被钝化。

7）大部分的乳清蛋白变性导致不溶。

8）蛋白质与乳糖之间的美拉德反应，使得赖氨酸效价降低。

9）蛋白质发生的其他化学反应。

10）蛋白质中的二硫键断裂，游离巯基的形成，致使诸如氧化还原电势降低。

11）酪蛋白胶束发生聚集，会导致凝固。

12）脂肪球膜发生变化，如 Cu^{2+} 含量变化。

13）甘油酯水解。

14）由脂肪形成内酯和甲基酮。

15）损失一部分维生素。

2. 加热处理综合变化

1）加热过程中乳由起初的稍白，随着加热强度的增加变为棕色。

2）风味发生变化。

3）黏度增加。

4）营养价值降低，如维生素损失、赖氨酸效价降低。

5）浓缩乳的热凝固和稠化趋势会降低。

6）凝乳能力降低。

7）乳脂上浮趋势降低。

8）自动氧化趋势降低。

9）在均质或复原过程形成的脂肪球表面层物质组成受均质前加热强度的影响，如形成均质团的趋势有所增加。

3. 乳的热凝固　　多种条件综合作用，使乳的热凝固成为一个非常复杂的现象。最重要的因素就是 pH，乳的初始 pH 会严重影响热凝固时间，即 pH 越低，发生凝固的温度越低。在温度不变时，pH 越低，乳凝结速率越高。凝聚往往不可逆，即 pH 增加不能使形成的凝聚再分散。加热过程中乳 pH 的最初降低主要是由磷酸钙沉淀引起的，进一步的降低是由于乳糖产生甲酸。

实际上，乳很少产生热凝固问题，但浓缩乳如炼乳在杀菌过程中会凝固。尽管乳与炼乳在热处理过程中大部分的反应机制相同，但二者之间的结果有很大区别。在原料乳未经预热的炼乳中，乳清蛋白处于自然状态，经过 120℃加热，乳清蛋白开始变性并且在酸性范围内强烈聚合，因为已被浓缩的乳清蛋白浓度较高，酪蛋白胶束与乳清蛋白形成胶体结合；而在原料乳预热过的炼乳中，乳清蛋白已经变性并与酪蛋白胶束结合，在乳预热过程中因乳清蛋白浓度太低而不形成胶体化，而在炼乳中不发生胶化是因为乳清蛋白已经变性了。酪蛋白不像球蛋白那样容易加热变性。但在非常强烈的热处理条件下，它能形成聚合，尤其在胶束内部。在生产条件下，酪蛋白在消毒过程中凝聚，当凝聚大量出现形成可见的凝胶体，出现这种现象所需时间称作热凝固时间（HCT）。

此外，在炼乳中 pH 由 6.2 上升到 6.5，稳定性也随之增加，原因与鲜乳一样是因 Ca^{2+} 活性降低的缘故。在 pH＞7.6 时，炼乳稳定性降低，其是由酪蛋白胶粒 κ-酪蛋白脱落引起的，结果没有 κ-酪蛋白的胶束对 Ca^{2+} 敏感性增加，而炼乳中盐浓度比液态乳的要高，因此造成炼乳的不稳定。

三、加热强度

1. 微生物致死效果　　各种微生物在抗热性方面有很大不同。一般用特征参数 D 值和 Z 值来表示。若一种微生物（或芽孢）的 D 值和 Z 值已知，就可确定其耐热性。杀死 90%的残存活菌所需时间（min）为 D 值，也称为指数递降时间。Z 值是热力致死时间下，降一个对数循环所需提高的温度（℃）。加热过程中微生物抗热性有下列几种情况值得注意。

1）微生物即便是一个菌株的抗热性也会改变，这可能是因为活菌的基因改变了。除此之外，还可能因为单细胞在不同条件下生长。一般来说，在加热时对热最敏感的细胞将首先被杀死，因此剩下的在抗热性上就提高了。

2）短时加热牛奶有时会增加菌落数。需注意菌落数被定义为每毫升中形成的菌落单位。以聚集状态存在的微生物因加热器中的对流作用，会被分散成单细胞，因此菌落数增加。

影响微生物耐热性的因素很多，杀死细菌的芽孢、酵母菌和霉菌的温度要比杀死细菌营养细胞要高得多。细菌营养细胞的耐热性受以下因素影响：①微生物耐热性因不同种类而不同；②微生物的最适和最高生长温度，温度越高，意味着耐热性越强；③细胞内脂类物质的含量，脂类会增强耐热性；④微生物生长环境的化学组成，脂肪类食品能保护微生物；⑤微生物所处生长期，处于对数生长期的细胞比衰退期的更耐热；⑥环境的 pH 远离最适生长 pH 时，微生物的耐热性下降；⑦水分活度（A_w）减少，耐热性下降。

2. 酶的灭活　　由于脂酶不完全失活，乳及乳制品中脂肪分解可能带来酸败的气味。乳中残留的蛋白酶专一作用于β-酪蛋白和$α_{S2}$-酪蛋白可能会产生苦味并且脱脂乳最后或多或少会变得透明。而乳中残留的细菌蛋白酶主要作用于 κ-酪蛋白，结果可能是产生苦味、形成凝胶、产生乳清。

　　进行足够的热处理是抵抗乳中酶活性的有效方法。而多数细菌的酶不能通过一般热处理而被完全灭活，是因为有很强的抗热性。因此，切实可行的方法是去阻止有关细菌的生长。

　　3. 加热强度对乳的影响　　加热的持续时间和温度决定加热强度。根据微生物的杀死和酶的钝化将热处理划分不同强度。

　　（1）预热杀菌（thermalization）　　这是一种比低温巴氏杀菌温度更低的热处理，通常为 60~69℃、15~20s。其目的是杀死细菌，尤其是嗜冷菌。因为它们中的一些会产生耐热的脂酶和蛋白酶，它们可以使乳产品变质。加热处理除了能杀死许多活菌外，在乳中几乎不引起不可逆变化。

　　（2）低温巴氏杀菌（low pasteurization）　　这种杀菌是采用63℃、30min 或72℃、15~20s 加热而完成。可钝化乳中的碱性磷酸酶，可杀死乳中所有的病原菌、酵母和霉菌及大部分的细菌，而在乳中生长缓慢的某些种微生物不被杀死。此外，一些酶被钝化，乳的风味改变很大，几乎没有乳清蛋白变性、冷凝聚，抑菌特性不受损害。

　　（3）高温巴氏杀菌（high pasteurization）　　采用 70~75℃、20min 或 85℃、5~20s 加热，乳过氧化物酶的活性会受到破坏。然而，生产中有时采用更高温度，一直到100℃，使除芽孢外所有细菌生长体都被杀死；大部分的酶都被钝化，但乳蛋白酶（胞质素）和某些细菌蛋白酶与脂酶不被钝化或不完全被钝化；大部分抑菌特性被破坏；部分乳清蛋白发生变性，乳中产生明显的蒸煮味，如是奶油则产生瓦斯味。除了损失维生素 C 之外，营养价值没有重大变化。产品脂肪自动氧化的稳定性增加；发生很少的不可逆化学反应。

　　（4）灭菌（sterilization）　　这种热处理能杀死所有微生物包括芽孢，通常采用 110℃、30min（在瓶中灭菌），130℃、2~4s 或 145℃、1s。后两种热处理条件称为超高温瞬时灭菌（UHT）。热处理条件不同，产生的效果是不一样的，110℃、30min 加热可钝化所有乳固有酶，但是不能钝化所有细菌脂酶和蛋白酶；产生严重的美拉德反应，导致棕色化；维生素含量降低；损失一些赖氨酸；形成灭菌乳气味；引起包括酪蛋白在内的蛋白质相当大的变化；乳 pH 大约降低了 0.2 个单位；而 UHT 处理则对乳没有破坏。

第三节　乳 的 均 质

一、均质的目的

　　1. 防止脂肪上浮或其他成分沉淀而造成的分层　　脂肪球的直径应大幅度地降低到1μm 可达到此目的。另外，减少颗粒的沉淀及酪蛋白在酸性条件下的凝胶沉淀可通过均质来完成。

　　2. 提高微粒聚集物的稳定性　　通过均质使脂肪球的直径减小而表面积增大，增加了脂肪球的稳定性。此外，在稀奶油层中微粒聚沉极易发生，经均质过的制品中形成的微粒聚沉非常缓慢。总之，均质最重要的目的就是防止微粒聚沉。

　　3. 还原乳制品　　均质可以使乳成分在溶液中分散，然而均质机不是乳化设备，因此，处理的混合物应先预乳化，严格进行搅拌，形成完全乳化体系后再均质。

　　4. 获得要求的流变性质　　均质块的形成能极大地增加产品（如稀奶油）的黏度。

均质后酸化的乳（如酸奶）比未被均质的酸化乳的黏度要高。这是由于被酪蛋白覆盖的脂肪球参与了酪蛋白胶束的凝聚。

二、稳定脂肪的均质原理

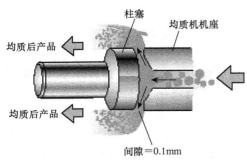

图 12-2　均质机的工作原理

1. 均质机及其工作原理　　均质机由一个高压泵和均质阀组成。其操作原理是在一个适合的均质压力下，料液通过窄小的均质阀而获得很高的速度，这导致了剧烈的湍流，形成的小涡流中产生了较高的料液流速梯度引起压力波动，这会打散许多颗粒，尤其是液滴（图 12-2）。

均质后的脂肪形成细小的球体，新形成的表面膜主要由胶体酪蛋白和乳清蛋白组成，其中一些酪蛋白胶束存在于层内，而大多数或多或少延伸出来形成胶束断层或次级胶束层。脂肪球具有像酪蛋白胶束一样的性质的原因是均质后脂肪球的大部分表面被酪蛋白覆盖（大约 90%，在还原乳中占 100%）。任何使酪蛋白胶束凝聚的影响因素如高温加热、凝乳或酸化都将使均质后的脂肪球凝集。

2. 均质团现象

（1）均质团概念　　稀奶油的均质通常引起黏度增加，在显微镜下可以看到在均质的稀奶油中有大量的脂肪球聚集物，含有大约 10^5 个脂肪球而非单一的脂肪球，即所谓的均质团（homogenization clusters）（图 12-3），脂肪絮凝或黏滞化。因均质团间隙含有液体，所以稀奶油中颗粒的有效体积增加，从而增加了它的黏度。

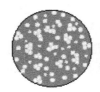

均质前脂肪分布　　　一段均质后脂肪分布　　　二段均质后脂肪分布

图 12-3　均质前后乳中脂肪球的变化

（2）均质团成因及影响因素　　在均质过程中当部分裸露的脂肪球与其他已经覆盖有酪蛋白胶束的脂肪球相接触时，这种酪蛋白胶束也能够附着在裸露的脂肪球表面。因此两个脂肪球由酪蛋白胶束这个"桥"连接着，从而形成均质团，该团块会很快被随后的湍流旋涡打散。然而，如果蛋白质太少以致不能完全覆盖在新形成的脂肪表面，部分裸露的脂肪球恰好在均质机的阀缝之外会形成均质团，因为那里动力太小以致不能被再次打破。

均质团的形成受高脂肪含量、低蛋白质含量、高均质压力及表面蛋白质相对过剩，强烈预热（几乎没有乳清蛋白吸附）或均质温度低（酪蛋白胶束扩散慢）等因素的影响。在实际操作中，当稀奶油含量小于 9% 时，不产生均质团块；含有高于 18% 脂肪的稀奶油通常产生均质团；在脂肪含量 9%～18% 时，产生的团块主要与均质温度和压力有关。

目前生产中采用二段均质机，其中第一段均质压力大（占总均质压力的 2/3），因要打破脂肪球，所以形成的湍流强度高；第二段的压力小（占总均质压力的 1/3），形成的湍流强度很小，不足以打破脂肪球，因此不能再形成新的团块，但可打破第一段均质形成的均质团块。

3. 均质效果的测定　　牛奶的均质效果可通过测定均质指数来检查。首先把奶样在 4℃和6℃的温度下保持 48h。然后分别测定上层（容量的 1/10）和下层（容量的 9/10）的含脂率。均质指数为上层与下层含脂率的百分比差数，除以上层含脂率数。例如，上层的含脂率为 3.3%，下层为 3.0%，均质指数将为（3.3−3.0）×100÷3.3≈9。

均质奶的均质指数应为 1～10。均质后的脂肪球，大部分在 1.0μm 以下。也可以用离心、显微镜、静置等方法来检查均质的效果，通常用显微镜检查最为简便。

三、均质的其他影响

均质后的乳由于含有解脂酶而大大增加了脂肪分解，在几分钟内就可酸败，这可以解释为解脂酶能够渗透到因均质而形成的膜，但不能渗透到天然的乳脂肪球膜中。因此应避免均质生牛奶，也可将均质后的乳迅速进行巴氏杀菌以使解脂酶失活。

由于乳在均质机中可能被细菌污染，因此常在巴氏杀菌前均质。此外，应避免均质后的乳与原料乳的混合，防止脂肪被分解。另外，均质乳还表现出如下特性：颜色变白，易于脂肪自然氧化，易于形成泡沫，脂肪球失去冷却条件下凝固起来的能力。这是由于均质后凝集素失活而并非脂肪球变化引起的。细菌（如乳酸菌等）的凝集素也能失活，但需更高的压力如 10MPa。

为节约能源和机械有时采用部分均质（生产能力大的均质机非常昂贵而且耗能多），即乳先被分成脱脂乳和稀奶油，稀奶油被均质后再与分离出的乳混合。

第四节　乳的真空浓缩

乳、脱脂乳、乳清或其他乳制品可以进行蒸发浓缩，以减少体积并提高保存质量。乳中水蒸发的同时，一些挥发性物质尤其溶解的气体也同时除去。蒸发通常在减压下发生，主要让其在低温下沸腾以避免由加热造成的营养成分的损失。

一、真空浓缩的目的

1）生产浓缩产品，如甜炼乳、淡炼乳或浓缩酸奶。

2）作为干燥乳制品的一个生产步骤，真空蒸发除水要比干燥除水节约能源和节省冷却用水。例如，乳喷雾干燥每蒸发 1kg 水需消耗蒸汽 3～4kg，而在单效真空蒸发器中消耗蒸汽 1.1kg，在双效真空蒸发器中消耗蒸汽 0.4kg。

3）通过浓缩结晶从乳清中生产乳糖（α-乳糖水化合物）。

二、真空浓缩的原理和条件

在 8～21kPa 减压条件下，采用蒸汽直接或间接对牛乳进行加热，使其在低温条件下沸腾，乳中一部分水分汽化并不断地排除，见图 12-4 和图 12-5。若做到这点要具备如下条件。

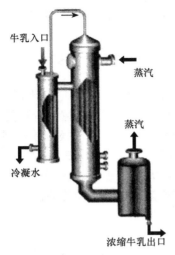

图 12-4　单效蒸发器

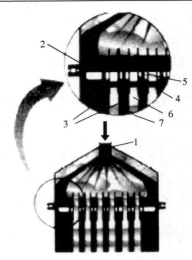

图 12-5　单效蒸发器上部
1. 喷嘴；2. 分布板；3. 加热蒸发；4. 同轴管；
5. 通道；6. 蒸汽；7. 蒸发管

1. 持续供给热量　　在进入真空蒸发器前牛乳温度须保持在 65℃左右，但要维持牛乳的沸腾使水分汽化，还必须不断供给热量，这部分热量一般由锅炉产生的饱和蒸汽提供。

2. 迅速排除二次蒸汽　　牛乳水分汽化形成的二次蒸汽若不及时排除，又会凝结成水分，蒸发就无法进行下去。一般采用冷凝法使二次蒸汽冷却成水排掉。这种方法称为单效蒸发，即不再利用二次蒸汽的方法。如将二次蒸汽引入另一小蒸发器作为热源利用，称为双效蒸发，依次类推。

三、浓缩引起的变化

1. 溶解物的浓缩引起结晶　　浓缩程度是浓缩产物中的干物质含量与原物质中干物质含量的比例。因此，浓缩后干物质重量是浓缩前干物质重量的 $1/Q$，一般用浓缩比（Q）表示。在浓缩过程中，一些物质可能呈过饱和状态，并可能结晶产生沉淀。例如，乳中的磷酸钙盐在浓缩时出现饱和状态。室温下当 $Q \approx 2.8$ 时，乳中乳糖到达饱和状态。

2. 浓缩乳产品的特性变化及控制　　乳在浓缩过程中会发生特性变化，蒸发过程可通过调节蒸汽或乳的流量自动控制。

1）在高温高浓度状态时，浓缩乳黏度过度增加，如炼乳的稠化。浓缩物黏度是蒸发过程中一个重要参数，黏度的增加超过干物质含量增加的比例。对此可以通过控制浓缩温度加以调节。

2）如果产品高度浓缩、温度高、温差大、液体流动速度慢，则易发生结垢。预热可明显减小在高温段处的结垢，结垢速度和清洗的难易程度受设备的结构影响；设备加热面积越大，清洗成本则越大，即清洗成本随着多效蒸发器效数的增加而增加。

3）高浓度炼乳易发生美拉德反应。

4）在乳的浓缩过程中，一些嗜热菌（如嗜热脂肪芽孢杆菌）经巴氏杀菌后仍能够存活，这一现象在末效浓缩过程中表现尤为突出。因此，要求加工过程必须卫生，在连续工作 20h 内，对设备进行清洗消毒。

5）低温度时脱脂乳会产生泡沫，若想减少泡沫，可采用适宜的机械如降膜蒸发器。

6）乳的浓缩过程中，随着水的蒸发，一些挥发性物质和溶解的气体也同时被除去。

7）在低温高浓缩的乳清中更易发生乳糖的过早结晶，这会使设备快速结垢。

不同蒸发程度对乳中可溶成分的浓缩有不同影响，如在浓炼乳中乳糖不结晶而在高浓缩脱脂乳中乳糖可能逐渐结晶；Q 高的浓缩乳清，由于过饱和盐在加热表面沉积可能使蒸发器设备产生相当多的乳垢，这个缺陷可通过将一部分浓缩乳清在进一步浓缩前保留在设备外一段时间（大约 2h）来克服。

第五节　乳 的 干 燥

干燥是指物质随水分蒸发直至变成固体状的过程。干燥通常用来生产易于保存，加水后可复原成与原始状态相似的食品。其普遍用于处理水分含量高的原料如牛乳、脱脂乳、乳清、冰淇淋混合料、奶油、蛋白质浓缩物、婴儿食品等。考虑到除水费用很高，尤其是能量的消耗大，因此原料在干燥前先应通过蒸发或反渗透使水分减少到相当低的程度。

重点问题是防止干燥过程中的不良反应，如导致蛋白质不溶解。这些反应主要与温度有关，如含水分 13%的浓缩脱脂乳中 80℃、10s 热处理，大约一半的蛋白质不溶解，因此在适宜温度迅速使水分从 20%降到 8%是必要的。然而水的有效扩散系数和干燥速度随水含量和温度的降低而降低，如果要使液体干燥速度加快必须让其很好地进行雾化。液体干燥方法有筒式干燥、发泡干燥、冷冻干燥，但最常用的是喷雾干燥。

（一）原理

将浓缩的乳通过雾化器，使之被分散成雾状的乳滴，极大地增加了蒸发表面积。此时在干燥室中与热风接触，浓乳表面的水分在 0.01～0.04s 瞬间蒸发完毕，雾滴被干燥成粉粒落入干燥室底部。水分被热风以蒸汽的形式带走，整个过程仅需 15～30s。在干燥室内，乳粉的温度不超过 75℃是由于微小液滴中水分不断蒸发。干燥的乳粉含水分 2.5%左右，从塔底排出，而热空气经旋风分离器或袋滤器分离所携带的乳粉颗粒而净化，或排入大气或进入空气加热室再利用。将浓缩乳泵入干燥塔中进行干燥，该阶段又可分为三个连续过程：将浓缩乳雾化成液滴；液滴与热空气流接触，牛乳中的水分迅速地蒸发，该过程又可细分为预热段、恒率干燥段和降速干燥段；将乳粉颗粒与热空气分开。

通常在干燥室内雾化纯水会使水滴达到湿球温度，并在这个温度下 0.1s 内蒸发。然而在含有干物质的液滴中情况大不相同，扩散系数实质上随干物质含量的增加而降低，因此干燥速度显著下降。

1. 干燥阶段　　初期阶段，小液滴相对于干空气在温度和湿度方面差值大，增加了热的传递和物质（水）的运动，表面蒸发很快，对于一个直径 50μm 的小滴这种情况持续 2ms，在这个时间里，小滴经过 10cm 的距离，失去很小比例的水分。随后表面张力梯度在液滴表面形成，阻碍了液体的中间循环，进入干燥的第二阶段，因下落速率仍很快使液滴内外浓度梯度足够大，内部水分扩散快，使水分蒸发仍很迅速，此时相对于空气，小滴经过几分米距离，约经 25ms 时间蒸发除去最初水分的 30%。而后小滴的相对运动速度减小很快，以致水的转移与静止小滴中水的转移变得基本上等同，进入干燥的第三阶段中，持续至少几秒钟，此阶段小滴剩余的水通过扩散失去。

2. 温度变化　　假设在干空气和小滴互相保持平衡时，小滴获得湿球温度，直到存在的所有的水分被蒸发都要维持该温度。这样，仅仅由于干物质浓度的提高导致沸点明显增加，从而使小滴的温度升高。最终被干燥后的小滴获得所耗空气的出口温度，高浓度液体的小滴在一段时间内均匀地维持湿球温度。若小滴有空腔存在，干燥变快。

小滴的大小很大程度上会决定所需的干燥时间。若在一批物料中液滴大小分布范围大，这种分布不能采用并流干燥。因为小的液滴干燥得快，结果使热空气冷却下来，而较大的液滴在其后与较凉的空气接触使得干燥时间延长，因此它们的平均干燥温度比小液滴低。

3. 干燥过程浓度梯度　　在水分含量减少到15%之后，干燥温度越高，小滴的相对干燥的外层越快变得很坚固，因此，阻止液滴进一步脱水浓缩。由于缩水的液滴内部压力低于大气压，在喷雾期间小滴中形成气泡，这些气泡在体积上扩大，产生一个很大的气腔。膨胀随干燥温度的升高而变得强烈，从而使微粒可能产生皱纹或凹痕。

（二）干燥条件

1. 气体加热　　通过与干热空气的水分交换实现浓奶雾滴的干燥，空气预先需通过许多环绕的蒸汽管使空气温度达到175℃，或通过被喷气加热的管壁达到大约260℃。后者被普遍使用。直接使干燥空气中的气体燃烧是较经济的加热方式，但奶粉会被这个过程释放出的含氮氧化物所污染。离开干燥塔的空气温度低于100℃，有时会用它在热交换器中加热新鲜空气。

在干燥过程中，效率随入口的干燥空气温度的升高而升高。但是，由于加热对产品有破坏，所以入口温度要有一个上限。此外，因为140℃时可能已达到奶粉的燃点，所以奶粉末若在干燥室内放置时间长很可能起火；220℃，5min 就会发生自燃。通常进入干燥室的空气温度为 140～210℃，因吸收液滴水分使其温度下降，可控制出口温度为80℃。往往通过调整浓缩液的供给方式以便于实施，控制干燥过程，以达到一个满意的出口温度。

2. 将浓缩物在空气中雾化使其快速干燥　　通常液体首先需被加热到合适的温度，然后通过雾化器雾化。热空气与雾化液体混合，随之发生干燥。空气与液体同时进入干燥室并剧烈地混合，以致空气很快冷却下来。结果大部分干燥过程的雾滴温度不超过排出空气的温度。干燥室的形状十分重要：在给定范围内造价随干燥室的大小而改变；干燥室越小，没完全干燥的液滴接触室壁并使干燥室结垢的可能越大。此外，应避免部分干燥液滴过于剧烈加热。奶粉与干燥空气的分离通常使用旋风机，一方面，用这种方式加快收集奶粉使它易于包装；另一方面，为避免产量损失和空气污染，所以在排风口处的奶粉应尽可能少。通常采用复杂的旋风系统。例如，从旋风分离器分离出的空气再经第二个旋风分离器或用过滤器使其分离净。二次分离收集的奶粉返回干燥室。

（三）物理变化

1. 液胞　　在喷雾干燥过程中，一些气体被包在液滴中。当使用转盘时，雾化一般可影响每个液滴，形成 10～100 个气泡；然而压力雾化液滴中气泡数很少，通常每个液滴 0 个或 1 个气泡。在干燥液滴时水蒸气进入气泡中引起它们扩散；这是因为水蒸气在液胞中扩散比通过干燥液滴的内层更容易,这个干燥液滴已经凝固并或多或少有些刚性。

空腔会随干燥温度的不断提高而膨胀并扩大其体积，使在粉粒中有裂纹。这引起空腔与周围的空气发生接触，浓缩物中干物质的含量很大程度上决定空腔体积。这很大程度但并非全部都因为干物质含量对黏度的影响，低黏度是在高雾化温度下形成大体积空腔的部分原因，粉粒中空腔使粉易溶解。

2．脂肪球的破碎　　浓缩奶在雾化过程中因为机械力的作用，脂肪球被破碎，这种情况尤其在压力喷雾中存在，因为所用压力与在均质中的压力相当。

（四）喷雾干燥的种类

喷雾干燥是为了使液体形成细小的液滴，使其能快速干燥，但干燥后的粉粒又不能由排气口排出。此外，还有过于细小的粉粒不易溶解，脱脂乳粉易发生褐变等不好的性质。喷雾干燥通常分为压力式和离心式两种。

1．压力式喷雾　　压力式喷雾干燥中，浓乳的雾化是通过一台高压泵的压力（达 20MPa）和一个安装在干燥塔内部的喷嘴来完成的。雾化原理是：浓乳在高压泵的作用下通过一狭小的喷嘴后，瞬间得以雾化成无数微细的小液滴，见图 12-6。结构简单，可以调节液体雾化锥形喷嘴的角度（因此可用直径相对小的干燥室），并且粉粒中液胞含量较少是喷嘴的优点。其缺点是生产能力相对小，并很难改变。因此在大型干燥室中，必须同时安装几个喷嘴。此外，喷嘴耐用性差，并易堵塞。

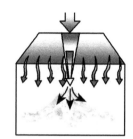

图 12-6　顺流压力喷雾干燥

雾化状态的优劣受雾化器的结构、喷雾压力（浓乳的流量）、浓乳的物理性质（浓度、黏度、表面张力等）的影响。一般情况下，雾滴的平均直径与浓乳的表面张力、黏度及喷嘴孔径成正比，与流量成反比。

雾滴在理想的干燥条件下干燥后，直径减小到最初乳滴的 75%，重量约减少至 50%，体积约减少至 40%。压力式喷雾干燥法生产乳粉的工艺条件如表 12-1 所示。

表 12-1　压力式喷雾干燥法生产乳粉的工艺条件

项目	全脂乳粉	全脂加糖乳粉
浓缩乳浓度/°Bé	11.5～13.0	15.0～20.0
乳固体含量/%	38～42	45～50
浓缩乳温度/℃	45～60	45～50
高压泵工作压力/kPa	10 000～20 000	10 000～20 000
喷嘴孔径/mm	2.0～3.5	2.0～3.5
喷嘴数量/个	3～6	3～6
喷嘴角度/rad	1.047～1.571	1.222～1.394
进风温度/℃	140～180	140～180
排风温度/℃	75～85	75～85
排风相对湿度/%	10～13	10～13
干燥室负压/Pa	98～196	98～196

2．离心式喷雾　　离心式喷雾干燥中，通过一个在水平方向作高速旋转的圆盘来

图 12-7　离心喷雾盘

完成浓乳的雾化。其雾化原理是：当浓乳在泵的作用下进入高速旋转的转盘（转速在 10 000r/min）中央时，由于离心力的作用而以高速被甩向四周（图 12-7），从而达到雾化的目的。

离心式喷雾的优点为：①生产过程灵活，生产能力在很大范围内可变。②转盘不易堵塞。例如，预结晶的浓缩乳清能够雾化。③形成相对小的液滴。④高黏度下仍可实现转盘雾化，因此可生产高度蒸发的乳。其缺点是在雾中形成许多液滴，液滴被甩出悬浮在转盘轴的周围，所以干燥室必须足够大以防液滴碰到室壁，一般要求液滴水平轴向所覆盖距离至少为液滴直径的 10^4 倍。

雾化状态的优劣取决于转盘的结构及其圆周速度（直径与转速）、浓乳的物理性质（浓度、黏度、表面张力等）、浓乳的流量与流速。离心式喷雾干燥法生产乳粉的工艺条件见表 12-2。

表 12-2　离心式喷雾干燥法生产乳粉的工艺条件

项目	全脂乳粉	全脂加糖乳粉
浓乳浓度/°Bé	13～15	14～16
浓乳干物质含量/%	45～50	45～50
浓乳温度/℃	45～55	45～55
转盘转速/(r/min)	5 000～20 000	5 000～20 000
转盘数量/只	1	1
进风温度/℃	200 上下	200 上下
干燥温度/℃	90 上下	90 上下
排风温度/℃	85 上下	85 上下

（五）干燥装置

1. 一段干燥的基本装置　最简单的生产奶粉的设备是一个具有风力传送系统的喷雾干燥器，见图 12-8。

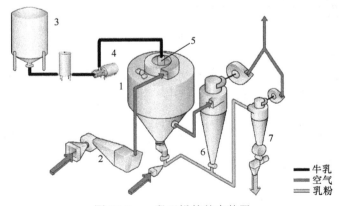

图 12-8　一段干燥的基本装置

1. 干燥室；2. 空气加热器；3. 牛乳浓缩缸；4. 高压泵；
5. 雾化器；6. 主旋风分离器；7. 旋风分离输送系统

这一系统建立在一级干燥原理上，即将浓缩液中的水分脱除至最终要求的过程全部在喷雾干燥塔室内完成。相应风力传送系统收集奶粉和奶粉末，一起离开喷雾干燥塔室进入到主旋风分离器与废空气分离，通过最后一个分离器冷却奶粉，并送入袋装漏斗。

2. 两段干燥的基本装置　传统的喷雾干燥法生产乳粉相对成本比较高，如能量消耗大、干燥（塔）室造价很高。可采用两段干燥法（二次干燥法）来提高喷雾干燥的热效率，即分为喷雾干燥第一段和流化床干燥第二段，见图 12-9。二段干燥能降低干燥塔的排风温度，使含水分较高（6%～7%）的乳粉颗粒再在流化床或干燥塔中二次干燥至含水量为 2.5%～5.0%。

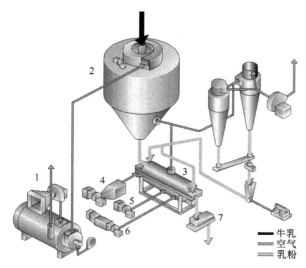

图 12-9　配有流化床的喷雾干燥
1，4. 空气加热器；2. 喷雾干燥塔；3. 流化床；
5. 冷空气室；6. 冷却干空气室；7. 振动筛

乳粉在流化床干燥机中继续干燥，可生产优质的乳粉。因为可以提高喷雾干燥塔中空气进风温度，使粉末的停顿时间短（仅几秒钟）；而在流化床干燥中空气进风温度相对低（130℃），粉末停留时间较长（几分钟），热空气消耗也很少。一段干燥和两段干燥将干物质含量 48%的脱脂浓缩奶干燥到含水量 3.5%，所需条件见表 12-3。

表 12-3　一段干燥和两段干燥的条件

方式	一段干燥	二段干燥
进风温度/℃	200	250
出风温度/℃	94	87
空气室出口 A_w	0.09	0.17
总消耗热量 /（kJ/kg）	4330	3610
粉末能力 /（kg/h）	1300	2040

　　由此可见，两段干燥能耗低（20%），生产能力更大（57%），附加干燥仅耗 5%热能，乳粉质量通常更好，但需要增加流化床。流化床除干燥外，还可有其他功能，如简单地加入一个冷却部分，流化床也能用于粉粒附聚，附聚的主要原因是解决在冷水中分散性差的细粉，通常生产大颗粒乳粉。在流化床中，粉末之间相互碰撞强烈，如果粉末足够黏，即在它们边缘有足够的含水量，则会发生附聚。因此，为了提高附聚，可向粉末中吹入蒸汽（这是所谓的再湿润，多应用于生产脱脂乳粉中）。此制造方式因为对乳成分几乎没有热破坏，粉末容易分散，可生产出高质量的奶粉。速溶奶粉主要是通过该方法生产的（在附聚段喷涂卵磷脂）。

　　（六）干燥对产品的影响

　　1．香味保持　　除水分之外，雾滴也会失去其他的挥发性成分，包括香气成分。香气保持（在干燥期保留香气成分）与小滴大小（在大滴中香气成分损失相对少）和干燥温度（在高温下，皮壳形成更迅速）密切相关。微粒中产生发裂现象会形成空腔，当与环境空气发生相互接触时，空腔的形成减小了香味。

　　2．高干燥温度产生的影响　　在干燥制品中，高干燥温度可导致不理想的变化。通常，只有在粉末被再溶解后，发生的变化才能被注意到。在实际过程中，因受热造成的损害取决于干燥气体的出口温度，下面是高干燥温度可能造成的影响。

　　1）微生物死亡。干燥本身即使在很低的温度下进行，也可以减少活菌数量，这种降低主要因存在的微生物种类不同而在 10%～99%变化。通常，对热不稳定的微生物在干燥过程中不能存活，但通过干燥不可能杀死所有的细菌。

　　2）酶的钝化。钝化失活在温度很低的情况下通常是很慢的，酶是否钝化可以通过调整干燥条件而控制。

　　3）通过选择温和的干燥条件来抑制乳清蛋白的变性。

　　4）粉末的不溶解。当水分的含量降低，即使不是非常低时，过高的干燥温度或较长时间的受热会造成蛋白质部分不溶。其可能是由于在干燥室内停留时间相对长使粉粒受热时间长，返回高温区和新鲜的液滴相碰再湿润。

　　3．微粒大小　　干燥液滴的大小和粉粒的大小对于制造方式和得到的粉末性质很重要。微粒越大，不完全干燥的液滴接触机器壁的危险也越大，污染器壁甚至有构成火灾的危险。微粒越小，从干空气中分离它们就越困难。

　　干燥时间大致与起始小液滴的半径平方成比例。这意味着越大的液滴在高温条件下保持时间越长，会产生热凝固。此外，大微粒离开干燥室时水分含量也较高。这说明了对于较大的液滴的干燥，出口温度比较高。因此，研究液滴的大小对粉末性质的影响时，出口温度、粉末的含水量或浓缩物进料速度很重要。

第六节　膜处理在乳制品加工中的应用

　　在膜处理的应用中，溶液被封闭在一个由半透膜隔离的体系中。溶液中某些成分能通过膜，有些则不能，驱动力可以是膜两侧的压力差或电势差，后者指的是电渗析。在渗析方法中，驱动力是浓度差或更准确地说是活度差。在微滤或超滤中存在相对小的压差，比如说 1bar；在反渗透中利用很高的压力差。通过膜的液体称为透过液，保留的一部分称为浓缩液或截留液。

微滤居于普通过滤和超滤中间，膜的孔径>0.1μm，操作压力差小。这个方法可用于从干酪盐水或废水中除去小微粒或微生物，理论上这个方法也适合从脱脂乳中去除微生物。

超滤有效地从溶液中分离高分子（蛋白质）和微粒（酪蛋白胶束、脂肪球、细胞、细菌等）。通常是为了富集蛋白质，如乳清和脱脂乳的浓缩。超滤以分子大小为基础被用于工业规模分离蛋白质和肽的混合物。此外，当使用高压时一些超微过滤膜可被用于脱盐；可替代电渗析。

反渗透由于耗能少，因此可替代蒸发用于除水。通常它的设备成本和保养费比较高。这种处理用于乳清、脱脂乳、高度污染废水，具有低温下操作并可保留大量挥发性物质的优势。但是乳不能被高度浓缩，并且渗透液绝不是纯水。

电渗析可去除离子，是制造蛋白质浓缩物的一个步骤，用于乳清部分脱盐。

第十三章　液态乳的加工

第一节　液态乳的概念和种类

液态乳是以新鲜牛乳、稀奶油等为原料，经净化、杀菌、均质、冷却、包装后，直接供应消费者饮用的商品乳。

（一）按营养成分及特性分类

1. 普通全脂乳　以合格鲜乳为原料，不加任何添加剂而加工成的液态乳。

2. 脱脂乳　将鲜牛乳中的脂肪脱去或部分脱去而制成的液态乳。

3. 营养强化乳　把加工过程中损失的营养成分和日常食品中不易获得的成分加以补充，使成分加以强化的牛乳。

4. 复原乳　也称再制乳，是以浓缩乳、全脂奶粉、脱脂奶粉和无水奶油等为原料，经混合溶解后制成与牛乳成分相同的饮用乳。

5. 调味乳　又称为花色乳，是以牛乳为主要原料，添加其他食物成分，如巧克力、咖啡、谷物等制成的产品，这类产品一般含有 80% 以上的牛乳。

6. 含乳饮料　在牛乳中添加水和其他调味成分制成的含乳量 30%～80% 的产品，国家标准规定配制型乳饮料和发酵型乳饮料中蛋白质含量应在 1% 以上。

（二）按杀菌强度分类

1. 低温杀菌（LTLT）乳　也称保温杀菌乳。牛乳经 62～65℃、30min 保温杀菌。在这种温度下，乳中的病原菌，尤其是耐热性较强的结核菌都会被杀死。

2. 高温短时间（HTST）杀菌乳　通常采用 72～75℃、15s 杀菌，或采用 75～85℃、15～20s 杀菌。由于受热时间短，热变性现象很少，风味有浓厚感，无蒸煮味。

3. 超高温瞬时灭菌（UHT）乳　一般采用 120～150℃、0.5～8s 杀菌。由于耐热性细菌都被杀死了，故保存性较好。但如原料乳质量不良（如酸度高、盐类不平衡），则易形成软凝块和杀菌器内挂乳石等，初始菌数尤其芽孢数过高则残留菌的可能性增加，故原料乳的质量必须检验合格。由于杀菌时间很短，故风味、性状和营养价值等与普通杀菌乳相比无差异。

4. 灭菌牛乳　灭菌牛乳可分为两类，一类为灭菌后无菌包装；另一类为把杀菌后的乳装入容器中，再用 110～120℃、10～20min 加压灭菌。

如要生产高质量杀菌乳制品，除了要保证优质的原料外，还必须保证合理的工艺流程设计和加工处理适当，使牛奶中含有的营养物质如蛋白质、脂肪、乳糖、维生素和无机盐不被损坏。如果上述任何物质受到损坏，将会降低产品的营养价值。

第二节 巴氏杀菌乳的加工

一、巴氏杀菌乳的加工工艺

巴氏杀菌乳是以新鲜牛乳为原料，经过离心净化、标准化、均质、巴氏杀菌、冷却、灌装等工艺加工出来的商品乳。

（一）工艺流程

巴氏杀菌乳工艺流程为：原料乳的验收→过滤、净化→标准化→均质→巴氏杀菌→冷却→灌装→检验→冷藏。

（二）生产工艺技术要求

1. 原料乳的验收和分级 原料乳的质量对成品杀菌乳的质量起着决定性作用。因此，对原料乳的质量必须严格把关，充分检验，只有符合标准的原料乳才能生产杀菌乳。

2. 过滤或净化 目的是除去乳中的尘埃、杂质及部分微生物。

3. 标准化 标准化的目的是保证牛乳中含有规定的最低限度的脂肪。各国牛乳标准化的要求有所不同。一般来说，普通乳含脂率为3%，低脂乳为0.5%。因而，在乳品厂中牛乳标准化要求非常精确，若产品中含脂率过高，乳品厂就浪费了高成本的脂肪，而含脂率太低又等于欺骗消费者。因此，每天分析含脂率是乳品厂的重要工作。我国规定杀菌乳的含脂率为3.0%，凡不合乎标准的乳都必须进行标准化。

4. 均质 在杀菌乳生产中，均质是将乳中脂肪球在强力的机械作用下破碎成小的脂肪球。目的是为了防止脂肪的上浮分离，并改善牛乳的消化、吸收程度。均质可以是全部均质，也可以是部分均质。牛乳全部均质后，通常不发生脂肪球絮凝现象，脂肪球相互之间完全分离。

许多乳品厂多使用部分均质，主要原因是因为部分均质只需一台小型均质机，这从经济和操作方面来看都有利；但将稀奶油部分均质时，如果含脂率过高，就有可能发生黏滞化。因此，在部分均质时稀奶油的含脂率不应超过12%。通常进行均质的温度为65℃，均质压力为10～20MPa。如果均质温度太低，也有可能发生黏滞现象。

5. 巴氏杀菌 鲜乳处理过程中容易受到微生物的污染，因此为了提高乳在贮存和运输中的稳定性、避免酸败、防止微生物繁殖等，最简单而有效的方法就是利用加热进行杀菌或灭菌处理。杀菌或灭菌不仅影响杀菌乳的质量，还影响风味、色泽和保存期。因此，巴氏杀菌的温度和持续时间必须准确。加热杀菌形式很多，一般牛乳通常采用75℃、15～20s 或 80～85℃、10～15s 的高温短时巴氏杀菌。如果巴氏杀菌强度过大，那么该牛乳可能出现有蒸煮味和焦煳味，稀奶油也会产生结块或聚合。

由于均质破坏了脂肪球膜并暴露出脂肪，与未加热的脱脂乳（含有活性的脂肪酶）重新混合后缺少防止脂肪酶侵袭的保护膜，因此混合物必须立即进行巴氏杀菌。

6. 冷却 牛乳经杀菌后，虽然绝大部分或全部微生物都已被消灭，但是在以后各项操作中还是有被污染的可能，为了抑制牛乳中细菌的生长，延长保存性，需及时进行冷却，通常将乳冷却至4℃左右，而超高温乳、灭菌乳则冷却至20℃以下即可。

7. 灌装 灌装的目的主要是防止外界杂质混入成品中，防止微生物再污染，防止维生素等成分受损失，保存风味和防止吸收外界气味而产生异味，便于零售等。灌装容器主要为玻璃瓶、塑料瓶、塑料袋和涂塑复合纸袋。

（1）玻璃瓶包装　　可以循环多次使用，平均可重复使用 50 次左右，破损率可以控制在 0.3%左右。与牛乳接触不发生化学反应，且无毒，光洁度高，又易于清洗。其缺点为重量大，运输成本高，易受日光照射，产生不良气味，造成营养成分损失。回收的空瓶微生物污染严重，清洗杀菌很困难。

（2）塑料瓶包装　　塑料瓶多用聚乙烯或聚丙烯塑料制成，其优点为重量轻，可降低运输成本；破损率低，循环使用可达 400～500 次；聚丙烯具有刚性，除能耐酸碱外，还能耐 150℃的高温。其缺点是旧瓶表面容易磨损，污染程度大，不易清洗和杀菌；在较高的室温下，数小时后即产生异味，影响质量和合格率。

（3）涂塑复合纸袋包装　　这种容器的优点为容器质轻，容积小，可降低运费；不透光线使营养成分损失小。其缺点为包装材料影响产品质量和合格率；一次性消耗，成本较高。

二、生产线及生产过程

生产普通杀菌乳的各家乳品厂工艺流程的设计差别很大。例如，标准化可以采用预标准化、后标准化或者直接标准化，而均质也可以是全部的或者是部分的均质。最简单的工艺是生产巴氏杀菌全脂乳，这种生产线包括一台净乳机、板式热交换器、缓冲罐和包装机，如图 13-1 所示。

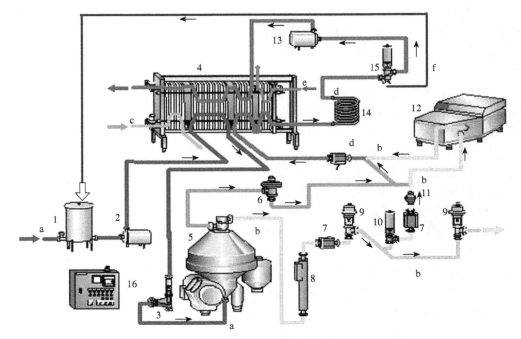

图 13-1　巴氏杀菌乳生产线

1. 平衡槽；2. 物料泵；3. 流量控制器；4. 板式热交换器；5. 离心机；6. 恒压阀；7. 流量传感器；8. 浓度传感器；9. 调节阀；10. 逆止阀；11. 检测阀；12. 均质机；13. 升压泵；14. 保温管；15. 回流阀；16. 过程控制器；
a. 牛乳；b. 奶油；c. 脱脂乳；d. 标准化乳；e. 加热介质；f. 转向液流

该过程中，牛奶通过平衡槽（1）进入板氏热交换器（4），如果牛奶中含有大量的空气或异常气味物质就需要脱气，脱气是在真空脱气机中进行。牛奶经脱气后进入分离机（5），在这里被离心分成稀奶油和脱脂乳。

不管进入的原料乳含脂率和奶量发生任何变化，从分离机流出来的稀奶油的含脂率都能调整到要求的标准，并保持这一标准。稀奶油部分的含脂率通常调到 40%，也可调到其他标准。例如，该稀奶油打算用来生产黄油，则可调到 37%。

在这一生产线中，均质是部分均质，即只对稀奶油进行部分均质。离开分离机的稀奶油和脱脂奶并不立即混合，而是在进入流量传感器之前在管道中进行混合。

从分离机出来的稀奶油进入一台稀奶油板氏热交换器进行热处理。开始时在回流段预热，即用已经过热处理的一种产品来预热进入的产品，该产品同时也被冷却。然后经预热的稀奶油被送走，经过升压泵（13）把它送到板氏热交换器的加热段。升压泵增加了稀奶油的压力，即经巴氏杀菌产品（稀奶油）的压力要比加热介质和在热交换段使用的非巴氏杀菌产品的压力大。这样，如果发生渗漏，经巴氏杀菌的稀奶油受到保护不致与未经巴氏杀菌的稀奶油或者加热介质混合。

在加热后，为了确保稀奶油已经进行过合适的巴氏杀菌，必须进行一次检查。如果没有达到预定的温度值，则回流阀（15）就要启动，该产品被送回至浮子室，即重复进行巴氏杀菌；如果温度值达到正常，稀奶油进入板式热交换器冷却到均质温度。

冷却后的稀奶油通过流量传感器（7）和浓度传感器（8）来的信号，通过调节阀（9）将多余的稀奶油送回到板氏热交换器的冷却段进行冷却，然后进入一收集罐中。准备重新混合的稀奶油在热处理后进入均质机（12）。为了达到部分均质所能达到的良好效果，稀奶油的含脂率必须减少到 10%～12%，这可通过添加从分离机脱脂奶出口处流出的脱脂奶而达到。

流入均质机的脱脂奶数量通过调节进口的压力而保持恒定。该均质机使用一台定量泵，该泵在一定的进口压力下，能把相同数量的稀奶油泵过均质头。于是，吸入正确数量的脱脂奶，并在均质前与稀奶油在管道中混合，从而保持含脂率的正确性。

均质后，稀奶油在脱脂乳管道中与脱脂奶重新混合。已标准化的牛奶被送入板氏热交换器的加热段进行巴氏杀菌。通过连接在板式热交换器中的保持段达到必要的保持时间，如果温度过低，回流阀（15）改变流向，该奶被送回浮子室。

正确地进行巴氏杀菌后，牛奶通过热交换段，与流入的未经处理的乳进行热交换，而本身被降温，然后继续到达冷却段，用冷水和冰水冷却，冷却后先通过缓冲罐，再进行灌装。升压泵（13）把产品的压力提高到一定程度，即当板式热交换器中发生渗漏现象，巴氏杀菌奶不会受到未经处理的奶或冷却介质的污染。

第三节　灭菌乳的加工

经过灭菌的乳制品，其中微生物已经达到商业无菌，因此具有极好的保存特性，可在较高的温度下长期贮藏。因此，许多城市型乳业也能向农村市场或其他地区和热带地区的市场销售灭菌的乳制品。

较常见的灭菌乳制品主要包括灭菌牛奶、花色风味乳、乳酸饮料、甩打奶油、咖啡稀奶油、冰淇淋等。下面以灭菌牛奶为例，其余产品的灭菌均用类似的方法处理，只是针对每种产品各自的性能，如黏度、对处理的敏感性等，处理时略有不同。

一、灭菌方法

1. 二次灭菌　　牛奶的二次灭菌有三种方法：一段灭菌、二段灭菌和连续灭菌。

（1）**一段灭菌**　　牛奶先预热到约 80℃，然后灌装到干净的、经过加热的瓶子中。瓶子封盖后，放到杀菌器中，在 110～120℃的温度下灭菌 10～40min，这种灭菌方法对奶的损害较大。

（2）**二段灭菌**　　牛奶在 130～140℃的温度下预杀菌 2～20s。这段处理可在管式或板式热交换器中靠间接加热的办法进行，或者是用蒸汽直接喷射牛奶。当牛奶冷却到约 80℃后，灌装到干净的、热处理过的瓶子中，封盖后，再放到灭菌器中进行灭菌。后一段处理不需要像前一段杀菌时那样强烈，因为其主要目的是为了消除第一阶段杀菌后重新染菌的危险。

（3）**连续灭菌**　　牛奶或者是装瓶后的奶在连续工作的灭菌器中处理，或者是在无菌条件下在封闭的连续生产线中处理。在连续灭菌器中灭菌可以用一段灭菌，也可以用二段灭菌。奶瓶缓慢地通过杀菌器中的加热区和冷却区往前输送。这些区段的长短应与处理中各个阶段所要求的温度和停留时间相适应。

2. 超高温瞬时灭菌　　超高温瞬时灭菌奶是在连续流动的情况下，在 130℃杀菌 1s 或者更长的时间，然后在无菌条件下包装的牛奶。系统中的所有设备和管件都是按无菌条件设计的，这就消除了重新染菌的危险性，因而也不需要二次灭菌。目前大多数乳品厂都采用这种方法灭菌。

（1）**超高温灭菌方法**　　有两种主要的超高温处理方法：直接加热法和间接加热法。在直接加热法中，牛奶通过直接与蒸汽接触被加热；或者是将蒸汽喷进牛奶中，或者是将牛奶喷入到充满蒸汽的容器中。间接加热法是在热法交换器中进行，加热介质的热能通过间隔物传递给牛奶。

（2）**超高温灭菌运转时间**　　在超高温灭菌设备中对牛奶进行强烈的热处理，会让牛奶在设备的热传递表面上形成一些蛋白质沉淀。这些沉积物逐渐变厚，引起热传递表面的压降和热介质与间接杀菌设备中的产品之间的温度增加，增大的温度差对产品产生不利的影响。所以在经过一定的生产周期后，必须把设备停下来，清洗热传递表面。运转时间随设备的结构和产品对热处理的敏感性的不同而变化。

二、加工工艺

（一）原料质量和预处理

用于灭菌的牛奶质量必须符合要求，即牛乳中的蛋白质能经得起剧烈的热处理而不变性。为了适应超高温处理，牛奶必须至少在75%的乙醇中保持稳定，一般正常为72%（酒精试验），否则将易产生沉淀。另外，原来乳中细菌总数应小于 2.0×10^5 cfu/mL，耐热芽孢数不得多于 100cfu/mL，体细胞数应小于 3.0×10^5 个/mL。下列牛奶不适宜于超高温处理：①酸度偏高的牛奶；②牛奶中盐类平衡不适当；③牛奶中含有过多的乳清蛋白（白蛋白、球蛋白等），即初乳；④原料乳中的细菌数量，特别是耐热的芽孢数目过高。

（二）超高温灭菌工艺

1. 预热和均质　　牛奶从料罐泵送到超高温灭菌设备的平衡罐（图 13-2），由此进入到管式热交换器的预热段与高温奶热交换，使其加热到约66℃，同时无菌奶冷却，经预热的奶在15～25MPa的压力下均质。在杀菌前均质可以使用普通的均质机，成本比无菌均质机低。

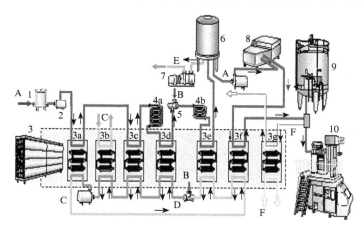

图 13-2　管式间接 UHT 奶生产线

1. 平衡罐；2. 料泵；3. 管式热交换器；4. 保持管；5. 间接蒸汽加热；6. 缓冲罐；7. 真空泵；8. 均质机；
9. 无菌罐；10. 无菌灌装机；A. 牛乳；B. 蒸汽；C. 冷却水；D. 热水；E. 真空浓缩奶；F. 转向液流

2. 灭菌

（1）直接超高温加热　　　预热的奶通过一台排液泵升压到0.4MPa，提高压力的目的是为了防止牛奶在加热时在管中沸腾。通过蒸汽喷射头将过热蒸汽吹进牛奶中，使牛奶温度瞬间升高到140℃，并在保温管中保持3～4s。

温度传感器安装在保温管中用以监视和记录杀菌温度。牛奶从保温管穿过偏流阀进入到膨胀管，瞬间膨胀引起迅速蒸发，乳温从140℃降到76℃。在此真空条件的保持通过一台真空泵完成，并保持着相当于在约76℃时沸腾的绝对压力。通过对系统进行调节，使沸腾蒸发的水量相当于用于杀菌的喷射蒸汽量，因此牛奶中总固形物含量在杀菌前后是一样的。在膨胀管中的闪蒸可排除溶解在牛奶中的气体。

（2）间接超高温加热　　　在一些国家禁止直接用蒸汽喷射牛奶杀菌，另外直接加热法对蒸汽的质量要求严格：蒸汽必须具有食品级纯度。因此，大多数乳品厂使用间接加热设备。经预热和均质的牛奶进入板式热交换器的加热段，在此被加热到137℃。加热用热水温度由蒸汽喷射予以调节。加热后，牛奶在保持管中流动4s左右。

3. 回流　　　如果牛奶在进入保温管之前未达到正确的杀菌温度，在生产线上的传感器便把这个信号传给控制盘。然后回流阀开动，把产品回流到冷却器，在这里牛奶冷却到75℃以后再返回平衡槽或流入单独的收集罐。一旦回流阀移动到回流位置，杀菌操作便不再进行。

4. 无菌冷却　　　离开保温管后，牛奶进入无菌预冷却段，用水从137℃冷却到76℃。在冷却段通过与奶热交换完成进一步冷却，最后冷却温度要达到约20℃。

5. 设备的操作过程　　　在生产前设备必须灭菌，通过蒸汽喷射头将蒸汽吹进生产系统，使杀菌条件达到140℃、30min。如果温度下降到低于140℃将重新进行杀菌。在灭菌以后，用水运转一段时间把它提高到稳定的运转温度，然后用物料代替无菌水便可开始生产。

工作几个小时以后，在保温管里通常聚集一定数量的沉淀物。这时可以进行一次无菌中间清洗处理，在完全无菌条件下约清洗 30min。如果使用无菌罐，中间清洗可以规定在生产中进行而不必停下包装线。设备清洗完全是自动的，根据预先编好的程序进行，保证每次清洗都能达到同样的效果。

（三）无菌包装

所谓无菌包装（aseptic package），是在无菌条件下将杀菌后的牛乳装入事先杀过菌的容器内。可供牛乳制品无菌包装的设备主要有无菌菱形袋包装机、无菌纯包装机、无菌砖形盒包装机、多尔无菌灌装系统、安德逊成型密封机等。

牛奶从无菌冷却器流入包装线，包装线是在无菌条件下进行操作的。为了补偿设备能力的差额或者包装机停顿时的不平衡状态，可在杀菌器和包装线之间安装一个无菌罐。这样，即便包装线停了下来，产品也可贮存在无菌罐中。当然处理的奶也可以直接从杀菌器输送到无菌包装机，另外包装机处理不了而出现的多余奶可通过安全阀回流到杀菌设备，这一设计可减少无菌罐的潜在污染。

第四节　再制乳的加工

所谓再制乳，就是把几种乳制品，主要是脱脂乳粉和无水黄油，经加水还原、添加或不添加其他营养成分或物质加工成液态奶的过程。其成分与鲜奶相似，也可以强化各种营养成分。再生乳的生产克服了自然乳业生产的季节性，保证了淡季乳与乳制品的供应，并可调节缺乳地区对鲜奶的供应。

一、原料

1. 脱脂乳粉和无水黄油　其是再制奶的主要原料，它们质量的好坏对成品质量有很大影响，必须进行严格控制，贮存期通常应在 12 个月之内。

2. 水　水是再制奶的溶剂，水质的好坏直接影响再制奶的质量。金属离子（如 Ca^{2+}、Mg^{2+}）多时，影响蛋白质胶体的稳定性，故应使用软化水质，其硬度不应超过 100mg/kg。

3. 添加剂　再制奶常用的添加剂如下。

（1）乳化剂　有稳定脂肪的作用，常用的有磷脂、蔗糖酯、单甘酯等。

（2）稳定剂　可以改进产品外观、风味和质地，防止结晶脱水，形成性状稳定的黏性溶液。其中常用的稳定剂主要有阿拉伯树胶、果胶、琼脂、海藻酸盐及半人工合成的水解胶体等。乳品工业常用的是海藻酸盐，用量为 0.3%～0.5%。

（3）盐类　如氯化钙和柠檬酸钠等，有稳定蛋白质的作用。

（4）香料　天然和人工合成的香精、香料，以增加再制奶的奶香味（牛奶增香剂）。

（5）着色剂　常用色素有胡萝卜素、安那妥等，以赋予制品良好的颜色。

二、加工工艺

（一）加工方法

1. 全部均质法　先将脱脂奶粉和水按比例混合成脱脂奶，再添加无水黄油、乳化剂和芳香物等，充分混合后通过均质，再杀菌、冷却后便可制成。

2．部分均质法　　先将脱脂奶粉与水按比例混合成脱脂奶，然后取部分脱脂奶，在其中加入所需的全部无水黄油，使之成高脂奶（含脂率为 8%～15%）。将高脂奶进行均质，再与其余的脱脂奶混合，经杀菌、冷却后制成。

3．稀释法　　先用脱脂奶粉、无水黄油等混合制成炼乳，再用杀菌水稀释而成。

再制奶所用的原料（脱脂奶粉、无水黄油）都是经过热处理的，其成分中的蛋白质及各种芳香物质受到一定的影响。因此，各国常把加工成的再制奶与鲜奶按比例混合后，再供应市场（通常比例为 1∶1），鲜奶必须先经杀菌，否则要求在混合后再杀菌。

（二）生产操作工艺

1．水粉的混合　　工艺要求水的温度为 40℃，在该温度下脱脂奶粉的溶解度最佳。每批所需要的水和脱脂奶粉的量要计算准确，要考虑到奶粉的损耗率，一般为 3%。当粉刚与水混合时，奶粉颗粒在水中呈悬浊颗粒，只有当奶粉不断分散溶解，吸水膨润之后，奶粉才能成为胶体状态分布于水中。水粉混合能改进成品奶的外观、口感、风味，还能减少杀菌中的结垢。时间的长短，可根据生产设备配置情况而定，一般要求 30min 以上。

2．添加无水黄油　　无水黄油熔化后与脱脂奶混合有两种方法，即罐式混合法和管道式混合法。

（1）罐式混合法　　将已熔化好的无水黄油加入贮罐中，然后把脱脂奶泵入混合罐中，重新开动搅拌器，使乳脂在脱脂奶中分散开来；用泵把混合后的奶从罐中吸出，经过双联过滤器，把杂质及外来物滤出。

（2）管道式混合法　　基本过程相同，只是脂肪与脱脂奶要在管道中混合。经熔化后的无水黄油，通过一台精确的计量泵，连续地按比例与另一管中流过的脱脂奶相混合，再经管道混合器进行充分混合。

3．预热均质　　混合的脱脂奶和奶油必须通过均质才能使脂肪处于分散状态。由于鲜奶中的脂肪外包有脂肪球膜，使脂肪呈稳定状态，而无水奶油在加工过程中失去了脂肪球膜，分散的脂肪容易再凝聚，因此要求均质后的脂肪球直径为 1～2μm，并且应选择适宜的乳化剂。

混合后的原料在热交换器中加热到 60～65℃，打入均质机，常用的均质压力为 15～23MPa。如果使用脱气机，考虑到脱气过程中的热损失，把过滤后的奶加热到比均质温度高 7～8℃，脱气后再进行均质。

4．杀菌、冷却、灌装　　经均质的奶再在热交换器中进行杀菌，而后在另一段中进行冷却、打入缓冲罐或直接灌装，或与鲜奶混合以提高奶香味再进行灌装。

第五节　花色乳的加工

一、原材料

花色乳是以牛乳为基本原料，在其中加入其他风味食物原料，如果汁、咖啡等，经过调香调色后经杀菌等工艺制成的具有相应风味的饮用乳。

1．咖啡　　咖啡浸出液的提取，可用产品重 0.5%～2.0%的咖啡粒；用 90℃的热水（咖啡粒的 2～12 倍）浸提制取。

2．可可和巧克力　　把可可豆研磨成粉末，稍加脱脂的称可可粉，不进行脱脂的称巧克力粉。若巧克力含脂率在 50%以上，则不容易分散在水中。可可粉的含脂率通常为 10%～25%，在水中比较容易分散。故生产乳饮料时，一般均采用可可粉，用量为 1.0%～1.5%。

3．甜味剂　　通常用蔗糖（4%～8%），也可用饴糖或转化糖液。

4．酸味剂　　柠檬酸、酒石酸、果酸、乳酸等。

5．稳定剂　　常用的有海藻酸钠、羧甲基纤维素钠（CMC）、明胶等，使用量为0.05～0.20%。此外，也有使用变性淀粉、胶质混合物的。

6．果汁　　各种水果果汁。

7．香精　　根据产品需要确定香精类型。

二、加工方法

（一）咖啡奶

把咖啡浸出液和蔗糖与脱脂乳混合，经均质、杀菌而制成。

1．咖啡奶的配方

全脂乳	40kg
脱脂乳	20kg
蔗糖	8kg
稳定剂	0.05%～0.20%
咖啡浸提液	30kg
（咖啡粒为原料的 0.5%～2.0%）	
焦糖	0.3kg
香料	0.1kg
水	1.6kg

2．加工要点　　将稳定剂与少许糖混合后溶于水，与咖啡液充分混合添加到乳等料液中，经过滤、预热、均质、杀菌、冷却后，进行包装。

（二）巧克力奶或可可奶

1．巧克力奶的配方

全脂乳	80kg
脱脂奶粉	2.5kg
蔗糖	6.5kg
可可（巧克力板）	1.5kg
（可可奶使用可可粉）	
稳定剂	0.02kg
色素	0.01kg
水	9.47kg

2．可可奶的加工方法

1）将 0.2 份的稳定剂与 5 倍的蔗糖混合。

2）将 1 份可可粉与剩余的 4 份蔗糖混合，在此混合物中，边搅拌边徐徐加入 4 份脱脂乳，搅拌至组织均匀光滑为止。

3）加热到 66℃ 后，加入稳定剂与蔗糖的混合物进行均质，在 82～88℃ 温度下、加热 15min 进行杀菌，冷却到 10℃ 以下后进行灌装。

（三）果汁牛奶及果味牛奶

果汁牛奶是以牛奶和水果汁为主要原料；果味牛奶是以牛奶为原料加酸味剂或甜味剂调制而成的花色奶。其共同特点是产品呈酸性，因此生产的技术关键是使乳蛋白在酸性条件下呈稳定性，且需要适当的配制方法、选择适当的稳定剂并进行完全均质。

果汁牛奶及果味牛奶的常见质量问题主要是沉淀及分层，解决办法为：充分进行过滤或均质，选择合适的稳定剂，降低酸液浓度，提高搅拌速度，以喷雾的方式进行调酸。另外，针对口感过于稀薄的问题，可以通过提高原料乳中的固形物含量加以改善。

第十四章　奶油的生产

第一节　奶油的种类和性质及影响其性质的因素

一、奶油的种类和性质

乳经分离后所得的稀奶油，经杀菌、成熟、搅拌及压炼而制成的乳制品称为奶油。根据所用原料、制造方法和生产的地区不同而分成不同种类。按原料一般分为以下两类。

1. 新鲜奶油　用甜性稀奶油（新鲜稀奶油）制成。在加工甜性奶油时，大部分金属离子随着酪乳排走了，因此这种奶油被氧化的危险性极小。

2. 发酵奶油　用酸性稀奶油（发酵稀奶油）制成的奶油。发酵奶油芳香味更浓，奶油得率较高，并且由于乳酸菌发酵抑制了不需要的微生物的生长，因此在热处理后再次感染杂菌的危险性较小。但酸性奶油中酪乳和稀奶油都发酵，酸酪乳要比鲜酪乳难处理。另外，在酸性奶油的生产中，大部分金属离子进入脂肪相，使奶油易于氧化，从而产生一种金属味，有微量的铜或其他重金属存在，这一趋势就加重，且奶油的保藏性差。

根据脂肪含量分为一般无水奶油（即黄油）和奶油；根据加盐与否可分为无盐、加盐和特殊加盐的奶油；另外还有以植物油替代乳脂肪的人造奶油。

奶油呈均匀一致的颜色及稠密而味纯。水分应分散成细滴，从而使奶油外观干燥。硬度应均匀，这样奶油就易于涂抹，并且到舌头上即时融化。奶油富含脂溶性的维生素A、维生素 D 和维生素 E。酸性奶油应有丁二酮气味，而甜性奶油则应有稀奶油味，也可具有轻微的"蒸煮"味。

二、影响奶油性质的因素

1. 脂肪性质与乳牛品种、泌乳期及季节的关系　有些乳牛（如荷兰牛、爱尔夏牛）的乳脂肪中，由于油酸含量高，因此制成的奶油比较软。其他牛的乳脂肪由于油酸含量比较低，而熔点高的脂肪酸含量高，制成的奶油比较硬。在泌乳初期，挥发性脂肪酸多，而油酸比较少，随着泌乳时间的延长，这种性质变得相反。春夏季由于青饲料多，因此油酸的含量高，奶油也比较软，熔点也比较低。由于这种关系，夏季的奶油很容易变软。为了要得到较硬的奶油，在稀奶油成熟、搅拌、水洗及压炼过程中，应尽可能降低温度。

2. 奶油的色泽　奶油的颜色从白色到淡黄色，深浅各有不同，颜色与胡萝卜素有关。通常冬季的奶油为淡黄色或白色。为使奶油的颜色全年一致，秋冬之间经常加入色素以增加其颜色。奶油长期曝晒于日光下时会自行褪色。

3. 奶油的物理结构　奶油的物理结构为水在油中的分散系（固体系），即在脂肪中分散有游离脂肪球（脂肪球膜未破坏的一部分脂肪球）与细微水滴，此外还含有气泡。水滴中溶有乳中除脂肪以外的其他物质及食盐，因此也称为乳浆小滴。

4. 奶油的芳香味　奶油有一种特殊的芳香味，这种芳香味主要由丁二酮、甘油及游离脂肪酸等综合作用而成。其中丁二酮主要来自发酵时细菌产生的芳香物质。因此，酸性奶油比新鲜奶油芳香味更浓。

第二节　奶油的生产加工

一、奶油生产工艺流程

奶油的生产线见图 14-1。

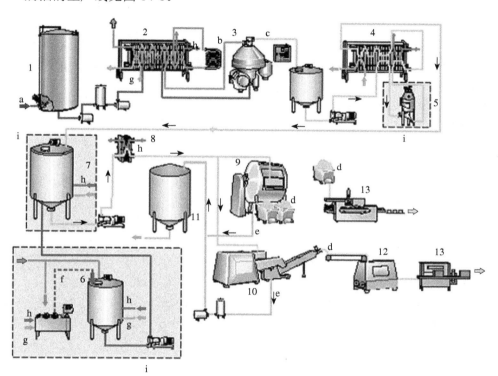

图 14-1　批量和连续生产发酵奶油的生产线

1. 原料贮藏罐；2. 板式热交换器（预热）；3. 奶油分离机；4. 板式热交换器（巴氏杀菌）；5. 真空脱气机；6. 发酵剂制备系统；7. 稀奶油的成熟和发酵；8. 板式热交换器（温度处理）；9. 批量奶油压炼机；10. 连续压炼机；11. 酪乳暂存罐；12. 带传送的奶油仓；13. 包装机
a. 牛乳；b. 脱脂乳；c. 稀奶油；d. 奶油；e. 酪乳；f. 发酵剂；g. 冷介质；h. 热介质；i. 特殊工艺

二、操作要点

（一）原料乳和稀奶油的验收及质量要求

制造奶油用的原料乳必须来自于健康乳牛，而且在滋气味、组织状态、脂肪含量和密度等各方面都是正常的乳。乳质量略差而不适于制造奶粉及炼乳时，也可用作制造奶油的原料。含抗生素或消毒剂的稀奶油不能用于生产酸性奶油。

（二）原料乳的初步处理

首先生产奶油的原料奶要经过滤和净乳，其过程同灭菌乳等乳制品，然后冷藏并进行标准化。

1. 冷藏　　　原料运到乳品厂以后，要立即冷却到 2～4℃，并且在此温度下贮存到巴氏杀菌为止。另外，为防止嗜冷菌繁殖，可将运到工厂的乳先预热杀菌，一般加热到 63～65℃保持 15s，然后再冷却至 2～4℃（这也是 UHT 乳常采用的方法）。到达乳品厂后巴氏杀菌应尽快进行，不应超过 24h。

2. 乳脂分离及标准化　　　生产奶油时必须将牛乳中的稀奶油分离出来，工业化生产采用离心法将牛乳中的稀奶油进行分离。方法：在离心机开动后，当达到稳定时（一般为 4000～9000r/min），将预热到 35～40℃的牛乳输入，控制稀奶油和脱脂乳的流量比为 1：（6～12）。得到稀奶油的含脂率一般为 30%～40%。稀奶油的含脂率直接影响奶油的质量及产量。例如，含脂率低时，可以获得香气较浓的奶油，因为这种稀奶油较适于乳酸菌的发育；当稀奶油过浓时，则容易堵塞分离机，乳脂肪的损失量较多。另外，稀奶油的碘值是成品质量的决定性因素。如不校正，高碘值的乳脂肪（即含不饱和脂肪酸高）生产出的奶油过软。

在加工前必须将稀奶油进行标准化。用间歇方法生产新鲜奶油及酸性奶油时，稀奶油的含脂率以 30%～35%为宜；以连续法生产时，规定稀奶油的含脂率为 40%～45%。夏季因为容易酸败，所以用比较浓的稀奶油进行加工。

在生产上通常用比较简便的皮尔逊法进行计算，其原理是设原料中的含脂率为 $p\%$，脱脂乳或稀奶油的含脂率为 $q\%$，按比例混合后乳（标准化乳）的含脂率为 $r\%$，原料乳的数量为 X，脱脂乳或稀奶油量为 Y 时，原料乳和稀奶油（或脱脂乳）的脂肪总量等于混合乳的脂肪总量，对脂肪进行物料衡算，则形成下列关系式。

$$pX+qY=r（X+Y）$$

则　　　　　　　　$X（p-r）=Y（r-q）$ 或 $X/Y=（r-q）/（p-r）$

当 $q<r$，$p>r$ 时，添加脱脂乳；当 $q>r$，$p<r$ 时，添加稀奶油。

例 1：今有 120kg 含脂率为 38%的稀奶油用以制造奶油。需将稀奶油的含脂率调整为 34%，如用含脂率 0.05%的脱脂乳来调整，则应添加多少脱脂乳？

解：按皮尔逊法

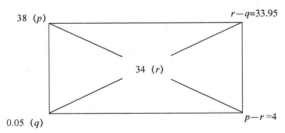

可以看出，33.95kg 稀奶油需加脱脂乳（含脂 0.05%）4kg，则 120kg 稀奶油需加的脱脂乳为

$$\frac{120\times4}{33.95}=14.14kg$$

（三）稀奶油的中和

稀奶油的中和直接影响奶油的保存性，左右成品的质量。制造甜性奶油时，奶油的 pH 应保持在中性附近（6.4～6.8）。

1．中和的目的

1）因为酸度高的稀奶油杀菌时，其中的酪蛋白凝固而结成凝块，使一些脂肪被包在凝块内，搅拌时流失在酪乳里，造成脂肪损失。

2）改善奶油的香味。

3）稀奶油中和后，可防止脂肪贮藏时尤其是加盐奶油水解和氧化。

2．中和的程度

1）稀奶油的酸度在0.5%（55°T）以下时，可中和至0.15%（16°T）。

2）若稀奶油的酸度在0.5%以上时，中和的限度为0.15%～0.25%。因为将高酸度的稀奶油急速变成低酸度，则容易产生特殊气味，而且稀奶油变成浓厚状态。

3．中和的方法　　中和剂为石灰或碳酸钠。石灰价格低廉，并且钙残留于奶油中可以提高营养价值。但石灰难溶于水，必须调成20%的乳剂加入，同时还需要均匀搅拌。碳酸钠易溶于水，中和可以很快进行，同时不易使酪蛋白凝固，但中和时产生二氧化碳。

（四）真空脱气

真空脱气可除掉具有挥发性的异常风味物质，首先将稀奶油加热到78℃，然后输送至真空机，较高的真空度可以使稀奶油在62℃时沸腾。脱气会引起挥发性成分和芳香物质逸出，稀奶油通过沸腾而冷却下来。然后回到热交换器进行巴氏杀菌。

（五）稀奶油的杀菌及冷却

由于脂肪的导热性很低，能阻碍温度对微生物的作用；同时为了使脂肪酶完全破坏，有必要进行高温巴氏杀菌。一般采用85～90℃的巴氏杀菌。热处理的程度应达到使过氧化物酶试验结果呈阴性。热处理不应过分强烈，以免引起蒸煮味之类的缺陷。如果有特异气味时，应将温度提高到93～95℃，以减轻其缺陷。经杀菌后冷却至发酵温度或成熟温度。

（六）稀奶油的发酵

在生产酸性奶油时要进行细菌发酵。发酵剂菌种为丁二酮链球菌、乳酸链球菌、乳脂链球菌和柠檬明串珠菌。发酵剂的添加量为1%～5%，一般随碘值的增加而增加。在发酵剂接种量为1%时，20℃在7h后产酸30°T，10h应产酸45～50°T。发酵剂必须具有较强活力（每毫升成熟的发酵剂约有10亿个细菌）。当稀奶油的非脂部分的酸度达到90°T时发酵结束。细菌发酵产生的乳酸、二氧化碳、柠檬酸、丁二酮和乙酸是最重要的。另外，发酵剂必须平衡，最重要的是产酸、产香和随后的丁二酮分解之间有适当的比例关系。

稀奶油发酵和物理成熟都是在成熟罐中自动进行。成熟罐通常是三层的、绝热的不锈钢罐，加热和冷却介质在罐壁之间循环，罐内装有可双向转动的刮板搅拌器，搅拌器在奶油已凝结时，也能进行有效的搅拌（类似酸奶发酵罐）。

（七）稀奶油的物理成熟及其热处理程序

1．稀奶油的物理成熟　　稀奶油中的脂肪经加热杀菌融化后，为使搅拌操作能顺利进行，保证奶油质量（不致过软及含水量过多）及防止乳脂肪损失，须要冷却至奶油脂肪的凝固点，以使部分脂肪变为固体结晶状态，这一过程称为稀奶油的物理成熟。制造新鲜奶油时，在稀奶油冷却后，立即进行成熟；制造酸性奶油时，则在发酵前或后，或与发酵同时进行。成熟通常需要12～15h。

脂肪变硬的程度取决于物理成熟的温度和时间，随着成熟温度的降低和保持时间的延长，大量脂肪变成结晶状态（固化）。成熟温度应与脂肪最大可能变成固体状态的程度相适应。夏季3℃时，脂肪最大可能的硬化程度为60%～70%；而6℃时为45%～55%。在3℃时经过3～4h即可达到平衡状态；6℃时要经过6～8h；而在8℃时要经过8～12h。13～16℃时，即使保持很长时间也不会使脂肪发生明显变硬现象，这个温度称为临界温度。

稀奶油在过低温度下进行成熟会造成不良结果：会使稀奶油的搅拌时间延长，获得的奶油团粒过硬，有油污，而且保水性差，同时组织状态不良。成熟条件对以后的全部工艺过程有很大影响，如果成熟的程度不足时，就会缩短稀奶油的搅拌时间，获得的奶油团粒松软，油脂损失于酪乳中的数量显著增加，并在奶油压炼时会对水的分散造成很大的困难。

2. 稀奶油物理成熟的热处理程序　　在稀奶油搅拌之前，为了控制脂肪结晶，稀奶油必须经温度处理程序，使成品的奶油具有合适的硬度。奶油的硬度是最重要的特性之一，因为它直接和间接地影响着其他的特性，主要是滋味和香味。硬度是一个复杂的概念，包括诸如硬度、弹性、黏度和涂布性等特性。乳脂中不同熔点脂肪酸的相对含量，决定奶油硬或软。软脂肪将生产出软而滑腻的奶油，而用硬乳脂生产的奶油，则又硬又浓稠。但是如果采用适当的热处理程序，使之与脂肪的碘值相适应，那么奶油的硬度可达到最佳状态。这是因为冷热处理调整了脂肪结晶的大小、固体和连续相脂肪的相对数量。

（1）乳脂结晶化　　巴氏杀菌引起脂肪球中的脂肪液化，当稀奶油被冷却到40℃以下时，脂肪开始结晶。如果冷却迅速，晶体将多而小；如果是逐渐地冷却，晶体数量少，但颗粒大。另外，如果冷却过程越剧烈，结晶成固体相的脂肪就越多，在搅拌和压炼过程中，能从脂肪球中挤出的液体脂肪就越少。

通过脂肪结晶体的吸附，可将液体脂肪结合在它们的表面。如果结晶体多而小，总表面积就大得多，所以可吸附更多的液体脂肪。因此如果冷却迅速，晶体将多而小，通过搅拌和压炼后，从脂肪球中压出少量的液体脂肪，这样连续脂肪相就小，奶油就结实。如果是逐渐地冷却，则晶体数量少，但颗粒大，大量的液体脂肪将被压出，连续相就大，奶油就软。所以，通过调整该稀奶油的冷却程序，有可能使脂肪球中晶体的大小规格化，从而影响连续脂肪相的数量和性质。

（2）冷热处理程序编制　　如果要得到均匀一致的奶油硬度，必须调整物理成熟的条件，使之与乳脂的碘值相适应，见表14-1。

表14-1　不同碘值的稀奶油物理成熟程序

碘值	温度程序/℃	奶油中发酵剂的用量/%
＜28	8—21—20	1
28～29	8—21—16	2～3
30～31	8—20—13	5
32～34	6—19—12	5
35～37	6—17—11	6
38～39	6—15—10	7
＞40	20—8—11	5

　　1）含硬脂肪多的稀奶油（碘值为 28～29）的处理：为得到理想的硬度，应将硬脂肪转化成尽可能小的结晶，所采用的处理程序是 8—21—16℃：迅速冷却到约 8℃，并在此温度下保持约 2h；用 27～29℃的水徐徐加热到 20～21℃，并在此温度下至少保持 2h；冷却到约 16℃。

　　2）含中等硬度脂肪的稀奶油的处理：随着碘值的增加，热处理温度从 20～21℃相应地降低。结果将形成大量的脂肪结晶，并吸附更多的液体脂肪。对于高达 39 的碘值，加热温度可降至 15℃。但是在较低的温度下，发酵时间也延长。

　　3）含软脂肪很多的稀奶油的处理：当碘值大于 40 时，在巴氏杀菌后稀奶油冷却到 20℃，并在此温度下酸化约 5h。当酸度约为 33°T 时冷却到约 8℃；如果是 41 或者更高，则冷却到 6℃。一般认为，酸化温度低于 20℃，就生成软奶油。

（八）添加色素

　　为了使奶油颜色全年一致，当颜色太淡时，即需添加色素。最常用的一种色素是安那妥（annatto），它是天然的植物色素。3%的安那妥溶液（溶于食用植物油中）称为奶油黄。通常用量为稀奶油的 0.01%～0.05%。添加色素通常在搅拌前直接加到搅拌器的稀奶油中。

（九）奶油的搅拌

　　将稀奶油置于搅拌机中，利用机械的冲击力使脂肪球膜破坏而形成脂肪团粒，这一过程称为"搅拌"（churning），搅拌时分离出来的液体称为酪乳。稀奶油从成熟罐泵入奶油搅拌机或连续式奶油制造机。奶油搅拌机有圆柱形、锥形、方形或长方形的，转速可调节，在搅拌机中有轴带和挡板，挡板的形状、安装位置和尺寸与搅拌机速度有关，挡板对最终产品有重要影响，见图 14-2。近年来，搅拌机的容积已大大增加。在大的集中化的奶油生产厂中，搅拌机的使用能力可达到 8 000～12 000L 或者更大。稀奶油一般在搅拌机中占 40%～50%的空间，以留出搅打起泡的空间。

图 14-2　间歇式生产中的奶油搅拌
1. 控制板；2. 紧急停止；3. 角开挡板

　　1. 奶油颗粒的形成　　成熟的稀奶油中脂肪球既含有结晶的脂肪，又含有液态的脂肪。脂肪结晶向外拓展并形成构架，最终形成一层软外壳，这层外壳离脂肪球膜很近。当稀奶油搅拌时，会形成蛋白质泡沫层。因为表面活性作用，脂肪球的膜被吸到气-水界面，脂肪球被集中到泡沫中。继续搅拌时，蛋白质脱水，泡沫变小，使得泡沫更为紧凑，因为对脂肪球施加了压力，这样引起一定比例的液态脂肪从脂肪球中被压出，并使一些膜破裂。液体脂肪也含有脂肪结晶，以一薄层分散在泡沫的表面和脂肪球上。当泡沫变得相当稠密时，更多的液体脂肪被压出，这种泡沫因不稳定而破裂。脂肪球凝结形成奶油团粒。开始时，这些是肉眼看不见的，但当压炼继续时，它们变得越来越大。这样，稀奶油被分成奶油粒和酪乳两部分。在传统的搅拌中，当奶油粒达到一定大小时，搅拌机停止并排走酪乳。在连续式奶油制造机中，酪乳的排出也是连续的。

　　2. 搅拌的回收率　　搅拌的回收率（产量）是测定稀奶油中有多少脂肪已转化成奶油的标志。它以酪乳中剩余的脂肪占稀奶油中总脂肪的百分数来表示。例如，0.5%的搅拌回收率表示稀奶油脂肪的0.5%留在酪乳中,99.5%已变成了奶油。如果该值低于0.70%,则被认为搅拌回收率是合格的。酪乳的含脂率在夏季是最高的。

（十）压炼与洗涤、加盐

搅拌产生的奶油晶粒通过压炼（working）形成脂肪连续相而使水呈细微分散的状态。当酪乳被排走后开始压炼,以此挤压除去奶油颗粒之间的水分。脂肪球受到高压,液体和结晶脂肪被压出存在于最终脂肪团块（最终的连续相）中,水分经压炼呈细微的分散状态,直到获得所需要的水分含量。在压炼过程中,要定期检查水分含量,并按照成品奶油所要求的进行调整,直至获得所需要的水分才可终止压炼。

在搅拌后洗涤奶油,以去掉任何剩余的酪乳和乳固体,并调整水分。如果奶油准备加盐,在间歇生产的情况下,盐撒在它的表面,在连续式奶油制造机中,则在奶油中加盐水,见图14-3。加盐以后,为了保证盐的均匀分布,必须强有力地压炼奶油。奶油的压炼,也影响产品的感官特性,即香味、滋味、贮存质量、外观和色泽。成品奶油应是干燥的,即水相必须非常细微地被分散,肉眼应当看不到水滴。

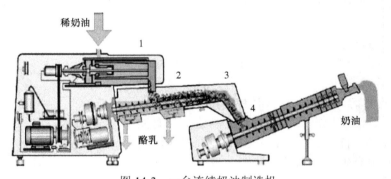

图 14-3　一台连续奶油制造机
1. 搅拌筒；2. 压炼区；3. 榨干区；4. 第二压炼区

（十一）包装

奶油可以包装成 5kg 以上的大包,也可以包装成 10g～5kg 的小包,取决于包装类型,可以使用不同类型的灌装机,机械通常是全自动的,分块和包装通常可以按不同尺寸要求进行重设调整,如 250g 和 500g,或 10g 和 15g。包装材料必须是防油的,并且不透光、不泄漏滋味和气味,同时也不允许水分渗透,否则奶油表面将会干燥并且外层会变得比其余部分更黄。奶油通常包装于铝箔中。包装后,小块包装的奶油继续在打箱机上包装于纸盒中,最后放在排架上运去冷藏。

（十二）冷藏

为保持奶油的硬度和外观,奶油包装后应尽快进入冷库并冷却到5℃,存放24～48h。如果不这样做,脂肪结晶就非常缓慢。低温存放也能提高其保藏质量和减少销售中包装变形的危险。奶油可以在约 4℃温度下短期贮存,如果需要长期贮存,它就必须在约 -25℃温度下深冻。

三、奶油在加工贮藏过程中的缺陷和产生原因

由于原料、加工工艺和贮藏不当,奶油会出现一些缺陷。

1. 风味缺陷　　正常奶油应该具有乳脂肪的特有香味或乳酸菌发酵的芳香味,但有时出现下列异味。

（1）脂肪氧化与酸败味　　脂肪氧化味是空气中氧气和不饱和脂肪酸反应造成的。而酸败味是脂肪在解脂酶的作用下生成低分子游离脂肪酸造成的。奶油在贮藏中往往首先出现氧化味,接着便会产生酸败味。因此应该提高杀菌温度,既杀死有害微生物,又要破坏解脂酶。在贮藏中应该防止奶油长霉,霉菌不仅能使奶油产生土腥味,也能产生酸败味。

（2）鱼腥味　　这是奶油贮藏时很容易出现的异味,其是卵磷脂水解,生成三甲胺造成的。如果脂肪发生氧化,这种缺陷更易发生,这时应提前结束贮存。生产中应加强杀菌和卫生措施。

（3）肥皂味　　稀奶油中和过度,或者是中和操作过快,局部皂化引起的。应减少碱的用量或改进操作。

（4）干酪味　　奶油呈干酪味是生产卫生条件差、霉菌污染或原料稀奶油的细菌污染导致蛋白质分解造成的。生产时应加强稀奶油杀菌和设备、生产环境的消毒工作。

（5）金属味　　由于奶油接触铜和铁设备而产生金属味。应该防止奶油接触生锈的铁器或铜制阀门等。

（6）苦味　　产生的原因是使用末乳或奶油被酵母污染。

2. 组织状态缺陷

（1）软膏状或黏胶状　　压炼过度,洗涤水温度过高或稀奶油酸度过低和成熟不足等。总之,液态油较多,脂肪结晶少则形成黏性奶油。

（2）奶油组织松散　　压炼不足和搅拌温度低等造成液态油过少,出现松散状奶油。

（3）砂状奶油　　此缺陷出现于加盐奶油中,是盐粒粗大未能溶解所致,有时出现粉状,并无盐粒存在,则是中和时蛋白凝固混合于奶油中所致。

3. 色泽缺陷

（1）条纹状　　此缺陷容易出现在干法加盐的奶油中,如盐加得不匀,压炼不足等。

（2）色暗而无光泽　　压炼过度或稀奶油不新鲜。

（3）色淡　　此缺陷经常出现在冬季生产的奶油中,由于奶油中胡萝卜素含量太少,致使奶油色淡,甚至白色。可以通过添加胡萝卜素加以调整。

（4）表面褪色　　奶油曝露在阳光下,发生光氧化所致。

第三节　无水奶油及新型涂抹制品

无水奶油即黄油（butter oil）,保存期较长,如果采用半透明不透气包装,即使在热带气候,无水奶油也能在室温下贮藏数月。在冷藏条件下,无水乳脂的贮存期长达一年。该产品适用于牛奶的重制和还原,同时还广泛地用于冰淇淋和巧克力工业中。在婴儿食品和方便食品的生产中,无水奶油也得到日益广泛的使用。

一、无水奶油的加工工艺

（一）用稀奶油做原料

使用稀奶油作为原料来生产无水奶油的工艺是以乳化分裂原理为基础的。简单地说，该工艺包括：先将稀奶油浓缩，然后把脂肪球膜进行机械分裂，从而把脂肪游离出来。这样形成了一个连续相，含有分散水滴的连续脂肪相，分散的水滴能够从脂肪相中分离出来。可以采用离心均质机（clarifixator）净化分离系统，也可采用离心均质机离心分离系统来释放脂肪，这样就可以实现相转变。

其加工工艺如下：使用含脂率35%～40%的稀奶油，为了有效地钝化脂肪酶，稀奶油在热交换器中进行巴氏杀菌，然后再冷却到55～58℃。热处理后，稀奶油在专用的固体排除型离心机中浓缩到70%～75%的含脂率时，经浓缩的稀奶油流到离心分离机，在这里乳脂经受机械作用，大部分脂肪球膜被破坏形成脂肪的连续相（破乳化作用）。原料乳脂中仍含有少量的脂肪球，即某些脂肪球的膜仍然是完整的，这种脂肪球必须除去，这在分离机中进行。经处理后，脂肪已经提纯，含脂率高达99.5%，水分的含量为0.4%～0.5%，脂肪被预热到90～95℃。再送到真空干燥机，出口处的脂肪水分含量低于0.1%。脱水乳脂肪冷却到35～40℃，然后准备包装。

（二）用奶油做原料

虽然用稀奶油直接生产无水奶油更为经济，而且去掉了搅拌工艺过程，但是采用奶油作为原料可使多余的奶油转化成一种既不太贵，又便于贮存和销售的产品。加盐奶油也能处理，但必须加以洗涤或稀释以避免对设备的腐蚀。游离脂肪酸含量高的奶油在熔化后经过碱液中和，也能够进行处理。直接把奶油从冷藏处取出送至熔融设备，放置在一个转动的、蒸汽加热的转台中。一个固定的挡板阻止固体奶油随转台一起转动，而转台底部与奶油接触将其连续熔化。熔融的奶油通过离心力被甩到转台的周围，将其收集起来，通过排液泵送到加热系统。再送到保温罐，在罐里保持一定的时间。保温时间的长短取决于奶油的种类和质量。保温的目的是为了让蛋白质有足够的时间进行凝结并释放出熔融奶油中所夹带的空气。这一过程有助于以后的分离作用。熔融的奶油从保温罐被送至分离机，在那里脂肪被浓缩到99%以上的纯度。如果奶油质量差并含有相当数量的游离脂肪酸，则可用温碱液来中和。浓缩脂肪干燥后包装。

二、新型涂抹制品

近年来，乳品工业一直在研制食用脂肪的新种类，目的是研制一种低脂产品，它在所有其他方面与奶油相似，但更易涂布，甚至在冷冻温度下也容易涂抹。在瑞典就有名为拉特和拉贡（Latt&Lagom）、布里高特（Bregott）的产品在销售。

（一）拉特和拉贡

它比奶油或人造奶油的脂肪含量都低，另外还含有酪乳中的蛋白质。在瑞典被称作"软"人造黄油，即每100g中脂肪含量不得低于39g，不高于41g。该产品用作涂抹食品，因为脂肪含量低不用于烹调或烘烤，更不能用于油炸。

主要原料为无水奶油和大豆油按比例混合，混合比例取决于待藏温度下的良好涂抹性和高含量的不饱和脂肪酸的双重要求。当脂肪与蛋白质浓缩物混合后，将混合物巴氏杀菌和冷却压炼。制造完成后，立即进行包装。

产品的味道，首先来自酪乳蛋白的天然优良风味，主要是在奶油制造前，通过奶油发酵而形成的奶油芳香味。然后，通过添加少量的芳香物质来稍稍加强风味。因为含脂率不超过40%，硬度必须用特殊硬化剂来稳定。

与奶油和人造黄油相比，该产品含有较高的水分，并且蛋白质和碳水化合物含量也高。这就为微生物提供了较好的生长条件。为了抑制细菌的生长，可添加防腐剂山梨酸钾。

（二）布里高特

布里高特也是一种涂抹食品，但可用于烹调。因为它含有高质量的植物油和乳脂，所以它被当做人造黄油。但是在其组分和制造方法方面，不同于其他的人造黄油。它具有很浓的黄油味，由于与软植物油的混合，它在冷冻温度下也容易涂抹。

同奶油一样，布里高特是经过搅拌处理的，这是一种不改变脂肪营养成分的制造方法。稀奶油用天然乳酸发酵剂来变酸，添加植物油的数量根据滋味和硬度进行细致的调整。该产品不仅在冷藏温度下容易涂抹，而且在室温下，也要保持良好的稠度和外观。除稀奶油和植物油外，在制造中还使用了一种特殊的盐，它是一种普通烹调用盐和天然的、中和了的营养盐经过平衡的混合物。产品含 1.4%～2.0% 的盐。因为不添加色素，该产品的颜色，随着一年中不同时间乳脂的色泽而变化。

同奶油和人造黄油一样，每 100g 布里高特含 80g 脂肪，乳脂占脂肪含量的 4/5，其余是高质量的植物油（大豆油）。乳脂中存在着天然的脂溶性的维生素 A 和维生素 D，但不存在于植物油部分中。因此，布里高特中维生素的含量需强化，使每 100g 中维生素 A 保持在 3000IU，维生素 D 保持在 300IU。

布里高特的贮存温度最高为 10℃。如果在两个月内食用，则该产品的滋味和其他特性保持不变。

第十五章　发酵乳制品

发酵乳是指乳在发酵剂的作用下形成的具有特殊风味的乳制品。其包括酸奶、开菲尔、发酵酪乳、酸奶油和乳酒（以马奶为主）等。世界乳品协会（IDF）明确规定，发酵乳制品乳固体含量在 8%以上，乳酸菌或乳酵母活菌数在 1000 万个/mL 以上，大肠菌群属阴性。在发酵过程中除产生乳酸和乙醇外，还生成 CO_2、乙醛、丁二酮、乙酸和其他物质。

第一节　发　酵　剂

一、发酵剂的概念及种类

（一）发酵剂的概念

发酵剂（starter）是指生产酸乳制品、干酪、乳酸菌制剂和奶油等所用的特定微生物培养物。

（二）发酵剂的种类

1. 按发酵剂制备过程分类

（1）乳酸菌纯培养物（商业菌株）　　主要接种在脱脂乳、乳清和肉汤等培养基中使其繁殖。现多用浓缩冷冻干燥或升华法制成冷冻干燥粉末来保存菌种，供生产单位使用。

（2）母发酵剂　　生产单位或使用者购买乳酸菌纯培养物后，用脱脂乳或其他培养基将其溶解活化、接代培养来扩大制备的发酵剂，并为生产发酵剂做基础。

（3）中间发酵剂　　为了工业化生产的需要，母发酵剂的量还不足以满足生产工作发酵剂的要求，因此还需要经 1~2 步逐级扩大培养过程，这个中间过程的发酵剂为中间发酵剂。

（4）生产发酵剂（工作发酵剂）　　直接用于生产的发酵剂。应在易于清洗的不锈钢内或密闭容器内进行生产发酵剂的制备。

2. 按发酵剂使用目的分类

（1）单一发酵剂　　这一类型的发酵剂只含有一种菌。

（2）混合发酵剂　　这一类型的发酵剂含有两种或两种以上的菌，如保加利亚乳杆菌和嗜热链球菌按 1:1 或 1:2 比例混合的酸乳发酵剂，且两种菌比例的改变越小越好。

二、发酵剂的主要作用及菌种的选择

（一）使用发酵剂的作用

1. 乳酸发酵　　通过乳酸菌的发酵，使牛乳中的乳糖转变成乳酸，同时分解柠檬酸而生成微量的乙酸，使牛乳的 pH 降低，产生凝固及形成酸味，防止杂菌污染。

2. 产生风味　　在产生风味方面起重要代谢作用的是柠檬酸的分解，与此有关的微生物以明串珠菌属为主，并包括一部分杆菌和链球菌。这些细菌分解柠檬酸生成 3-羟

基丙酮、丁二酮、丁二醇等化合物和微量的挥发酸、乙醇和乙醛等。其中以丁二酮对风味的影响最大。

3．分解蛋白质　　发酵剂的蛋白质分解作用随菌种而异，通常随着乳酸发酵的进行，促进了酶的作用，增加了蛋白质的分解。由酪蛋白的分解而生成的氨基酸和胨是干酪成熟后的主要风味物质。

4．产生抗生素　　乳油链球菌和乳酸链球菌中的个别菌株，能产生乳油链球菌素（diplococcin）和乳酸链球菌素（nisin），可防止杂菌和酪酸菌的污染。

（二）菌种的选择

菌种的选择对发酵剂的质量起着重要作用，应根据生产目的不同选择适当的菌种。选择时以产品的主要技术特性如产香性、产酸力、产黏性和蛋白水解力作为发酵剂菌种的选择依据。

三、发酵剂的调制

（一）制备发酵剂所需条件

1．培养基的选择　　选用还原乳（全乳固体含量为 10%～12%）或脱脂乳。将原料乳加入专用的发酵剂灭菌锥形瓶中。在调制生产发酵剂时，为使菌种的生活环境不致急剧改变，发酵剂的培养基最好与成品乳的原料相同，即成品用的原料如果是脱脂乳时，生产发酵剂的培养基最好也用脱脂乳，如成品的原料是全乳，则生产发酵剂也用全乳。

2．培养基的制备　　培养基需杀菌以消灭杂菌和破坏阻碍乳酸菌发酵的物质。常采用 121℃高压灭菌 15～20min 或 100℃、30min 进行连续 3d 的间歇灭菌，然后迅速冷却至发酵剂最适生长温度。

3．菌种的选择　　由于生产酸乳的品种及加工方法等不同，在使用两种或两种以上的菌种时，要注意对菌种发育的最适温度、耐热性和产酸及产香能力等做综合性选择，必须考虑菌种间的共生作用，使之在生长繁殖中相互得益。

4．接种量　　随培养基数量、菌的种类和活力及培养时间和温度等而异。一般按脱脂乳的 1%～3%较合适，工作发酵剂接种量多用 1%～5%。

5．培养时间和温度　　通常取决于微生物的种类、产酸力、活力、凝结状态和产香程度。

6．发酵剂的冷却与保存　　发酵剂以适当的培养达到所需的要求时，应迅速冷却并存放于 0～5℃冷藏库中。发酵剂冷却速度因其数量而异。发酵剂在保存中其活力随保存温度和培养基的 pH 等而变化。

（二）发酵剂的制备过程

1．菌种的活化及保存　　通常取来或购买的菌种纯培养物都装在安瓿瓶或试管中，由于保存寄送等影响，活力减弱，需进行反复接种，以恢复其活力。菌种若是粉剂，首先使用灭菌脱脂乳将其溶解，而后用灭菌铂耳或吸管吸取少量的液体接种于预先已灭菌的培养基中，置于恒温箱或培养箱中培养。待凝固后再取出 1%～3%的培养物接种于灭菌培养基中，反复活化数次。待乳酸菌充分活化后，即可调制母发酵剂。以上操作均需在无菌室内进行。纯培养物作维持活力保存时，需保存在 0～5℃冰箱中，每隔 1～2 周移植一次，但长期移植过程中，可能会有杂菌的污染，造成菌种退化。因此，还应进行不定期的纯化处理，以除去污染菌和提高活力。在正式应用于生产时，应按上述方法反复活化。

2．母发酵剂的制备　　取脱脂乳量1%～3%充分活化的菌种，接种于盛有灭菌脱脂乳的容器中，混匀后，放入恒温箱中进行培养。凝固后再移入灭菌脱脂乳中，如此反复三次，使乳酸菌保持一定活力，然后再制备生产发酵剂。一般以脱脂乳100～300mL，装入锥形瓶中，在121℃条件下高压灭菌15min，并迅速冷却至40℃左右进行接种。

3．生产发酵剂（工作发酵剂）的制备　　生产发酵剂是取实际生产量的3%～4%脱脂乳，装入经灭菌的容器中，以90℃、15～30min杀菌，并冷却，按1%～5%的量接种，充分混匀后，置于恒温箱中培养。待达到所需酸度时即可取出置于冷藏库中。生产发酵剂的培养基最好与成品的原料相同，以使菌种的生活环境不致急剧改变而影响菌种的活力。

四、发酵剂的质量检验

发酵剂质量的优劣直接影响成品的质量。因此在使用前必须对发酵剂进行质量检验。乳酸菌发酵剂的质量必须符合下列各项要求。

（一）感官指标

1）凝块需有适当的硬度，均匀细腻，组织均匀富有弹性，表面无变色、气泡、龟裂，乳清析出少。

2）需具有一定的酸味和芳香味，不得有苦味、腐败味、酵母味和饲料味等异味。

3）凝块完全粉碎后略带黏性，质地均匀，细腻滑润，不含块状物。

4）接种后在规定时间内产生凝固，无延长现象。

（二）化学性质检查

关于这方面的检查方法很多，最主要的为测定挥发酸和酸度。酸度以90～110°T为宜。

（三）细菌检查

用常规的方法测定总菌数和活菌数，必要时选择适当的培养基测定乳酸菌等特定的菌群。同时要进行杂菌总数和大肠杆菌群的测定。

（四）发酵剂的活力测定

发酵剂的活力是指该菌种的产酸能力，可利用乳酸菌的繁殖而产生酸和色素还原等现象来评定。活力测定的方法必须简单而迅速。常采用的方法如下。

1．酸度测定方法　　在高压灭菌的脱脂乳中加入3%的发酵剂，置于37.8℃的恒温箱中培养3.5h，测定其酸度。酸度达0.7%则认为活力较好，并以酸度的数值（此时为0.7）来表示。

2．刃天青还原试验　　在9mL脱脂乳中加入1mL发酵剂和0.05%刃天青（$C_{12}H_{17}NO_4$）溶液1mL，在36.7℃的恒温箱中培养35min以上，如完全褪色则表示活力良好。

3．双乙酰的检验　　用2.5mL待检发酵剂放在直径为16mm的试管中，加入10mg肌酸和2.5mL 40%的NaOH溶液，混合均匀后使其静置，如果在表面生成红色即表示双乙酰存在，而且颜色的浓淡代表双乙酰含量的多少。

（五）活力与发酵剂的质量

活力大小是评价发酵剂质量好坏的主要指标，但不是说活力值越高，发酵剂质量越好，因为产酸强的发酵剂在培养的过程中会引起过度产酸，导致在标准条件下培养后活力较高。研究表明，活力在 0.65～1.15 时都可以进行正常生产，而最佳活力是 0.80～0.95。依据活力不同来确定接种量的大小，见表 15-1。

表 15-1　发酵剂活力与接种量的关系

活力	<0.40	0.40～0.60	0.60～0.65	0.65～0.75	0.80～0.95
接种量/%	—	—	5.5	4.0～5.5	2.5～3.5
生产管理	更换发酵剂	发酵超过 5h 易污染	可投入生产	增大接种量	最佳活力

第二节　酸乳的加工

一、酸乳的概念和种类

（一）酸乳的概念

酸乳是指在乳中加入保加利亚乳杆菌和嗜热链球菌，进行乳酸发酵制成的凝乳状产品，成品中必须含有大量相应的活菌。

（二）酸乳的种类

通常根据成品的口味、组织状态、原料中乳脂肪含量、生产工艺和菌种的组成可以将酸乳分成不同类别。

1. 按成品的组织状态分类

（1）凝固型酸奶（set yoghurt）　　其发酵过程在包装容器中进行，从而使成品因发酵而保留其凝乳状态。

（2）搅拌型酸奶（stirred yoghurt）　　发酵后的凝乳在灌装前搅拌成黏稠状组织状态。

2. 按成品的口味分类

（1）天然纯酸奶（natural yoghurt）　　产品只由原料乳和菌种发酵而成，不含任何添加剂和辅料。

（2）果料酸乳（yoghurt with fruit）　　成品是由天然酸乳、糖和果料混合而成。

（3）加糖酸乳（sweeten yoghurt）　　产品由原料乳和糖加入菌种发酵而成。在我国市场上常见，糖的添加量较低，一般为 6%～7%。

（4）调味酸乳（flavored yoghurt）　　在天然酸乳或加糖酸乳中加入香料而成。酸乳容器的底部加有果酱的酸乳称为圣代酸乳（sundae yoghurt）。

（5）复合型或营养健康型酸乳　　通常在酸乳中强化不同的营养素（维生素、食用纤维素等）或在酸乳中混入不同的辅料（如谷物、干果、菇类、蔬菜汁等）而成。这种酸奶在西方国家非常流行，人们常在早餐中食用。

（6）疗效酸奶（curative effect yoghurt）　　包括低热量酸奶、低乳糖酸奶、蛋白质强化酸奶等。

3. 按发酵的加工工艺分类

（1）浓缩酸乳（concentrated or condensed yoghurt）　　将正常酸乳中的部分乳清除

而得到的浓缩产品。因其除去乳清的方式与加工干酪方式类似，有人也称其为酸乳干酪。

（2）冷冻酸奶（frozen yoghurt）　　在酸乳中加入果料、乳化剂或增稠剂，然后将其进行冷冻处理而得到的产品。

（3）充气酸乳（carbonated yoghurt）　　发酵后在酸乳中加入稳定剂和起泡剂（通常是碳酸盐），经过均质处理即得这类产品。这类产品通常是以充 CO_2 气的酸乳饮料形式存在。

（4）酸乳粉（dried yoghurt）　　通常使用冷冻干燥法或喷雾干燥法将酸乳中约95%的水分除去而制成酸乳粉。制造酸乳粉时，在酸乳中加入淀粉或其他水解胶体后再进行干燥处理而成。

4．按菌种组成和特点分类

（1）嗜热菌发酵乳

1）单菌发酵乳：如嗜酸乳杆菌发酵乳和保加利亚乳杆菌发酵乳。

2）复合菌发酵乳：如由酸乳的两种特征菌和双歧杆菌混合发酵而成的发酵乳。

（2）嗜温菌发酵乳

1）经乳酸发酵而成的产品：这种发酵乳中常用的菌有乳酸链球菌属及其亚属、肠膜状明串珠菌和干酪乳杆菌。

2）经乳酸发酵和乙醇发酵而成的产品：如酸牛乳酒和酸马奶酒。

二、酸乳的生产工艺

（一）凝固型酸奶的生产工艺

工艺流程为：原料配合→过滤与净化→预热（60～70℃）→均质（16～18MPa）→杀菌（95℃、15min）→冷却（43～45℃）→添加香料→接种→装瓶→发酵→冷却→贮藏。

1．原料乳的要求

1）选用符合质量要求的新鲜乳、脱脂乳或再制乳为原料。干物质含量不得少于11.5%，SNF 不得少于8.5%，否则将会影响发酵时蛋白质的凝胶作用。

2）患乳房炎的原料乳和残留有效氯等杀菌剂的乳不能用于酸乳生产。因为乳酸菌对抗生素和残留杀菌剂、清洗剂极为敏感，乳中微量的抗生素和杀菌剂就会使乳酸菌不能生长繁殖。另外，乳房炎影响乳的风味和蛋白质的凝乳能力。

2．配料　　首先将鲜奶加热到40℃左右时加入奶粉，搅拌溶解，至温度达50℃左右时加蔗糖溶化，待65℃时，开始用循环泵过滤与净化，并得以预热，接下来进行均质。

3．均质　　原料配合后通过片式热交换器串联均质机，进行16～18MPa 均质处理。均质前预热至55～65℃可提高均质效果。均质处理可使原料充分混匀，颗粒变小，有利于提高酸乳的稳定性和稠度，并使酸乳质地细腻，口感良好。

4．杀菌及冷却　　均质后的物料升温至90～95℃，保持30min，然后冷却至41～43℃。杀菌的目的为：杀死原料乳中所有致病菌和绝大多数杂菌以保证食用安全，为乳酸菌创造一个杂菌少，有利于生长繁殖的外部条件；使乳中酶的活力钝化和抑菌物质失活；使乳清蛋白变性，改善牛乳作为乳酸菌生长培养基的性能，提高乳中蛋白质与水的亲和力，从而改善酸奶的稠度。

5．接种　　为使乳酸菌体从凝乳块中分散出来，应在接种前将发酵剂进行充分搅拌，达到完全破坏凝乳的程度。接种量可按培养时的温度和时间，以及发酵剂的产酸能力灵活处理。一般接种量为 2%～3%。制作酸乳常用的发酵剂为保加利亚乳杆菌和嗜热链球菌的混合菌种，其比例通常为 1：1 或 1：2。也可用保加利亚乳杆菌与乳酸链球菌以 1：4 搭配，由于菌种生产单位不同，其杆菌与球菌的活力也不同，在使用时其搭配比应灵活掌握；混合发酵剂发酵过程中能产生共生作用，促进发酵。接种是造成酸奶受微生物污染的主要环节之一，为防止霉菌、酵母、噬菌体和其他有害微生物的污染，必须实行无菌操作方式。

6. 装瓶　　经过接种并充分搅拌的牛乳要立即连续地灌装到销售用的容器中。可根据市场需要选择容器的种类、大小和形状。在灌装前需对容器进行蒸汽灭菌，并要保持灌装室接近无菌状态。

7. 发酵　　发酵时间受接种量、发酵剂活性和培养温度的影响。用保加利亚乳杆菌和嗜热链球菌混合发酵剂时，温度保持在 41～44℃，培养时间为 2.5～4.0h（2%～3% 的接种量）。如用乳酸链球菌作发酵剂，培养温度为 30～33℃，时间为 10h 左右。达到凝固状态即可终止发酵。一般发酵终点可依据如下条件来判断：滴定酸度达到 70°T 以上，乳酸度为 0.7%～0.8%；pH 低于 4.6；表面有少量水痕，流动性变差，且有微小颗粒出现。

发酵时需要注意应避免震动，否则会影响其组织状态；发酵温度应恒定，避免忽高忽低；掌握发酵时间，防止酸度不够或过度及乳清析出。

8. 冷却与后熟　　达到发酵终点的酸乳需进行迅速冷却，以便有效地抑制乳酸菌的生长，降低酶活力，防止产酸过度，减低和稳定脂肪上浮和乳清析出的速度。冷藏温度一般是 2～8℃，冷藏期内，酸度仍会有所上升。一般从 42℃冷却到 5℃左右需要 4h，期间酸度上升到 0.8%～0.9%，pH 降至 4.1～4.2；同时，研究表明冷却 24h，风味成分双乙酰含量达到最高值，超过 24h 又会减少，所以酸奶一般冷藏 24h 再出售，所以这段时间又称为后熟期。另外，冷藏可改善酸乳的硬度并延长保质期。

（二）凝固型酸奶的质量控制

1. 凝固性差　　凝固性是凝固型酸奶质量的一个重要指标。一般牛乳在接种乳酸菌后，在适宜的温度下发酵 2.5～4.0h 便会凝固，表面光滑，质地细腻。但酸乳有时会出现凝固性差或不凝固现象，黏性很差，出现乳清分离的现象。造成的原因较多，如原料乳的质量、菌种的使用、加糖量及发酵温度和时间等。

（1）原料乳的质量　　生产酸乳的原料乳常采用鲜牛乳或复原乳，其酸度、干物质含量等应符合 GB 19645—2010 标准。当乳中含有抗生素、磺胺类药物及防腐剂等时，都会抑制乳酸菌的生长。实验证明原料乳中含微量青霉素（0.01IU/mL）对乳酸菌便有明显的抑制作用。使用乳腺炎乳时，由于其白细胞含量较高，对乳酸菌也有不同的嗜菌作用。此外，原料乳掺假，特别是掺碱，使发酵所产的酸消耗于中和，而不能积累达到凝乳要求的 pH，从而使乳不凝或凝固不好。另外，牛乳中掺水会使乳的总干物质降低，也会影响酸乳的凝固性。

（2）菌种　　发酵剂噬菌体污染也是造成发酵缓慢、凝固不完全的原因之一。可通过发酵活力降低，产酸缓慢来判断。国外采用经常更换发酵剂的方法加以控制。此外，由于噬菌体对细菌的选择作用，两种以上菌种混合使用也可避免使用单一菌种因噬菌体污染而使发酵终止的弊端。发酵剂在使用前一定要进行多次活化，使其活力达 0.8%。

（3）加糖量　　生产酸乳时，加入适量的蔗糖可使产品产生良好的风味，凝块细腻光滑，提高黏度，并有利于乳酸菌产酸量的提高。实验证明，5%～8%的加糖量对产品是适宜的。若添加量过大会产生高渗透压，抑制了乳酸菌的生长繁殖，造成乳酸菌脱水死亡，相应活力下降，使牛乳不能很好凝固。另外，加糖应均匀，防止局部糖浓度过高而影响正常发酵。

（4）发酵温度和时间　　发酵温度根据所采用的乳酸菌种类的不同而异。常用的乳酸菌有保加利亚乳杆菌、嗜热链球菌和乳酸链球菌等，它们的最适生长温度分别为40～45℃、40～45℃、30～35℃。若发酵温度低于最适温度，乳酸菌活力下降，凝乳能力降低，使酸乳凝固性降低。发酵时间掌握不当，也会造成酸乳凝固性降低。此外，发酵室温度不均匀也是造成酸乳凝固性降低的原因之一。因此，在实际生产中，应尽可能保持发酵室的温度恒定并一致，并掌握好适宜的培养温度和时间。

2. 乳清析出

（1）原料乳热处理不当　　热处理温度偏低或时间不够，就不能使至少75%～80%的乳清蛋白变性，而变性乳清蛋白可与酪蛋白形成复合物，能容纳更多的水分，并且具有最小的脱水收缩作用。

据研究，要保证酸乳吸收大量水分和不发生脱水收缩作用，至少使75%的乳清蛋白变性，这就要求85℃、20～30min或90℃、5～10min的热处理。UHT加热（135～150℃、2～4s）处理虽能达到灭菌效果，但不能导致75%的乳清蛋白变性，所以酸乳生产不宜用UHT加热处理。这是一些厂家生产凝固型酸奶较多发生乳清析出的原因之一。根据研究，原料乳的最佳热处理条件是95℃、5～10min。

（2）发酵时间　　若发酵时间过长，乳酸菌继续生长繁殖，产酸量不断增加。酸性的增强破坏了原来已形成的胶体结构，使其容纳的水分游离出来形成乳清析出。发酵时间过短，乳蛋白的胶体结构还未充分形成，不能包裹乳中原有的水分，也会形成乳清析出。因此，酸乳发酵时，应抽样检查，发现牛乳已完全凝固，就应该立即停止发酵；若凝固不充分，应继续发酵，待完全凝固后取出。

（3）其他因素　　原料乳中总干物质含量低、酸乳凝胶机械振动、乳中钙盐不足、发酵剂加量过大等也会造成乳清析出，在生产时应加以注意。乳中添加适量的氯化钙既可减少乳清析出，又可赋予酸乳一定的硬度。

3. 风味

（1）酸乳的不洁味　　主要由发酵剂或发酵过程中污染杂菌引起。污染丁酸菌可使产品带刺鼻怪味，污染酵母菌不仅产生不良风味，还会影响酸乳的组织状态，使酸乳产生气泡，在瓶装酸乳中可明显看见。因此，应注意器具的清洗消毒，且严格保证卫生条件，同时应考虑更换发酵剂。

（2）酸乳的酸甜度　　酸乳过酸及过甜均会影响质量。发酵过度、冷藏时温度偏高和加糖量较低等会使酸乳偏酸，而发酵不足或加糖过高又会导致酸乳偏甜。因此，应尽量避免发酵过度现象，并应在0～5℃条件下冷藏，防止温度过高，严格控制加糖量。此外，酸乳的酸度、甜度口感也有地域特殊性，所以，要根据当地消费特点决定最终发酵产酸程度和适宜的加糖量。

（3）无芳香味　　主要由于菌种选择及操作工艺不当所引起。正常的酸乳生产应保证两种以上的菌种混合使用并选择适宜的比例，任何一方占优势均会导致产香不足，风味变劣。高温短时发酵和固体含量不足也是造成芳香味不足的因素。芳香味主要来自发酵剂酶分解柠檬酸产生的丁二酮物质。所以原料乳中应保证足够的柠檬酸含量。据研究，饲喂精料过多，会使牛乳中柠檬酸量大大减少。牛乳中柠檬酸含量也与牛种有关。

（4）原料乳的异味 原料乳的饲料臭、氧化臭味、牛体臭，以及由于过度热处理或添加了风味不良的炼乳或乳粉等制造的酸乳，是造成其风味不良的原因之一。

4. 表面有霉菌生长 酸乳贮藏时间过长或温度过高时，往往会在表面出现有霉菌。黑色斑点易被察觉，而白色霉菌则不易被注意。这种酸乳被人误食后，轻者有腹胀感觉，重者引起腹痛下泻。因此要根据市场情况控制好贮藏温度（0～6℃下最多一周）和贮藏时间。

5. 口感差 优质酸乳柔嫩、细腻和清香可口。但有些酸乳口感粗糙及有砂状感。这主要是由于生产酸乳时，采用了劣质的奶粉，或由于生产温度过高，蛋白质变性，或由于贮存时吸湿潮解，有细小的颗粒存在，不能很好复原等原因。因此，生产酸乳时，应采用新鲜牛乳或优质乳粉，并采取均质处理，使乳中蛋白质颗粒细微化，达到改善口感的目的，均质所采用的压力以 16～18MPa 为好。

（三）搅拌型酸奶的生产工艺

搅拌型酸奶是指经过处理的原料乳经发酵、降温、搅拌破乳、冷却和包装制成的乳制品。另外，根据在加工过程中是否添加了果蔬料或果酱，搅拌型酸奶可分为天然搅拌型酸奶和加料搅拌型酸奶。搅拌型酸奶还可进一步加工制成冷冻酸奶、浓缩干燥酸奶等。其工艺流程如图 15-1 所示。

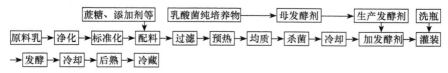

图 15-1 搅拌型酸奶的工艺流程

1. 原料配合 除了基本配料外，在搅拌型酸奶生产中往往要使用稳定剂。一般为果胶、CMC 和琼脂等，使用量为 0.1%～0.5%。在一定季节，由于牛乳中阳离子的缺乏，牛乳的凝结能力降低，一般要加入"盐类稳定剂"，常用 $CaCl_2$，其加入量为 0.02%～0.04%。

2. 发酵 搅拌型酸奶的发酵是在发酵罐或缸中进行，而发酵罐是利用罐周围夹层的热媒体来维持恒定温度，热媒体的温度可随发酵参数而变化。若在大缸中发酵，则应控制好发酵间的温度，避免忽高忽低。发酵间上部和下部温差不要超过 1.5℃。同时，发酵缸应远离发酵间的墙壁，以免过度受热。

3. 冷却 搅拌型酸乳冷却的目的是快速抑制细菌的生长和酶的活性，以防止发酵过程产酸过度及搅拌时脱水。酸乳完全凝固（pH4.6～4.7）时开始冷却，冷却过程应稳定进行。冷却过快将造成凝块收缩迅速，导致乳清分离；冷却过慢则会造成产品过酸和添加果料的脱色。搅拌型酸奶的冷却可采用片式冷却器、管式冷却器、表面刮板式热交换器及冷却缸等冷却。

4. 搅拌破乳 通过机械力破坏凝胶体，使凝胶体的粒子直径达到 0.01～0.40mm，并使酸乳的硬度和黏度及组织状态发生变化。常用的搅拌方法有以下两种。

1）凝胶体搅拌法。凝胶体搅拌法有手动搅拌法和机械搅拌法两种：手动搅拌一般用于小规模生产。搅拌过程中应注意，搅拌既不可过于激烈，又不可过长时间。搅拌应注意凝胶体的温度、pH 和固体含量等。通常用两种速度进行搅拌，开始用低速，以后用较快的速度。机械搅拌法使用宽叶片搅拌器、螺旋桨搅拌器和涡轮搅拌器等。宽叶片搅拌器具有较大的构件和表面积，转速慢，适合于凝胶体的搅拌；螺旋桨搅拌器每分钟转速较高，适合搅拌较大量的液体；涡轮搅拌器是在运转中形成放射形液流的高速搅拌器，也是制造液体酸乳常用的搅拌器。手动搅拌是在凝胶结构上采用损伤最小的手动搅拌，可得到较高的黏度。

2）凝胶体层滑法。借助薄板（薄的圆板或薄竹板）或用粗细适当的金属丝制的筛子，使凝乳体滑动。

搅拌时的注意事项：

1）温度：搅拌的最适温度为 0～7℃，此时适合亲水性凝胶体的破坏，可得到搅拌均匀的凝固物，既可缩短搅拌时间，还可减少搅拌次数。若在 38～40℃进行搅拌，凝胶体易形成薄片状或砂质结构等缺陷。

2）pH：酸乳的搅拌应在凝胶体的 pH 达 4.7 以下时进行，若在 pH4.7 以上时搅拌则因酸乳凝固不完全、黏性不足而影响质量。

3）干物质：合格的乳干物质含量对搅拌型酸乳防止乳清分离能起到较好的作用。

5. 混合、罐装　　果蔬、果酱和各种类型的调香物质等可在酸乳自缓冲罐到包装机的输送过程中加入，这种方法可通过一台变速的计量泵连续加入酸乳中。果蔬混合装置固定在生产线上，计量泵与酸乳给料泵同步运转，保证酸乳与果蔬混合均匀。一般发酵罐内用螺旋桨搅拌器搅拌即可混合均匀。酸乳可根据需要，确定包装量和包装形式及灌装机。

6. 冷却、后熟　　将灌装好的酸乳于冷库中 0～7℃冷藏 24h 进行后熟，进一步促进芳香物质的产生和改善黏稠度。

（四）搅拌型酸奶的质量控制

1. 外观变化　　质量优良的搅拌型酸奶外观应呈现均匀一致，无乳清析出。生产中会出现乳清分离（上部为乳清，下部是凝胶体）或外观不均匀的现象，原因是酸凝乳搅拌速度过快，搅拌温度不适或干物质含量不足等。避免的方法主要是选择合适的搅拌设备及方法，降低搅拌温度，充分搅拌，但需注意避免过度搅拌。同时可选用适当的稳定剂，以提高酸乳的黏度，防止乳清分离。常使用的稳定剂有 CMC 等，用量为 0.1%～0.5%。

2. 风味缺陷

（1）缺乏发酵乳的芳香味　　防止方法是调整菌种中球菌与杆菌的比例，增加产香菌种，增加总乳固体含量，添加柠檬酸盐等。

（2）酸度不当　　酸度过高的主要防止方法是控制发酵程度及搅拌温度，抑制后发酵产酸。酸度过低则需要加强发酵过程产酸，消除乳中存在的抑菌物质，防止噬菌体污染发酵剂。

（3）不自然的风味　　这主要是香精选择不当的原因。另外，搅拌型酸奶在添加果蔬成分时，若处理不当会造成果蔬料的变质和变味而引起不良风味。

3. 黏稠度缺陷

（1）发黏　　原因是受产黏液菌污染，应避免在过低温度下发酵。

（2）分层　　产品发生分层，有时上部是凝乳体，下部是乳清，有时中间断层，防止方法是避免混入空气，避免强烈搅拌，增加总干物质含量。

（3）稀薄　可通过增加牛乳蛋白含量，避免提前进行搅拌，适当增加稳定剂用量的方法来预防。

（4）砂体　酸乳从组织外观上有许多砂状颗粒存在，不细腻。在制作搅拌型酸乳时，应选择适宜的发酵温度，采用适当均质条件，避免原料乳受热过度，采用优质乳粉，避免干物质过多和较高温度下的搅拌。

4. 色泽异常　搅拌型酸奶因添加不同的果蔬料而产生不同的颜色。在生产中因加入的果蔬处理不当会引起变色、褪色等现象。不同的温度和 pH 对果蔬色泽有较大影响，应根据果蔬的性质及加工特性与酸乳进行合理的搭配和制作，必要时还可添加一些抗氧化剂如维生素 E、儿茶酚等。

第三节　开菲尔酸牛奶酒

一、开菲尔的性状和发酵剂的性质

开菲尔是最古老的发酵乳制品之一，它起源于高加索地区，原料为山羊乳、绵羊乳或牛乳。利用现代工艺条件制作的开菲尔酸牛奶酒，乙醇含量少（0.1%～0.5%），CO_2 产量小，产品黏稠状，滋味新鲜略带酸味，稍带一点酵母的清淡味道。产品的 pH 通常为 4.3～4.4。形成团块是一种缺陷，应该是质地均一，表面光滑，酸度为 90～100° T。

用于生产酸奶酒的特殊发酵剂是开菲尔粒。该粒由蛋白质、多糖和几种类型的微生物群如酵母、产酸及产香形成菌等组成，酵母如开菲尔圆酵母和开菲尔酵母；细菌如高加索乳杆菌和乳酸链球菌等。在整个菌落群中酵母菌占 5%～10%。开菲尔粒呈淡黄色，大小如豌豆，直径为 15～20mm，形状不规则。它们不溶于水和大部分溶剂，浸泡在乳中膨胀并变成白色。在发酵过程中，乳酸菌产生乳酸，而酵母菌发酵乳糖产生乙醇和二氧化碳。在酵母菌的新陈代谢过程中，某些蛋白质发生分解从而使开菲尔产生一种特殊的酵母香味。

二、开菲尔生产工艺

开菲尔的生产流程见图 15-2。

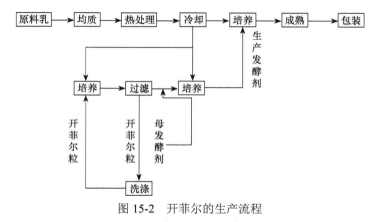

图 15-2　开菲尔的生产流程

1. 原料乳的要求及标准化　　同其他发酵乳制品。

2. 发酵剂的制备　　主要分为以下两个阶段。

1）将活力较强的开菲尔粒按 5% 的量接种于预处理的牛乳中，23℃培养，时间约为 20h，在此期间搅拌数次，当达到要求的 pH 时，用无菌的过滤器将开菲尔粒滤出，并用凉开水冲洗。滤出开菲尔粒的目的有两个：一是可防止产品产生酵母的味道；二是以备下次制备母发酵剂时使用。

2）把经过滤的母发酵剂接种到经均质和热处理的牛奶中以制备生产发酵剂。生产发酵剂的量占生产开菲尔奶量的 3%～5%。在 23℃条件下培养 20h 后，将生产发酵剂接种到生产开菲尔的奶中。

3. 均质　　均质条件为 70℃、15MPa。

4. 热处理　　热处理采用巴氏杀菌，即 90～95℃、5min 或 85℃、20～30min。

5. 冷却与接种　　杀菌后冷却到 23℃后进行接种，接种量为 2%～3%，并在 23℃温度下培养 18h。

6. 凝块的冷却　　当 pH 达到 4.5～4.6 时，产品用热交换器迅速冷却到 4～6℃，以防 pH 的进一步下降。每批开菲尔应在 20min 内冷却。已凝结的半成品在冷却和包装过程中应小心处理，防止夹带空气，引起产品分层。

第四节　乳酸菌饮料

一、乳酸菌饮料的种类

乳酸菌饮料是一种发酵型的酸性含乳饮料，通常以牛乳或乳粉、果蔬菜汁或糖类等为原料，经杀菌、冷却和发酵，然后经稀释而成。乳酸菌饮料因其加工处理的方法不同，一般分为酸乳型和果蔬型两大类。同时又可分为活性乳酸菌饮料（未经后杀菌）和非活性乳酸菌饮料（经后杀菌）。

（1）酸乳型乳酸菌饮料　　是在酸乳的基础上将其破碎，配入白糖、香料、稳定剂等通过均质而制成的均匀一致的液态饮料。

（2）果蔬型乳酸菌饮料　　是在发酵乳中加入适量的浓缩果汁（如柑橘汁、草莓汁、苹果汁、椰汁、芒果汁等）或蔬菜汁浆（如番茄浆、胡萝卜汁、玉米浆、南瓜汁等）共同发酵后，再通过加糖、稳定剂或香料等调配、均质后制作而成。

二、加工工艺

乳酸菌饮料的工艺流程见图 15-3。

（一）原料乳成分的调整

原料要选用优质脱脂乳或复原乳，不得含有抑制发酵的物质。建议发酵前将调配料中的非脂乳固体含量调整到 8.5% 左右，这可通过添加脱脂乳粉、超滤和蒸发原料乳或添加酪蛋白粉、乳清粉等来实现。

（二）冷却、破乳和配料

发酵过程结束后要进行冷却和破碎凝乳，可以在破乳的同时加入已杀菌的稳定剂、糖液等混合料。一般乳酸菌饮料的配方中包括酸乳、果汁、糖、酸味剂、稳定剂、色素和香精等。在长货架期乳酸菌饮料中最常用的稳定剂是果胶，或果胶与其他稳定剂的混合物。果胶对酪蛋白的颗粒具有最佳的稳定性，因为果胶是一种聚半乳糖醛酸，它的分子链在 pH 为中性和酸性时是带负电荷的。由于同性电荷互相排斥，因此避免了酪蛋白颗粒间互相聚合成大颗粒而产生沉淀。考虑到果胶分子在使用过程中的降解趋势，以及它在 pH 为 4 时稳定性最佳的特点，杀菌前一般将乳酸菌饮料的 pH 调整为 3.8～4.2。

（三）均质

均质使混合料液滴微细化，提高料液黏度，抑制粒子的沉淀，并增强稳定剂的稳定效果。乳酸菌饮料较适宜的均质压力为 20～25MPa，温度为 53℃左右。

（四）杀菌

由于乳酸菌饮料属于高酸食品，故采用高温短时巴氏杀菌即可达到商业无菌，也可采用更高的杀菌条件如 95～108℃、30s 或 110℃、4s。发酵调配后的杀菌目的是延长饮料的保存期。经合理杀菌和无菌灌装后的饮料，其保存期可达 3～6 个月。生产厂家可根据实际情况，对以上杀菌条件做相应的调整。对塑料瓶包装的产品来说，一般灌装后采用 95～98℃、20～30min 的杀菌条件，然后进行冷却。

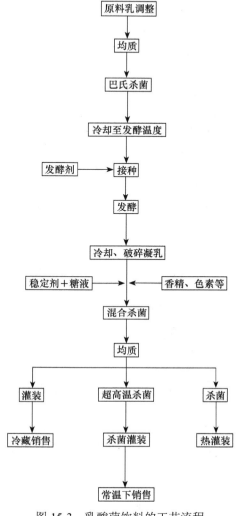

图 15-3 乳酸菌饮料的工艺流程

（五）果蔬预处理

在制作果蔬乳酸菌饮料时，要首先对果蔬进行加热处理，以起到灭酶作用，通常在沸水中放置 6～8min。经灭酶后打浆或取汁，再与杀菌后的原料乳混合。

三、质量控制

（一）饮料中活菌数的控制

乳酸菌活性饮料要求每毫升饮料中含活的乳酸菌 100 万个以上。欲保持较高活力的菌，发酵剂应选用耐酸性强的乳酸菌种（如嗜酸乳杆菌、干酪乳杆菌等）。为了弥补发酵本身的酸度不足，可补充柠檬酸，但是柠檬酸的添加会导致活菌数下降，所以必须控制柠檬酸的使用量。苹果酸对乳酸菌的抑制作用较小，与柠檬酸并用可以减少活菌数的下降，同时又可改善柠檬酸的涩味。

（二）沉淀

沉淀是乳酸菌饮料最常见的质量问题。乳蛋白中 80% 为酪蛋白，其等电点为 pH4.6。乳酸菌饮料的 pH 在 3.8～4.2，此时，酪蛋白处于高度不稳定状态。此外，在加入果汁和酸味剂时，若酸度过大，加酸时混合液温度过高或加酸速度过快及搅拌不匀等都会引起局部过度酸化而发生分层和沉淀。为使酪蛋白胶粒在饮料中呈悬浮状态，不发生沉淀，应注意以下几点。

1. 均质　　经均质后的酪蛋白微粒，因失去了静电荷和水化膜的保护，使粒子间的引力增强，增加了碰撞机会，容易聚成大颗粒而沉淀。因此，均质必须与稳定剂配合使用，方能达到较好效果。

2. 稳定剂　　乳酸菌饮料中常添加亲水性和乳化性较高的稳定剂，稳定剂不仅能提高饮料的黏度，防止蛋白质粒子因重力作用下沉，更重要的是它本身是一种亲水性高分子化合物，在酸性条件下与酪蛋白结合形成胶体保护，防止凝集沉淀。此外，由于牛乳中含有较多的钙，在 pH 降到酪蛋白的等电点以下时以游离钙状态存在，Ca^{2+} 与酪蛋白之间发生凝集而沉淀，可添加适当的磷酸盐使其与 Ca^{2+} 形成螯合物，起到稳定作用。

3. 有机酸的添加　　一般发酵生成的酸不能满足乳酸菌饮料的酸度要求，添加乳酸、柠檬酸和苹果酸等有机酸类是引起饮料产生沉淀的因素之一。因此需在低温条件下添加，添加速度要缓慢，搅拌速度要快。酸液一般以喷雾形式加入。

4. 添加蔗糖　　添加 13% 蔗糖不但使饮料酸中带甜，而且糖在酪蛋白表面形成被膜，可提高酪蛋白与其他分散介质的亲水性，并能提高饮料密度，增加黏稠度，有利于酪蛋白在悬浮液中的稳定。

5. 搅拌温度　　为了防止沉淀产生，还应注意控制好搅拌发酵乳时的温度。高温时搅拌，凝块将收缩硬化，造成蛋白胶粒的沉淀。

（三）脂肪上浮

在采用全脂乳做原料时，针对均质处理不当等原因引起的脂肪上浮，应改进均质条件，同时可添加酯化度高的稳定剂或乳化剂，如卵磷脂、脂肪酸蔗糖酯和单硬脂酸甘油酯等。最好采用含脂率较低的脱脂乳或脱脂乳粉作为乳酸菌饮料的原料。

（四）果蔬料的质量控制

在生产乳酸菌饮料时，常常加入一些果蔬原料来强化饮料的风味与营养，由于这些物料本身的质量或配制饮料时处理不当，会使饮料在保存过程中出现变色、褪色、沉淀和污染杂菌等。因此，在选择及加入这些果蔬物料时应注意杀菌处理。另外，在生产中可适当加入一些抗氧化剂，如维生素 C、维生素 E、儿茶酚和 EDTA 等，以增强果蔬色素的抗氧化能力。

（五）杂菌污染

酵母菌和霉菌是造成乳酸菌饮料酸败的主要因素。酵母菌繁殖会产生二氧化碳，并形成脂臭味和酵母味等不愉快风味。另外，霉菌耐酸性很强，也容易在乳酸中繁殖并产生不良影响。酵母菌、霉菌的耐热性弱，通常在 60℃、5～10min 加热处理时即被杀死，制品中出现的污染主要是二次污染所致。因此使用蔗糖、果汁的乳酸菌饮料，其加工车间的卫生条件必须符合有关要求，以避免制品的二次污染。

第五节　其他发酵乳制品

一、发酵稀奶油

（一）概述

　　发酵稀奶油又叫酸性奶油，是经乳酸菌发酵制成的稀奶油。发酵剂含有乳酸链球菌和乳脂链球菌，以及丁二酮链球菌和噬柠檬酸明串珠菌用于产香。酸性奶油是质地均匀、表面光亮和相对黏稠的产品，脂肪含量一般为 10%～12%或 20%～30%；口感应该是柔和而略带酸味。酸性奶油和其他发酵产品一样，货架期较短。对产品质量来说，严格的卫生管理是非常重要的。酵母和霉菌能在不密封的包装里存活，这些微生物主要污染酸性奶油的表面。如果贮存时间延长，能破坏乳球蛋白的乳酸细菌酶变得活跃起来，会使酸性奶油变苦，酸性奶油也会失去它的风味，因为 CO_2 和其他产香物质通过包装慢慢地散发掉了。

（二）工艺流程

　　发酵稀奶油的工艺流程见图 15-4。

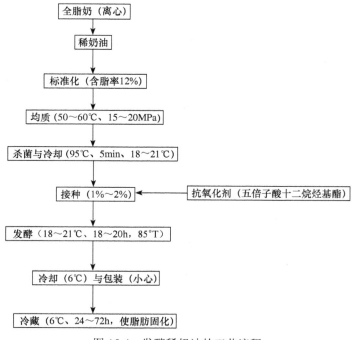

图 15-4　发酵稀奶油的工艺流程

二、发酵酪乳

（一）概述

　　酪乳是生产甜奶油或酸奶油的副产品，脂肪含量约 0.5%，有较高的蛋白质、乳糖及其他固形物，营养价值很高，弃置不要将造成很大浪费。但酪乳中含有较高的如卵磷脂等脂肪的膜成分，因此，它的货架期很短，因为脂肪球膜成分的氧化，酪乳的口味会很快改变。从酸性奶油中分离出的酪乳常常有乳清分离现象，这一缺陷很难克服。

为了克服酪乳易产生异味和不易贮存等缺点，在市场上出现发酵酪乳，所用的原料是生产甜奶油时分离出来的甜酪乳、脱脂乳或低脂乳，所用的发酵剂是常规的乳酸菌。当原料为脱脂乳或低脂乳时，可以添加一些奶油，使产品更接近酪乳。

（二）菌种的选择

菌种选择原则为既能分解乳糖产酸，又能使柠檬酸发酵产香的菌种组合。生产中常用的产酸菌种主要有乳脂链球菌（18～25℃）或乳酸链球菌（30～35℃）。柠檬酸发酵菌则选用噬柠檬酸明串珠菌（25～30℃）及乳脂明串珠菌（18～25℃），它们虽不产酸，但和产酸菌种配合时可以提高产酸速度。当 pH 降到 5.2 以下时，可以产生大量的芳香物质，其产生风味化合物的最佳 pH 为 4.3。此外，为使产品迅速产香，也可使用乳酸链球菌亚种丁二酮乳酸链球菌（25～30℃）。

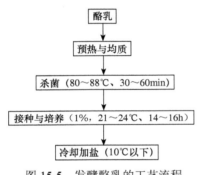

图 15-5　发酵酪乳的工艺流程

（三）工艺流程

发酵酪乳的工艺流程见图 15-5。

（四）注意事项

1）为使发酵酪乳别具风味，酸度应不低于 0.82%。

2）原料乳中柠檬酸的含量决定了风味化合物的因素，一般鲜乳中柠檬酸的含量在 0.15%～0.17%，在贮藏中由于细菌的分解而减少，为确保发酵酪乳的风味，应在乳中加入 0.50%～0.75%的柠檬酸钠。添加方法是先用温水溶解柠檬酸钠，然后在杀菌前加入。

3）丁二酮是一种不稳定的发酵产品，为防止其转化为丁二醇，应在达到预定酸度后马上冷却到 10℃以下。

三、乳酸菌制剂的生产

乳酸菌制剂是将乳酸菌培养后，用低温干燥的方法将其制成带活菌的粉剂、片剂或丸剂等。服用后能起到整肠和防治胃肠疾病的作用。生产时采用的乳酸菌菌种主要有粪链球菌、嗜酸乳杆菌和双歧杆菌等在肠道内能够存活的菌种。此外，也可以采用其他的菌种，但因其不能在肠道内存活，只能起到降低肠道内 pH 的作用。近年来，国际上已采用带芽孢的乳酸菌种，使乳酸菌制剂进入了新的发展阶段。

各种乳酸菌制剂的生产方法、原理大致相同。主要生产步骤为：以适宜的方法培养乳酸菌，使其大量繁殖后，将活菌进行低温干燥制成。现以乳酸菌素为例，简要介绍其生产方法。

1．工艺流程　　乳酸菌素生产的工艺流程如图 15-6 所示。

2．质量控制

（1）发酵剂制备　　参考前述发酵剂制备。

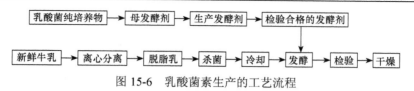

图 15-6　乳酸菌素生产的工艺流程

（2）原料乳杀菌　　分离的脱脂乳经 90℃、15min 杀菌后冷却至 40℃，加入生产发酵剂进行发酵。

（3）培养　　40℃左右培养至酸度达 240°T，停止发酵。

（4）干燥　　45℃以下进行干燥粉碎，供制粉剂和片剂。如有条件，可进行冷冻升华干燥，将会进一步提高产品效力与延长保存期。

3. 质量标准　　乳酸菌素暂行标准：水分≤5%，杂菌数<1000cfu/g，乳酸>9%，淡黄色，味酸，不得有酸败味。

第十六章 炼 乳

炼乳是原料乳经杀菌处理后，真空浓缩除去大部分水分后制成的产品。

按成品是否加糖、脱脂或添加某种辅料，主要将炼乳分为甜炼乳、淡炼乳、脱脂炼乳、半脱脂炼乳、花色炼乳、强化炼乳、调制炼乳。

第一节 甜 炼 乳

甜炼乳是指在原料乳中加入 17% 左右的蔗糖，经杀菌、浓缩至原重量的 40% 左右而制成的产品，呈淡黄色。其主要理化指标见表 16-1。

表 16-1　甜炼乳的理化指标

项目	指标	项目	指标
水分/%	≤26.5	铅含量（以 Pb 计）/（mg/kg）	≤0.50
脂肪含量/%	≥8.00	铜含量（以 Cu 计）/（mg/kg）	≤4.00
蔗糖含量/%	≤45.50	锡含量（以 Sn 计）/（mg/kg）	≤10.00
酸度/°T	≤48.00	汞含量（以 Hg 计）/（mg/kg）	≤0.01
全乳固体含量/%	≥28.00	杂质度（按鲜乳折算）*/（mg/kg）	≤8.00

*指每千克产品中杂质的质量

一、甜炼乳的生产工艺

甜炼乳的生产工艺见图 16-1。

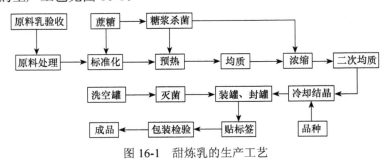

图 16-1　甜炼乳的生产工艺

（一）原料乳的验收及预处理

牛乳应严格按要求进行验收，特别要控制芽孢和耐热细菌的数量，以及要求乳蛋白的热稳定性要好。验收合格的乳经称重、过滤、净乳、冷却后泵入贮乳罐。

（二）乳的标准化

乳的标准化是指调整乳中脂肪（F）与非脂乳固体（SNF）的比值，使之符合成品中脂肪与非脂乳固体比值（8∶20）。在脂肪不足时要添加稀奶油，脂肪过高时要添加脱脂乳或用分离机除去一部分稀奶油。具体步骤如下。

1．脱脂乳及稀奶油中非脂乳固体的计算

（1）脱脂乳中 SNF_1 的计算

$$SNF_1(\%)=\frac{全脂乳中的SNF}{100-全脂乳中的F_1}\times100$$

（2）稀奶油中 SNF_2 的计算

$$SNF_2(\%)=\frac{100-稀奶油中的F_2}{100}\times脱脂乳中SNF_1$$

2．含脂率不足时标准化的计算　　在脂肪不足时可添加稀奶油，需要的量为

$$C=\frac{SNF\times R-F}{F_2-SNF_2\times R}\times R\times M$$

3．含脂率过高时标准化的计算

$$C=\frac{F/R-SNF}{SNF_1-F_1/R}\times M$$

式中，C 为需添加稀奶油的量或脱脂乳的量（kg）；M 为原料乳量（kg）；F 为原料乳的含脂率（%）；F_1 为脱脂乳的脂肪含量（%）；F_2 为稀奶油的含脂率（%）；R 为成品中脂肪与非脂乳固体的比值；SNF 为原料乳的非脂乳固体（%）；SNF_1 为原料乳所得脱脂乳的非脂乳固体（%）；SNF_2 为原料乳所得稀奶油的非脂乳固体（%）。

（三）预热杀菌

在原料乳浓缩之前进行的加热处理称为预热。

1．预热杀菌的目的　　杀灭原料乳中的病原菌和大部分杂菌，故也称为预热杀菌；破坏和钝化酶的活性，防止成品出现酶促褐变、脂肪水解等现象；为牛乳在真空浓缩起预热作用，防止结焦，加速蒸发；使蛋白质适当变性，推迟成品变稠。

2．预热方法和工艺条件　　甜炼乳一般采用 80~85℃、10min 或 95℃、3~5min，也可采用 100~120℃瞬时或 120℃、2~4s。

（四）加糖

1．加糖的目的　　加糖可赋予甜炼乳甜味，但主要目的在于抑制炼乳中细菌的繁殖，增加制品的保存性。糖的加入会在炼乳中形成较高的渗透压，而且渗透压与糖浓度成正比，因此就抑制细菌的生长繁殖而言，具有一定的防腐作用，糖浓度越高越好，但蔗糖添加过多可导致乳糖结晶析出。

2．加糖量的计算　　生产甜炼乳时一般加蔗糖，而加糖量一般用蔗糖比表。蔗糖比又称蔗糖浓缩度，是甜炼乳中蔗糖含量与其水溶液的比，即

$$R_s=\frac{W_{su}}{W_{su}+W}\times100\%$$

或

$$R_s=\frac{W_{su}}{100-W_{st}}\times100\%$$

式中，R_s 为蔗糖比（%）；W_{su} 为炼乳中蔗糖含量（%）；W 为炼乳中水分含量（%）；W_{st} 为炼乳中总乳固体含量（%）。

通常规定蔗糖比为 62.5%~64.5%。蔗糖比高于 64.5%会有蔗糖析出，致使产品组织状态变差；低于 62.5%抑菌效果差。

例 1：炼乳中总乳固体的含量为 28%，蔗糖含量为 45%，其蔗糖比为多少？

解：$R_s = \dfrac{45\%}{100\% - 28\%} \times 100\% = 62.5\%$

根据所要求的蔗糖比，也可以计算出炼乳中的蔗糖含量。

例 2：炼乳中总乳固体含量为 28%，脂肪为 8%，标准化后原料乳的脂肪含量为 3.16%，非脂乳固体含量为 7.88%。欲制得蔗糖含量 45%的炼乳，试求 100kg 原料乳中应添加蔗糖多少？

解：浓缩比

$$R_c = \frac{28\% - 8\%}{7.88\%} = 2.53$$

应添加蔗糖

$$100 \times W_{sm} = 100 \times \frac{45\%}{2.53} = 17.79 (\text{kg})$$

3. 加糖方法

1）将糖直接加于原料乳中，经预热杀菌后吸入浓缩罐中。

2）浓度 65%~75%的浓糖浆经 95℃、5min 杀菌，冷却至 57℃后与杀菌后的乳混合浓缩。

3）在浓缩将近结束时，将杀菌并冷却的浓糖浆吸入浓缩罐内。

由于糖与乳接触时间越长，变稠趋势就越明显。因此，上述方法中的第三种方法为最好，其次为第二种，第一种因操作简单，节省浓缩时间和燃料，有的厂家采用此法。

（五）浓缩

浓缩的目的在于除去部分水分，达到成品所要求的浓度，有利于保存；减少重量和体积，便于保藏和运输。真空浓缩的特点包括：蒸发效率高，节约能源；蒸发在较低条件下进行，保持了牛乳原有的性质；避免外界污染的可能性。

1. 真空浓缩条件和方法　　浓缩条件为温度 45~60℃，真空度 78.45~98.07kPa。经预热杀菌的乳到达真空浓缩罐时温度为 65~85℃，始终处于沸腾状态，但水分蒸发会造成温度下降，因此要保持水分连续蒸发必须不断供给热量，这部分热量一般为锅炉供给的饱和蒸汽，称为加热蒸汽，而牛乳中水分汽化形成的蒸汽称为二次蒸汽。二次蒸汽不被利用称为单效蒸发；如将二次蒸汽引入另一个蒸发器作为热源用，则称为双效蒸发。

2. 浓缩条件控制

1）浓缩时间：不超过 2.5h。

2）浓缩温度：在 58℃以下，临近终点时控制在 48~50℃。

3）加热蒸汽压力：浓缩初期压力为 0.1MPa，结束前应降至 0.05MPa。

3. 浓缩终点的确定　　浓缩终点的确定一般有以下三种方法。

（1）相对密度测定法　　相对密度测定法使用的比重计一般为波美比重计，刻度为 30~40°Bé，每一刻度为 0.1°Bé。15.6℃时的甜炼乳相对密度（d）与 15.6℃时的波美度存在如下关系。

$$B = 145 - \frac{145}{d}$$

通常浓缩乳样温度为 48℃左右，若测得波美度在 31.71～32.56°Bé 时，即可认为已达到浓缩终点。但相对密度可能受乳质变化的影响，因此通常测定黏度和折射率加以校核。

（2）黏度测定法　　黏度测定法可使用回转黏度计或毛式黏度计。测定时需先将乳样冷却到 20℃，然后测其黏度，一般规定为 0.10Pa·s（20℃条件下）。

（3）折射仪法　　使用的仪器可以是阿贝折射仪或手持糖度计。当温度为 20℃、脂肪含量为 8%时，甜炼乳的折射率和总固体含量之间有如下关系。

$$总固体含量（\%）＝70＋44（折射率－1.4658）$$

（六）均质

炼乳均质可破碎脂肪球，防止脂肪上浮；均质还可以增加吸附于脂肪球表面的酪蛋白量，改善其黏度，缓和变稠现象，改善了产品的感官质量。另外，均质后的炼乳易于被人体消化吸收。

甜炼乳均质压力一般为 10～14MPa，温度为 50～60℃。如果采用二次均质，第一次均质条件和上述相同，第二次均质压力为 3.0～3.5MPa，温度以控制在 50～60℃为宜。

（七）冷却结晶

甜炼乳生产中冷却结晶是最重要的步骤。冷却结晶的目的为：及时冷却以防止炼乳在贮藏期间变稠、褐变倾向；控制乳糖结晶，使乳糖组织状态细腻。

1. 乳糖结晶与组织状态的关系　　乳糖的溶解度较低，室温下约为 18%，在含蔗糖 62%的甜炼乳中只有 15%。而甜炼乳中乳糖含量约为 12%，水分约为 26.5%，这相当于 100g 水中约含有 45.3g 乳糖，其中有 2/3 的乳糖是多余的。在冷却过程中，随着温度降低，多余的乳糖就会结晶析出。若结晶晶粒细微，则可悬浮于炼乳中，从而使炼乳组织柔润细腻。若结晶晶粒较大，则组织状态不良，甚至形成乳糖沉淀。

2. 乳糖结晶温度的选择　　若以乳糖溶液的浓度为横坐标，乳糖温度为纵坐标，可以绘出乳糖的溶解度曲线，或称乳糖结晶曲线（图16-2）。

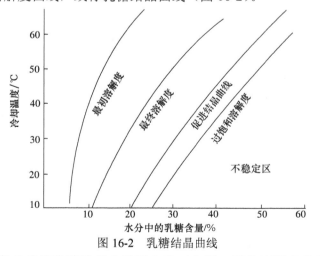

图 16-2　乳糖结晶曲线

图 16-2 中 4 条曲线将乳糖结晶曲线图分为三个区：最终溶解度曲线左侧为溶解区，过饱和溶解度曲线右侧为不稳定区，它们之间是亚稳定区。在不稳定区内，乳糖将自然析

出。在亚稳定区内，乳糖在水溶液中处于过饱和状态，将要结晶而未结晶。在此状态下，只要创造必要的条件如加入晶种，便能促使它迅速形成大小均匀的微细结晶，这一过程称为乳糖的强制结晶。实验表明，强制结晶的最适温度可以通过促进结晶曲线来找出。

例3：用含乳糖 4.8%、非脂乳固体 8.6% 的原料乳生产甜炼乳，其蔗糖比为 62.5%，蔗糖含量为 45.0%，非脂乳固体含量为 19.5%，总乳固体含量为 28.0%，计算其强制结晶的最适温度。

解：水分含量

$$\omega = 100\% - (28.0\% + 45\%) = 27.0\%$$

浓缩比

$$R_c = \frac{\omega_{sc}}{\omega_s} = \frac{19.5\%}{8.6\%} = 2.267$$

炼乳中乳糖含量

$$\omega_{LC} = 4.8\% \times 2.267 = 10.88\%$$

炼乳水分中乳糖浓度

$$\omega_{Lw} = \frac{10.88\%}{10.88\% + 27.0\%} \times 100\% = 28.7\%$$

在图 16-2 的乳糖结晶曲线上可以查出，该炼乳理论上添加晶种的最适温度为 28℃。

3. 晶种的制备　　晶种粒径应在 5μm 以下。晶种取精致乳糖粉（多为 α-乳糖），在 100～105℃ 条件下烘干 2～3h，然后经超微粉碎机粉碎，再烘干 1h，并重新进行粉碎，通过 120 目筛就可以达到要求，然后装瓶、密封、贮存。晶种添加量为炼乳质量的 0.02%～0.03%。晶种也可以用成品炼乳代替，添加量为炼乳量的 1%。

4. 冷却结晶方法　　冷却结晶方法分为间歇式及连续式两大类。间歇式冷却结晶通常采用蛇管冷却结晶器。其分为三个阶段：第一阶段为冷却初期，即浓乳出料后乳温在 50℃ 左右，应迅速冷却至 35℃ 左右；第二阶段为强制结晶期，继续冷却至接近 28℃，可投入晶种，搅拌，保温 0.5h 左右，以充分形成晶核；第三阶段为冷却后期，把炼乳冷却至 20℃ 搅拌 1h，即完成冷却结晶操作。

连续式冷却结晶采用连续瞬间冷却结晶机。炼乳在强烈的搅拌作用下，在几十秒到几分钟内，即可被冷却至 20℃ 以下。

（八）包装和贮藏

冷却结晶后的甜炼乳灌装时，采用真空封罐机或其他脱气设备，或静止 5～10h，待气泡逸出后再进行灌装。装罐应装满，尽可能排除顶隙空气。封罐后经清洗、擦罐、贴标、装箱，然后入库贮藏。炼乳贮藏于仓库内，库温不得高于 15℃；空气湿度不应高于 85%。贮藏过程中，每月应翻罐 1～2 次，防止形成糖沉淀。

二、甜炼乳加工及贮藏过程中的质量缺陷

（一）变稠

甜炼乳在贮藏过程中，特别是当贮藏温度较高时，黏度逐渐增高，甚至失去流动性，这一过程称为变稠，也称浓厚化。变稠是甜炼乳在贮藏中最常见的缺陷之一，按其产生的原因可分为微生物性变稠和理化性变稠两大类。

1. 微生物性变稠 由于芽孢杆菌、乳杆菌、链球菌和葡萄球菌的生长繁殖及代谢，产生乳酸及其他有机酸，如甲酸、乙酸、丁酸、琥珀酸和凝乳酶等，从而使炼乳变稠凝固，同时产生异味，并且酸度升高。

防止措施：加强卫生管理和进行有效的预热杀菌，注意将设备彻底清洗、消毒；适当提高蔗糖比（但不得超过64.5%）；制品贮藏在10℃以下。

2. 理化性变稠 是由乳蛋白（主要是酪蛋白）从溶胶状态转变成凝胶状态所致。理化性变稠与下列因素有关。

（1）预热条件 预热温度和时间对变稠影响最大，63℃、30min 预热，可使变稠倾向减小，但易使脂肪上浮、糖沉淀或脂肪分解产生臭味；75～80℃、10～15min 预热，易使产品变稠；110～120℃预热，则变稠程度变小；当温度再升高时，成品有变稀的倾向。

（2）浓缩条件 浓缩温度比标准温度高时，特别是在60℃以上容易变稠。浓缩程度高，乳固体含量高，变稠倾向严重。

（3）蔗糖含量 蔗糖含量对甜炼乳变稠有显著影响。提高蔗糖含量对抑制变稠是有效的，特别是在乳质不稳定的季节。

（4）盐类平衡 一般认为，钙、镁离子过多会引起变稠。对此可以通过添加磷酸盐、柠檬酸盐来平衡过多的钙、镁离子，或通过离子交换树脂减少钙、镁离子含量，抑制变稠。

（5）贮藏条件 产品在10℃以下贮存4个月，不致产生变稠倾向，但在20℃时变稠倾向有所增加，30℃以上时则显著增加。

（6）原料乳的酸度 当原料乳酸度高时，其热稳定性低而易于变稠。生产工业用甜炼乳时，如果酸度稍高，用碱中和可以减弱变稠倾向。但如果酸度过高，已生成大量乳酸，则用碱中和也不能防止变稠倾向了。

（二）脂肪上浮

脂肪上浮是炼乳的黏度较低造成的。要解决脂肪上浮问题可在浓缩后进行均质处理，使脂肪球变小，并控制炼乳黏度，防止黏度偏低。

（三）块状物质的形成

甜炼乳中，有时会发现白色或黄色大小不一的软性块状物质，其中最常见的是由霉菌死亡形成的纽扣状凝块。纽扣状凝块呈干酪状，带有金属臭及陈腐的干酪气味。在有氧的条件下，炼乳表面在5～10d 内生成霉菌菌落，2～3周内氧气耗尽则菌体趋于死亡，在其代谢酶的作用下，1～2个月后逐步形成纽扣状凝块。控制凝块的措施如下。

1）加强卫生管理，注意设备的清洗和消毒。

2）预热、杀菌药彻底，避免霉菌的二次污染。

3）装罐要满，尽量减少顶隙。采用真空冷却结晶和真空封罐等技术措施，排除炼乳中的气泡，营造不利于霉菌生长繁殖的环境。

4）贮藏温度应保持在15℃以下并倒置贮藏。

（四）胀罐（胖听）

1. 细菌性胀罐 甜炼乳在贮藏期间，受到微生物（通常是耐高渗酵母、产气杆菌、酪酸菌等）的污染，产生乙醇和二氧化碳等气体使罐膨胀，此为细菌性胀罐。

2．理化性胀罐　　理化性胀罐是由于装罐温度低、贮藏温度高及装罐量过多而造成的。化学性胀罐是因为乳中的酸性物质与罐内壁的铁、锡等发生化学反应而产生氢气所造成的。防止措施是使用符合标准的空罐，并注意控制乳的酸度。

（五）砂状炼乳

砂状炼乳是指乳糖结晶过大，以致舌感粗糙甚至有明显的砂状感觉。一般来说，乳糖结晶应在 10μm 以下，并且大小均一。如果在 15～20μm，则有粉状口感，在 30μm 以上则呈明显的砂状感。防止此类缺陷的措施如下。

1）晶体大小应在 3～5μm，晶种添加量应为成品量的 0.025%左右。

2）晶种加入时温度不宜过高，并应在强烈搅拌的过程中用 120 目筛在 10min 内均匀地筛入。

3）贮藏温度不宜过高，温度变化不宜过大，冷却速度不宜过慢，蔗糖比不应超过64.5%等。

（六）糖沉淀

甜炼乳容器底部有时呈现糖沉淀现象，这主要是乳糖结晶过大形成的，也与炼乳的黏度有关。若乳糖结晶在 10μm 以下，而且炼乳的黏度适宜，一般不会有沉淀现象出现。此外，蔗糖比过高，在低温贮藏时也会引起蔗糖结晶沉淀，其控制措施与砂状炼乳相同。

（七）钙沉淀

甜炼乳在冲调后，有时在杯底发现有白色细小沉淀，俗称"小白点"，其主要成分是柠檬酸钙。柠檬酸钙在炼乳中处于过饱和状态，所以部分结晶析出。甜炼乳中柠檬酸钙的含量约为 0.5%，相当于炼乳内每 1000mL 水中含有柠檬酸钙19g。而在 30℃时，1000mL 水仅能溶解柠檬酸钙 2.51g。控制柠檬酸钙的结晶，同控制乳糖结晶一样，可采用添加柠檬酸钙作为晶种。柠檬酸钙胶体的添加量一般为成品量的 0.02%～0.03%，可减少或防止柠檬酸钙沉淀。

（八）褐变

甜炼乳在贮藏中逐渐变成褐色，并失去光泽，这种现象称为褐变。这通常是美拉德反应造成的。温度与酸度高或用含转化糖的不纯蔗糖，或并用葡萄糖时，褐变就会显著。为防止褐变反应的发生，生产甜炼乳时，应使用优质蔗糖和原料乳，并避免在加工中长时间高温加热，而且贮藏温度应在 10℃以下。

（九）蒸煮味

蒸煮味是因为乳中蛋白质长时间高温处理而分解，产生硫化物的结果。蒸煮味的产生对产品口感有着很大的影响，防止方法主要是避免高温长时间加热。

第二节　淡　炼　乳

淡炼乳是指将鲜牛乳浓缩至原体积的 40%，装罐后密封并经高温灭菌而成的浓缩乳制品。其理化指标见表 16-2。

表 16-2　淡炼乳的理化指标

项目	指标	
	特级	一级
全乳固体/%	26.00	25.00
脂肪/%	8.00	7.50
酸度/°T	48.00	48.0
铅含量（以 Pb 计）/（mg/kg）	0.50	0.50
铜含量（以 Cu 计）/（mg/kg）	4.00	4.00
锡含量（以 Sn 计）/（mg/kg）	50.00	50.00
汞含量（以 Hg 计）/（mg/kg）	0.01	0.01
杂质度（按鲜乳折算）[*]/（mg/kg）	4.00	4.00

[*] 指每千克产品中杂质的毫克数

一、淡炼乳的生产工艺

淡炼乳的生产工艺如图 16-3 所示。

（一）原料乳验收、预处理、标准化

参见甜炼乳相应内容，但淡炼乳在生产工艺中需经过高温灭菌，故对原料乳稳定性的要求更高，因此选择之前需用72%的乙醇对原料乳进行检验，并做添加磷酸盐热稳定性试验。

（二）预热

预热的目的参见本章第一节。淡炼乳一般采用95～100℃、10～15min 使乳中的钙离子成为磷酸三钙，而呈不溶性。另外，采用高温瞬时杀菌技术可提高乳的热稳定性，如 120℃、15s 的预热条件。

为了提高乳蛋白的热稳定性，在淡炼乳生产中允许添加少量稳定剂。常作稳定剂使用的有柠檬酸

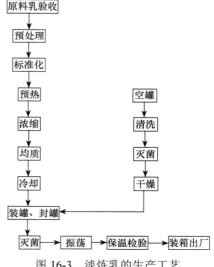

图 16-3　淡炼乳的生产工艺

钠、磷酸二氢钠或磷酸氢二钠，添加量为：100kg原料乳中添加磷酸氢二钠（$Na_2HPO_4 \cdot 12H_2O$）或柠檬酸钠（$C_6H_5O_7Na_3 \cdot 2H_2O$）5～25g，或者 100kg 淡炼乳添加12～62g。稳定剂的用量最好根据浓缩后的小样试验来决定，使用过量会使产品风味不良且易褐变。

（三）浓缩

浓缩的目的、特点和条件参见甜炼乳相应内容。当浓缩乳温度为 50℃左右时，测得的波美度为 6.27～8.24°Bé 即可。

（四）均质

淡炼乳在长时间放置后会发生脂肪上浮现象，表现为其上部形成稀奶油层，严重时一经震荡还会形成奶油粒，这大大影响了产品的质量，因此必须进行均质。均质的目的有：破碎脂肪球，防止脂肪上浮；使吸附于脂肪球表面的酪蛋白量增加，增加制品的黏

度，缓和变稠现象；使产品易于消化吸收；改善产品的感官质量。

在炼乳生产中视具体情况可以采用一次或二次均质。如采用二次均质，第一次在预热之前进行，第二次应在浓缩之后。淡炼乳大多采用一次均质，由于开始均质的压力不会马上稳定，所以最初出来的物料均质不一定充分，可以将这部分物料返回，再均质一次。均质压力第一段为 14～16MPa，第二段为 3.5MPa 左右；均质温度以 50～60℃为宜。为了确保均质效果，可以对均质后的物料进行显微镜检视，如果有 80%以上的脂肪球直径在 2μm 以下，就可以认为均质充分了。

（五）冷却

1. 冷却的目的　均质后的炼乳温度一般为 50℃左右，在这样的温度下停留时间过长，可能出现耐热性细菌繁殖或酸度上升的现象，从而使灭菌效果及热稳定性降低。另外，在此温度下，成品的变稠和褐变倾向也会加剧。因此，要及时且迅速地使物料的温度降下来，以防止发生上述质量问题。

2. 冷却的方法　淡炼乳冷却温度与装罐时间有关，当日装罐需冷却到 10℃以下，次日装罐应冷却至 4℃以下。

（六）标准化

浓缩后的标准化是使浓缩乳的总固形物控制在标准范围内，所以也称为加水操作。加水量可按下式计算。

$$加水量 = \frac{\omega_A}{\omega_{F_1}} - \frac{\omega_A}{\omega_{F_2}}$$

式中，ω_A 为标准化乳的脂肪总量（%）；ω_{F_1} 为成品的含脂率（%）；ω_{F_2} 为浓缩乳的含脂率（%）。

（七）装罐、封罐

经过小样试验后可确定稳定剂的添加量，并将稳定剂溶于灭菌蒸馏水后加入浓缩乳中，搅拌均匀，即可装罐、封罐。但装罐不得太满，因淡炼乳封罐后要高温灭菌，故必须留有一定顶隙，以防胀罐，封罐最好用真空封罐机，以减少炼乳中的气泡和顶隙中的残留空气。

（八）灭菌、冷却

灭菌的主要目的是为了杀灭微生物、钝化酶类，从而延长产品的贮藏期，同时还可提高淡炼乳的黏度，防止脂肪上浮。除此之外，灭菌还能赋予淡炼乳特殊的芳香味。

灭菌方法分为间歇式（分批式）灭菌法和连续式灭菌法两种。间歇式灭菌适于小规模生产，可用回转灭菌机进行，灭菌条件同小样试验。连续式灭菌可分为 3 个阶段：预热段、灭菌段和冷却段。封罐后罐内乳温在 18℃以下，进入预热区预热到 93～95℃，然后进入灭菌区，加热到 114～119℃，经一定时间运转后，进入冷却区，冷却到室温。近年来，新式的连续灭菌机可在 2min 内加热到 125～138℃，并保持 1～3min，然后急速冷却，全部过程只需 6～7min。连续式灭菌法灭菌时间短，操作可实现自动化，适于大规模生产。

（九）振荡

如果灭菌操作不当，或使用了稳定性较低的原料乳，则淡炼乳中常有软凝块出现，这时通过振荡，可使软凝块分散复原成均一的流体。振荡使用水平式振荡机进行，往复冲程为 6.5cm，300～400 次/min，通常在室温下振荡 15～60s。

（十）保温检验

淡炼乳在出厂前，一般还要经过保温试验，即将成品在 25～30℃ 条件下保藏 3～4 周，观察有无胀罐现象，并开罐检查有无缺陷。必要时可抽取一定比例样品，于 37℃ 条件下保藏 7～10d，加以检验。合格的产品即可擦净，贴标装箱出厂。

二、淡炼乳的质量缺陷及原因

1．**膨罐**　参见本章甜炼乳。

2．**异臭味**　异臭味的产生主要是由于灭菌不完全，残留的细菌繁殖而造成的酸败、苦味和臭味。

3．**沉淀**　长时间的贮藏会使淡炼乳的罐底生成白色的颗粒状沉淀物，此沉淀物的主要成分是柠檬酸钙、磷酸钙和磷酸镁。它的生长与贮藏温度和在淡炼乳中的浓度成正比。

4．**脂肪上浮**　当成品黏度低，均质处理不完全，以及贮藏温度较高的情况下易发生脂肪上浮。应适当控制热处理条件，保证其适当的黏度，另外均质应充分，使脂肪球直径小于 2μm。

5．**稀薄化**　淡炼乳在贮藏期间会出现黏度降低的现象，称为渐增性稀薄化。稀薄化程度与蛋白质的含量成反比，随着贮藏时间延长和温度增高，淡炼乳的黏度下降很大。

6．**褐变**　淡炼乳经高温灭菌发生美拉德反应、颜色变深（黄褐色）称为褐变。褐变随着灭菌温度的升高、保温时间和储藏时间的延长而加剧。可通过避免高温长时间处理，避免稳定剂添加过多（特别是碳酸钠），低温保存（5℃以下）等措施来控制。

第十七章 乳 粉

第一节 乳粉的种类及化学组成

乳粉是以新鲜牛乳为原料，或以新鲜牛乳为主要原料，添加植物或动物脂肪、蛋白质、维生素、矿物质等配料，除去其中几乎全部水分而制成的粉末状乳制品。乳粉中水分含量很低、体积变小、重量减轻是为了便于储藏和运输；同时微生物不能生长繁殖，甚至死亡，所以贮藏期较长。

一、乳粉的种类

（一）根据乳粉加工所用原料及加工工艺的不同分类

1. 全脂乳粉 是由标准化后的新鲜牛乳为原料，经杀菌、浓缩、干燥等工艺加工而成。成品蛋白质不低于非脂乳固体的34%，脂肪不低于25%。由于脂肪含量高易被氧化，在室温可保藏三个月。

2. 脱脂乳粉 仅以乳为原料并将乳中的绝大部分脂肪离心分离去除后，再经杀菌、浓缩、干燥等工序加工而成。由于脱去了脂肪（成品脂肪不高于1.75%），该产品的保藏性较全脂乳粉好（通常达1年以上），可用于制点心、面包、冰淇淋、复原乳等。

3. 全脂加糖奶粉 添加白砂糖，且蛋白质比例不低于15.8%，脂肪含量不低于20%，蔗糖含量不超过20%的调制乳粉。

4. 速溶乳粉 将全脂牛乳、脱脂牛乳经过特殊的工艺操作而制成的乳粉，对温水或冷水具有良好的润湿性、分散性及溶解性。

5. 配方乳粉 是指针对不同人群的需要，在牛乳中添加或去除某些营养物质后再经杀菌、浓缩、干燥制成的乳制品。目前配方乳粉主要包括以下4种。

（1）婴幼儿配方乳粉 是指以新鲜牛乳为主要原料，根据婴儿的营养需要配制的乳粉，达到各种营养素的母乳化，以供给母乳不足的婴儿食用。其根据婴幼儿的出生时间的不同，可分为0～6个月婴儿乳粉、6～12个月较大婴儿乳粉和12～36个月幼儿成长乳粉。

（2）儿童、青少年配方乳粉 是指以新鲜牛乳为主要原料，添加一定量的儿童、青少年生长发育所必需的营养物质，经杀菌、浓缩、干燥制成的粉末状产品。其可分为儿童配方乳粉、中学生配方乳粉和大学生配方乳粉。

（3）中老年配方乳粉 指以新鲜牛乳或脱脂乳为主要原料，添加一定量的蛋白质、碳水化合物及中老年人易缺乏的其他营养素，经杀菌、浓缩、干燥制成的粉末状产品。

（4）特殊配方乳粉 指以新鲜牛乳或脱脂乳为主要原料，根据特定人群特殊的营养需求和功能需求，添加一定量的营养素或功能性成分，经杀菌、浓缩、干燥制成的粉末状产品。常见的特殊配方乳粉包括早产儿乳粉、降糖乳粉、高钙乳粉、孕妇乳粉、降压乳粉和免疫乳粉等。

6. 奶油粉 将稀奶油经干燥而制成的粉状物，易氧化。与稀奶油相比保藏期长，贮藏和运输方便。

7．麦精乳粉　在牛乳中添加可溶性麦芽糖、糊精、香料等经真空干燥而制成的乳粉。

8．乳清粉　将制造干酪的副产品乳清进行干燥而制成的粉状物。因生产不同的奶酪得到的乳清颜色不同。正常的乳清粉的色泽呈白色至浅黄色，若经过漂白处理，则呈现乳白色。乳清中含有易消化、有生理价值的乳蛋白、球蛋白及非蛋白态氮化合物和其他有效物质。根据乳清来源的不同可以分为甜乳清粉和酸乳清粉，根据用途分为普通乳清粉、脱盐乳清粉、浓缩乳清粉等。

9．酪乳粉　将酪乳干燥制成的粉状物。含有较多的卵磷脂，用于制造点心及复原乳。

（二）其他

1．冰淇淋粉　在牛乳中配以乳脂肪、稳定剂、抗氧化剂、香料、蔗糖或一部分植物油等物质经干燥而制成。其具有良好的起泡性、发泡性、水合性、乳化性和凝胶性，符合冰淇淋生产工艺的特殊需求。

2．酸乳粉　也叫复原酸乳粉，是通过特殊加工工艺使乳粉和粉末状发酵剂良好混合而制成。厂商仅需要酸乳粉便可制造良好的发酵乳制品。

3．巧克力粉　符合巧克力行业的特殊功能需要，用以替代巧克力行业中使用的通用型乳粉。具有良好的起泡性和乳化性。

4．焙烤专用乳粉　符合焙烤行业的特殊功能需要，用以替代焙烤行业中使用的通用型乳粉。其具有良好的水合性、起泡性、发泡性、乳化性和凝胶性。

二、乳粉的化学组成

乳粉的化学组成依原料乳的种类和添加物不同而有所差别，表17-1中列举了几种主要乳粉的化学组成。

表 17-1　几种主要乳粉的化学组成（%）

种类	水分	脂肪	蛋白质	乳糖	灰分	乳酸
全脂乳粉	2.00	27.00	26.50	38.00	6.05	0.16
脱脂乳粉	3.23	0.88	36.89	47.84	7.80	1.55
麦精乳粉	3.29	7.55	13.19	72.40*	3.66	—
婴儿乳粉	2.60	20.00	19.00	54.00	4.40	0.17
母乳化乳粉	2.50	26.00	13.00	56.00	3.20	0.17
乳油粉	0.66	65.15	13.42	17.86	2.91	—
甜性酪乳粉	3.90	4.68	35.88	47.84	7.80	1.55

*包括蔗糖、麦精及糊精

第二节　乳粉的加工

一、加工工艺

乳粉的工艺流程为：原料乳的检收→乳的预处理、标准化→浓缩→喷雾干燥→冷却晾粉→包装→成品。

（一）原料乳的验收及预处理

牛乳应严格按要求进行验收（主要通过乳的感官检验、酒精试验、滴定酸度、比重测定、细菌数和抗生素的检验、乳成分的测定等指标进行验收）。验收合格的乳经称重、过滤、净乳、冷却后泵入贮乳罐。

（二）配料

乳粉生产过程中，除了少数几个品种（如全脂乳粉、脱脂乳粉）外，都要经过配料工序，其配料比例按产品要求而定。配料时所用的设备主要有配料缸、水粉混合器和加热器。

牛乳或水通过加热器后得以升温，其他配料加入到水粉混合器上方的料斗中，物料不断地被吸入并在水粉混合器内与牛乳或水相混合，然后又回流到配料缸内，周而复始，直到所有的配料溶解完毕并混合均匀为止。对于生产加糖奶粉，可按甜炼乳的方法加糖。

（三）均质

生产全脂乳粉、全脂甜乳粉及脱脂乳粉时，一般不必经过均质操作，但若乳粉的配料中加入了植物油或其他不易混匀的物料时，就需要进行均质操作。均质时的压力一般控制在14～21MPa，温度以控制在60℃为宜。二段均质时，第一段均质压力为14～21MPa，第二段均质压力为3.5MPa左右。均质后脂肪球变小，从而可以有效地防止脂肪上浮，并易于消化吸收。

（四）杀菌

牛乳常用的杀菌方法见表17-2。不同的产品可根据本身的特性选择合适的杀菌方法。低温长时间杀菌方法的杀菌效果不理想，高温长时会影响乳粉的溶解度，所以最好采用高温短时灭菌法，因为该方法可使牛乳的营养成分损失较小，乳粉的理化特性较好。

表 17-2　牛乳常见的杀菌方法

杀菌方法	杀菌温度/时间	杀菌效果	所用设备
低温长时间杀菌法	60～65℃/30min	可杀死全部病原菌，杀菌效果一般	容器式杀菌缸
	70～72℃/15～20min		
高温短时灭菌法	85～87℃/15s	杀菌效果好	板式、列管式杀菌器
	94℃/24s		
超高温瞬时灭菌法	120～140℃/2～4s	杀菌效果最好	板式、列管式蒸汽直接喷射式杀菌器

（五）真空浓缩

牛乳经杀菌后立即泵入真空蒸发器进行减压（真空）浓缩，除去乳中大部分水分（65%），然后进入干燥塔中进行喷雾干燥，以利于降低成本、提高产品质量。

1. 真空浓缩的设备、条件和影响因素

（1）真空浓缩的设备　　真空浓缩设备种类繁多，按加热部分的结构可分为直管式、板式和盘管式三种；按其二次蒸汽利用与否，可分为单效、双效和多效浓缩设备。

乳粉的浓缩设备应选用蒸发速度快、连续出料、节能降耗的蒸发器，常用双效和多效蒸发设备。

（2）浓缩时的条件　　一般真空度为 8～21kPa，温度为 50～60℃。单效蒸发时间为 40min，多效是连续进行的。

（3）影响浓缩的因素

1）加热器总加热面积。加热面积越大，乳受热面积就越大，在相同时间内乳所接受的热量也越大，浓缩速度就越快。

2）蒸汽的温度与物料间的温差。温差越大，蒸发速度越快。

3）乳的翻动速度。乳翻动速度越快，乳的对流越好，加热器传给乳的热量也越多，乳受热均匀且不易发生焦管现象。另外，由于乳翻动速度大，在加热器表面不易形成液膜，而液膜能阻碍乳的热交换。乳的翻动速度还受乳与加热器之间的温差、乳的黏度等因素的影响。

4）乳的浓度与黏度。随着浓缩的进行，浓度提高，比重增加，乳逐渐变得黏稠，流动性变差。

2. 浓缩终点的确定　　　牛乳浓缩的程度将直接影响到乳粉的质量。连续式蒸发器在稳定的操作条件下，可以正常连续出料，其浓度可通过检测而加以控制；间歇式浓缩锅需要逐锅测定浓缩终点。在浓缩到接近要求浓度时，浓缩乳黏度升高，沸腾状态滞缓，微细的气泡集中在中心，表面稍呈光泽，根据经验观察即可判定浓缩的终点。但为准确起见，可迅速取样，测定其比重、黏度或折射率来确定浓缩终点。

一般要求原料乳浓缩至原体积的1/4，乳干物质达到45%左右，浓缩后的乳温一般为47～50℃。不同的产品浓缩程度：全脂乳粉为11.5～13°Bé，相应乳固体含量为38%～42%；脱脂乳粉为 20～22°Bé，相应乳固体含量为 35%～40%；全脂甜乳粉为 15～20°Bé，相应乳固体含量为45%～50%。生产大颗粒奶粉可相应提高浓度。

（六）喷雾干燥

浓缩乳中仍然含有较多的水分，必须经喷雾干燥后才能得到乳粉，其原理为通过机械作用，将需干燥的浓缩乳分散成很细的像雾一样的微粒（增大水分蒸发面积，加速干燥过程），与热空气接触，在瞬间将大部分水分除去，使浓缩乳中的固体物质干燥成乳粉。图 17-1 为乳粉喷雾干燥原理图。

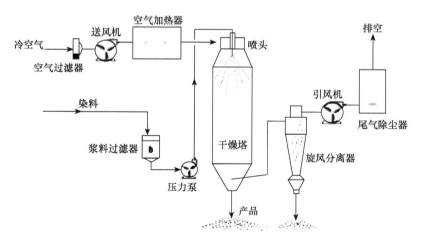

图 17-1　乳粉喷雾干燥原理图

（七）冷却

在一次干燥的设备中，乳粉从塔底出来时温度为 65℃以上，需要冷却以防脂肪分离。冷却是在粉箱中室温下过夜，然后过筛（20～30 目）后即可包装。在设有二次干燥的设备中，乳粉经二次干燥后进入冷却床被冷却到 40℃以下，再经过粉筛送入奶粉仓，待包装。

（八）计量包装

工业用粉采用 25kg 的大袋包装，家庭采用 1kg 以下小包装。包装要求称量准确，排气彻底，封口严密，装箱整齐，打包牢固。小包装一般为马口铁罐或塑料袋包装，保质期为 3~18 个月，若充氮可延长保质期。

二、乳粉生产和贮藏过程中的品质变化

1. 脂肪分解味（酸败味）　　乳粉中的脂肪在解脂酶的作用下水解产生游离的挥发性脂肪酸。为了防止这一缺陷，必须严格控制原料乳的微生物数量，同时杀菌时将脂肪分解酶彻底灭活。

2. 氧化味（哈喇味）　　由不饱和脂肪酸氧化产生。其主要影响因素是空气、光线、重金属（特别是铜）、过氧化物酶和乳粉中的水分及游离脂肪酸含量等。

3. 棕色化　　贮藏时乳粉水分若多于 5%时，会发生美拉德反应而使乳粉棕色化，温度升高会加速这一变化。

4. 吸潮　　乳粉中的乳糖呈无水的非结晶的玻璃态，易吸潮。当乳糖吸水后使蛋白质彼此黏结而使乳粉结块，因此应保存在密封容器里。

5. 细菌引起的变质　　乳粉打开包装后会逐渐吸收水分，当水分超过 5%以上时，细菌开始繁殖，而使乳粉变质。所以乳粉打开包装后应密封保存，不宜放置过久。

第三节　配方乳粉

配方乳粉（modified milk powder）是指针对不同人的营养需要，在鲜乳或乳粉中调以各种营养素经加工干燥而成的乳制品。配方乳粉主要包括婴幼儿乳粉、青少年乳粉、中老年乳粉及其他特殊人群需要的乳粉。下面以婴幼儿配方乳粉为例加以说明。

一、婴幼儿配方乳粉调制原则

0~36 个月是人一生中非常重要的时期，人乳是哺育婴幼儿的最好食品，当母乳不足时，可辅以人工喂养，婴幼儿配方乳粉就是除母乳外的最好选择。但如果喂哺普通奶粉，一则导致婴幼儿营养不良，表现为生长缓慢、身体素质较差等，二则影响孩子的生长发育，尤其是智力的发育。牛乳被认为是最好的代乳品，但人乳和牛乳无论是感官上还是组成上都有很大区别，见表 17-3。故需要将牛乳中的各种成分进行调整，使之近似于母乳，并加工成方便食用的粉状乳产品。

表 17-3　每 100mL 乳中营养物质含量（g）

类型	蛋白质		脂肪	乳糖	灰分	水	热能/kJ
	乳清蛋白	酪蛋白					
人乳	0.68	0.42	3.5	7.2	0.2	88.0	274
牛乳	0.69	2.21	3.3	4.5	0.7	88.6	226

（一）蛋白质

母乳与牛乳中蛋白质的含量与组成有着明显的差异。牛乳中总蛋白质含量高于母乳，

尤其是酪蛋白的含量大大超过母乳，乳清蛋白含量却低于母乳。具体区别在于：牛乳酪蛋白含量为母乳的 5 倍，酪蛋白与乳清蛋白比例为 5∶1；母乳中酪蛋白与乳清蛋白的比例为 1∶1。所以，必须调低牛乳蛋白中酪蛋白的含量，使其比例与母乳基本一致。一般加脱盐乳清粉或大豆分离蛋白，增加乳清蛋白的含量，或者用蛋白分解酶分解部分酪蛋白。

另外，牛乳与母乳的乳清蛋白也有质的差别，母乳中有 α-乳白蛋白、β-乳球蛋白、γ-球蛋白、乳铁蛋白等，而牛乳中没有。

（二）脂肪

牛乳与人乳的脂肪含量虽接近，但构成不同，其中牛乳中不饱和脂肪酸的含量低而饱和脂肪酸含量高，且缺乏亚油酸。

因此，调整时可采用植物油脂替换牛乳脂肪的方法，以增加亚油酸的含量。亚油酸的量不宜过多，规定的上限用量为：n-6 亚油酸不应超过总脂肪量的 2%，n-3 亚油酸不得超过总脂肪的 1%。富含油酸、亚油酸的植物油有玉米油、橄榄油、大豆油、棉籽油、红花油等，调整脂肪时须考虑这些脂肪的稳定性、风味等，以确定混合油脂的比例。

（三）碳水化合物

牛乳中乳糖含量比人乳少得多，且牛乳中主要是 α-乳糖，而人乳中主要是 β-乳糖。因此，婴幼儿乳粉中需要添加 β-乳糖。调制过程中可通过添加可溶性糖类（如葡萄糖、麦芽糖、糊精等）或平衡乳糖，来调整乳糖与蛋白质的比例，平衡 α-乳糖和 β-乳糖的比例，使其接近于人乳（$\alpha∶\beta = 4∶6$）。较高含量的乳糖能促进钙、锌和其他一些营养素的吸收。麦芽糊精可保持有利的渗透压，并可改善配方食品的性能。一般婴幼儿乳粉含有 7% 的碳水化合物，其中 1% 是麦芽糊精，6% 是乳糖。

（四）无机盐、矿物元素

牛乳中的无机盐量较人乳高 3 倍多，因此需要脱掉牛乳的部分无机盐（如钠、钾类），常用连续的脱盐机进行脱盐。另外，还应强化铁、镁、锰、锌等对婴幼儿生长发育极其重要的微量元素，使其达到适宜的比例。添加微量元素时应慎重，因为微量元素之间的相互作用，以及微量元素与牛乳中的酶蛋白、豆类中植酸之间的相互作用对食品的营养性影响很大。

（五）维生素

婴幼儿用调制乳粉应充分强化维生素，特别是维生素 A、维生素 C、维生素 D、维生素 K、烟酸、维生素 B_1、维生素 B_2、叶酸等。其中，水溶性维生素摄入过量时不会引起中毒，所以没有规定其上限。脂溶性维生素 A、维生素 D 长时间过量摄入时会引起中毒，因此必须按规定加入。

（六）生物功能性成分

乳汁中比较常见的生物活性物质包括免疫球蛋白、乳铁蛋白、转铁蛋白、维生素 B_{12} 结合蛋白、叶酸结合蛋白、过氧化物酶和溶菌酶、胰蛋白酶抑制剂、核苷酸和各种生长刺激因子等生物活性物质。母乳中的某些生物活性物质含量均高于牛乳，应根据母乳化的要求添加，其添加量按照母乳中的含量而定。

（七）其他营养物质

1. 牛磺酸　　牛磺酸对婴幼儿大脑发育、神经传导、视觉机能的完善、钙的吸收有良好作用。与成年人不同的是，由于婴幼儿体内半胱氨酸亚磺酸脱羧酶尚未成熟而导致体内不能自身合成牛磺酸，必须从外源获取才能满足正常生长发育的需要。而牛乳中牛磺酸的含量很少，仅为母乳中的 4%。食物中若缺乏牛磺酸就会影响脂类物质的吸收，婴幼儿会出现吐乳、消化不良等症状。一般牛磺酸母乳化的最少添加量为 30mg/100g。

2. β-胡萝卜素　　β-胡萝卜素具有抗氧化清除自由基和增强免疫功能的作用，是维持正常生理功能的营养素。婴幼儿食物中缺乏或不足时，可引起感冒、支气管肺炎等病症。母乳中 β-胡萝卜素的含量是 20~40μg/dL，一般 β-胡萝卜素母乳化的最小添加量为 207~235μg/100g。

二、婴幼儿配方乳粉的生产工艺

（一）工艺流程

婴幼儿配方乳粉的生产工艺流程见图 17-2。

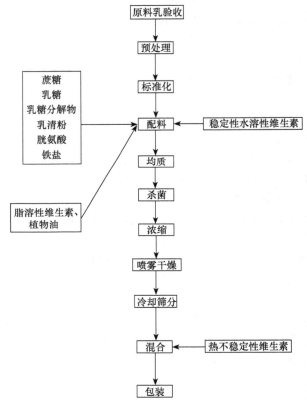

图 17-2　婴幼儿配方乳粉的生产工艺流程

（二）配方及营养成分

我国的婴幼儿乳粉品种很多，但经过中国中轻产品质量保障中心鉴定并在全国推广的婴幼儿乳粉主要是配方Ⅰ、配方Ⅱ和配方Ⅲ。

1. 婴幼儿配方乳粉Ⅰ（infant formula Ⅰ）　　是一个初级的婴幼儿配方乳粉，产品在牛乳的基础上添加了大豆蛋白，强化了部分维生素和微量元素等，营养成分的调整并不那么完善。但该产品易于加工，价格低廉。对于贫困地区缺乏母乳的婴幼儿仍具有很大的实际意义。配方Ⅰ的配方组成及成分标准见表 17-4 和表 17-5。

表 17-4 婴幼儿配方乳粉 I 的配方组成

原料	牛乳固形物/g	大豆固形物/g	蔗糖/g	麦芽糖或饴糖/g	维生素 D_2/IU	铁/mg
用量	60	10	20	10	1000～1500	6～8

表 17-5 婴幼儿配方乳粉 I 营养成分含量指标

成分	百分含量	成分	百分含量
水分	2.48g	铁	6.2mg
蛋白质	18.61g	维生素 A	586IU
脂肪	20.06g	维生素 B_1	0.12mg
糖	54.6g	维生素 B_2	0.72mg
灰分	4.4g	维生素 D_2	1600IU
钙	772g	尿酶	阴性
磷	587mg		

2. 婴幼儿配方乳粉 II（infant formula II） 过去称为"母乳化乳粉"，是 1982 年由黑龙江省乳品工业研究所和内蒙古轻工业科学研究所共同研制的。产品用脱盐乳清粉调整了酪蛋白与乳清蛋白的比例（酪蛋白/乳清蛋白为 40∶60），同时增加了乳糖的含量（乳糖占总糖量的 90% 以上，其复原乳中乳糖含量与母乳接近），添加植物油以增加不饱和脂肪酸的含量，再加入维生素和微量元素，使产品中各种成分与母乳相近。配方 II 的配方组成见表 17-6。

表 17-6 婴幼儿配方乳粉 II 的配方组成

物料名称	每吨投料量	物料名称	每吨投料量	物料名称	每吨投料量	物料名称	每吨投料量
牛乳	2500kg	乳清粉	475kg	棕榈油	63kg	三脱油	63kg
乳油	67kg	蔗糖	65kg	维生素 A	6g	维生素 D	0.12g
维生素 C	60g	维生素 E	0.25g	维生素 B_1	3.5g	维生素 B_6	35g
亚硫酸铁	350g	叶酸	0.25g	维生素 B_2	4.5g	烟酸	40g

注：牛乳中干物质为 11.1%，脂肪为 3.0%；乳清粉中水分为 2.5%，脂肪为 1.2%；乳油中脂肪含量为 82%；维生素 A 6g 相当于 240 000IU；维生素 D 0.12g 相当于 48 000IU；亚硫酸铁分子式为 $FeSO_4 \cdot 7H_2O$

3. 婴幼儿配方乳粉 III（infant formula III） 由于婴幼儿配方乳粉 II 近 1/2 的原料来自乳清粉，而我国乳清粉产量很少，不能满足需求，因而研制了不使用脱盐乳清粉而以精制饴糖为主要添加料的婴幼儿配方乳粉 III。与配方 II 的主要区别为使用的原料不同。

第四节 速溶乳粉的生产

一、速溶乳粉的生产原理及特点

速溶乳粉是指将乳粉放在未经加热的水表面，在没有搅拌的情况下乳粉会迅速下沉并能迅速溶解而不结块的乳粉。生产速溶乳粉的关键在于必须要经过速溶化处理，形成颗粒更大（直径一般为 100～800μm）、多孔的附聚物。首先要通过干燥把颗粒中的毛细管水和孔隙水用空气取代，然后颗粒需再度润湿，这样颗粒表面迅速膨胀关闭毛细管，颗粒表面就会发黏，使颗粒粘接在一起形成附聚。

速溶乳粉的优点包括：①速溶乳粉的外观特征是颗粒较大而均匀，干粉不会飞扬，食用比较方便。②乳粉的可湿性、分散性、沉降性得到了改进。③乳粉在保藏中不易吸湿结块。但速溶乳粉也有一些缺点：①速溶乳粉的表观密度低，包装容器的容积相应增大，因而增加了包装费用，成本上升。②水分含量较高，一般为3.5%~5.0%，不利于保藏。③速溶乳粉在特殊制造过程中促进了褐变反应。④速溶乳粉一般具有粮谷的气味，主要是由含羰基或含甲硫醚基的化合物所引起的。

二、速溶乳粉的生产方法

（一）再润湿法

将干奶粉颗粒循环返回到主干燥室中，一旦干燥颗粒被送入干燥室，其表面即会被蒸发的水分所润湿，颗粒开始膨胀，毛细管孔关闭并且颗粒变黏，其他奶粉颗粒黏附在其表面上，于是附聚物形成。

（二）直通法

自干燥室下来的奶粉首先进入第一段，在此奶粉被蒸汽润湿，振动将奶粉传送至干燥段，温度逐渐降低的空气穿透奶粉及流化床，干燥的第一段颗粒互相黏结发生附聚。

三、速溶乳粉的生产工艺流程及质量控制

（一）脱脂速溶乳粉

脱脂乳粉的速溶工艺与全脂乳粉的工艺完全不同，是将乳粉颗粒附聚成直径为2~3mm的多孔附聚物，附聚的过程增加了乳粉中空气的含量，乳粉复原的过程是从乳粉中的空气被水替代时开始的，随后乳粉颗粒被润湿分散，最后真正的溶解开始。生产脱脂速溶乳粉，可分为二段法和一段法。

1．二段法　　工艺过程：①用喷雾法制造普通的喷雾脱脂乳粉作为基粉。②与潮湿空气及蒸汽接触以吸潮，使乳粉颗粒互相附聚，并使α-乳糖开始结晶。③与热风接触进行再干燥。④吹冷风以冷却之。⑤轻轻粉碎过筛，以使颗粒大小均匀。二段法的典型代表有皮布尔法和劳德-浩德松法。

皮布尔法工艺流程：将基粉由风机送入圆锥形附聚室中，与蒸汽相遇后附聚吸潮，这时下方吹入32~60℃的热风使之变为簇集的潮粉，落到下面的锥形漏斗中，同时吹以冷风（这时粉含水分10%~15%），由传送带送到流化床干燥机内，吹入110~121℃的热风使乳粉沸腾干燥（乳粉水分含量为3.0%~4.5%），然后通过回转式轻微粉碎机进行粉碎，过筛以调整颗粒大小使之均匀，最后进行包装。

劳德-浩德松法工艺流程：首先用蒸汽使基粉吸收水分不超过9%，最好为5.5%左右。蒸汽流以横切方向吹打落下的基粉，形成附聚的潮粉，立即与热风接触而干燥到预定的程度，然后从下面以水平方向排出室外。产品特点是含有较多的β-乳糖，而α-乳糖含量较少。

2．一段法　　最有代表性的为尼罗直通式速溶乳粉瞬间形成机。用尼罗离心式喷雾干燥设备，在喷雾干燥室下部连接一个直通式速溶乳粉瞬间形成机，连续地进行吸潮

再干燥并经流化床冷却，附聚造粒过筛。

产品在冷水中经数秒钟即可溶解，复原为鲜乳状态。比二段法所耗用的蒸汽和电力少，一段法的成本几乎与普通乳粉一样。

（二）全脂速溶乳粉

全脂速溶乳粉的制造比较复杂，除了考虑脱脂速溶乳粉的因素外，还要考虑解决脂肪对乳粉速溶性的影响因素。

用喷雾干燥法制造全脂速溶乳粉可采用一段法或二段法，不论采用哪种方法，其工艺过程中均包括下述两个关键性的环节。

1）采用大孔径喷头、高浓度、低压力、生产颗粒大且附聚颗粒直径较大和颗粒分布频率在一定范围内的乳粉，用以改善乳粉的下沉性。

2）喷涂卵磷脂以改善乳粉颗粒的润湿性、分散性，使乳粉的速溶性大大提高。

全脂速溶乳粉的一段法制造方法：在喷雾干燥室内直接喷雾干燥制出全脂乳粉，其含水量为 5%～8%，此时呈热塑性状态，当沉降于干燥室底部时，因相互粘连而部分产生附聚；随即自干燥室内卸出进入第一级流化床附聚，然后进入第二级振动流化床，使其被从流化床的孔板吹的热风干燥；而后喷涂卵磷脂，最终经冷却流化床冷却至 50℃左右，或在第二级流化床末端，喷涂 70℃的卵磷脂溶液，然后在下一级流化床的孔板下吹入 50～60℃的热风使乳粉进一步干燥；最终过筛后得到全脂速溶乳粉。

振动流化床孔板的截面积取决于喷雾干燥设备的生产能力，孔板的开孔率取决于风速，风速取决于风量，而风量取决于乳粉与介质间所需的热交换量。孔板上乳粉的厚度、流化速度及时间将直接影响到附聚、干燥和冷却的效果。

喷涂卵磷脂的目的在于改善乳粉的可湿性、分散性，提高乳粉的溶解性。全脂乳粉含有 25%以上的脂肪，由于表面张力的影响，乳粉在水中不易湿润而下降，因而也就不易在水中溶解。卵磷脂是一种既亲水又亲油的表面活性物质，喷涂于乳粉颗粒的表面，可增加乳粉颗粒的亲水性，提高了乳粉的润湿性。卵磷脂的喷涂厚度为 0.10～0.15μm，用量为乳粉量的 0.2%～0.3%，允许加入量为 0.4%，用量如超过 0.5%时，就能尝出卵磷脂的味道。使用卵磷脂时，需配成 60%的无水乳脂溶液。其配比为卵磷脂 60%，无水脂肪 40%。

卵磷脂的热喷涂必须与干燥过程同步，但要使喷涂设备的能力与干燥设备的能力保持一致的投资成本很高。尽管乳粉可以趁热喷涂卵磷脂后进行包装，但喷涂室必须抽真空后再充入惰性气体。因为进行热喷涂的效果在后续加工中被破坏，所以这一工序并没有很大的意义。而且因为后续加工过程会使附聚的乳粉破碎，所以乳粉通常是从干燥器排出后在较冷的条件下进行卵磷脂的喷涂，但乳粉在喷涂卵磷脂后必须在 50℃的条件下在流化床上保温 5min 然后才能冷却。如果要对热粉暂存，那必须存放在提筒或鼓筒中；如果乳粉要存放几天并已经被冷却，就无需使用充气喷涂法。使用风力输送和大筒贮藏也会导致乳粉的破碎，因此应该尽量避免。

在卵磷脂的喷涂过程中必须防止水分的吸收及乳粉的物理性破碎。在对全脂速溶乳粉进行喷涂时还要防止脂肪的氧化，因为附聚可以使得产品具有良好的速溶性，所以在乳粉被复原前必须保持其较高的附聚度。附聚的乳粉即使有少量的破碎也会导致细粉的产生，从而降低乳粉的湿润性和分散性。另外，附聚乳粉的破碎会使没覆盖表面活性剂的乳粉颗粒表面暴露，从而导致湿润性降低。

　　综上所述，采用喷雾干燥加流化床附聚、二次干燥技术的一段法生产的全脂速溶乳粉和脱脂速溶乳粉等产品，操作简单，可利用现有的干燥设备，提高喷雾干燥设备的生产能力和热效率。但目前国内制造并使用的各种喷雾干燥设备尚存在着乳粉不能连续均衡地从干燥室内卸出、经常出现搭桥、乳粉粘壁严重等问题还有待解决。

第十八章　干　　酪

第一节　干酪的种类及营养价值

　　干酪是以乳、脱脂乳或部分脱脂乳、稀奶油、酪乳或这些原料的混合物为原料，经凝乳酶或其他凝乳剂凝乳，并排除部分乳清而制成的新鲜或经发酵成熟的乳制品。一般制成后未经发酵的称为新鲜干酪，经长时间发酵成熟后而制成的产品称为成熟干酪。这两种干酪统称为天然干酪。

一、干酪的种类

　　世界上干酪的种类达 900 多种，其中比较著名的有 400 多种。国际上通常把干酪划分为以下三大类。

　　1. 天然干酪　　以乳、部分脱脂乳、稀奶油、酪乳或混合乳为原料，经凝固后排除乳清而获得的新鲜或成熟的产品，允许添加天然香辛料以增加香味和滋味。

　　天然干酪种类很多，见表 18-1。国际上较通行的分类方法是以质地、脂肪含量或成熟情况进行分类。

　　1）按水分含量可分为特硬干酪、硬质干酪、半硬质干酪、软质干酪。

　　2）按脂肪含量可分为全脂干酪、高脂干酪、中脂干酪、低脂干酪、脱脂干酪。

　　3）按成熟与否可分为新鲜干酪和成熟干酪。

　　4）按组织状态可分为圆孔干酪、组织致密干酪、组织呈颗粒状干酪。

　　5）按凝乳方法分为酸凝固干酪和凝乳酶凝固干酪。

表 18-1　主要天然干酪的品种

形体的软硬及与成熟有关的微生物			代表	原产地
特别硬质 （水分 30%~35%）	细菌		帕尔门逊干酪（Parmesan cheese） 罗马诺干酪（Romano cheese）	意大利
硬质 （水分 30%~40%）	细菌	大气孔	埃曼塔尔（Emmental cheese） 格鲁耶尔（Gruyere cheese）	荷兰
		小气孔	哥达干酪（Gouda cheese） 依达姆干酪（Edam cheese）	
		无气孔	切达干酪（Cheddar cheese）	
半硬质 （水分 38%~45%）	细菌		砖状干酪（brick cheese） 林堡干酪（Limburger cheese）	德国
	霉菌		法国羊奶干酪（roquefort cheese） 清纹干酪（blue cheese）	丹麦、法国
软质 （水分 40%~60%）	霉菌		卡门培尔（Camebert cheese） 布里干酪（Brie cheese）	法国

形体的软硬及与成熟有关的微生物		代表	原产地
软质 （水分 40%~60%）	不成熟的	农家干酪（cottage cheese） 稀奶油干酪（cream cheese） 里科塔干酪（Ricotta cheese）	美国
融化干酪 （水分 40%以下）	—	融化干酪（Processed cheese）	

2．融化干酪　　是指用一种或多种天然干酪，添加符合食品卫生标准的添加剂（或不加添加剂），经粉碎、混合、加热融化、乳化后而制成的产品，含乳固体 40%以上。

3．干酪食品　　用一种或多种天然干酪或融化干酪，添加符合食品卫生标准的添加剂（或不加添加剂），经粉碎、混合、加热融化后而制成的产品。产品中含干酪数量需占 50%以上。

二、干酪的主要成分和营养价值

（一）干酪的主要成分

1．水分　　水分含量在不同种类的干酪中存在着差异，其水分含量与干酪的种类、形体及组织状态有着直接关系，并影响着干酪的发酵速度。以半硬质干酪为例，水分较多时酶的作用迅速进行，发酵时间短并形成刺激性风味；水分较少时发酵时间延长，成品具有良好风味。干酪中的水分含量可以在制造过程中通过调节原料的成分及含量或改变加工工艺条件等方式来实现。

2．脂肪　　干酪中脂肪含量一般占总固形物量的45%以上。脂肪分解产物是干酪风味的主要来源，同时干酪中的脂肪使组织保持特有的柔软性及湿润性，赋予干酪独特的风味特征。

3．蛋白质　　酪蛋白为干酪的重要成分，原料乳中的酪蛋白被酸或凝乳酶作用而凝固，成为凝块形成干酪组织；由于酪蛋白水解产生水溶性物质，如肽、氨基酸等构成了干酪的风味物质。乳清蛋白（白蛋白与球蛋白）不能被酸或凝乳酶凝固，只有一小部分在形成凝块时机械地包含于凝块中，当干酪中乳清蛋白含量较多时，容易形成软质凝块。

4．乳糖　　干酪中的乳糖含量很少，在干酪成熟两周后几乎全部消失。原料乳中的乳糖大部分转移到乳清中，残存在干酪中的一部分乳糖能促进乳酸发酵，从而抑制杂菌繁殖，与发酵剂中的蛋白质分解酶共同促使干酪成熟。发酵剂的活性依赖于乳糖，所以即使是少量的乳糖也十分重要。部分乳糖生成的羰基化合物也是形成干酪风味的成分之一。

5．无机物　　牛乳无机物中含量最多的是钙和磷，其在干酪成熟过程中与蛋白质的可熔化现象有关；另外，钙可促进凝乳酶的凝乳作用，加快凝块的形成；钙还作为某种乳杆菌生长所必需的营养素。

（二）干酪的营养价值

干酪的营养成分丰富，主要为乳蛋白和脂肪，其含量相当于将原料乳中的蛋白质和脂肪浓缩了 10 倍。干酪中富含钙、磷等矿物质成分，既能满足人体的营养需要，还具有重要的生理作用。干酪中所含的维生素主要是维生素 A，其次是胡萝卜素、B 族维生素等。经过成熟发酵过程后，干酪中的蛋白质在凝乳酶和发酵微生物产生的蛋白酶的作用下而分解生成胨、多肽、氨基酸等可溶性物质，极易被人体消化吸收，干酪中蛋白质的消化率能达到96%～98%。

第二节 干酪的发酵剂

一、干酪发酵剂的种类

干酪发酵剂是指在干酪的制作过程中，用来使干酪发酵与成熟的特定微生物培养物。其主要有细菌发酵剂、霉菌发酵剂和酵母菌发酵剂三大类。

1. 细菌发酵剂 以乳酸菌为主，主要用于产酸和产生风味物质。其包括乳酸链球菌、乳脂链球菌、干酪乳杆菌、嗜酸乳杆菌、丁二酮链球菌、保加利亚乳杆菌、嗜酸乳杆菌及噬柠檬酸明串珠菌等，有时为了使干酪形成特有的组织状态，还要使用丙酸菌。

2. 霉菌发酵剂 主要是用对脂肪分解较强的卡门培尔干酪青霉、干酪青霉、娄地青霉等。

3. 酵母菌发酵剂 某些酵母菌如解脂假丝酵母、马克西努克鲁维氏酵母菌等也在一些干酪中得到应用。

二、干酪发酵剂的作用

1）发酵乳糖产生乳酸，促进凝乳酶的凝乳作用。

2）在干酪加工过程中，乳酸可促进凝块收缩，产生良好的弹性，利于乳清的渗出，使制品呈现出良好的组织状态。

3）发酵剂中的某些微生物可以产生相应的分解酶分解蛋白质、脂肪等物质，从而提高制品的营养价值、消化率，并且还可形成制品特有的芳香风味。

4）在加工和成熟过程中有一定浓度的乳酸，有的菌种还产生相应的细菌素，可以较好地抑制产品中污染杂菌的繁殖，保证产品的品质。

5）由于丙酸发酵，乳酸菌产品的乳酸还原，产生丙酸和二氧化碳气体，在某些硬质干酪中产生特殊的孔眼特征。

三、干酪发酵剂的制备

1. 乳酸菌发酵剂的制备方法 见发酵乳制品一章。

2. 霉菌发酵剂 基本方法同乳酸菌。将除去表皮的面包切成小立方体，盛于锥形瓶，加适量的水并进行高压灭菌处理，此时如加少量乳酸可以提高酸度。将霉菌悬浮于无菌水中，再喷洒于灭菌好的面包上。置于21～25℃恒温箱中培养8～12d，使霉菌孢子布满面包表面。从恒温箱中取出，约30℃条件下干燥10d，或室温下进行真空干燥，最后研成粉末，经筛选后，盛于容器中保存。

第三节 皱胃酶及其代用凝乳酶

皱胃酶是最常用的凝乳酶，是干酪生产必不可少的凝乳剂，可分为液体、粉状、片状三种制剂。由于来源和成本等原因，其代用酶也被应用于干酪的实际生产中。代用酶根据来源可分为植物性、动物性及微生物代用酶。

一、皱胃酶

皱胃酶的等电点为 4.45～4.65，最适 pH 为 4.8 左右，凝固的最适温度为 40～41℃。皱胃酶在弱碱（pH 为 9）、强酸、热、超声波的作用下会失活。制造干酪时的凝固温度通常为 30～35℃，时间为 20～40min。

（一）皱胃酶的制备

1. 原料的调制　　皱胃酶由犊牛或羔羊第四胃分泌，一般应选择出生后两周内的犊牛。在第三胃和第四胃之间用绳扎住，从第四胃幽门口吹入空气使之胀大，用绳在幽门处扎紧。置于通风处使其干燥后，切细，贮藏备用。

2. 皱胃酶的浸出　　将干燥的皱胃切细，用含氯化钠 4%～5%、乙醇（防腐剂）10%～12% 的溶液浸提。将多次浸提液合在一起离心分离，除去残渣，加入 1mol/L 的盐酸溶液 5%，使黏稠物质沉淀分离后，再加入 5% 的氯化钠，使浸出液含盐量达 10%。调整 pH 至 5～6（防止皱胃酶变性）即为液体制剂。

3. 皱胃酶结晶　　将皱胃酶的浸出液经透析和乙酸处理（pH 约 4.6），离心后，将沉淀的粗酶经反复透析、酸化、离心 2～3 次后的精制品，在 0～4℃ 条件下放置 2～3d 即可形成小针状结晶。将结晶溶解于水，再经透析，除去盐、酸等物质后冷冻干燥成粉末，即为可长期保存的粉状制剂。

（二）皱胃酶活力测定

皱胃酶的活力单位（rennin unit，RU）是指 1g（或 1mL）皱胃酶在一定温度（35℃）、一定时间（40min）内所能凝固牛乳的毫升数。

测定方法为：将 100mL 脱脂乳调整酸度为 0.18%，用水浴加温至 35℃，添加 10mL 1% 的皱胃酶食盐溶液，迅速搅拌均匀，准确记录开始加入酶液直到凝乳时所需的时间（s），此时间也称皱胃酶的绝对强度。按下式计算其活力。

$$活力 = \frac{供试乳数量}{皱胃酶} \times \frac{2400（s）}{凝乳时间（s）}$$

式中，2400（s）是测定皱胃酶时所规定的时间（40min）。

二、皱胃酶的代用凝乳酶

由于皱胃酶来源于犊牛的第四胃，受其高成本及目前肉牛的生产实际所限，开发并研制皱胃酶的代用酶迫在眉睫。目前有很多代用酶已经应用于干酪的生产中，主要包括动物性凝乳酶、植物性凝乳酶、微生物凝乳酶及遗传工程凝乳酶等。

（一）动物性凝乳酶

动物性凝乳酶主要是胃蛋白酶，其许多性质与皱胃酶极其相似，如在凝乳张力及非蛋白氮的生成、酪蛋白的电泳变化等方面均与皱胃酶相似。但胃蛋白酶的蛋白分解能力强，且以其制作的干酪略带苦味，若单独使用，会使产品产生一定的缺陷。如将皱胃酶与胃蛋白酶等量混合添加，可以减少胃蛋白酶单独使用的缺陷。另外，其他蛋白分解酶如胰蛋白酶和胰凝乳蛋白酶等，因其蛋白分解能力强，凝乳硬度差，产品略带苦味。

（二）植物性凝乳酶

1. 无花果蛋白分解酶　　存在于无花果的乳汁中，可结晶分离。用无花果蛋白分解酶制作切达干酪时，凝乳与成熟效果较好，但是由于其蛋白分解能力较强，脂肪损失多，收率低，产品略带轻微的苦味。

2. 木瓜蛋白分解酶　　是从木瓜中提取的木瓜蛋白分解酶，对牛乳的凝乳作用比蛋白分解力强，但制成的干酪有一定的苦味。

3. 凤梨酶　　从凤梨的果实或叶中提取，具有凝乳作用。

（三）微生物凝乳酶

微生物凝乳酶的来源主要有霉菌、细菌、担子菌三种。在生产中应用最多的是霉菌性凝乳酶，其中的主要代表是从微小毛霉菌中分离出的凝乳酶。其蛋白分解力比皱胃酶强，但比其他的蛋白分解酶弱，对牛乳凝固作用强。还有一些其他的霉菌性凝乳酶在美国等被广泛开发利用。

微生物凝乳酶的缺陷主要是在凝乳作用强的同时，蛋白分解力比皱胃酶强，干酪的得率较低，且成熟后产生苦味。另外，微生物凝乳酶的耐热性高，给乳清的利用带来不便。

（四）利用遗传工程技术生产皱胃酶

美国和日本等利用遗传工程技术，将控制犊牛皱胃酶合成的 DNA 分离出来，导入微生物的细胞内，利用微生物合成皱胃酶。美国生产的生物合成皱胃酶制剂在多个国家已得到广泛推广应用。

第四节　天然干酪的生产工艺

一、生产工艺流程

现以半硬质或硬质干酪产品的生产为例，介绍天然干酪生产的基本加工工艺流程（图 18-1）。

原料乳→标准化→杀菌→冷却→添加发酵剂→调整酸度→加氯化钙→加色素→加凝乳酶→凝块切割→搅拌→加温→排出乳清→成型压榨→盐渍→成熟→上色→挂蜡→贮藏→包装

图 18-1　天然乳酪的生产工艺流程

二、操作要点

1. 原料乳的检验与预处理

（1）原料乳的检验　　高品质的干酪产品来源于健康奶畜分泌的新鲜优质乳，无抗生素残留，否则引起发酵剂菌种失活。一般用于干酪生产的原料乳中的细菌总数应低于 100 000cfu/mL。酒精试验为阴性，使牛奶酸度为 18°T，羊奶为 10～14°T，必要时进行青霉素及抗生素试验。

（2）原料乳的预处理

1）净乳：除去杂质，并用离心除菌机可除去乳中90%的细菌，能有效破坏在巴氏杀菌中很难杀死的丁酸梭状芽孢杆菌。

2）冷却和储存：牛乳净化后立即冷却到4℃以下，以抑制细菌的繁殖。

2．杀菌　　杀灭原料乳中的致病性微生物并降低细菌的总体数量。破坏乳中的多种酶类，使蛋白质变性，能使干酪质量稳定，安全卫生。杀菌条件为 63℃、30min 或 71～75℃、15s。

3．加入发酵剂　　原料乳经杀菌后，直接打入干酪槽中。将干酪槽中的牛乳冷却到 30～32℃，然后加入发酵剂。添加发酵剂的目的为：发酵乳糖产生乳酸，提高凝乳酶的活性，缩短凝乳时间；促进切割后凝块中乳清的排出；发酵剂在成熟过程中，利用本身的各种酶类促进干酪的成熟；发酵剂中的某些微生物可以产生相应的分解酶分解蛋白质、脂肪等物质，从而提高干酪的营养价值和消化率；还可以形成制品特有的芳香风味；防止杂菌的繁殖。

发酵剂的加入方法：取 1%～2% 原料乳量制好的工作发酵剂，边搅拌边加入，并在 30～32℃ 条件下充分搅拌 3～5min。为了促进凝固和正常成熟，加入发酵剂后应进行短时间发酵，以保证充足的乳酸菌数量，此过程称为预酸化。经 20～30min 的预酸化后，取样测定酸度。

4．加添加剂　　为了改善乳凝固性能，提高干酪质量，需要向乳中加入某些添加剂，主要有以下几种。

（1）氯化钙　　添加氯化钙可以促进凝乳酶的作用，促进酪蛋白凝块的形成。生产中配成约含 40% 氯化钙的饱和溶液，氯化钙的允许使用量不超过 20g/100kg 牛乳。

（2）色素　　乳脂肪中的胡萝卜素使干酪呈黄色，但含量随季节有变化，冬季较少。生产中应向干酪中添加一定量的色素，调整色泽，粉末状的色素应用少量灭菌水稀释溶解后加入到原料乳中并搅拌均匀。

（3）硝酸盐　　主要作用为抑制产气菌，最大允许用量为 100kg 奶中加 20g。如果原料奶经过离心除菌，可减少用量。

5．调整酸度　　添加发酵剂并经 20～30min 发酵后，酸度为 0.18%～0.22%，可用 1mol/L 的盐酸调整酸度，一般酸度调整到 22°T 或 0.21% 左右，以保证产品质量。

6．添加凝乳酶　　先用 1% 的食盐水（或灭菌水）将酶配成 2% 的溶液，并在 28～32℃ 温度下保温 30min，使酶复活，然后加到原料乳中，均匀搅拌后（1～2min），加盖，静止凝乳。液体酶用 2 倍灭菌水稀释。注意不要使原料乳产生气泡；沿边缘徐徐加入；搅拌时间不能太长（1～2min）。

7．凝块切割　　静止凝乳时间一般为 30min 左右，乳凝固后，凝块达到适当硬度时，用干酪刀（刃与刃的间距为 0.79～1.27cm）切成 7～10mm^3 的小立方体，切割时先用水平干酪刀切割，再用垂直干酪刀切割。对生产含水量高的干酪切割较粗，对含水量低的切割温度高，且切得较细。

切割的目的是使乳清从凝块中流出的距离缩短了，并增加表面积，从而促进凝块的收缩脱水作用。切割时间的确定：①用食指斜插入凝块中约 3cm，当手指向上抬起时，如裂纹整齐，指上无小片凝块残留且渗出的乳清透明时，即可开始切割。②自加入凝乳酶至开始凝固的时间乘以 2.5 即为开始切割时间。

8．凝块的搅拌及加温　　切割后的凝块具有聚集的倾向，因此必须搅拌。开始时搅拌速度应该很慢，以防凝块碰破，大约 15min 后，搅拌速度可逐渐加快，同时在干酪槽的夹层中通入热水，使温度慢慢升高，温度升高的速度为：开始每 3min 升高 1℃，以后每隔 2min 升高 1℃。开始时升温不宜太快，以免颗粒表面收缩从而阻隔内部水分的排出。加热的同时搅拌，以防颗粒沉淀底部被压扁，使凝块在乳清中保持悬浮状态。

如果最终温度特别高（一般情况下 37~40℃），加热可分两个阶段进行：第一阶段加热到 35~37℃，此时凝块比较坚实，因此搅拌破块的危险性小，可在 35℃条件下长时间搅拌，一般搅拌时间为 10~15min，便有大量乳清排出。此时进行第一次排乳清，第一次排乳清的量为乳量的 1/3~1/2，一般用虹吸管或一台泵排出乳清。第二次加热为 42~45℃，需要 30~40min（加热及搅拌）。

一般加热、搅拌的时间按乳清的酸度而定，酸度越低，加热时间越长，酸度高可缩短加热时间。通常加热温度越高，排出的水分越多，干酪越硬，特硬干酪二次加热的温度有的达 50℃，这是特硬干酪的加工方法，也叫热烫（通常加热至 44℃以上就叫热烫），采用此法必须用嗜热菌发酵剂。

9．排除乳清　　在搅拌升温的后期，乳清酸度达 0.17%~0.18% 时，干酪粒已收缩到适当的硬度，通常收缩至原来的一半（豆粒大小），此时应将乳清全部排除。试验干酪粒硬度的方法为：用手握一把干酪粒于手掌中，尽力压出水分后放开手掌，如干酪粒富有弹性，搓开仍能重新分散时，表示干酪粒已达适当硬度。

乳清由干酪槽底部通过金属网排出。此时应将干酪粒堆积在干酪槽的两侧，促进乳清的进一步排出，此操作也应按干酪的品种不同采取不同的方法。排出的乳清中脂肪含量一般约为 0.3%，蛋白质为 0.9%。若脂肪含量在 0.4% 以上，证明操作不理想，应将乳清回收，作为副产物进行综合加工利用。

10．成型压榨

（1）堆积　　乳清排除后，将干酪粒堆积在干酪槽的一端或专用的堆积槽中，上面用带孔木板或不锈钢板压 5~10min，使其成块，以进一步排出乳清，此过程称为堆积。应注意避免空气进入干酪凝块当中。

（2）成型　　将堆积后的干酪块切成方砖形或小立方体，装入成型器中进行定型压榨。干酪成型器可由不锈钢、塑料或木材制成。其目的是赋予干酪一定的形状，使其中的干酪在一定的压力下排出乳清。

（3）压榨　　在内衬衬网的成型器内装满干酪凝块后，放入压榨机上进行压榨定型。其目的是为了更好地排出乳清，促进凝乳颗粒完全融合。

操作过程为：预压榨，一般压力为 0.2~0.3MPa，时间为 20~30min。预压榨后取下进行调整，视其情况，可以再进行一次预压榨或直接正式压榨。将干酪反转后装入成型器内以 0.4~0.5MPa 的压力在 15~20℃再压榨 12~24h。压榨结束后，需将干酪从成型器中取出，并切除多余的边角，称为生干酪。在压榨初期逐渐加压能压紧干酪外表面，从而将水分封闭在其内部。

11．加盐　　干酪的盐分含量一般为 0.5~2.0%。加盐的目的为：①抑制腐败及病源微生物的生长；②调节干酪当中包括乳酸菌在内的有益微生物的生长和代谢；③促进干酪成熟过程中的物理（排除内部乳清或水分，增加干酪硬度）和化学变化；④直接影响干酪产品的风味和质地。

加盐的方法有以下 4 种。

1）干盐法 1：在定型压榨前，将食盐撒布在干酪粒中，并在干酪槽中混合均匀或直接将盐均匀地涂抹于生干酪表面。这种加盐方法使干酪的含水量增高，质地柔软，但乳清中含盐量高，不利于以后乳清的处理。

2）干盐法 2：直接将食盐均匀地涂抹于生干酪表面。这种方法阻止眼孔的形成，但费工，不易掌握食盐用量。

3）湿盐法：将压榨后的生干酪浸于盐水池中腌渍。盐水浓度：第 1～2 天，保持在17%～18%，以后保持在 20%～23%。为了防止干酪内部产生气体，盐水的温度应保持在 8℃左右，腌渍时间一般为 4～6d。

4）混合法：采用以上几种方法的混合法，即定型压榨后的干酪先涂布食盐，一段时间后再浸入食盐水中的方法。

12. 成熟　　为了改善干酪的组织状态和营养价值，增加干酪特有的滋气味，将生干酪置于一定温度（10～12℃）和湿度（相对湿度85%～95%）条件下经一定时期（3～6 个月），在乳酸菌等微生物和凝乳酶的作用下，使干酪发生一系列的物理和生化变化的过程称为干酪的成熟。目前认为干酪成熟是以乳酸发酵、丙酸发酵为基础，并与温度、湿度和微生物的种类有密切关系。

干酪中的乳糖含量很少（1%～2%），因大部分的乳糖遗留在乳清中。剩余的乳糖在干酪成熟中最初 8～10d 内由于乳酸菌的作用分解为乳酸。乳酸与酪蛋白酸钙中的钙形成乳酸钙，乳酸钙和乳酸菌所产生的酶对干酪成熟具有重要意义。酶能将蛋白质分解为多肽及氨基酸。在蛋白质分解的过程中还形成乙醇、葡萄糖、CO_2 及丁二酮等产物，使干酪产生气孔和特殊的滋气味。但脂肪与矿物质变化很小。

成熟分为两个阶段：第一阶段，成熟室温度为 10～12℃，相对湿度 90%～95%，排放在架上的干酪每天翻转一次。一周后用 70～80℃的热水浸烫一次，以增加干酪表面的硬度。以后每隔 7d 水洗一次，如此保持 20～25d。第二阶段，室温 12～14℃，相对湿度80%～90%，每隔 12～15d 用温水洗一次，持续 2 个月。

13. 上色挂蜡　　为了防止长霉菌和增加美观，将成熟后的干酪清洗干净后，用食用色素染成红色。等色素完全干燥后再在 160℃的石蜡中进行挂蜡，或用收缩塑料薄膜进行真空密封。

14. 贮藏　　贮藏的目的是使干酪产生一定的气味、滋味和软硬度；产生良好、合适的组织结构；进行特殊处理以形成外壳，能够在贮存和运输中保护干酪。

成品干酪放在5℃及相对湿度80%～90%的条件下进行贮存。但有研究表明，干酪最好在−5℃和 90%～92%的相对湿度下进行贮藏，这样可以保存一年以上。

15. 包装　　干酪在移出贮藏室之前进行包装，尽管所用包装材料不同，但目的都是为了保护干酪不受异味污染，不受外界的微生物、昆虫等侵扰；防止水分损失；保护干酪形状；美化外观等。

硬质干酪通常加蜡质、塑料或树脂保护层；切达干酪一般用干酪布包装，然后挂蜡；半硬质干酪和软质干酪用铝箔或塑料薄膜包装，然后放入纸盒中。

第五节　常见的干酪质量缺陷及其防止方法

一、物理性缺陷及防止方法

1. 质地干燥　　凝乳块在较高温度下"热烫"，引起干酪中水分排出过多，导致制品干燥；或凝乳切割过小、酸度过高、加温搅拌时温度过高、处理时间较长及原料含脂率低等都能引起制品干燥。可通过改进加工工艺、表面挂石蜡、塑料袋真空包装及在高温条件下进行成熟等措施来防止。

2．组织疏松 即凝乳中存在裂隙。酸度不足，乳清残留于凝乳块中，压榨时间短或成熟前期温度过高等均能引起组织疏松。需进行充分压榨并在低温下成熟。

3．斑纹 由于操作不当引起。特别在切割和热烫工艺中由于操作过于剧烈或过于缓慢引起。

4．多脂性 即凝乳块表面或内部脂肪存在过多。原因是操作温度过高，凝块处理不当（如堆积过高）而使脂肪压出。可通过调整加工工艺来防止。

5．发汗 指干酪在成熟过程中渗出液体。多见于酸度过高的干酪，可能是干酪内部的游离液体多及内部压力过大所致，需改进工艺、控制酸度。

二、化学性缺陷及防止方法

1．金属性黑变 生产操作时设备、模具中可能含铁、铅等金属，它们与干酪成分生成黑色硫化物，根据干酪质地的状态不同而呈绿、灰和褐色等色调。操作时除考虑设备、模具本身外，还要注意外部污染。

2．桃红或赤变 当使用色素（如安那妥）时，色素与干酪中的硝酸盐结合形成更浓的有色化合物。因此应认真选用色素及其添加量。

三、微生物性缺陷及防止方法

1．酸度过高 产生原因是微生物繁殖速度过快。防止措施：降低预发酵温度，适量添加食盐以抑制乳酸菌繁殖；加大凝乳酶添加量；切割时切成微细凝乳粒；高温处理；迅速排除乳清以缩短制造时间。

2．干酪液化 多发生于干酪表面，由于干酪中有液化酪蛋白的微生物而使干酪液化。引起液化的微生物一般在中性或微酸性条件下发育。

3．发酵产气 干酪在成熟过程中生成微量气体，但不形成大量的气孔，而由微生物引起干酪产生大量气体是干酪的缺陷之一。成熟前期产气是由于大肠杆菌污染，后期产气则是由梭状芽孢杆菌、丙酸菌及酵母菌繁殖产生的。可将原料乳离心除菌或使用产生乳酸链球菌肽的乳酸菌作为发酵剂，也可添加硝酸盐，调整干酪水分和盐分等措施来防止。

4．生成苦味 酵母或非发酵剂菌都可引起干酪苦味。极微弱的苦味是切达干酪的风味之一，这是特定的蛋白胨、肽所引起的。另外，原料乳的酸度高、乳高温杀菌、凝乳酶添加量大及成熟温度高均可能使干酪产生苦味。食盐添加量多时，可降低苦味的强度。

5．恶臭 干酪中如存在厌气性芽孢杆菌，会分解蛋白质生成硫化氢、亚胺、硫醇等。此类物质产生恶臭味。生产过程中要防止这类菌的污染。

6．酸败 由污染微生物分解乳糖或脂肪等生成丁酸及其衍生物所引起。污染菌主要来自于原料乳、牛粪及土壤等。

第六节　其他干酪的生产工艺

一、农家干酪

农家干酪（cottage cheese）属于典型的非成熟软质干酪，它具有爽口、温和的酸味，光滑、平整的质地。制作农家干酪的所有设备及容器都必须彻底清洗消毒以防杂菌污染，因为农家干酪是非常易腐的产品。操作要点如下。

1. 杀菌与冷却　　将脱脂乳经 73～78℃、15s 杀菌。杀菌时要避免热处理过度，因为过热会使牛奶的等电点升高，乳清蛋白变性使持水力增强，从而导致凝乳过软，不易切割。杀菌后放入干酪槽中并冷却到 30～32℃。

2. 添加发酵剂　　一般用乳酸链球菌与乳脂链球菌的混合发酵剂，分为三种方法加入：杀菌后于 30～32℃时添加 5%～7%的发酵剂，称为短时凝结法，凝结时间在 6h 左右；在 21～22℃时添加 0.3%～1.5%的发酵剂，即长时凝结法，凝结时间在 14h 左右；介于上述两者之间的方法，称为中时凝结法。

3. 添加氯化钙和凝乳酶　　将氯化钙用 10 倍量水稀释溶解，按原料乳量的 0.01%徐徐均匀添加。将凝乳酶用 2%盐水溶解后按其活力值的 1/10 加入，添加后混合搅拌 5min。如此少量的凝乳酶不足以起到凝乳的作用。凝乳酶的主要作用在于稳定切割后的干酪粒使其保持合适的硬度，以及在加热过程中避免颗粒互相黏结。

4. 切割　　凝乳达到要求，乳清酸度为 0.5%～0.6%或 pH 达到 4.6（等电点）时，用切割刀将凝乳切成 10mm^3 的立方体，凝块的尺寸较小可以更快地排出乳清。

5. 静置　　切割完后静置 15～20min，使切面愈合。凝乳块脱水收缩，强度增加，能够耐受升温时的搅拌。

6. 加温　　加热分为 3 个阶段，温度从 32℃上升至 55℃，需 90min 左右。第一阶段升温至 35℃，时间为 25min；第二阶段升温至 40℃，时间为 25min；第三阶段升温至 55℃，时间为 40min。在加热的同时要不停搅拌以防颗粒黏合。

7. 排出乳清　　当温度达到 55℃时，用滤网盖住干酪的排水口，开阀门使乳清排出，每次排出 1/3 左右的乳清，同时加入等量 15℃的灭菌水，水洗 3 次（把水的 pH 调节至 4.5～6.0，防止凝块变软和变黏）。第一次水洗，水温大约为 26℃，加水与原来奶的量相等，并保持 15min，排掉；第二次水洗，水温为 10～15℃，加水量为原奶量的 3/4，保持 15min 后将水排掉；第三次水洗，水温尽可能地低（0～4℃），加水量为原奶量的 1/2，等温度稳定后将水排掉。

8. 拌和、包装　　将滤去水分的干酪与食盐一起拌均匀，若制作稀奶油干酪，经过标准化后使稀奶油含脂率达到一定要求，再进行 90℃、30min 灭菌，冷却到 50℃进行均质，再冷却到 2～3℃，然后与干酪粒一起拌和均匀，即可进行包装。包装可选用塑料盒等容器。

二、荷兰圆形干酪

荷兰圆形干酪（Edam cheese）呈球形或扁平球形，一般染成红色，质量为 1～4kg，风味淡泊温和。操作要点如下。

1. 原料乳的验收与标准化　原料乳按乳脂率为 2.5%～3.0%进行标准化。

2. 原料乳的杀菌　将原料乳在干酪槽内进行 63～65℃、30min 的杀菌处理后，冷却至 29～31℃。

3. 加发酵剂　向原料乳中添加 2%的发酵剂，搅拌后，加入 0.02%的 $CaCl_2$（事先配成 10%的溶液）。调整酸度至 0.18%～0.20%。

4. 加凝乳酶　用 1%的食盐水配成 2%的溶液并搅拌均匀，保温静置 25～40min 进行凝乳。凝乳酶的添加量应按其效价进行计算，当效价为 7 万 IU 时，一般加入原料乳量的 0.003%。

5. 切割　切割后的凝块大小为 1.0～1.5cm^3。

6. 排出乳清　用干酪耙搅拌 25min，当凝块达到一定硬度后排出全部乳清量的 1/3，再加温搅拌，在 25min 内使温度由 31℃升至 38℃，并在此温度下继续搅拌 30min。当凝块收缩，达到规定硬度时排除全部乳清。

7. 堆积　将凝块在干酪槽内进行堆积，彻底排除乳清。此时乳清的酸度应为 0.13%～0.16%。

8. 成型压榨　将凝块切成大小适宜的块并装入成型器内，置于压榨机上预压榨约 30min，取下整型后反转压榨，最后进行 3～6h 的正式压榨。取下后进行整理。

9. 盐渍　将干酪放在温度为 10～15℃、浓度为 20%～22%的盐水中浸盐 2～3d，每天翻转一次。

10. 成熟　将浸盐后的干酪擦干放入温度 10～15℃、相对湿度 80%～85%的成熟库中进行成熟。并将干酪每天进行擦拭和反转，直到 10～15d 后上色挂蜡。最后放入成熟库中进行后期成熟（5～6 个月）。

三、切达干酪

切达干酪（Cheddar cheese）是世界上最为广泛的干酪，原产地为英国。切达干酪直径 30～35cm，高 25～30cm，质量 15kg，水分占无脂乳固体的 55%，呈圆柱形。

1. 杀菌冷却　将合格的牛乳经标准化使脂肪含量为 2.7%～3.5%后，净乳，然后加热至 75℃、15s 杀菌，并冷却到 30～32℃，注入事先杀菌处理过的干酪槽内。

2. 添加剂的加入

（1）发酵剂　一般使用乳酸链球菌或与乳脂链球菌混合的发酵剂。发酵剂的酸度为 0.75%～0.80%，加入量为原料乳的 1%～2%。

（2）氯化钙　将氯化钙溶液加入原料乳中，加入量为原料乳的 0.01%～0.02%。

（3）凝乳酶　当乳温为 30～31℃、酸度达 0.18%～0.20%时，在添加发酵剂 30min 后，添加用 2%食盐水溶解的凝乳酶 0.002%～0.004%，慢慢加入并搅拌均匀，搅拌 4～5min。

3. 切割　当凝块可切割时（即凝乳酶添加 20～40min，凝乳充分形成后）进行切割，切割成 0.5～1.5cm^3 的小块，然后进行加温及乳清的排出。凝块大小如大豆，乳清酸度为 0.09%～0.12%。

4. 搅拌　凝块的搅拌一般在静置 15min 后进行，最初搅拌要轻缓，以不使物料黏结为宜，搅拌时间为 5～10min。

5．排出乳清　　静止后当酸度达 0.16%～0.19%时，排出约 1/3 量的乳清，然后加热，边搅拌边以每 4～6min 温度上升 1℃的速度升高到 38～40℃，然后静置 60～90min。在静置中，要保持温度，为了不使凝块黏结在一起，应经常进行搅拌。

6．凝块的翻转堆积　　排出乳清后，将奶酪粒经 10～15min 堆积，以排除多余的乳清，凝结成块，厚度应为 10～15cm，此时的乳清酸度为 0.20%～0.22%。将堆积成饼状的凝块切成 15cm×25cm 大小的块，将块翻转。视酸度、凝块的状态加盖加热到 38～40℃，再翻转将两块堆在一起，促进乳清排出，也有将 3 块、4 块堆在一起的。

7．破碎和加盐　　将饼状凝块破碎成 1.5～2.0cm 大小的块，并搅拌以防黏结。这时，温度保持在 30℃。破碎后 30min，当乳清酸度为 0.8%～0.9%、凝块温度为 29～31℃时，按照凝块质量加入 2%～3%的食盐，并搅拌均匀。

8．成型压榨　　装模时的温度，夏季稍低（24℃左右），以免压榨时脂肪渗出；冬季时温度稍高，利于凝块黏结。预压榨开始时压力要小，逐渐加大，用规定压力（392～491kPa）压榨 20～30min 后取出整型，再压榨 15～20h 后，再整型，再压榨 1～2d。

9．成熟、贮藏　　将经压榨后的干酪放入发酵室，发酵室温度为 13～15℃，相对湿度为 85%。开始时每日翻转一次持续 1 周。约经一周后，进行涂布挂蜡或塑袋真空热缩包装。发酵成熟期为 6 个月。若在 4～10℃条件下，成熟期需 6～12 个月。包装后的切达干酪应贮存在冷藏条件下，防止霉菌生长，以延长产品货架期。

第七节　融 化 干 酪

将同一种类或不同种类的两种以上的天然干酪，经粉碎、加乳化剂、加热搅拌、充分乳化、浇灌包装而制成的产品，称为融化干酪（processed cheese），也称为加工干酪。融化干酪含乳固体 40%以上，此外，融化干酪允许添加稀奶油、奶油或无水乳脂肪，以调整脂肪含量，还可以为了增加香味和滋味，允许添加香料、调味料。融化干酪还可以将各种不同组织和不同成熟度的干酪适当配合，制成质量一致的产品。风味可以随意调配。

（一）融化干酪的特点

1）可以将不同组织和不同成熟度的干酪适当配合，制成质量一致的产品。

2）集各种干酪为一体，组织和风味比较独特。

3）由于在加工过程中进行加热杀菌，食用安全、卫生，并且具有良好的保存特性。

4）可以添加各种风味物质和营养强化成分，较好地满足消费者的需求和嗜好。

（二）融化干酪的生产要点

（1）原料干酪的选择　　一般选择成熟的硬质干酪如荷兰干酪、切达干酪和荷兰圆形干酪等。为满足制品的风味及组织，成熟 7～8 个月风味浓的干酪应占 20%～30%。为了保持组织滑润，成熟 2～3 个月的干酪应占 20%～30%，搭配中间成熟度的干酪 50%，使平均成熟度在 4～5 个月，含水分 35%～38%，可溶性氮 0.6%左右。过熟的干酪，由于有的氨基酸或乳酸钙结晶析出，不宜做原料。有霉菌污染、气体膨胀、异味等缺陷者不能使用。

（2）原料配合与整理　　将选好的干酪先除去表面的蜡层和包装材料，并将霉斑等清理干净，之后进行配合。

（3）切块粉碎 将整理好的干酪切成块状，然后用粉碎机粉碎成 4～5cm 的面条状，最后用磨碎机处理。

（4）加热熔融 在熔融釜中加入适量的水，通常为原料干酪重的 5%～10%。成品的含水量为 40%～55%，但还应防止加水过多造成脂肪含量下降，按配料要求加入适量的调味料、色素等，然后加入预处理粉碎后的原料干酪，开始向熔融釜的夹层中通入蒸汽进行加热。当温度达到 50℃左右加入 1%～3%的乳化剂。如用磷酸氢二钠及柠檬酸钠结晶粉末时，应先混合溶化后再加入锅中。最后将温度升至 60～70℃，保持 20～30min，使其完全融化。

（5）乳化 当温度达到 50℃左右，加入 1%～3%的乳化剂，如磷酸钠、偏磷酸钠、酒石酸钠和柠檬酸钠等（磷酸盐能提高干酪的保水性，可以形成光滑的组织状态；柠檬酸钠有保持颜色和风味的作用）。最后将温度升至 60～70℃，保温 20～30min，使原料干酪完全融化。加乳化剂后，如果需要调整酸度时，可以用乳酸、柠檬酸、乙酸等，也可以混合使用。成品的 pH 为 5.6～5.8，不得低于 5.3。

在进行乳化操作时，应加快釜内搅拌器的转数，使乳化更完全。在此过程中应保证杀菌的温度。一般为 60～70℃、20～30min 或 80～120℃、30s 等。乳化结束时，应检测水分、pH、风味等，然后抽真空进行脱气。

（6）充填包装 经乳化的干酪应趁热进行充填包装。必须选择与乳化机能相适应的包装机。包装材料既要满足制品本身的保存需要，还要保证卫生安全。产品可用铝箔或合成树脂严密包装，这样干酪在贮藏中水分不易消失。块形和重量可以任意选择，最普通的为：三角形铝箔包装，包装后，每 6 块（6P）装一圆盒，也有 8P 或 12P 装一圆盒的。另外，也有的用塑料膜包成香肠状，或用薄膜包装后装入纸盒内，每盒重为 200g、400g、450g 及 800g 不等。此外，还有片状和粉状等，由于在加工过程中进行加热杀菌，故卫生方面完全可靠，且保存性也比较好。

（7）贮藏 包装后的成品融化干酪，应静置于 10℃以下的冷藏库中定型和贮藏。

第十九章　冰淇淋的加工

第一节　冰淇淋的种类及原料

一、冰淇淋的概念和种类

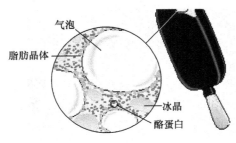

图 19-1　冰淇淋的结构

冰淇淋（ice cream）是以饮用水、乳品、蛋品、甜味料和食用油脂等为主要原料，加入适量的香料、着色剂、稳定剂及乳化剂等食品添加剂，经混合、灭菌、均质、老化、凝冻和硬化等工艺制成的体积膨胀的冷冻产品。其理化指标见表 19-1。冰淇淋的组织状态是固相、液相和气相的复杂结构，在液相中有直径 150μm 左右的气泡和直径大约 50μm 的冰晶，此外还有分散的直径 2μm 以下的脂肪球、乳糖结晶、蛋白颗粒和不溶性的盐类等，如图 19-1 所示。

图中标注：气泡、脂肪晶体、冰晶、酪蛋白

表 19-1　冰淇淋的理化指标

项目	清型			组合型			混合型		
	全乳脂	半乳脂	植脂	全乳脂	半乳脂	植脂	全乳脂	半乳脂	植脂
总固形物/%	≥30	≥30	≥30	≥30	≥30	≥30	≥30	≥30	≥30
脂肪/%	≥8	≥6	≥6	≥8	≥6	≥6	≥8	≥5	≥5
蛋白质/%	≥2.5	≥2.5	≥2.5	≥2.5	≥2.5	≥2.5	≥2.2	≥2.2	≥2.2
膨胀率/%	80～120	60～140	≤140	—	—	—	≥50	≥50	≥50

冰淇淋的品种很多，分类方法也各异，常见的分类方法如下。

1）按原料中乳脂率高低可分为全乳脂冰淇淋、半乳脂冰淇淋及植脂冰淇淋。

2）按产品形状分为杯状冰淇淋、砖状冰淇淋、锥状冰淇淋、装饰冰淇淋和异形冰淇淋等。

3）按所加的特色原料分为果仁冰淇淋、水果冰淇淋、布丁冰淇淋、糖果冰淇淋、巧克力冰淇淋、蔬菜冰淇淋、豆乳冰淇淋等。

二、冰淇淋的原料及作用

（一）水

水是冰淇淋生产中的一种重要原料。水分主要来源于各种原料，如鲜奶、植物乳、稀奶油、鸡蛋、果汁和炼乳等，此外还需要添加大量的饮用水。

（二）脂肪

脂肪对乳品冷饮有很重要的作用，脂肪能为乳品冷饮提供丰富的营养和热能。油脂中含有多种风味物质，是冷饮风味的主要来源，通过与蛋白质或其他物质发生作用，赋予乳品冷饮独特的芳香风味。脂肪能影响乳品冷饮的组织结构，由于脂肪在凝冻时会形成网状结构，因此赋予冰淇淋、雪糕特有的良好的质构和细腻润滑的组织。另外，脂肪能增加乳品冷饮的抗融性，在冰淇淋和雪糕成分中，水所占比例较大，冰的熔点为 0℃，而一般油脂熔点在 24～50℃，因此适量添加油脂，可以增加冰淇淋和雪糕的抗融性，延长其货架寿命。

　　冰淇淋中油脂的添加量以 6%～12%为宜，在雪糕中含量以 2%以上为宜。如使用量偏低，会影响冰淇淋的风味，并降低其发泡性。若高于此范围，就会使冰淇淋形体变得过软。乳脂肪的来源有鲜奶、奶油、稀奶油、全脂奶粉和炼乳等。但由于乳脂肪价格较贵，可以选用相当量的植物脂肪来取代乳脂肪，主要包括人造奶油、椰子油、起酥油和棕榈油等，但要求其熔点应与乳脂肪相近，一般为 28～32℃。

（三）非脂乳固体

　　非脂乳固体（nonfat milk solid）是牛乳中的总固形物除去脂肪所剩余的蛋白质、乳糖和矿物质的总称。其中蛋白质在均质过程中由于其水合作用能与乳化剂共同在生成的新脂肪球表面形成稳定的薄膜，以确保油脂的乳化稳定性，同时在凝冻过程中能很好地混入空气，并能防止乳品冷饮制品中冰晶的增大，使其质地细腻润滑。乳糖的柔和甜味与矿物质的隐约盐味，能形成冷饮制品的显著风味特点。非脂乳固体使用量被限制的主要原因在于防止乳糖呈过饱和状态而逐渐结晶析出砂状沉淀，故一般推荐其最大用量不超过制品中水分的 16.7%。

　　非脂乳固体可以由鲜牛乳、炼乳、酸乳、乳酪、脱脂乳、乳粉和乳清粉等提供，冷饮制品中的非脂乳固体，以鲜牛乳及炼乳为最佳。若全部利用乳粉或其他乳制品配制，由于其蛋白质的稳定性较差，会影响组织的细腻性及冰淇淋或雪糕的膨胀率，易导致产品收缩，尤其是溶解度不好的乳粉，更易降低产品的质量。

（四）甜味料

　　甜味料（sweetener）具有提高甜味、降低冰点、增加固形物和防止冰的再结晶等作用，对产品的色泽、香气、滋味、形态、保藏和质构起着非常重要的作用。

　　蔗糖是最常用的甜味剂，一般用量为 12%～16%，添加过少会使制品甜味不足，过多则缺乏清凉爽口的感觉，并使料液冰点降低（一般增加 2%的蔗糖，则冰点相对降低0.22℃），凝冻时膨胀率不易提高，容易收缩，成品更易融化。蔗糖还会影响料液的黏度，控制冰晶的增大。较低 DE 值的淀粉糖浆能使乳品冷饮玻璃化的转变温度升高，可降低冰晶的生长速率。由于淀粉糖浆的抗结晶作用，乳品冷饮厂家常用淀粉糖浆部分代替蔗糖，一般以代替蔗糖的 1/4 为佳，蔗糖与淀粉糖浆两者并用时，制品的组织及贮运性能将更好。

　　现在随着人们对低糖及无糖乳品冷饮的需求，以及改进风味、降低成本或增加品种的需要，除常用的甜味料白砂糖和淀粉糖浆外，很多甜味料如蜂蜜、阿斯巴甜、阿力甜、转化糖浆、安赛蜜、甜蜜素、甜叶菊糖、麦芽糖醇、罗汉果甜苷、葡聚糖（PD）和山梨糖醇等也被普遍配合使用。

（五）乳化剂

　　乳化剂（emulsifier）是一种分子中同时具有亲水基和亲油基，并易在水与油的界面形成吸附层的表面活性剂，能使某一相很好地分散于另一相中而形成均一稳定的乳化液。乳品冷饮混合料中加入乳化剂除了有乳化作用外，还能使脂肪呈微细乳浊状态并使之稳定化；分散脂肪球以外的粒子并使之稳定化；增加产品的抗融性和抗收缩性；防止或控制粗大冰晶的形成，使产品组织细腻。

乳品冷饮中常用的乳化剂有甘油一酸酯（单甘酯）、蔗糖脂肪酸酯（蔗糖酯）、山梨醇酐脂肪酸酯（span）、聚山梨酸酯（tween）、卵磷脂、丙二醇脂肪酸酯（PG酯）、大豆磷脂和三聚甘油硬脂酸单甘酯等。乳化剂的添加量与配料中的脂肪含量有关，一般随脂肪量增加而增加，其范围为0.1%～0.5%，复合乳化剂的性能优于单一乳化剂。蛋与蛋制品由于含有大量的卵磷脂，具有永久性乳化能力，因此也能起到乳化剂的作用。

（六）稳定剂

稳定剂（stabilizer）具有吸水性，能提高乳品冷饮的黏度及膨胀率，防止产生大冰晶，降低粗糙的感觉，增加乳品冷饮的抗融性，能起到改善产品组织状态的作用。

稳定剂的种类很多，常用的有明胶、果胶、黄原胶、琼脂、CMC、卡拉胶、瓜尔豆胶、海藻胶、藻酸丙二醇酯、魔芋胶和变性淀粉等。稳定剂的添加量是依照原料的组分而异的，尤其是总固形物含量，添加量一般为0.1%～0.5%。

（七）香味剂

香味剂（flavouring additives）能赋予乳品冷饮产品醇和的香味，增加其食用价值。按其风味种类分为果蔬类、干果类、奶香类等；按其溶解性分为脂溶性和水溶性。

香味剂可以单独或搭配使用。香气类型接近的较易搭配，如水果与奶类、干果与奶类易搭配；而水果类与干果类之间则较难搭配。一般在冷饮中的添加量为0.075%～0.100%。除了用香精调香外，也可直接加入果仁、鲜果汁、鲜水果和果冻等，进行调香调味。

（八）着色剂

混合料中加入着色剂（colouring agent）能改善乳品冷饮的感官品质，增进人们的食欲。乳品冷饮调色时，应选择与产品性质相对应的着色剂，在选择色素时，应先考虑符合食品添加剂卫生标准，调色应以淡薄为佳。常用的着色剂有红曲色素、姜黄色素、叶绿素铜钠盐、β-胡萝卜素、焦糖色素、辣椒红、红花黄、胭脂红、柠檬黄、日落黄和亮蓝等。

第二节　冰淇淋的生产

一、冰淇淋加工工艺流程

冰淇淋加工工艺流程见图19-2。

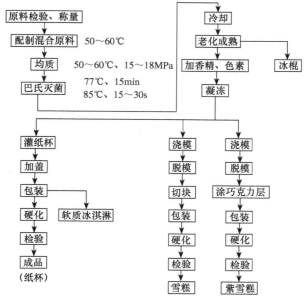

图 19-2　各种冰淇淋的加工工艺流程

二、配方

冰淇淋种类繁多，配方各异。常见配方见表 19-2。

表 19-2　冰淇淋配方（每 1000kg）（kg）

原料名称	冰淇淋类型					
	奶油型	酸奶型	花生型	双歧杆菌型	螺旋藻型	茶汁型
砂糖	120	160	195	150	140	150
葡萄糖浆	100	—	—	—	—	—
鲜牛乳	530	380	—	400	—	—
脱脂乳	—	200	—	—	—	—
全脂奶粉	20	—	35	80	125	100
花生仁	—	—	80	—	—	—
奶油	60	—	—	—	—	—
稀奶油	—	20	—	110	—	—
人造奶油	—	—	—	—	60	191
棕榈油	—	50	40	—	—	—
蛋黄粉	5.5	—	—	—	—	—
鸡蛋	—	—	—	75	30	—
全蛋粉	—	15	—	—	—	—
淀粉	—	—	34	—	—	—
麦芽糊精	—	—	6.5	—	—	—

原料名称	冰淇淋类型					
	奶油型	酸奶型	花生型	双歧杆菌型	螺旋藻型	茶汁型
复合乳化稳定剂	4	—	—	—	—	—
明胶	—	—	—	2.5	—	3
羧甲基纤维素钠	—	3	—	—	—	2
海藻酸丙二醇酯	—	1	—	—	—	—
单甘酯	—	—	1.5	—	—	2
蔗糖酯	—	—	1.5	—	—	—
海藻酸钠	—	—	2.5	1.5	—	2
黄原胶	—	—	—	—	5	—
香草香精	0.5	1	—	1	0.2	—
花生香精	—	—	0.2	—	—	—
水	160	130	604	130	630	450
发酵酸奶	—	40	—	40	—	—
双歧杆菌酸奶	—	—	—	10	—	—
螺旋藻干粉	—	—	—	—	10	—
绿茶汁（1∶5）	—	—	—	—	—	100

注：花生仁需经烘焙、胶磨制成花生乳，杀菌后待用

三、操作要点

（一）混合料的配制

将冰淇淋的各种原料以适当的比例加以混合，即冰淇淋混合料，简称为混合料。混合料的配制包括标准化和混合两个步骤。

1. 混合料配合比例计算　　按照冰淇淋质量和标准的要求选择冰淇淋原料，而后计算各种原料的需要量。

2. 原料的混合　　原辅料的质量直接决定冰淇淋的质量，所以各种原辅料必须严格按照质量要求进行检验，不合格者不得使用。按照规定的产品配方，核对各种原材料的数量后，即可进行配料。配制时要求：①原料混合的顺序应从浓度低的液体原料如牛乳等开始，其次为稀奶油、炼乳等液体原料，再次为乳粉、白砂糖、稳定剂和乳化剂等固体原料，最后以水作容量调整。②混合溶解时的温度通常为40～50℃。③鲜乳要经100目筛进行过滤和除去杂质后再泵入混合缸内。④乳粉在配制前应先用温水溶解，并经过过滤和均质后再与其他原料混合。⑤砂糖应先加入适量的水，加热溶解成糖浆，再经160目筛过滤后泵入缸内。⑥人造黄油及硬化油等使用前应加热融化或切成小块后加入。⑦冰淇淋复合乳化剂、稳定剂可与5倍以上的砂糖拌匀后，在不断搅拌的情况下加入混合缸中，使其充分溶解和分散。⑧鸡蛋应与水或牛乳以1∶4的比例混合后加入，以免蛋白质变性凝成絮状。⑨琼脂及明胶等先用水泡软，加热使其溶解后加入。⑩淀粉原料使用前要加入8～10倍的水并不断搅拌制成淀粉浆，通过100目筛过滤，在搅拌的前提下缓缓加入配料缸内，加热糊化后使用。

（二）混合料的杀菌

杀菌处理可以杀灭混合料中的一切病原菌和绝大部分的非病原菌，保证产品的安全性，延长冰淇淋的保质期。

杀菌温度及时间的选择主要取决于杀菌的效果，过高的温度和过长的时间不但浪费能源，而且会使料液中的蛋白质凝固、产生蒸煮味和焦味、维生素等营养素受到破坏而影响产品的营养价值及风味。通常间歇式杀菌的杀菌条件为 75～77℃、20～30min，连续式杀菌的杀菌条件为 83～85℃、15s。

（三）混合料的均质

1．均质的目的

1）冰淇淋的混合料里含有大量粒径为 4～8μm 的脂肪球，密度较小易于上浮，对冰淇淋的质量有不利影响，均质可使混合料中的乳脂肪球变小。

2）适宜的均质条件是改善混合料起泡性、获得良好组织状态及理想膨胀率冰淇淋的重要因素。

3）细小的脂肪球互相吸引使混合料的黏度增加，能防止凝冻时乳脂肪被搅成奶油粒，均质后制得的冰淇淋组织细腻，形体润滑松软，具有良好的稳定性和持久性。

4）通过均质作用，可以强化酪蛋白胶粒与钙及磷的结合，使混合料的水合作用增强。

2．均质的条件

（1）均质压力的选择　　　适宜的压力可以使冰淇淋组织细腻及形体松软润滑，一般来说选择压力为 14.7～17.6MPa。压力过低时，脂肪粒未被充分粉碎，乳化不良，影响冰淇淋的形体；而压力过高时，脂肪粒过于微小，使混合料黏度过高，凝冻时空气难以混入，影响冰淇淋的膨胀率。

（2）均质温度的选择　　　均质温度对冰淇淋的质量也有较大的影响。当均质温度低于 52℃时，均质后混合料的黏度高，对凝冻不利，形体不良；而均质温度高于 70℃时，凝冻时膨胀率过大，也有损于形体。一般较为适宜的均质温度是 65～70℃。

（四）混合料的冷却与成熟

1．冷却　　　均质后的混合料温度在 60℃以上，混合料中的脂肪粒容易发生分离，需要将其迅速冷却至 0～5℃后输入老化缸（冷热缸）中进行老化。

2．成熟　　　成熟（aging）是将均质并冷却后的混合料置于老化缸中，在 2～4℃的低温下使混合料在物理上成熟的过程，也称为"老化"或"熟化"。其实质是使脂肪、蛋白质和稳定剂进行水合作用，稳定剂充分吸收水分使料液黏度增加。成熟过程可使在凝冻操作中搅打出的液体脂肪增加，随着脂肪的附聚和凝聚促进了空气的混入，并使搅入的空气泡稳定，从而使冰淇淋中分散有均匀细致的空气泡，赋予了冰淇淋细腻的质构，增加了冰淇淋的抗融性，提高了冰淇淋的贮藏稳定性。

成熟过程主要取决于温度和时间。随着温度的降低，成熟的时间也将缩短。例如，在 2～4℃时，成熟时间需 4h；而在 0～1℃时，只需 2h。若温度过高，如高于 6℃，则时间再长也难有良好的效果。一般说来，成熟温度控制在 2～4℃，时间以 6～12h 为佳。成熟时间与混合料的组成也有一定关系，干物质越多，黏度越高，成熟时间越短。

为提高成熟效率，也可将成熟分两步进行。首先将混合料冷却至 15～18℃，保温 2～3h，此时混合料中的稳定剂得以充分水合；其次将其冷却到 2～4℃，保温 3～4h，这可大大提高成熟速度，缩短成熟时间。

　　（五）香料及色素的添加

　　在成熟之后的混合料中添加香料和色素等，通过强力搅拌，在短时间内使之混合均匀。

　　（六）冰淇淋的凝冻

　　冰淇淋的凝冻过程是将混合料置于低温下，经强制搅拌进行冰冻，使空气以极微小的气泡状态均匀分布在混合料中，使物料形成细微气泡密布、凝结体组织疏松、体积膨胀的过程。

　　1. 凝冻的目的

　　（1）使冰淇淋组织更加细腻　　凝冻是在 $-6\sim-2℃$ 的低温下进行的，此时其中的水分会结冰，但由于搅拌作用，水分只能形成 $4\sim10\mu m$ 的均匀小结晶，而使冰淇淋的组织细腻、口感滑润、形体优良。

　　（2）使混合料更加均匀　　成熟后的混合料还需添加色素和香精等，在凝冻时搅拌器的不断搅拌，使混合料中各组分进一步均匀混合。

　　（3）使冰淇淋稳定性提高　　凝冻后，由于空气气泡均匀地分布在冰淇淋内部，能有效阻止热传导的作用，可使产品的抗融性增强。

　　（4）使冰淇淋得到合适的膨胀率　　在凝冻时，由于不断搅拌使空气逐渐混入，冰淇淋体积不断膨胀而获得优良的形体和组织，产品更加柔润、松软和适口。

　　（5）可加速硬化成型过程　　搅拌凝冻是在低温下操作，因此能使冰淇淋料液冻结成为具有一定硬度的凝结体，即凝冻状态，可加速后续的硬化成型过程。

　　2. 凝冻的过程　　冰淇淋料液的凝冻过程主要分为以下三个阶段。

　　（1）液态阶段　　料液经凝冻机凝冻搅拌一段时间（$2\sim3min$）后，料液的温度从进料温度（$4℃$）降低到 $2℃$。此阶段料液温度尚高，未达到使空气混入的条件，称这个阶段为液态阶段。

　　（2）固态阶段　　此阶段为料液即将形成软冰淇淋的最后阶段。继续凝冻搅拌料液 $3\sim4min$，此时料液的温度已降低到 $-6\sim-4℃$，在温度降低的同时，空气不断混入，并被料液层层包围，这时冰淇淋料液内的空气含量已接近饱和。整个料液的体积不断膨胀，料液最终形成浓厚、体积膨大的固态物质，此阶段即固态阶段。

　　（3）半固态阶段　　继续将料液凝冻搅拌 $2\sim3min$，此时料液的温度降至 $-2\sim-1℃$，料液的黏度显著提高。此时空气能大量混入，料液开始变得浓厚且体积膨胀，此阶段为半固态阶段。

　　3. 凝冻设备与操作　　凝冻机是制作冰淇淋成品的关键设备，按生产方式可分为间歇式和连续式两种。冰淇淋凝冻机工作原理及操作如下。

　　（1）间歇式凝冻机　　间歇式氨液凝冻机的基本组成部分包括机座、带夹套的外包隔热层的圆形凝冻筒、装有刮刀的搅拌器、混合原料的贮槽及传动装置等。其工作原理为：开启凝冻机的氨阀（盐水阀）后，氨不断进入凝冻桶的夹套中进行循环，由于氨液的蒸发吸热使凝冻圆筒内壁起霜，筒内的混合原料在搅拌器外轴支架上的两把刮刀与搅拌器中轴 Y 型搅拌器的相向反复搅刮作用下，在冻结时不断混入大量均匀分布的空气泡，同时料液温度从 $2\sim4℃$ 冷冻至 $-6\sim-3℃$，形成体积蓬松的冰淇淋。

　　（2）连续式凝冻机　　连续式凝冻机的结构主要由立式搅刮器、空气混合泵、制冷系统、料箱和电器控制系统等部分组成。其工作原理为：制冷系统将液体制冷剂输入凝冻筒的夹套内，冰淇淋料液经由空气混合泵混入空气后进入凝冻筒。电动机经皮带降速后，通过联轴器带动刮刀轴套旋转，刮刀轴上的刮刀在离心力的作用下，紧贴凝冻筒的内壁作回转运动，由进料口输入的料浆经冷冻凝结在筒体内壁上形成的冰淇淋就被连续刮削下来。新的料液又附在内壁上被凝结，随即又被刮削下来，周而复始地循环工作，刮削下来的冰淇淋半成品，经刮刀轴套上的许多圆孔进入轴套内，在偏心轴的作用下，使冰淇淋搅拌混合，质地均匀细腻。经搅拌混合的冰淇淋便在压力差的作用下，不断挤向上端，当克服膨胀阀弹簧的压力时，打开膨胀阀阀门，送出冰淇淋成品（进入灌装头）。冰淇淋经膨胀阀后减压，成为体积膨胀和质地疏松的成品。

4. 冰淇淋的膨胀率　　冰淇淋的膨胀率（overrun）是指冰淇淋混合料液在凝冻时，均匀混入许多细小的空气泡，使制品体积增加的百分率。冰淇淋的膨胀率可用浮力法测定，即用冰淇淋膨胀率测定仪测量冰淇淋试样的体积，同时称取该冰淇淋试样的质量，并用密度计测定冰淇淋混合原料（融化后冰淇淋）的密度，以体积百分率计算膨胀率（X）。

$$X(\%)=\frac{V-V_1}{V_1}\times100=\left(\frac{V}{m/\rho}-1\right)\times100$$

式中，V 为冰淇淋试样的体积（cm^3）；m 为冰淇淋试样的混合原料质量（g）；ρ 为冰淇淋试样的混合原料密度（g/cm^3）；V_1 为冰淇淋试样的混合原料体积（cm^3）。

冰淇淋的膨胀率需适宜，膨胀率过高，其冰淇淋组织松软、呈雪状和缺乏持久性；过低则组织坚实、口感厚重。各种冰淇淋都有相应的膨胀率要求，控制不当会降低冰淇淋的品质。影响冰淇淋膨胀率的因素主要有原料和操作两个方面。

1）原料方面：①乳脂肪含量越高，混合料的黏度越大，有利于膨胀，但乳脂肪含量过高时，则效果反之。一般乳脂肪含量以 6%～12% 为宜，此时膨胀率最好。②含糖量高，导致冰点降低，会降低膨胀率，一般以 13%～15% 为宜。③适量的稳定剂，能提高膨胀率；但用量过多则黏度过高，空气不易进入而降低膨胀率，用量一般不宜超过 0.5%。④非脂肪乳固体含量高，能提高膨胀率，一般为 10%。⑤无机盐对膨胀率有影响。例如，钠盐能增加膨胀率，而钙盐则会降低膨胀率。

2）操作方面：①适度均质能提高混合料的黏度，空气容易进入，使膨胀率提高；但均质过度则会黏度过高、空气难以进入，膨胀率反而降低。②在混合料不冻结的情况下，老化温度越低，膨胀率越高。③采用高温瞬时杀菌法比低温巴氏杀菌法混合料变性少，膨胀率更高。④若凝冻压力过高则空气难以混入，膨胀率会下降。⑤应控制较适宜的空气吸入量，以得到较佳的膨胀率。

（七）成型灌装、硬化、贮藏

1. 成型灌装　　凝冻后的冰淇淋必须立即成型灌装（和硬化），以满足贮藏和销售的需要。冰淇淋的成型设备分为冰砖、纸杯、蛋筒、巧克力涂层冰淇淋、浇模成型和异形冰淇淋切割线等多种成型灌装机。

2. 硬化　　将灌装和包装后的冰淇淋迅速置于 -25℃ 以下的温度，经过一定时间的速冻，温度保持在 -18℃ 以下，使其组织状态固定和硬度增加的过程称为硬化（hardening）。硬化的目的是固定冰淇淋的组织状态并形成细微冰晶的过程，使其组织保持适当的硬度以保证冰淇淋的质量，便于贮藏运输与销售。速冻硬化可用速冻库（－25～－23℃）速冻 10～12h、速冻隧道（－40～－35℃）速冻 30～50min、或盐水硬化设备（－27～－25℃）处理 20～30min 等。影响硬化的条件有包装容器的形状与大小、室内制品的位置、速冻室的温度与空气的循环状态及冰淇淋的组成成分和膨胀率等因素。

3. 贮藏　　硬化后的冰淇淋，在销售前应将制品保存在低温冷藏库中。冷藏库的温度为－20℃，相对湿度为 85%～90%，贮藏库温度必须保持稳定，贮存中温度的变化往往导致冰淇淋中冰的再结晶，使冰淇淋质地粗糙，影响冰淇淋的品质。

第三节　雪糕的生产

雪糕（ice cream bar）是以饮用水、乳及乳制品、甜味剂和食用油脂等为主要原料，添加适量增稠剂、香料等食品添加剂，经混合、灭菌、均质或轻度凝冻、注模、冻结等工艺制成的冷冻产品。雪糕的总固形物和脂肪含量较冰淇淋低。

一、雪糕的种类

根据产品的组织状态可分为清型雪糕、混合型雪糕和组合型雪糕，其理化指标见表 19-3。

表 19-3　雪糕的理化指标

项目	类型		
	清型	混合型	组合型
总固形物/%	≥16	≥18	≥16（雪糕主体）
总糖（以蔗糖计）/%	≥14	≥14	≥14（雪糕主体）
脂肪/%	≥2	≥2	≥2

注：组合型指标均指主体

1. 清型雪糕　　不含颗粒或块状辅料的制品，如果味雪糕。
2. 混合型雪糕　　含有颗粒或块状辅料的制品，如葡萄干雪糕、菠萝雪糕等。
3. 组合型雪糕　　与其他冷冻饮品或巧克力等组合而成的制品，如巧克力雪糕、果汁冰雪糕等。

二、雪糕的生产工艺及配方

1. 工艺流程　　同冰淇淋。
2. 生产配方　　雪糕配方见表 19-4。

表 19-4　雪糕配方（每 1000kg）（kg）

原料名称	雪糕类型			
	菠萝雪糕	咖啡雪糕	草莓雪糕	可可雪糕
砂糖	145	150	100	100
葡萄糖浆	—	—	50	60
蛋白糖	0.4	0.6	—	—
甜蜜素	—	—	0.5	0.5

续表

原料名称	雪糕类型			
	菠萝雪糕	咖啡雪糕	草莓雪糕	可可雪糕
鲜牛乳	—	320		
全脂奶粉	30	—	30	20
乳清粉	40	38	—	—
人造奶油	35	—	—	—
棕榈油	—	30	15	20
可可粉	—	—	—	5
鸡蛋	20	20	—	—
淀粉	25	22	—	—
麦精	—	8	—	—
复合乳化稳定剂	—	—	3.5	3
明胶	2	2	—	—
CMC	2	2	—	—
可可香精	—	—	—	0.8
草莓香精	—	—	0.8	—
菠萝香精	1	—	—	—
水	699	405	785	790
红色素	—	—	0.02	—
栀子黄	0.3	—	—	—
焦糖色素	—	0.4	—	—
棕色素	—	—	—	0.02
速溶咖啡	—	2	—	—
草莓汁	—	—	15	—

3．操作要点　　雪糕生产时，原料配制、杀菌、冷却、均质及老化等操作技术与冰淇淋基本相同。普通雪糕不需经过凝冻工序，直接经浇模、冻结、脱模和包装而成，膨化雪糕则需要凝冻工序。

（1）凝冻　　在雪糕凝冻操作过程中，凝动机的清洗与消毒及凝冻操作与冰淇淋大致相同，只是料液的加入量不同，一般占凝冻机容积的50%～60%。膨化雪糕要进行轻度凝冻，膨胀率为30%～50%，故要控制好凝冻时间以调节凝冻程度，料液不能过于浓厚，否则会影响浇模质量。出料温度控制在−3℃左右。

（2）浇模　　浇模之前必须对模盘、模盖和扦子进行彻底清洗消毒，可用开水煮沸或用蒸汽喷射消毒10～15min，确保杀菌效果。浇模时应将模盘均匀晃动，使模型内混合料分布均匀后，盖上带有扦子的模盖，将模盘轻轻放入冻结缸（槽）内进行冻结。

（3）冻结　　雪糕的冻结分为直接冻结法和间接冻结法。直接冻结法是直接将模盘浸入盐水槽内进行冻结。在进行直接速冻时，先将冷冻盐水放入冻结槽至规定高度，开启冷却系统，然后开启搅拌器搅动盐水，待盐水温度降至−28～−26℃时，即可放入模盘，注意要轻轻推入，避免盐水污染产品，待模盘内混合料全部冻结后（10～12min），即可取出。间接冻结法是利用速冻库或隧道式速冻法进行冷冻。

（4）脱模　　为使冻结硬化的雪糕由模盘内脱下，常用的方法是将模盘进行瞬时加热，使紧贴模盘的物料融化而使雪糕易从模具中脱出。加热模盘的设备常用烫盘槽，它具有内通蒸汽的蛇形管。脱模时，在烫盘槽内注入加热用的盐水至规定高度后，开启蒸汽阀将蒸汽通入蛇形管内，控制烫盘槽的温度在 50～60℃。将模盘置于烫盘槽中，轻轻晃动使其受热均匀和加热数秒钟后（以雪糕表面稍融为准），立即脱模。产品脱离模盘后，置于传送带上，即可进行包装。

（5）包装　　包装时要先检查雪糕的质量，如有歪扦、断扦、被盐水污染等现象则不得包装，需另行处理。包装要求紧密整齐并不得有破损现象。包装后的雪糕送到传送带上由工人装箱。装好后的箱面应印有生产品名、批号和日期等信息。

第二十章　干　酪　素

一、概述

　　干酪素也叫酪蛋白，是利用脱脂乳为原料，在皱胃酶或酸的作用下生成酪蛋白凝聚物，经洗涤、脱水、粉碎、干燥生产出的物料。干酪素约占牛奶中蛋白质总量的 80%，约占其质量的 3%，也是奶酪的主要成分。

　　干燥的干酪素是一种无味、白色或淡黄色的无定型的粉末。干酪素微溶于水，溶于碱液及酸液中。酪蛋白是干酪素的主要成分，酪蛋白在牛乳中约占 2.5%，是以酪蛋白酸钙-磷酸钙复合物形式胶体状存在于乳中。

　　根据制取方法的不同，干酪素的生产分为酸法和酶法两种。工业上大部分采用酸法生产干酪素。

　　（1）酸法生产干酪素　　可分为加酸法和乳酸发酵法。加酸法生产干酪素，又可分为盐酸法、乳酸法、硫酸法和乙酸法等。

　　（2）酶法生产干酪素　　是利用凝乳酶或皱胃酶凝固的干酪素，虽然与牛乳中的酪蛋白复合物有大致相同的相对分子质量及元素组成，但产品的性质有部分不同。

二、干酪素的生产技术

（一）干酪素的生产原理

　　干酪素在皱胃酶、酸、乙醇作用下或加热至 140℃以上时，可从乳中凝固沉淀出来，经干燥后即成品。

　　工业上使用的干酪素大多是酸干酪素，其生产原理是酸使磷酸盐及与蛋白质直接结合的钙游离而使蛋白质沉淀。

　　酶法生产干酪素时，酶先使酪蛋白转化为副酪蛋白，副酪蛋白在钙盐存在的情况下凝固，与钙离子形成网状结构而沉淀。

（二）酸法生产干酪素

　　酸法生产干酪素采用的是所谓的颗粒制造法。其特点是用无机酸沉淀酪蛋白，从而形成小而均匀的颗粒，被颗粒所包围的脂肪少，颗粒松散便于洗涤、脱水和干燥，而且生产操作时间短。

　　1．原料乳要求　　优质干酪素要求含脂率应在 0.03%以下，因此原料乳应选择脱脂乳。脱脂乳必须洁净，无机械杂质，酸度不超过 23°T。

　　2．工艺流程　　酸法生产干酪素的工艺流程见图 20-1。

图 20-1　酸法生产干酪素的工艺流程

3. 生产技术要点

1）盐酸稀释：用 30～38℃ 温水稀释浓盐酸，点制正常牛乳时浓盐酸与水的体积比为 1：6，点制中和变质牛乳时浓盐酸与水的体积比为 1：2。

2）点制（点胶）：脱脂乳加温至 40～44℃，在不断搅拌下徐徐加入稀盐酸，使酪蛋白形成柔软的颗粒，加酸至乳清透明为止，所需时间不少于 3min。

3）打开搅拌器，进行第二次加酸，边加酸边检查颗粒硬化情况，准确确定加酸终点。加酸到终点时，乳清应清澈透明，干酪素颗粒均匀一致、致密紧实、富有弹性、呈松散状态；乳清的最终滴定酸度为 56～68°T。时间控制在 10～15min 内完成。

4）停止加酸后，继续搅拌 0.5min。

5）停止搅拌并静置 5min，再放出乳清。

4. 酸法生产干酪素过程中的关键控制点

1）点制温度：脱脂乳加热温度高易使酪蛋白形成粗大、不均匀、硬而致密的颗粒或凝块。在不均匀的颗粒中，小颗粒已酸化好，大颗粒却没有酸化好，因颗粒中钙不能充分分离出来而留在颗粒之中，使产品灰分增高，影响产品质量。温度低则易形成软而细小的颗粒，点制中加酸微量过剩则干酪素易溶解，造成乳清分离困难，不易洗涤和脱水。

2）点制酸度：点制中必须准确地控制加酸量，加酸量不足，成品灰分含量高，影响质量。如加酸量过多，干酪素可重新溶解，影响产量，并且溶化了的干酪素颗粒水洗和干燥都非常困难。

3）搅拌速度：点制中要控制搅拌速度，太快或太慢均不适宜。一般在 40r/min 最适宜。搅拌速度快，可适当提高点制温度、加酸的速度，否则易形成细小的干酪素颗粒而影响点制。

4）点制时间：点制时间短，酪蛋白颗粒酸化不充分，钙分离不完全，致使成品灰分含量高。适当延长点制时间，可以降低干酪素的灰分含量，又可以节约酸的用量。但点制时间过长会延长生产周期，降低设备利用率。

（三）酶法生产干酪素

1. 酶法生产干酪素的工艺流程　　酶法生产干酪素的工艺流程见图 20-2。

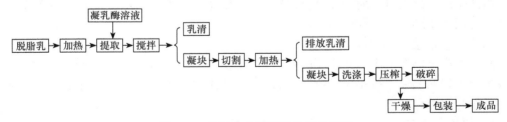

图 20-2　酶法生产干酪素的工艺流程

2. 生产技术要点　　酶法生产的干酪素如果不用作食品配料，则可以不经过巴氏杀菌。脱脂乳加热至 35℃，添加凝乳酶，使酪蛋白凝结。凝乳酶的添加量以能使全部脱脂乳在 15～20min 内凝固即可。加入酶，待乳凝结后，把形成的凝块慢慢地搅拌，然后速度加快，继续加酶到乳清分离为止。酪蛋白黏结成颗粒，进行第二次加热到 55℃，加热要缓慢，使乳清从干酪素颗粒中分离出来。此时颗粒具有弹性，放出乳清，用 25～30℃ 水洗两次，再经脱水、粉碎，并于 43～46℃ 温度下干燥，最后包装。

（四）乳酸发酵干酪素

在脱脂乳中添加 2%～4%的乳酸菌发酵剂，在 33～34℃温度下使之发酵，达到 pH4.6 或滴定酸度 0.45%～0.50%时，停止发酵。然后一边搅拌一边加温到50℃左右，排出乳清。加冷水充分洗涤凝块。凝块经压榨、粉碎、干燥。将最后分离出来的乳清部分，保温 32～40℃发酵一夜，供下次发酵使用（添加量为 5%～10%）。利用乳酸菌发酵脱脂乳生产的干酪素溶解性好、黏结力强。

（五）共沉淀物干酪素

此干酪素是加酸（pH4.6～5.3）或不加酸添加 0.03%～0.20%的钙，加热至 90℃以上使脱脂乳中酪蛋白及乳清蛋白沉淀制得的产品。共沉淀物由 80%～85%的酪蛋白及 15%～20%的乳清蛋白组成。根据用途分为高、中、低三种灰分含量的制品。

1．高灰分制品　　经过热交换的脱脂乳在保温罐中加热至 88～90℃，用泵定量送乳时添加 0.2%的氯化钙。混合物约用 20s 通过保温管，倾斜排出。凝块在此处被过滤网分离，洗涤 1～2 次。洗涤水的 pH 为 4.4～4.6，成品灰分含量为 8.0%～8.5%。

2．中灰分制品　　在约45℃的脱脂乳中添加0.06%的氯化钙，热交换在保温罐中加热 90℃，加热的脱脂乳在罐中停留 10min，然后用泵送乳并在泵的前后注入经过稀释的酸，使 pH 调整为 5.2～5.3。在保温管中停留 10～15s，然后与上述方法同样进行洗涤。添加的氯化钙约 1/4 残留在制品中。成品灰分含量为 5%。

3．低灰分制品　　制法与上述略同，氯化钙量为 0.03%，pH 为 4.5，90℃保持 20min。成品灰分含量为 3%。

（六）食用可溶性干酪素

分离后的干酪素，充分洗涤脱水，加碱溶解后干燥，变成可溶性的制品。虽然可使用各种碱类，但从风味、热稳定性、溶解性、缓冲作用等考虑，磷酸氢二钾为最好。

食用干酪素在工业上使用粒状活性炭进行脱臭，以脱除特有臭味，便于食用。

三、干酪素的质量及其影响因素

（一）干酪素的质量标准

干酪素在国际上一般分为三级，即适合食用或特级品、一级品、二级品。干酪素在质量上最重要的是溶解性、黏结性及加工性等，脂肪越少越好。

我国工业干酪素的质量标准：工业干酪素的质量标准必须符合 QB/T 3780—1999 中的各项规定。

1）产品为白色或淡黄色粒状产品，灼烧时有焦臭味，微溶于水，在碱性溶液中溶解。

2）工业干酪素按感官和理化指标，分为特级品、一级品和二级品。

3）工业干酪素的感官指标见表 20-1。

表 20-1　工业干酪素的感官指标

项目	特级	一级	二级
色泽	白色或淡黄色，均匀一致	浅黄色到白色，允许存在 5%以下的深黄色	浅黄色到黄色，允许存在 10%以下的深黄色
颗粒	最大颗粒不超过 2mm	同特级	最大颗粒不超过 3mm
纯度	不允许有杂质存在	同特级	允许有少量杂质存在

4）工业干酪素的化学指标见表 20-2。

表 20-2　工业干酪素的化学指标

项目	特级	一级	二级	精一级
水分/%	≤12	≤12	≤12	≤12
脂肪/%	≤1.5	≤2.5	≤3.5	≤1.0
灰分/%	≤2.5	≤3.0	≤4.0	≤1.5
酸度/°T	≤80	≤100	≤150	≤60

5）根据国内外市场的需要，可生产精一级品工业干酪素，其质量指标应高于特级品，具体要求可按合同办理。

（二）影响干酪素质量的主要因素

1）脂肪和灰分的含量：一般干酪素成品含脂肪愈低愈佳；灰分含量愈低，溶解度愈高，结着力愈强。

2）要想获得含脂率低的脱脂乳，必须采用分离效果好的分离机，并控制好影响脱脂乳含脂率的各种因素，必要时进行二次分离来获得含脂低的脱脂乳。

3）影响干酪素中灰分高低的因素，对酸法而言最主要是点制操作。

四、用途

干酪素在食品中的主要应用为：肉制品、冰淇淋和冷冻甜食、咖啡伴侣和植脂末、发酵乳制品、糖果、浓汤、高脂肪含量粉、烘焙食品、起酥油和涂抹油、婴儿食品、速食早餐和饮料、面食制品、干酪制品、运动饮料、营养机能食物及药品等。

在工业上，干酪素主要用于纸面涂布、塑胶、黏结剂和酪蛋白纤维。干酪素与碱反应为强力黏结剂，与甲醛反应制成塑料，具有象牙的光泽，可自由染色，用来做装饰品或文具；干酪素可与消石灰、氟化钠、硫酸铜均匀混合，再配入煤油得到酪素胶，是航空工业和木材加工部门使用的一种胶合剂；在造纸工业上作涂饰剂，制造干酪素涂料；皮革工业、医药工业也在广泛使用干酪素。

第四篇　畜产品安全

第二十一章　食品安全绪论

"国以民为本，民以食为天，食以安为先"。这 15 个字可以从治国安民的古训中寻找或提炼出来，它道出了食品安全与卫生的重要性之极。有史以来，人们一直寻找和追求安全而且富有营养的美味佳肴，然而，自然界有毒有害物质时刻都有混入食品的可能，危及人的健康与生命安全，特别是近代经济发展对环境的破坏和污染，使这种情形变得更加严峻。同时，随着食品生产和人们生活方式的现代化，食品的生产规模日益扩大，人们对食品的消费方式逐渐向社会化转变，从而使食品安全事件的影响范围急剧扩大，对人类的危害更加严重。

食品中肉及肉制品、乳及乳制品的质量安全对经济和社会影响巨大，而与此相关的食品安全事件暴发对于资源有限的国家则可能是灾难性的影响。随着经济的增长，人们的消费习惯发生转变，人们对乳肉制品的产品结构从单一的初加工后直接进入市场，向各种功能的产品类型发展，因此，产品质量及安全日益成为消费者和政府关注的焦点。

从目前国内乳业的生产与加工情况看，我国的乳业与乳制品加工业的产品质量和卫生状况不容乐观，畜禽养殖场的环境条件普遍较差，为了获取较大的经济效益，养殖业严重滥用和误用兽药，使用抗生素等现象比较普遍。同时我国奶牛的农场化养殖水平较低，大部分原料乳（约80%）是来自众多的奶牛散养户，这使得奶源质量波动性很大，同时奶中掺假、疫情控制、卫生管理方面存在诸多问题，使得乳类食物安全性存在重大隐患。

国外的乳制品工业十分重视原料乳的卫生质量，对原料乳的细菌总数、体细胞数、抗生素残留、农药残留等有严格的限制，而国内在原料乳的控制方面要求不十分严格，与发达国家存在一定差距。

我国肉制品品种繁多，但近年来肉制品卫生质量问题逐渐突出，肉生产工艺水平较低，产品抽样合格率不高，假冒伪劣产品屡禁不止，因食用不合格肉及肉制品中毒的事故时有发生，已经影响到人民群众的安全和健康，因此建立肉及肉制品行业的质量安全规范，控制肉及其制品生产加工的源头对确保食品质量安全具有积极的意义。

进入 21 世纪，食品安全科技得到了迅速的发展。在联合国粮食及农业组织和世界卫生组织的推动下，从 2002 年起，一个个全球性的、地区性的食品安全研讨会和论坛在世界各地接连举行，国家级的食品安全管理机构也在不断地重组和加强，食品安全的专业研究机构和学科专业相继产生，人才队伍也日益发展壮大。国内食品安全科技支撑能力建设也取得了长足的发展。人们在从事食品安全管理、教学和研究的同时，希望对食品安全的基本内涵、食品安全学基本理论和技术体系有一个清楚的了解。

第一节　食品安全的基本概念及其研究的目的和意义

一、食品安全的基本概念

　　食品安全是食品行业的一个新名词，对其确切的定义目前尚无定论。国家有关部门也正在积极调研，以期对食品安全下一个准确的定义。习惯上总是把食品安全与食品卫生混在一起，没有明确区分两者的差别。1984 年，世界卫生组织（WHO）将食品安全和食品卫生等同，将其定义为生产、加工、储存、销售和制作过程中，为确保食品安全可靠、有益于健康并且适合人的消费而采取的种种必要条件和担保。1996 年，世界卫生组织（WHO）则把食品安全与食品卫生作为两个不同的概念重新进行了定义：食品安全是指对食品按其原定用途进行制作或食用时不会使消费者健康受到损害的一种保证；食品卫生则是指为了确保食品安全性和适用性，在食物链的所有阶段必须采取的一切条件和措施。可见，这两个概念的主要区别在于前者强调的是结果，后者强调的是为了达到结果而进行的控制过程。

　　食品安全有两方面的含义，分别来源于两个英语概念：一是指一个国家或社会的食物保障（food security），即"食品量的安全"；二是指食品质的安全（food safety），也就是现在"食品安全"的概念，即食品的卫生与营养，摄入食物无毒无害，无食源性疾病污染物，提供人体所需的基本营养物质。

　　在我国，食物保障（food security）就是指食品的充足供应，解决贫困、消除饥饿，实现人人温饱。

　　联合国粮食及农业组织（FAO）对食物保障（food security）的定义是：所有人在任何时候都能在物质上和经济上获得足够、安全和富有营养的食物以满足其健康而积极生活的膳食需要（世界食品首脑会议行动计划第一段）。涉及 4 个条件：一是充足的粮食供应或可获得量；二是不因季节或年份而产生波动或不足的稳定供应；三是具有可获得的并负担得起的粮食；四是优质安全的事物。

　　虽然目前对食品安全还没有统一的概念，但是国际社会已经基本形成如下共识。

　　首先，食品安全是个综合的概念。作为种概念，食品安全包括食品卫生、食品质量、食品营养等相关方面的内容，以及食品种植、养殖、加工、包装、储藏、运输、销售等环节。而作为属概念的食品卫生、食品质量、食品营养等均无法涵盖上述全部内容和环节。食品卫生、食品质量、食品营养等在内涵和外延上存在诸多交叉，由此造成我国食品安全的重复监管。

　　其次，食品安全是个社会概念。与卫生学、营养学、质量学等学科概念有所不同，是个社会治理概念。不同国家及不同时期，食品安全所面临的突出问题和治理要求有所不同。发达国家所关注的主要是由科技发展所引起的问题，如转基因食品对人类健康的影响等；而在发展中国家，则侧重的是市场经济发育不成熟所引起的问题，如假冒伪劣、有毒有害的非法生产经营等。在我国，食品安全应该包括上述全部内容。

　　再次，食品安全是个政治概念。无论是发达国家还是发展中国家，食品安全都是企业和政府对社会最基本的责任和必须作出的承诺。食品安全和人类生存权紧密相连，具有唯一性和强制性，通常属于政府保障或政府强制的范畴。而食品质量等往往与发展权有关，具有层次性和选择性，通常属于商业选择或政府倡导的范畴。近年来，国际社会逐步以食品安全的概念替代食品卫生、食品质量的概念，更加突显食品安全的政治责任。

最后，食品安全是个法律概念。进入20世纪80年代以来，一些国家及有关国家组织从社会系统工程建设的角度出发，逐步以食品安全的综合立法替代食品卫生、食品质量、食品营养等要素立法。1990年，英国颁布了《食品安全法》，2000年欧盟发表了具有指导意义的《食品安全白皮书》，2003年日本制定了《食品安全基本法》，部分发展中国家也制定了有关法律，2009年我国通过了《中华人民共和国食品安全法》。

综上，食品安全的概念可以表述为：食品（食物）的种植、养殖、加工、包装、储藏、运输、销售、消费等活动符合国家强制标准和要求，不存在可能损害或威胁人体健康的有毒有害物质，以及导致消费者患病或危及消费者及其后代健康的隐患。该概念表明，食品安全既包括经营安全，也包括过程安全；既包括现在安全，也包括未来安全。

二、食品安全研究的目的和意义

（一）食品安全研究的目的

食品是人类赖以生存和发展的物质基础，而食品安全问题是关系到人体健康和国计民生的重大问题。近年来，国际上一些地区和国家频发恶性事件，我国的食品安全问题也相当突出。食品安全问题在某种程度上也影响着我国农业产品和产业结构的战略性调整。

食品安全问题不仅危害人类的身体健康和生命安全，造成医药费用增加和劳动力损失等直接经济损失，同时对社会和政治也会造成重大危害和影响，一些由食品安全问题引发的食品恐慌事件，导致所在国家或地区动荡不安。

食品安全研究的目的就是研究能有效解决中国目前存在的各种复杂食品安全问题的方案，在防止、控制和消除食品污染及食品中有害因素对人体的危害，预防和减少食源性疾病发生的基础上，构建新型食品安全"网-链控制"模式，保证食品安全，实现食品安全从被动应付向主动保障的转变，为人民群众的生命安全、社会稳定和国民经济持续快速协调健康发展提供可靠保障。

（二）食品安全研究的意义

食品安全关系到广大人民群众的身体健康和生命安全，关系到经济的健康发展和社会稳定，关系到政府和国家的形象，食品安全已成为衡量人民生活质量、社会管理水平和国家法制建设的一个重要方面。食品质量和食品安全涉及千家万户，是老百姓生存的最基本的要求，食品质量安全没有保证，人民群众的身体健康和生命安全就没有保证，和谐社会也就无从谈起，食品安全研究具有十分重要的意义。

1. 防止疾病的传播，保障人类健康　在自然界中，有许多疾病的病原体既能感染家畜、家禽，又能感染人类。而人类的感染往往是吃了被这些病原体污染的动物性食品或食入了正患病的家畜、家禽，如炭疽杆菌、口蹄疫、结核杆菌、旋毛虫、布氏杆菌等病原菌。食品安全问题直接关系到广大人民群众的健康与生命安全，近几年，世界范围内相继暴发了疯牛病、二噁英、禽流感、苏丹红、劣质奶粉、农药残留导致中毒等一系列食品安全问题。各种肠道致病菌常常是造成食物中毒的主要来源，如大肠杆菌、沙门菌等。它们广泛地存在于自然界中，令人防不胜防，危害极大，卫生检验人员应密切注意对食品的生产、加工、储存、运输、销售等环节的卫生检验与监督。

农药、药物、激素等其他化学物质对食物的污染已成为当今世界上食物污染的又一重要污染源。在一些发达国家对这一问题比较重视，有较严格的控制措施。在我国正处于逐步完善的阶段，由于经济状况的原因，一些地区或一些养殖人员往往单纯从经济效益考虑而忽视社会效益，忽视有可能产生的后果，大量使用激素及各种促生长药物，再加上由于管理不善，疾病较多，而大量使用各种抗生素及其他化学药物，在畜禽体内的残留量相当大，因而对人体的危害较严重。

2. 保证食品生产企业的生存与发展　　食品安全已成为食品企业生存的关键因素之一，也是企业品牌的安身立命之本。许多企业因为没有严把质量卫生，产生一系列安全问题，最终导致品牌信誉受损，公司破产，工人失业。英国二噁英事件后，一大批农场的肉品被封杀，饲料有嫌疑的养牛场被封闭；我国"冠生园"老字号食品品牌，被曝光陈馅翻炒再制作月饼售出事件后，该食品企业顿时陷入困境，已申请破产。可见，食品安全是食品企业生存与发展的永恒主题。

3. 保障食品安全有利于社会经济发展和国家稳定　　食品安全不仅可以直接造成严重的经济损失，而且因直接导致大量的食源性疾病的发生，引起医疗费用增加、国家财政支出上升，也会直接阻碍食品企业的正常生产、经营和贸易，这些方面最终会导致国家经济发展受阻，甚至影响国计民生和社会稳定。英国公布发生疯牛病以来，仅禁止牛肉进口这一项，每年经济损失 52 亿美元，为杜绝疯牛病而不得已采取的宰杀行动损失 300 亿美元。我国食品安全事件的直接经济损失无法用数字估计，从国际国内的教训来看，食品安全问题的发生不仅使经济受到严重损失，更重要的是影响政府的公众形象，乃至威胁社会稳定和国家安全。

4. 保障食品安全有利于国际贸易　　食品安全是国际之间进行食品贸易的重要条件，也是引起贸易纠纷的重要原因。例如，欧盟对美国转基因食品的全面封禁是国际贸易摩擦的一个十分典型的事件。在当前国际贸易规则中，不同国家对食品安全的要求不同，滥用技术性贸易措施的趋势不断强化，市场准入条件也越来越严格，形成了实际上的贸易技术壁垒。

5. 保障食品安全是公共卫生的出发点和落脚点　　"国以民为本，民以食为天"。人是否吃饱、吃好，是否吃的营养、安全，是关系到人类健康、生存与社会发展的首要问题，吃得放心、吃得安全、吃得健康，是公众的强烈愿望和共同的健康追求，也是社会文明进步的表现，保证食品安全，代表全人类的根本利益。

第二节　国内外食品安全研究状况及发展趋势

食品是人类维持生存、生活和繁衍的最基本的必需品。近年来，食品安全问题在全球屡屡发生，如比利时暴发的二噁英事件、英国的疯牛病等，以及国内发生的瘦肉精中毒事件、工业用油曝光、毒大米事件、蔬菜中农药残留导致的中毒事件等，食品安全的问题日益成为人们关注的焦点。食品安全问题举国关注，世界各国政府大多将食品安全视为国家公共安全，并加大了监管力度。

一、国外食品安全状况、研究状况及发展趋势

近年来，国际上食品安全恶性事件不断发生，造成巨大的经济损失，以下是世界范围内一些具有代表性的食品安全案例。

1. 英国疯牛病 1985 年，英国发现疯牛病（BSE）流行。1995 年，英国政府承认 BSE 朊蛋白可通过牛肉、内脏、骨髓（食用）传染人类,引发变异性早老性痴呆(nvCJD)。1995～2001 年 6 月，全世界发现 nvCJD 患者 106 人，至今已全部死亡，而且发病率以 23%的速率猛增。朊病毒/克雅氏病目前无药物、无疫苗、无可靠预防/治疗方法，一旦发病，人畜 100%死亡。一旦出现疫情，只能宰杀、销毁畜群以切断传染链。所以 2003 年 5 月加拿大发现一头（8 岁）牛确诊 BSE 后，美国立即停止从加拿大进口所有牛及其制品（含牛源性饲料）（2002 年加拿大向美供应 51 万头牛）；紧接着，日本、澳大利亚、新西兰、墨西哥、韩国、中国也禁止从加拿大进口。2002 年，全球 BSE 共 2165 例，涉及 15 个以上的国家。

2. 日本大肠埃希菌 O157：H7 中毒 1996 年 5 月下旬，日本几十所中学和幼儿园相继发生 6 起集体食物中毒事件，中毒人数多达 1600 人，导致 3 名儿童死亡，80 多人入院治疗，这就是引起全世界极大关注的大肠杆菌 O157：H7 中毒事件。同时，日本仙台市和鹿儿岛县也发现集体食物中毒事件，中毒儿童增加到 3791 人，住院儿童达 202 人。到 7 月底，形成中毒人数超过万人，死亡 11 人，波及 44 个都道府县的暴发性食物中毒事件。大肠埃希菌 O157：H7 引起腹泻，常伴有血性大便。虽然大多数健康成年人在 1 周之内会完全恢复，有些人却会发展为一种称为溶血性尿毒症的肾脏衰竭（HUS）。HUS 大多发生在幼儿和老人，并能引起严重的肾脏损害，甚至死亡。

3. 比利时二噁英事件 1999 年 5 月，有 1500 多个农场 2 周内从同一比利时供货工厂购买了被二噁英（Dioxin）污染的饲料，喂养的动物及其产品加工成食品后几周内发往世界各地，对多国人群产生影响，至今尚未弄清。二噁英不仅具有致癌性，还具备神经、生殖、内分泌和免疫毒性，可以在人体中遗传 8 代，成为当今食品安全和环境领域的国际前沿问题。

4. 日本雪印牌牛奶事件 2000 年 6 月，日本雪印牌牛奶脱脂奶粉受 14 色葡萄球菌感染，14 500 多人患有腹泻、呕吐疾病，180 人住院治疗，使占牛奶市场总量 14%的雪印牌牛奶进行产品回收，全国 21 家分厂停业整顿。

5. 法国肉制品李斯特杆菌中毒 2000 年底至 2001 年初，法国发生严重的李斯特杆菌污染食品事件，有 7 个人因食用法国公司加工生产的肉酱和猪舌头而成为李斯特杆菌的牺牲品，其中包括 2 名婴儿。

6. 欧洲口蹄疫事件 英国 2001 年曾暴发过大规模口蹄疫疫情，致使英国近 1 年间屠宰 700 万头牲畜，蒙受 80 亿英镑的经济损失。疫情还扩散到法国、荷兰、爱尔兰等国，成为历史上最严重的动物传染病灾难之一。为防止疫情扩散，英国被迫关闭大量国家公园、自然保护区和通往乡间的公路，取消一系列大型活动。欧盟委员会也禁止了英国肉、奶制品出口。

7. 亚洲的禽流感 2003 年 10 月中旬，泰国、越南、日本、韩国、柬埔寨、印度尼西亚、老挝和巴基斯坦相继也报道了禽流感在鸡、鸭、野生鸟类和猪中暴发的事件。

食品安全问题已经成为全世界共同关注的问题。为了防止食品污染，保障消费者的健康权益，许多国家都通过立法来加强对现代食品的监督管理，如美国、英国、法国、德国、荷兰、日本等都颁布了食品法或食品卫生法。美国于1890年就制定了《国家肉品监督法》，1939年制定了《联邦食品药品法》。英国于1955年制定《食品法》，欧洲其他国家多在20世纪50～60年代制定了食品法。日本的《食品卫生法》规定，食品、食品添加剂、器具及容器包装，按政令规定的职权划分，分别接受厚生省大臣、都道府县知事，或者厚生省大臣指定的人员检查。

国际食品安全的发展呈现如下趋势。

1）食品安全监管体制的统一化。食品安全涉及种植、养殖、生产、加工、储存、运输、消费等社会化大生产的诸多环节。世界各国均对食品生产经营的各个环节进行适当的监管，以提高生产经营过程的安全，实现最终消费的安全。近年来，为提高食品安全监管效率，许多国家对传统的食品安全监管体制进行改革，大体分两种方式进行：一是将过去分散的管理部门予以统一；二是对传统分散的管理部门予以适当协调。目前，食品安全监管要素的统一主要表现在三个层面：一是对策层面的统一，包括法律、标准、政策和规划的统一等；二是执行层面的统一；三是监督层面的统一。

2）食品安全保证规则的法律化。近年来，许多国家已逐步将过去分散的食品安全法律规范予以编撰形成覆盖食品生产经营全过程的食品安全法典，如美国制定的《联邦食品、药物和化妆品法》《食品质量保护法》，英国制定的《食品安全法》《食品标准法》，日本制定的《食品安全基本法》《食品卫生法》。在标准方面，许多国家逐步在统一规则下构建食品安全的基础标准、管理标准、方法标准和产品标准等标准体系。英国、澳大利亚等国家组建了独立的食品标准局。许多国家将食品安全标准列入食品安全法律中，称为食品安全技术法规，具有强制性。

3）食品安全技术服务机构的社会化。食品安全技术服务机构是指由专业技术人员依靠自己的专业知识或技能对受托的食品特定事项进行检测、检验、鉴定、评价等，并出具相应意见的专业技术支撑机构。其包括食品安全检测机构、食品安全检验机构、食品安全评价机构等。

二、我国食品安全状况、研究状况及发展趋势

（一）我国食品安全状况和研究状况

目前我国的食品安全问题是头号焦点问题，也是难题，我国食品安全的不足之处在于食品安全方面的科研水平及食品卫生标准体系与国际先进水平相比尚有较大差距。除了这些"科技瓶颈"外，我国的国家食品安全管理体系、法规建设、监督水平，以及食品生产、经营者的规模与素质和全社会的消费观念等都尚存不足之处。在应对现有食品安全问题的同时，我们也注意到，随着时代的进步，食品工业中应用新原料、新工艺给食品安全带来了许多新问题，如生物技术、益生菌和酶制剂等技术在食品中的应用、食品新资源的开发等，提醒我们在制定相关监管政策、设立管理体系、立法方面都要有一定的前瞻性。但"从农田到餐桌"的食品产业链条依然危机四伏，我国食品安全状况形势仍十分严峻，主要面临的问题有以下几个方面。

1．种植业和养殖业的源头污染对食品安全的威胁越来越严重 中国是世界上化

肥、农药施用量最大的国家。氮肥（纯氮）年使用量 2500 余万吨，农药超过 130 万吨，两者单位面积用量分别为世界平均水平的 3 倍和 2 倍。目前，在中国 1200 多条河流中，850 条受到不同程度的污染，130 多个湖泊有 51 个处于富营养状态，中国海域的"赤潮"现象不断发生。在工业污染物中尤以持久性有机污染物和重金属污染物最为严重，而未经处理的工业废水、城市污水用于农田灌溉的现象时有发生，在这种环境下种植和养殖的农产品的安全性受到了影响。

2．工业污染导致环境恶化，对食品安全构成严重威胁　中国工业化进程中，快速发展带来的工业污染，使农产品产地、空气、水、土地等污染加快，使源头带来的风险不可避免地传递到整个食品产业链。工业污染、环境的恶化已成为影响食品安全的重要因素。例如，水污染导致食源性疾病的发生，海域的污染直接影响海产品的质量，土壤污染造成农作物成为有害化合物的富集体。

3．食品工业中使用新原料、新工艺给食品安全带来了许多新问题　现代生物技术、益生菌和酶制剂技术在食品中的应用及食品新资源的开发等，既是国际上关注的食品问题，也是中国亟待研究和重视的问题。以转基因技术为例，全球已有十多个国家种植大豆、玉米、棉花、油菜、马铃薯等转基因作物，但研究显示基因可能通过食物链在不同物种之间转移，使得转基因食品给食品安全带来了不稳定的潜在危害。

4．食品化学污染关键检测技术不够完善　对于一些重要的食源性危害的检测，其检测技术不够完善，不能满足食品安全控制的需要。例如，"瘦肉精"和激素等兽药残留的分析技术达痕量水平，而二噁英及其类似物的检测技术属于超痕量水平。中国某些产品出口到欧洲和日本时，国外要求检测 100 多种农药残留，显然，要求一次能进行多种农药的多残留分析就成为技术关键。

5．食品化学污染危害性分析技术应用不够广泛　危害性分析是世界贸易组织（WTO）和食品法典委员会（CAC）强调的用于制定食品安全技术措施的必要技术手段，也是评估食品安全技术措施有效性的重要手段。中国现有的食品安全技术措施与国际水平存在差距的重要原因之一，就是没有广泛地应用危害性分析技术，特别是对化学性和生物性危害的评估。

6．食品关键控制技术需要进一步研究　在食品中应用"良好农业规范"（GAP）、"良好兽医规范"（GVP）、"良好操作规范"（GMP）、"危害分析与关键控制点"（HACCP）等食品安全控制技术，对保障产品质量安全十分有效。而在实施 GAP 和 GVP 的源头治理方面，中国的研究数据还不充分，需要进行深入研究。中国部分食品企业虽然已应用了 HACCP 技术，但缺少结合本国国情的、覆盖各行业的 HACCP 指导原则和评价准则。

7．食品安全技术标准体系与国际不接轨　目前，国际有机农业和有机农产品的法规与管理体系主要可以分为三个层次，即联合国层次、国际性非政府组织层次和国家层次。联合国层次的有机农业和有机农产品标准是联合国粮食及农业组织（FAO）与世界卫生组织（WHO）制定的，它是《食品法典》的一部分，目前还属于建议标准。《食品法典》的标准结构、体系和内容等，基本上参考了欧盟有机农业标准及国际有机农业运动联盟（IFOAM）的基本标准。联合国有机农业标准能否成为强制性标准目前还不清楚，但其重要性在于可以为各个成员方提供有机农业标准的制定依据。一旦成为强制性标准，就会成为 WTO 仲裁有机农产品国际贸易的法律依据，是各个成员方必须遵守的。因此，中国食品安全的标准制定应参照 WHO 和 FAO 及 IFOAM 标准，这方面中国除有机食品等同采用、绿色食品部分采用外，其他标准还存在不小的差距。

8. 监管部门工作有待进一步提高　　目前，安全食品生产与管理之间不协调，中国未将常规食品、无公害食品、绿色食品和有机食品的生产、经营及管理有机结合起来，使得本来具有内在联系的四者基本上独立存在。

9. 食品安全意识不强　　受中国经济发展水平不平衡的制约，一些食品生产企业的食品安全意识不强，食品生产过程中食品添加剂超标使用、污染物和重金属超标现象经常发生。此外，还有少数不法生产经营者为牟取暴利，不顾消费者的安危，在食品生产经营中掺假现象屡有发生。

近几年我国食品安全重大事例见表 21-1。

表 21-1　近几年我国食品安全重大事例

问题食品	暴发时间	问题物质	危害
鸡蛋	2008 年 10 月	三聚氰胺	可能导致肾结石、肾衰竭等泌尿系统疾病，严重者可致死
柑橘	2008 年 10 月	蛆虫	少量误食不会产生什么问题，但如有身体不适，应立即就医
螃蟹	2008 年 10 月	甲醛（水溶液俗称"福尔马林"）	大量食用可导致急性中毒甚至死亡，长期食用可致癌
银鱼	2008 年 10 月	甲醛（水溶液俗称"福尔马林"）	大量食用可导致急性中毒甚至死亡，长期食用可致癌
婴幼儿奶粉	2008 年 9 月	三聚氰胺	可能导致肾结石、肾衰竭等泌尿系统疾病，严重者可致死
多宝鱼	2006 年 11 月	孔雀石绿	长期大量摄食，既会产生耐药性，也存在致癌可能
红心鸭蛋	2006 年 11 月	苏丹红	可能致癌
大闸蟹	2006 年 10 月	硝基呋喃代谢物	致癌
猪肉	2006 年 9 月	瘦肉精	人食用会出现头晕、恶心、手脚颤抖、心跳加快，甚至心脏骤停致昏迷死亡，特别对心律失常、高血压、青光眼、糖尿病和甲状腺机能亢进等患者有极大危害
福寿螺	2006 年 8 月	管圆线虫病	食用生的或加热不彻底的福寿螺后即可被感染，可引起头痛、发热、颈部强硬等症状，严重者可致痴呆，甚至死亡
美赞臣婴幼儿奶粉	2006 年 2 月	金属颗粒	容易导致婴儿体内呼吸系统和咽喉严重受损
雀巢奶粉	2005 年 5 月	碘超标	影响甲状腺功能
肯德基奥尔良烤翅	2005 年 3 月	苏丹红	经常摄入含较高剂量苏丹红的食品就会增加其致癌的危险性
阜阳劣质奶粉	2004 年 4 月	劣质	"大头娃娃"，营养不良导致免疫力低下，严重者可致死
金华火腿	2003 年 11 月	敌敌畏	最明显的是对肠、食道、胃黏膜有影响，可能致死

在我国食物供给体系和食品工业体系形成、建设过程中，政府、行业管理部门、监督检验部门等注重了对食品质量的控制，其中包括对食品卫生的管理和控制。从 20 世纪 50 年代起，我国就开始把食品安全纳入法制化管理的轨道，从卫生部单独制定或与有关部门联合制定规章和卫生标准进行专项管理，逐步过渡到制定专门的法律进行全面管理。

（二）我国食品安全的发展趋势

《中华人民共和国食品安全法》实施，《中华人民共和国食品卫生法》同时废除。从"卫生"到"安全"两个字的改变，表明我国食品安全从立法观念到监管模式的全方位重大转变，同时也将开辟我国食品安全工作的新篇章。

1．加强食品安全风险监测体系和风险评估体系建设 食品安全风险监测和评估工作是食品安全法赋予卫生行政部门的一项重要职责。卫生部负责组织食品安全风险评估工作，成立由医学、农业、食品、营养等方面的专家组成的食品安全风险评估专家委员会进行食品安全风险评估。卫生部将力争利用 2 年左右的时间，依托现有的疾病预防控制和医疗机构体系等资源，在全国建立食品污染物、食源性疾病监测和总膳食调查体系，建立食品安全有害因素与食源性疾病监测数据库，对食品、食品添加剂中生物性、化学性和物理性危害进行风险评估。建立这一制度可以发现食品中的潜在危险，做到预防在先。

2．统一国家食品安全标准 食品安全标准"不标准"一直是我国食品安全监管的软肋。一方面，我国的标准太老太少，未与国际接轨。另一方面，我国食品标准又太多太乱，卫生标准、质量标准、国家标准、企业标准，各标准间重复交叉、层次不清。《中华人民共和国食品安全法》明确了把所有涉及食品安全的标准都统一为国家的食品安全标准。卫生部对现行的食用农产品质量安全标准、食品卫生标准、食品质量标准和有关食品的行业标准中强制执行的标准予以整合，统一公布为食品安全国家标准。同时，除食品安全标准外，不得制定其他的食品强制性标准。卫生部已将食品中农兽药残留限量、有毒有害污染物、致病微生物和真菌毒素限量、食品添加剂使用限量及相应检验方法等标准的制修订工作列为近期的优先领域。这样，建立科学、统一、权威的食品安全标准体系，能为保障食品安全奠定坚实基础。

3．建立食品召回制度 食品生产者发现其生产的食品不符合食品安全标准，应当立即停止生产，召回已经上市销售的食品，通知相关生产经营者和消费者，并记录召回和通知情况。当污染的食品不小心进入市场时，召回污染的食品对消费者和食品工业是极其重要的。

食品召回制度的主要目的在于防患于未然，而非事后补救。相比现有食品安全制度而言，食品召回制度无疑更利于保护消费者的合法权益。另外，生产商将不合格产品召回，一定程度上表明生产商勇于对消费者承担责任，无形中为企业树立了奉公守法的良好形象和声誉。同时，如果生产商主动召回缺陷产品，便可尽量避免发生消费者受害事件，并将最大限度地降低生产商支付巨额赔偿的可能性。

可见，建立食品召回制度，是政府依法行政保护公众安全利益的需要，也是健全食品安全监督体系的要求。

4．建立较为完善的食品安全应急处理体系 目前，我国对食品的安全监管尚未建立起较为完善的食品安全应急处理制度。从现实来看，一旦发生了食品安全事故，往往是监管部门事后仓促应对，相关部门匆匆召开联席会议，确定彼此的职责、工作分工和工作步骤。这种事后的应急处理方式已经不能及时控制日趋复杂的食品安全事故，也不能满足公众对政府高效处理此等事故的期望，更可能发生部门之间的互相推诿及信息沟通的迟缓与不力。建立并不断完善食品安全应急处理机制，不仅有助于上述问题的解决，还可以加强食品安全执法部门的队伍建设。

在各地现有的应急预案的基础上，逐步总结国内外相关经验，在国家层面上形成较为完善的、系统的食品安全应急处理机制在全国统一执行，将是今后的一项重要工作。

5. 建立食品安全信息监测、通报、发布的网络体系　　目前，我国的食品安全信息大多是各职能部门自行公布与其相关的信息，但现实中不仅存在不同部门对同一内容公布的信息不一样，甚至有同一部门对同一内容的信息公布也出现不一致的情况。因此，尽快建立统一协调的食品安全信息监测、通报、发布的网络运行体系是保证我国食品安全工作的有序、顺利进行的必要条件。

6. 初步建立食品安全教育宣传体系　　在食品安全保障体系建设中，教育宣传体系的作用不容小觑。宣传教育工作是在全社会营造食品安全氛围的基础，应当突出主题、注重实效，以提高人民群众对食品安全的关注和认识水平。教育宣传体系应当包括：建立食品安全教育机构，通过各种方式开展食品法制宣传和安全教育，对公众进行食品科普教育。

三、保障我国食品安全的对策

目前，我国食品安全与国外的差距主要有以下几方面：缺乏食品安全的系统监测与评价背景资料；缺乏关键检测技术与设备；未全面采用与国际接轨的危险性评估技术和控制技术；新技术、新工艺、新资源加工食品的安全性研究评估比较落后；法律、法规和标准建设方面的差距等。为保障我国食品安全的良好发展势头，我们应该在缩短与国外差距的基础上结合我国食品安全的现状，借鉴、总结并提出适合我国食品安全的符合我国国情的相应对策。

总之，随着食品安全问题的不断涌现，中国的食品类标准逐步发展和完善，已经形成了覆盖全面、行之有效的标准监管体系，但是仍然存在着标准不能有效应对食品安全问题的情况。为了解决这一问题，除了进一步更新和完善相关标准外，首先必须加强宣传教育，提高从业人员的道德素质；其次要通过立法加重处罚手段，提高违法的成本；最后是要加强食品安全、卫生方面通用型标准的制定。我们应正视我国食品安全的现状，加大食品安全的科技投入，强化食品安全管理体系建设，逐步全面实行食品安全市场准入制度，加强市场监督管理。通过这些措施的实施，食品安全问题一定会得到解决。抓好食品安全，同时也是全面建设小康社会的强有力保障。我们相信，在政府各部门的重视下，一定能开创出食品安全新局面，让广大人民群众时时刻刻都能吃上"放心安全"的食品，保障食品安全的良性发展势头。

第二十二章 食品安全危害性来源

第一节 概 述

食品安全是一个遍及全球的公共卫生问题，不仅关系到人类的健康卫生，还严重影响经济和社会的发展。食品安全事件容易引起群体性发病，造成较大的社会和心理影响。如何保证食品安全已经被提升为新世纪社会性、世界性的重大课题，越来越受到政府和人们的重视。危害食品安全的因素是复杂多样的，我国人口众多，目前人们环境保护意识较差，生存环境质量不高，农牧业、种植养殖业的源头污染对食品安全的威胁越来越严重。

危害食品安全的因素可来自从农田到餐桌过程的任何一个环节，即食品原料在种植、养殖过程可受到环境中生物性、化学性和物理性因素的污染。食品在加工、包装、储存、运输、销售、消费等环节也受到外界的污染。甚至营养不平衡，转基因食品、强化食品、新资源食品的开发和新工艺的实施，都可能给食品带来污染。为保证食品安全，根据 HACCP 原理，首先应当分析食品生产全过程各个环节的危害性来源，再确定关键控制点（CCP）和制定相应措施，才能有效地控制食品污染和保证食品安全。

第二节 食品原料有害物质

食品原料中的危害物除动植物自身存在的天然毒素外，主要来自内源性污染和外源性污染两个方面。在养殖、种植阶段，环境中的有毒有害物质直接或通过食物链进入动植物体内，成为内源性毒素来源，这种污染途径称为内源性污染；在食品加工、储藏、运输、销售、消费等过程中，又可通过水源、空气、土壤、运输工具、加工器具、工作人员、包装材料等对食品造成污染，称为外源性污染。

一、动植物中的天然有毒物质

人类生存离不开动植物，在这些众多的动植物中，有些含有天然有毒物质。动植物天然有毒物质就是指有些动植物中存在的某种对人体健康有害的非营养性天然物质成分，或因贮存方法不当在一定条件下产生的某种有毒成分。由于含有有毒物质的动植物外形、色泽与无毒的品种相似，因此，在食品加工和日常生活中应引起人们的足够重视。与食品关系密切，且较为常见的动植物天然有毒物质主要有下列几种。

1. 生物碱类 生物碱是一类含氮的有机化合物，绝大多数存在于植物中，少数存在于动物中，有类似碱的性质，可与酸结合生成盐，在植物体内多以有机酸盐的形式存在。大部分生物碱具有复杂的环状结构，且氮素大多包含在环内。生物碱的种类很多，其生理作用差别很大，引起的中毒症状也不同。大部分生物碱为无色、味苦的结晶形固体，小部分有色或为液体。游离的生物碱一般不溶于水或难溶于水，易溶于醇、醚、氯仿等有机溶剂，其硫酸盐或小分子有机酸盐可溶于水。

　　生物碱分布于多个科的植物中，如罂粟科、茄科、豆科、夹竹桃科等植物中都含有生物碱。烟草的茎、叶中含有十余种生物碱，其中主要成分为烟碱。烟碱为强毒性生物碱，皮肤和黏膜易吸收，也可由消化道、呼吸道吸收引起中毒。此外，动物中的海狸、蟾蜍等也可分泌生物碱。

　　2. 苷类　　苷类又称配糖体或糖苷（图 22-1）。在植物中，糖分子中环状半缩醛形

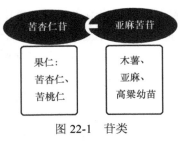

图 22-1　苷类

式的羟基和非糖类化合物分子中的羟基脱水缩合形成具有环状缩醛结构的化合物，称为苷。苷类一般味苦，可溶于水及醇中，极易被酸或共同存在于植物中的酶水解，水解的最终产物为糖及苷元。苷元是苷中的非糖部分，由于苷元的化学结构类型不同，所生成的苷的生理活性也不相同，据此可将苷分成多种类型，如黄酮苷、皂苷、氰苷等。皂苷和氰苷常引起食物中毒。

　　（1）**氰苷**　　氰苷是结构中含有氰基的苷类，水解后可产生氢氰酸。氰苷在植物中分布较广，禾本科、豆科和一些果树的种子（如杏仁、桃仁）、幼枝、花、叶等部位均含有氰苷。在植物氰苷中与食物中毒有关的化合物主要是苦杏仁苷和亚麻苦苷。苦杏仁苷主要存在于苦杏、苦扁桃、枇杷、李子、苹果、黑樱桃等果仁和叶子中，它是由龙胆二糖和苦杏仁腈组成的 β-型糖苷。在苦杏仁中，苦杏仁苷的含量比甜杏仁高 20～30 倍。亚麻苦苷存在于木薯、亚麻籽及其幼苗中，它是木薯中的主要毒素性物质，可释放游离的氰化物。

　　果仁或木薯的氰苷被人体摄入后，在果仁或木薯自身存在的氰苷酶（如苦杏仁酶）的作用，以及经胃酸、肠道中微生物的分解作用，产生两分子葡萄糖和苦杏仁腈，后者又分解为苯甲醛和游离的氢氰酸（图 22-2）。氢氰酸是一种高活性、毒性大、作用快的细胞原浆毒。当它被黏膜吸收后，氰离子与细胞色素氧化酶的铁离子结合，使呼吸酶失去活性，氧不能被机体组织细胞利用，导致机体组织缺氧而陷于窒息状态。氢氰酸还可以损害呼吸中枢神经系统和血管运动中枢，使之先兴奋后抑制与麻痹，最后导致死亡。氢氰酸对人的最低致死剂量经口测定为每千克体重 0.5～3.5mg。苦杏仁苷致死剂量约为 1g。

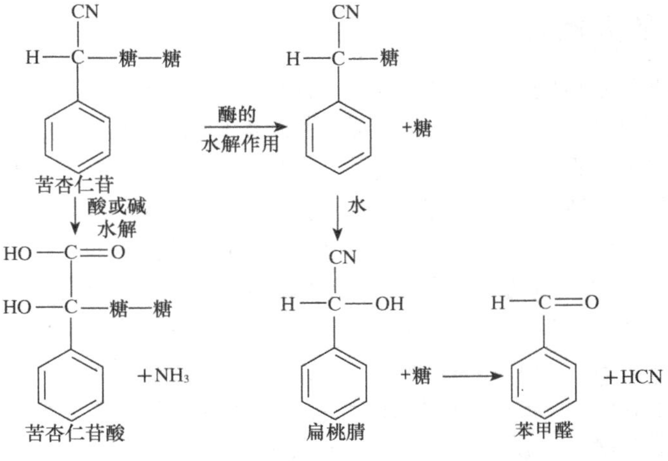

图 22-2　苦杏仁苷的结构及其水解产物

　　此外，动物中青鱼、草鱼、鲢鱼、鲤鱼和鳙鱼等淡水鱼的胆汁中也含有氰苷。这些鱼类的胆汁中含有胆汁毒素，其主要成分是组胺、胆盐和氰苷等。胆汁枣素耐热，且不被乙醇破坏，故食用蒸熟的鱼胆或用酒冲服鲜胆，仍可发生中毒。其作用机制是胆汁毒素严重损伤肝、肾，造成肝脏变性坏死和肾小管损害；脑细胞受损，发生脑水肿；心血管与神经系统也有病变。因上述鱼的胆汁毒素毒性较大，无论何种烹调方法（蒸、煮、冲酒等）均不能去毒，只有将鱼胆去掉才是有效的预防措施。

　　（2）皂苷　　皂苷是类固醇或三萜系化合物的低聚配糖体的总称。它是由皂苷配基通过 3β-羟基与低聚糖糖链缩合而成的糖苷。组成皂苷的糖，常见的有葡萄糖、半乳糖、阿拉伯糖、木糖、葡萄糖醛酸和半乳糖醛酸；这些糖或糖醛酸先结合成低聚糖糖链，再与皂苷配基结合。甾族皂苷的皂苷配基是螺甾烷衍生物；三萜皂苷的皂苷配基大多是由27个碳原子组成的三萜衍生物。因其水溶解能形成持久大量泡沫，酷似肥皂，故名皂苷，又称皂素或皂苷。

　　含有皂苷的植物有豆科、五加科、蔷薇科、菊科、葫芦科和苋科。在夹竹桃树下种植瓜果蔬菜，也可因花粉作用发生变异而带有毒性。皂苷是一类比较复杂的苷类，为无定型粉末或结晶，由于其水溶液振摇时能产生大量泡沫，似肥皂，故名皂苷，又名皂素。皂苷对黏膜，尤其对鼻黏膜的刺激较大，内服量过大可伤害肠胃，引起呕吐，并可导致中毒。观赏植物夹竹桃的枝、叶、树皮和花中都含有夹竹桃苷，误食其叶片或在花期中的花下进食，受花粉、花瓣污染均可引起中毒。

　　此外，动物中的海参和海星中的毒素也含有皂苷。海参毒素经水解后得到一种属于萜烯系的三羟基内酯二烯，称为海参素苷。它有很强的溶血作用，人误食有毒海参即可引起中毒。其中毒主要表现为局部有烧灼样疼痛、红肿，呈现皮肤炎症反应。当眼睛接触毒液时还可以引起失明。大部分可食用海参的海参毒素含量较少，而且被胃酸水解为无毒的产物。故一般人们常食用的海参是安全的。

　　3. 毒蛋白类　　蛋白质是生物体内最复杂，也是最重要的物质之一。异体蛋白质注入人体组织可引起过敏反应，内服某些蛋白质也可产生各种毒性。由于蛋白质的相对分子质量大，在水中呈胶体溶液，加热处理可使其凝结而产生各种毒性。植物中的硒蛋白、蓖麻毒素、巴豆毒素、刺槐毒素等都属于有毒蛋白质。

　　存在于豆类和禾谷类及其他作物中的蛋白酶抑制剂也是蛋白质或蛋白质的结合体，具有一般蛋白质的营养价值，但在活性很高时能抑制某些酶对蛋白质的分解，从而降低蛋白质的利用率。例如，大豆中的胰蛋白酶抑制剂可抑制胰脏分泌的胰蛋白酶的活性，进而降低了大豆蛋白质的营养价值。

　　植物红细胞凝集素，简称凝集素或凝血素，是一些植物特别是豆类种子中能使红细胞凝集的蛋白质，对一定的糖分子有亲和能力，是一种糖蛋白，不仅能降低大豆的营养价值，食用过量还可引发中毒。这种蛋白质不耐热，可用热处理方法去除。

　　此外，动物中青海湖裸鲤、鲶鱼、鳇鱼和石斑鱼等鱼类卵中含有的钱卵毒素也属于有毒蛋白，若人类误食有毒鱼卵可引起恶心、呕吐、腹痛、腹泻，有的出现口干、眩晕、胸闷等中毒症状；重者痉挛，抽搐昏迷而死，因产卵季节鱼卵毒性较大，故加工烹调或腌制时应将鱼卵除净。

　　4. 酚及其衍生物类　　主要包括简单酚类、鞣质、黄酮、异黄酮、香豆素等多种类型化合物，是植物中最常见的成分。例如，棉籽及未精制棉籽油中含有棉籽酚，大麻及大麻油中含大麻酚等；棉花的叶、茎、种子中所含有的棉籽酚，是一种细胞原浆毒，对心、肝、肾及神经、血管等均有毒性；棉籽饼和粗制棉籽油中的棉籽酚含量较高，如未经脱酚处理，且食用过多时，可导致人畜中毒。

5. 酶类　　生物体内的酶也属于蛋白质类化合物。某些植物中含有对人体健康不利的酶，可分解维生素等人体必需成分或释放出有毒化合物。例如，蕨菜中的硫胺素酶可破坏动植物体内的硫胺素，引起人和动物患硫胺素缺乏症。

6. 非蛋白类神经毒素　　这类毒素主要指河豚毒素、肉毒鱼毒素、螺类毒素、海兔毒素等，多数分布于河豚、蛤类、螺类、海兔等水生动物中，它们本身没有毒，却因摄取了海洋浮游生物中的有毒藻类（如甲藻、蓝藻等），或通过食物链间接摄取将毒素积累和浓缩于体内。

7. 植物中的其他有毒物质

（1）亚硝酸盐类植物毒素　　叶菜类蔬菜如小白菜、菠菜、韭菜等含有较多的硝酸盐和极少量的亚硝酸盐。一般情况下，蔬菜能主动从土壤中富集硝酸盐，其硝酸盐的含量高于粮谷类。蔬菜中的硝酸盐在一定条件下可还原成亚硝酸盐，摄入量过多或蓄积到较高浓度时可导致食物中毒。

（2）草酸和草酸盐　　草酸在人体内可与钙结合形成不溶性的草酸钙，不溶性的草酸钙可在不同的组织中沉积，尤其在肾脏，人食用过多的草酸也有一定的毒性。常见的含草酸多的植物主要有菠菜等。

8. 动物中的其他有毒物质　　畜禽是人类动物性食品的主要来源，但其体内的腺体、脏器和分泌物，如摄食过量或误食，可干扰人体正常代谢，引起食物中毒。

（1）肾上腺皮质激素　　在家畜中由肾上腺皮质激素分泌的激素为脂溶性类固醇激素。如果人误食了家畜肾上腺，那么会因该类激素浓度增高而干扰人体正常的肾上腺皮质激素的分泌活动，从而引起系列中毒症状。预防措施：要加强兽医监督，屠宰家畜时将肾上腺除净，以防误食。

（2）甲状腺激素　　甲状腺激素是由甲状腺分泌的一种含碘酪氨酸衍生物。若人误食了甲状腺，则体内的甲状腺突然增高，扰乱人体正常的内分泌活动，从而表现出一系列中毒症状。甲状腺激素的理化性质非常稳定，在 600℃以上的高温才可以破坏，一般烹调方法难以去毒。预防措施：屠宰家畜时将甲状腺除净，且不得与"碎肉"混在一起出售，以防误食。一旦发生甲状腺中毒，可用抗甲状腺素药及促肾上腺皮质激素急救，并对症治疗。

（3）动物肝脏中的有毒物质　　在犬、羊、鲨鱼等动物性肝脏中含有大量的维生素A，若大量食用其肝脏，则因维生素A食用过多而发生急性中毒。此外，肝脏是动物最大的解毒器官，动物体内各种毒素大都经过肝脏处理、转化、排泄或结合，所以，肝脏中暗藏许多毒素。此外，进入动物体内的细菌、寄生虫往往在肝脏中生长、繁殖，其中肝吸虫病较为常见，而且动物也可能患肝炎、肝硬化、肝癌等疾病，因而动物肝脏存在许多潜在不安全因素。预防措施：首先，要选择健康肝脏。肝脏淤血、异常肿大、流出污染的胆汁或见有虫体等，均视为病态肝脏，不可食用。其次，对可食肝脏，吃前必须彻底清除肝内毒物。

二、药物残留

1.农药残留 农药（pesticide）是指用于防治危害农牧业生产的有害生物（害虫、害螨、线虫、病原菌、杂草及鼠类等）和调节植物生长的化学药品，最早指的是用于杀害作物寄生虫的化学品，包括天然的和合成的。

一般而言，一种农药的名称有化学名称、通用名称、商品名称和代号（一个或多个），农药名称是对农药的生物活性即有效成分的称谓。

目前我国常用农药按照成分和来源分类，有矿物源农药（无机化合物）、生物源农药（天然有机物、抗生素、微生物）及化学合成农药三大类；按照防治对象分，有杀虫剂（insecticide）、杀螨剂（acaricide）、杀线虫剂（nematocide）、除草剂（herbicide）、杀鼠剂、植物生长调节剂、杀软体动物剂等。

目前，世界各国的化学农药品有1400多种，作为基本品种使用的有40种左右，按其用途分为杀虫剂、杀菌剂、除草剂、植物生长调节剂、粮食熏蒸剂等；按其化学组分分为有机氯、有机氟、有机氮、有机硫、有机砷、有机汞、氨基甲酸酯类等。

（1）有机氯农药 有机氯农药是发现最早的一类人工合成的农药，主要分为二苯乙烷类、环戊二烯类和环己烷类三大类，其中二苯乙烷类农药主要包括滴滴涕（DDT）、三氯杀螨醇和甲氧滴滴涕（图22-3），环戊二烯类主要有狄氏剂、异狄氏剂和硫丹，环己烷类主要代表为六氯环己烷（俗称六六六，BHC），滴滴涕和六六六是当时生产量最大、使用最广泛、最具代表性的有机氯农药。

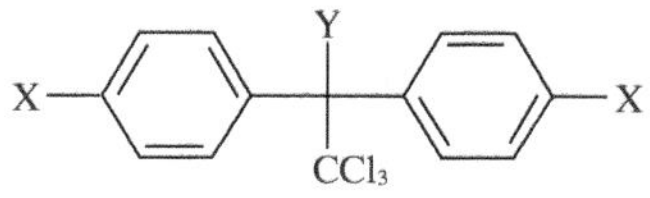

滴滴涕	X=Cl, Y=H
三氯杀螨醇	X=Cl, Y=OH
甲氧滴滴涕	X=OCH$_2$, Y=H

图22-3 二苯乙烷类农药的结构

有机氯农药具有高度的化学、物理和生物学的稳定性，半衰期长达数年，在自然界极难分解，并且有机氯农药的脂溶性强，在食品加工过程中经单纯的洗涤不能去除，它容易在人体内蓄积，主要表现为侵害肝、肾及神经系统，动物实验证实有致畸、致癌作用。在很多国家已相继被禁用，我国1983年停止生产，1984年停止使用这类农药。

（2）有机磷农药 有机磷农药是五价磷的、磷酸的、硫代偶磷的或相关酸的酯，一般分子式如图22-4所示。目前使用的农药中以杀虫剂为主，占总用量的68%，其中有机磷杀虫剂占整个杀虫剂用量的70%以上，有机磷农药是继有机氯农药以后被广泛使用的一类农药，目前生产使用的有60余种，使用的多为高效低毒低残留的品种，如乐果、敌百虫、倍硫磷等。有机磷农药化学性质不稳定，在自然界极易分解，污染食品后残留时间较短，所以，慢性毒性较为少见，对人体的危害以急性毒性为主，主要是抑制血液和组织中胆碱酯酶的活性，引起乙酰胆碱在体内大量积聚，导致神经处于过度兴奋状态而出现一系列神经中毒症状，如出汗、震颤、共济失调、精神错乱、语言失常等。

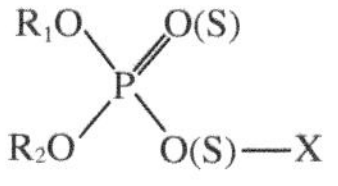

R$_1$O—, O(S)
P
R$_2$O— O(S)—X   R$_1$,R$_2$＝C$_2$H$_5$或CH$_3$

图22-4 有机磷农药的一般结构

（3）氨基甲酸酯类农药　　氨基甲酸酯类是一种高效、低毒、低残留的农药，有西维因、杀灭威、速灭威等，除草剂如敌草隆等也属于这类农药。这类农药的特点是对虫害选择性强、作用快、对人畜毒性较低、易被生物降解，在体内不蓄积，因而被认为是理想的有机氯农药取代剂之一。常用药有 20 多种，其毒性与有机磷类似，都是对胆碱酯酶活性有抑制作用，但其抑制作用有较大的可逆性，水解后酶的活性可不同程度地恢复。因此，中毒症状消失快，无迟发性神经毒性。

（4）拟除虫菊酯类农药　　拟除虫菊酯类是人工合成的除虫菊酯，具有高效、低毒、低残留和用量少的优点。目前，国内常用的品种有溴氰菊酯、氯氰菊酯、杀灭菊酯、苯醚菊酯、甲氰菊酯等，拟除虫菊酯的一些优良品种具有低毒广谱等特点，在对有机磷、氨基甲酸酯出现抗性的情况下，其优点更为明显。据文献报道，此类药物在体内易被氧化酶系统降解，无蓄积性，所以一直被认为是毒性较低、使用安全的农药，杀虫效果好，因此农业上使用广泛，但也会因使用不当或污染食品而引起中毒。

（5）有机汞农药　　有机汞农药多为杀菌剂，在土壤中的半衰期为 10～30 年。我国曾使用过的有机汞杀菌剂有西力生（氯化乙基汞）、赛力散（乙酸苯汞），是高效、高残留毒性的杀菌剂，主要用于浸种和拌种。有机汞残留进入人体后主要蓄积在肾、肝、脑等组织，排除很慢，每天仅排出储存总量的 1%。它也能通过乳汁进入婴儿体内，通过胎盘传给胎儿，引起先天性汞中毒，影响神经系统和智力发育。有机汞农药进入土壤后逐渐被分解为无机汞，可保留很多代，还能转化为甲基汞被植物再吸收。食品中的汞 90% 以上以甲基汞的形式存在，食物经存放、加工、烹调也不易除去其中的汞，因此，我国已于 1969 年禁止使用有机汞农药。

（6）其他杀菌剂　　在其他杀菌剂中以苯并咪唑类比较重要，如多菌灵、托布津、甲基托布津等。托布津在植物体内水解为多菌灵而起到杀菌作用，这类农药一般高效、低毒、广谱，多菌灵在哺乳类动物的胃内均能发生亚硝化反应，形成亚硝基化合物，而对人体产生有害的影响。

（7）除草剂　　除草剂的使用很广泛，品种也逐渐增多，目前，使用较多的除草剂有 2,4-D，二甲四氯，2,4,5-T 的盐类、酯类，除草醚，氟乐灵等。除草剂多数是低毒或微毒的，并且用量少，一年只用一次，又多在农作物发芽出土前施用，所以除草剂被农作物吸收的量很少。除草剂主要通过植物吸收，并进行降解和蓄积，造成对食品的污染。有报道表明，除草剂对人体有突变、致癌作用。

2. 兽药残留　　随着生活水平的不断提高，人们对动物性食品的需求日益增长，给畜牧业带来前所未有的繁荣和发展。但是，由于普遍热衷于寻求提高动物性食品产量的方法，往往忽略了动物性食品的安全性问题，其中最重要的是化学物质在动物性食品中的残留及其对人类健康的危害问题。兽药在减少疾病和痛苦方面起到了重要的作用，但是它们在食品中的残留使兽药应用产生了问题。

兽药残留（veterinary drug residue）是指给动物使用兽药或饲料添加剂后，药物的原形及其代谢产物可蓄积或贮存于动物的细胞、组织、器官或可食性产品（如蛋、奶）中，是兽药在动物性食品中的残留，简称兽药残留。动物性食品兽药残留超标，不但给消费者的健康带来危害，也给畜产品的出口造成极大困难，阻碍畜牧业进一步发展。目前，我国动物性食品里的残留主要来源于以下方面：一是饲养过程。有的养殖者及养殖场为了达到防治疾病、减少动物死亡的目的，实行药物与口粮同步。二是饲料。饲料的长期使用或使用不当，造成畜禽产品中药剂残留及耐药菌株的产生。人体长期摄入含兽药残留的动物性食品后，药物不断在体内蓄积，当浓度达到一定量后，就会对人体产生毒性作用，如对肾脏的损害等。由于动物源性食品的兽药残留问题直接危害到消费者，所以受到极大关注。国内外都成立了相应的立法机构和市场认可程序，以防止兽药残留和饲料添加剂对人类健康和环境造成危害。

细菌耐药性是指有些细菌菌株对通常能抑制其生长繁殖的某种浓度的抗菌药物产生了耐受性。经常食用低剂量药物残留的食品可使细菌产生耐药性。动物在经常反复接触某一种抗菌药物后，其体内的敏感菌株将受到选择性抑制，从而使耐药性菌株大量繁殖。在某些情况下，经常食用含药物残留的动物性食品，那么动物体内的耐药菌株可通过动物性食品传播给人体，当人体发生疾病时，给临床上感染性疾病的治疗带来一定的困难，耐药性菌株感染往往会延误正常的治疗过程。已发现长期食用低剂量的抗生素能导致金黄色葡萄球菌耐药菌株的出现，也能引起大肠杆菌耐药菌株的产生。日本、美国、德国、法国和比利时学者研究证明，在乳、肉和动物脏器中都存在耐药菌株。当这些食品（如肉馅、牛肉调味酱等）被人食用后，耐药菌株就可能进入消费者的消化道内。

残留的兽药分为以下几类。

（1）抗微生物药物和抗生素　　抗微生物药物和抗生素会有选择性地抑制致病微生物的生长，尤其是细菌。这些药物有些来自细菌的代谢物，有些通过化学合成制得，它们可用于治疗，也可用作预防。促进生长的抗生素在低浓度下对于食品是安全的，因为使用的量与治疗量相比是相对低的，因此对它们的残留关注也相应很少。但是最近，这些药物成分对某些细菌产生抗药性的研究已成为人们关注的焦点。这也导致了在动物饲料中禁止一些特定成分作为生长促长剂使用（如杆菌肽锌、螺旋霉素、泰乐菌素磷酸盐）。其原因是人类（和动物）的健康受到抗药性细菌（沙门菌等）的威胁，这也导致了对类似药物（如氟喹诺酮）关注度的增加。

（2）合成代谢类药物　　兽药合成代谢类药物在自然界中是以甾类物质存在的。

激素在动物的生长过程中起重要作用，它能促进肌肉组织生长。将激素类药物植入动物耳朵根部，能提高动物的新陈代谢，从而使饲料利用率提高并促进动物生长。屠宰时去掉耳朵，以防止药物残留造成食品污染。

（3）驱虫剂　　牛、羊很大程度上依赖于牧场以满足每日摄食所需，而猪的依赖程度要小一些。牛、羊在放牧时有可能摄取到一些外来物质，这是因为此时牧场已经被放牧过或被粪便污染了。大多数寄生虫在动物粪便中处于虫卵和幼虫阶段，易被牧场上的动物所摄取。主要的三种寄生虫是绦虫、蛔虫和吸虫。

驱虫剂中使用最多的成分是左旋咪唑和苯并咪唑，然而伊维菌素类药物以其安全性渐渐取代了上述两类药物，成为了兽医临床上广泛使用的一类广谱抗螨虫药，该药使用安全，并对动物体内的绦虫、蛔虫和吸虫具有良好的杀虫作用。然而，现在有研究证明寄生虫对这些化学成分已产生了一定的抗药性，这一点令人颇为担忧。

（4）抗球虫剂　　球虫常寄生于无脊椎动物及脊椎动物的肠壁细胞、血细胞及肝细胞等，为细胞内寄生动物，通常可通过粪便传播。当幼年动物在高度密集型的饲养条件下时，感染球虫的危险性是最高的（如家禽类饲养中），所以家禽养殖中造成损失最大的疾病是球虫病。球虫病从而成为全世界家禽产业关注的主要问题。

目前，公认的防球虫病的最有效方法是对幼年动物在感染初期进行防治。大多抗球虫剂在寄生虫的第一次或第二次无性繁殖过程中起作用。主要的抗球虫剂有硫胺类药剂、常山酮、氨丙啉、氯胍、喹啉类、尼卡巴嗪（球虫净）、硝酰胺类、羟基吡啶类（氯羟吡啶）、呋喃类、聚醚类离子载体抗生素（莫能菌素、盐霉素、马杜霉素、甲基盐霉素、拉沙洛西钠等）。

（5）镇静剂和 β-兴奋剂　　镇静剂和 β-兴奋剂常常被非法使用，用于减缓动物在运输或屠宰前的压力。尤其是猪，它们对环境的变化相当敏感，而压力的变化会使肉的质量变差。最常用于这一目的的镇静剂有氮哌酮、氮佩汀和内吩嗪，β-兴奋剂和氨哮素也属于镇静剂。这类药物通过神经细胞破坏肾上腺素的吸收，刺激心血管系统。当使用超过一定期限，如三或四个月，该类药物会从脂肪进入肌肉组织中进行再分配。并且，使用这些药物的肉类产品的品质相当差。在一些欧洲国家，这类药物作为饲料的添加剂已被禁用。

（6）非激素类生长促进剂　　非激素类生长促进剂喹喔啉双-N-氧化物、卡巴多司和奥喹多司常加在猪饲料中作为添加剂使用。由于这些成分的新陈代谢很快，对其残留测试时，必须测试其主要代谢产物：喹喔啉乙酸和甲基喹喔啉乙酸。

三、有害金属

人体中存在的某些微量（甚至痕量）化学元素，虽然相对含量较少，却是人体生理功能所必需的，且必须通过食物摄入，称为必需微量元素。按照微量元素的生物学作用可分为三类：一是人体必需微量元素（共 8 种），包括碘、锌、硒、铜、钼、铬、钴及铁。二是人体可能必需元素（共 5 种），包括锰、硅、硼、钒及镍。三是具有潜在的毒性，但在低剂量时可能具有人体必需功能的元素（共 7 种），包括氟、铅、镉、汞、砷、铝及锡。即使人体的必需元素，也有一个最佳摄入量问题，在一般膳食情况下不至于造成对机体的危害，然而某些元素的过量或缺乏会导致对机体潜在的危害（如氟、铬等）。但对于铅、镉、汞、砷等元素，人体少量摄入就可呈现明显毒作用，又被称为有毒金属。在食品安全领域中，重金属的概念和范围并不十分严格，一般是指对生物有显著毒性的一类元素。从毒性这一角度出发，重金属既包括有毒金属如铅、镉、汞等和摄入过量可对人体产生毒性作用的某些必需元素如铬、锰、锌、铜等，通常还包括铍、铝等轻金属和砷、硒等类金属，非金属元素氟也包括在内。

（一）汞

汞俗称水银，银白色液态金属，相对密度 13.6，熔点－38.7℃，沸点 356.6℃。金属汞具有易蒸发特性，蒸发量随温度升高而增加，水中的汞蒸发能通过覆盖的水层进入空气。

1. 汞对食品的污染　　汞对食品的污染主要是通过环境引起的，环境中汞的来源主要是工业上含汞废水的排放和应用汞农药造成的。汞在工业上的应用很多，其用途在 3000 种以上，是环境中汞污染的主要来源。在氯碱工业中，较多使用的工艺流程是以汞阴极电解食盐的方法。一般每产生 1t 碱，耗汞 150～300g。

汞作为催化剂广泛地应用于塑料、化工、毛皮加工等生产过程中。汞用于有机物的聚合、氢化、脱氢、矿化、氧化、氯化和酸解等。排入大气、土壤中的汞，最终都可能转到水体中去。在水体中，汞及其化合物可被水中胶体颗粒、悬浮物、浮游生物等吸附而沉积于水体的底质中。底质中的无机汞可以在微生物的作用下，转化为甲基汞或二甲基汞，通过食物链的一系列生物富集作用之后进入人体。

环境中的微生物可以使毒性低的无机汞转变成毒性高的甲基汞，鱼类吸收甲基汞速度很快，通过食物链引起生物富集。在体内蓄积不易排出，相对而言植物不易富集汞，甲基汞的含量相对也低。

食品中汞污染的来源主要有：①自然界的释放；②工矿企业中汞的流失和含汞三废的排放；③环境中毒性低的无机汞在微生物的作用下，能转化成毒性高的甲基汞，甲基汞溶于水，在水生生物中易于富集，并在体内蓄积不易排出。

2. 汞污染食品的危害　　汞对人体的毒性主要取决于它的吸收率，金属汞的吸收率仅为0.01%，无机汞的吸收率平均为7%，而甲基汞吸收率可达95%以上，故甲基汞的毒性最大。

汞与甲基汞均可通过呼吸道、消化道和皮肤侵入人体。

无机汞进入血液后，大部分分布于血浆中，在人体内主要分布于肾脏，其次是肝脏和脾脏。主要从肾脏排出，也可经过肝脏借助胆汁排至肠道，此外还可由汗腺和唾液腺排出。

甲基汞绝大部分存在于红细胞内。甲基汞主要侵犯神经系统，特别是中枢神经系统，严重损害小脑和大脑。甲基汞经肾脏的排泄量，小于总排出量的10%，大部分经胆汁以甲基汞半胱氨酸的形态从肠道排出。排出时，50%已转变为无机汞，而另一半可在肠道内被再吸收。故甲基汞的排出远比无机汞的排出缓慢，易于在人体内蓄积。除蓄积于肾、肝等脏器外，还可通过血脑屏障在脑组织内蓄积。此外，甲基汞还可透过胎盘侵入胎儿体内使胎儿中毒，主要表现为发育不良、智力发育迟缓、畸形，甚至发生脑麻痹死亡。

慢性甲基汞中毒（水俣病）是世界上第一个出现的由环境污染所致的公害病。位于日本南部沿海的水俣湾，于1953年前后曾有多人患了以神经系统症状为主的一种奇病，同时当地还发现许多症状与人类似的生病动物（如疯猫）。经过日本近10年的研究查明，是由于甲基汞中毒而引起的。原因是位于水俣湾的一家氮肥厂以无机汞作为催化剂，在生产乙醛和氯乙烯的过程中，使无机汞转化成甲基汞，含有甲基汞的工厂废水排放到海湾后经过食物链的作用，甲基汞富集到鱼贝类体内，人和动物因食鱼贝类而引起甲基汞中毒。

水俣病最常出现的特异性的体征是末梢感觉减退，视野向心性缩小，听力障碍及共济性运动失调，智力障碍及震颤无力等。

3. 食品中汞的限量　　《食品安全国家标准　食品中污染物限量》（GB 2762—2012）对汞限量指标的规定见表22-1。

表 22-1　食品中汞限量指标

食品	限量（ML）/（mg/kg）	
	总汞（以 Hg 计）	甲基汞
粮食（成品粮）	0.02	—
薯类（土豆、白薯）、蔬菜、水果	0.01	—
鲜乳	0.01	—
肉、蛋（去壳）	0.05	—
鱼（不包括食肉鱼类）及其他水产品	—	0.5
食肉鱼类（如鲨鱼、金枪鱼及其他）	—	1.0

4. 预防汞污染食品的措施　　汞和甲基汞一旦进入水体，依靠水体自净作用是很难消除的。因此应以预防为主，不向环境中排放汞。对已知被甲基汞污染地区，应根据污染程度限制捕捞或禁止食用鱼贝类，并应制定甲基汞摄入量控制标准。日本提出每日每千克体重摄入量不超过 0.5μg，瑞典提出不超过 0.43μg，可作为参考。

（二）铅

1. 铅对食品的污染　　我国食品中重金属污染主要是铅污染。铅是日常生活和工业生产中广泛使用的金属，食品加工设备、食品容器、包装材料及食品添加剂等均含有铅，铅制食品容器在很多地区仍在使用，农村盛装米酒的铅壶依然普遍。

人体内的铅除职业性接触外，主要来源于食物。成人每天由膳食摄入的铅为 300～400μg，但只有 5%～10%被吸收。食品中我国传统工艺生产的松花蛋，铅的平均含量超过国家标准近 2 倍，最高值达到 336mg/kg。大部分食品中铅的 P90 值都高于 CAC 标准，完全采用 CAC 标准还有一定困难。儿童食品中铅的污染问题最严重。在食物铅来源中，粮食和蔬菜占膳食铅的 62%～90%。

食品中铅污染的来源主要有：①工业三废和汽油的燃烧；②食品容器和包装材料如陶瓷、搪瓷、铅合金、马口铁等材料制成的食品容器和食具等含有较多的铅，在某种情况下如盛放酸性食品时，铅溶出污染食品；③含铅农药的使用造成农作物的铅污染；④含铅的食品添加剂或加工助剂的使用；⑤文化用品如儿童使用的铅笔、色彩斑斓的油彩画册、大版面及多版面的报纸等均含有较高的铅，用手翻阅后不洗手，直接取食物进餐。

2. 铅污染食品的危害　　铅对体内多种器官、组织均有不同程度的损害，尤其对造血器官、神经系统、胃肠道和肾脏的损害较为明显。

食品中铅污染主要导致慢性铅中毒，表现为贫血、神经衰弱、神经炎和消化系统症状，如头痛、头晕、乏力、面色苍白、食欲不振、烦躁、失眠、口有金属味、腹痛、腹泻或便秘等，严重者可出现铅中毒脑病。儿童对铅较成人敏感，过量铅能影响儿童生长发育，造成智力低下。

3. 食品中铅的限量　　《食品安全国家标准　食品中污染物限量》（GB 2762—2012）中对铅限量指标的规定见表 22-2。

表 22-2　食品中铅限量指标

食品	限量（ML）/（mg/kg）	食品	限量（ML）/（mg/kg）
谷类	0.2	球茎蔬菜	0.3
豆类	0.2	叶菜类	0.3
薯类	0.2	鲜乳	0.05
禽畜肉品	0.2	婴幼儿配方乳粉（乳为原料，以	0.02
可食用禽畜下水	0.5	冲调后乳汁计）	
鱼类	0.5	鲜蛋	0.2
水果	0.1	果酒	0.2
小水果、浆果、葡萄	0.2	果汁	0.05
蔬菜（球茎、叶菜、食用菌类除外）	0.1	茶叶	5

（三）砷

1. 砷对食品的污染　食品中砷污染的来源主要为：工业三废的排放；含砷农药的使用；误用容器或误食。

砷以含砷肥料、农药、食品添加剂、砷化合物污染食品为主，无机砷的毒性大于有机砷，体内的三价砷与巯基结合形成稳定的络合物，从而使细胞呼吸代谢发生障碍，并对多种酶有抑制作用。

2. 砷污染食品的危害　砷可引起急性中毒、慢性中毒。一般无机砷的毒性较有机砷大，三价砷的毒性较五价砷大。急性中毒主要表现为恶心、呕吐、腹痛、腹泻等胃肠炎症状，严重者可导致中枢神经系统麻痹而死亡，并出现七窍出血。砷的急性中毒主要见于意外事故如误食导致。

慢性砷中毒主要表现为神经衰弱征候群、皮肤色素异常（白斑或黑皮症）、皮肤过度角化及末梢神经炎等症状。

近年来，发现砷有致癌作用。已证实多种砷化物具有致突变性，能导致基因突变、染色体畸变并抑制 DNA 损伤的修复。流行病学调查表明，无机砷化合物与人类皮肤癌和肺癌的发生有关。

3. 食品中砷的限量　《食品安全国家标准　食品中污染物限量》（GB 2762—2012）中对砷限量指标的规定见表 22-3。

表 22-3　食品中砷限量指标

食品	限量（ML）/（mg/kg）		食品	限量（ML）/（mg/kg）	
	总砷	无机砷		总砷	无机砷
粮食			鱼	—	0.1
大米	—	0.15	藻类（以干重计）	—	1.5
面粉	—	0.1	贝类及虾蟹类（以鲜重计）	—	0.5
杂粮	—	0.2	贝类及虾蟹类（以干重计）	—	1.0
蔬菜	—	0.05	其他水产食品（以鲜重计）	—	0.5
水果	—	0.05	酒类	—	0.05
畜禽肉类	—	0.05	食用油脂	0.1	—
蛋类	—	0.05	果汁及果浆	0.2	—
乳粉	—	0.25	可可脂及巧克力	0.5	—
鲜乳	—	0.05	其他可可制品	1.0	—
豆类	—	0.1	食糖	0.5	—

（四）镉

1. 镉对食品的污染　食品中镉污染的来源有：①工业三废尤其是含镉废水的排放，污染了水体和土壤，通过食物链和生物富集作用而污染食品；②食用作物可从污染的土壤中吸收镉，使食物受到污染；③用含镉的合金、釉、颜料及镀层制作的食品容器，有释放出镉而污染食品的可能，尤其是盛放酸性食品时，其中的镉大量溶出，将严重污染食品，引起镉中毒。

2. 镉污染食品的危害　　镉在一般环境中含量较低，但可以通过食物链的富集，使食品中的镉含量达到相当高，日本发生的"痛痛病"就是因为环境污染使粮食中的镉含量明显增加，对人体造成以骨骼系统病变为主的疾病。

镉可引起急性中毒和慢性中毒，经动物实验证实有致癌、致畸作用。通过食物摄入镉是其进入人体的主要途径。其中毒表现主要为肾脏、骨骼和消化器官的损害，镉使骨钙析出，从尿排出体外，从而引起骨质疏松，造成多发性病理骨折，关节重度疼痛。

食物中镉对人体的危害主要是引起慢性镉中毒。镉对体内巯基酶有较强的抑制作用，其主要损害肾脏、骨骼和消化系统，尤其损害肾近曲小管上皮细胞，使其重吸收功能障碍。临床上出现蛋白尿、氨基酸尿、高钙尿和糖尿，致使机体负钙平衡，使骨钙析出，此时如果未能及时补钙，则导致骨质疏松、骨痛而易诱发骨折；镉干扰食物中铁的吸收和加速红细胞的破坏而引起贫血。

镉除能引起人体的急、慢性中毒外，国内外也有研究认为，镉及镉化合物对动物和人有一定致畸、致癌和致突变作用。

3. 食品镉的限量　　《食品安全国家标准　食品中污染物限量》（GB 2762—2012）中对砷限量指标的规定见表 22-4。

表 22-4　食品中镉限量指标

食品	限量（ML）/（mg/kg）	食品	限量（ML）/（mg/kg）
粮食		禽畜肉类	0.1
大米、大豆	0.2	禽畜肝脏	0.5
花生	0.5	禽畜肾脏	1.0
面粉	0.1	根茎类蔬菜（芹菜除外）	0.1
杂粮（玉米、小米、高粱、薯类）	0.1	叶菜、芹菜、食用菌类	0.2
水果	0.05	其他蔬菜	0.05
鱼	0.1	鲜蛋	0.05

四、食品原料的生物性污染

食品原料的生物性污染主要包括微生物、寄生虫和昆虫所造成的污染。

（一）微生物污染

污染食品的微生物有细菌、病毒和霉菌。主要存在于肉类食品中引起人畜共患传染病和畜禽之间传染的病原体有炭疽杆菌、结核杆菌、猪丹毒杆菌、布氏杆菌、口蹄疫病毒、狂犬病病毒、溶血性链球菌、高致病性猪蓝耳病毒、禽流感病毒、传染性胃肠炎病毒、猪瘟病毒等。

1. 细菌对食品安全性的影响　　食品中细菌来自内源和外源污染，而食品中存活的细菌只是自然界细菌中的一部分。这部分在食品中常见的细菌，在食品卫生学上被称为食品细菌。食品细菌包括致病菌、相对致病菌和非致病菌，有些致病菌还是引起食物中毒的原因，它们既是评价食品卫生质量的重要指标，也是食品腐败变质的原因。

（1）食品的腐败　　食品的腐败变质原因较多，有物理因素、化学因素和生物因素，如动、植物食品组织内酶的作用，昆虫、寄生虫及微生物的污染等，其中由微生物污染所引起的食品腐败变质是最为重要和普遍的。食品加工前的原料，总是带有一定数量的微生物，在加工过程中及加工后的成品，也不可避免地要接触环境中的微生物，因而食品中存在一定种类和数量的微生物。然而微生物污染食品后，能否导致食品的腐败变质，以及变质的程度和性质如何，受多方面因素的影响。一般来说，食品发生腐败变质，与食品本身的水分、酸碱度，污染微生物的种类和数量及食品所处的温度、湿度等环境因素有着密切的关系。水分是微生物生命活动的必要条件，微生物细胞组成不可缺少水，细胞内所进行的各种生物化学反应，均以水分为溶媒。在缺水的环境中，微生物的新陈代谢发生障碍，甚至死亡。但各类微生物生长繁殖所要求的水分含量不同，因此，食品中的水分含量决定了生长微生物的种类。一般来说，含水分较多的食品，细菌容易繁殖；含水分少的食品，霉菌和酵母菌则容易繁殖。每一类群微生物都有最适宜生长的温度范围，大多数微生物都可以在 20～30℃生长繁殖，当食品处于这种温度的环境中，各种微生物即可生长繁殖而引起食品的变质。

（2）食品中主要污染细菌　　细菌性污染是涉及面最广、影响最大、问题最多的一种食品污染。一些常见的致病菌由于未得到理想的控制而导致中毒事件频繁发生，如沙门菌、金黄色葡萄球菌、肉毒杆菌等，而新的细菌性食物中毒又不断出现，如李斯特菌等。因此，控制细菌性污染仍然是解决食品污染问题的主要内容。

1）沙门菌属。

A．生物学特性：沙门菌属为革兰氏阴性无芽孢直杆菌，大小为（0.5～0.8）μm×（3～4）μm。菌体周生鞭毛，能运动。兼性厌氧，最适生长温度为 35～37℃。该属菌能发酵葡萄糖产酸产气，不分解乳糖，产生 H_2S。根据其生化性状差别，可分为 I～V 个亚属。根据细胞表面抗原和鞭毛抗原的不同，分为 2000 多个血清型。不同血清型的致病力及侵染对象不尽相同，有些对人致病，有些对动物致病，也有些对人和动物都致病。

B．流行病学：沙门菌广泛分布于自然界，已从人和家畜等哺乳动物、禽类、蛇、龟、蛙等两栖动物中分离出该菌。从自然环境中的蚯蚓、鱼等中也分离出该菌。该菌常污染鱼、肉、禽、蛋、乳等食品，在食品中增殖，沙门菌涉及的食品有生肉、禽、海产品、蛋、乳制品、酵母、酱油、色拉调料、蛋糕粉、奶油、夹心甜点、糖果等。沙门菌主要感染禽类，人们食用了被沙门菌感染的禽肉而发生食源性疾患。

C．致病性：沙门菌天然存在于哺乳类、鸟类、两栖类和爬行类肠道内，鱼类、甲壳类或软体动物中不存在沙门菌。但如果沿海环境受污染或海产品捕捞后受污染，沙门菌会进入海产品内。人食入后可在消化道内增殖，引起急性胃肠炎和败血症等。沙门菌感染会引起恶心、呕吐、腹部痉挛和发烧。该菌是重要的食物中毒性细菌之一。沙门菌是世界最常见引发食源性疾病暴发的病原菌。根据世界卫生组织掌握的资料，在食源性疾病危险因素中，微生物性食物中毒仍是首要危害，包括食源性腹泻等。沙门菌是全球报道最多的、各国公认的食源性疾病首要病原菌，广泛发生于家庭、学校、公共餐饮单位及医院。

D．预防措施：沙门菌引起危害的预防，可以通过充分加热水产品杀菌；将产品贮存在 4℃条件下防止其生长；防止加热杀菌后交叉污染；禁止患者和沙门菌携带者进入食品加工间。沙门菌的感染菌量随人而异，差量很大，健康人相当高，但对老人、药物过敏患者甚低。

2）大肠杆菌。大肠杆菌（也称大肠埃希菌），分类于肠杆菌科，归属于埃希菌属。一般不致病，为人和动物肠道中的常居菌，在一定条件下可引起肠道外感染。某些血清型菌株的致病性强，引起腹泻，统称致病性大肠杆菌。致病性大肠杆菌是通过环境污染进入食品中的。

A．生物学特性：大小（0.4～0.7）μm×（1～3）μm，无芽孢，大多数菌株有动力。有普通菌毛与性菌毛，有些菌株有多糖类包膜，革兰氏阴性杆菌。在血琼脂平板上，有些菌株产生β型溶血。在鉴别性或选择性培养基上形成有颜色、直径2～3cm的光滑型菌落。大部分菌株发酵乳糖产酸产气，并发酵葡萄糖、麦芽孢、甘露醇、木胶糖、阿拉伯胶等产酸产气。

B．流行病学：该菌对热的抵抗力较其他肠道杆菌强，55℃经60min或60℃加热15min仍有部分细菌存活。在自然界的水中可存活数周至数月，在温度较低的粪便中存活更久。胆盐、煌绿等对大肠杆菌有抑制作用。对磺胺类、链霉素、氯霉素等敏感，但易耐药。

C．致病性：肠毒素是肠产毒性大肠杆菌在生长繁殖过程中释放的外毒素，分为耐热和不耐热两种，可引起的疾病有以下几种。

肠道外感染：多为内源性感染，以泌尿系统感染为主，如尿道炎、膀胱炎、肾盂肾炎、上行性尿道感染，多见于已婚妇女。也可引起腹膜炎、胆囊炎、阑尾炎等。婴儿、年老体弱者、慢性消耗性疾病患者、大面积烧伤患者，大肠杆菌可侵入血流，引起败血症。早产儿，尤其是生后30d内的新生儿，易患大肠杆菌性脑膜炎。

急性腹泻：某些血清型大肠杆菌能引起人类腹泻。肠产毒性大肠杆菌引起婴幼儿和旅游者腹泻，出现轻度水泻，也可呈严重的霍乱样症状。腹泻常为自限性，一般2～3d即愈。营养不良者可达数周，也可反复发作。肠致病性大肠杆菌是婴儿腹泻的主要病原菌，有高度传染性，严重者可致死，成人少见。细菌侵入肠道后，主要在十二指肠、空肠和回肠上段大量繁殖。切片标本中可见细菌黏附于绒毛，导致刷状缘破坏、绒毛萎缩、上皮细胞排列紊乱和功能受损，造成严重腹泻。肠出血性大肠杆菌引起散发性或暴发性出血性结肠炎，可产生志贺毒素样细胞毒素。

D．预防措施：大肠杆菌引起的危害可通过充分加热杀菌控制、在4℃以下冷藏产品、防止烹调过程中交叉传染、禁止有病人员加工食品等来防止。

3）志贺菌（通称痢疾杆菌）。志贺菌天然存在于人类肠道内。

A．生物学特性：志贺菌属为直杆菌，革兰氏阴性、兼性厌氧、不运动、无芽孢，菌落中等大小、半透明、光滑。不能利用柠檬酸或丙二酸作为唯一碳源，大多数菌株不分解乳糖。

B．流行病学：志贺菌的抵抗力一般在潮湿土壤中能存活34d，37℃水中存活20d，在粪便内（室温）存活11d。日光直接照射30min，56～60℃10min即被杀死，对高温和化学消毒剂很敏感，1%苯酚中15～30min即被杀死，对氯霉素、磺胺类、链霉素敏感，但易产生耐药性。

志贺菌病常为食物暴发型或经水传播。和志贺菌病相关的食品包括色拉（土豆、金枪鱼、虾、通心粉、鸡）、生的蔬菜、乳和乳制品、禽、水果、面包制品、汉堡包和有鳍鱼类，志贺菌在拥挤和不卫生条件下能迅速传播，经常发现于人员大量集中的地方如餐厅、食堂。食源性志贺菌流行的最主要原因是从事食品加工行业人员患菌痢或带菌者污染食品，食品接触人员个人卫生差，存放已污染的食品温度不适当等。

C．致病性：由于环境受污染，志贺菌可进入食品内，引发志贺病，导致腹泻、发烧、腹部痉挛和严重脱水。该菌是细菌性痢疾的病原菌，污染食品经口进入人体后，可侵入大肠的上皮细胞，引起以下痢、发热、腹痛为主的细菌性红痢。人类对痢疾杆菌有很高的易感性。幼儿可引起急性中毒性菌痢，死亡率甚高。志贺菌引起的细菌性痢疾，主要通过消化道途径传播。根据宿主的健康状况和年龄，只需少量病菌（至少 10 个细胞）进入，就有可能致病。

D．预防措施：志贺菌引起的危害可通过消除人类粪便对水源的污染，改进加工人员个人卫生，禁止患者和志贺菌携带者进入食品加工间来控制。

4）副溶血性弧菌。

A．生物学特性：弧菌属为革兰氏阴性兼性厌氧菌。单端生鞭毛，氧化酶阳性，发酵糖类产酸不产气，不产生水溶性色素。

B．流行病学：副溶血性弧菌天然存在于世界大多数的港湾和海岸线区域。在很多水域，副溶血性弧菌在温暖的月份大量存在于环境中。因此，大多数的发病是在夏季。近两年食源性疾病监测网的资料显示，在沿海地区和部分内地省区，副溶血性弧菌中毒已跃居沙门菌之上。副溶血性弧菌主要污染海产品，中毒的高发与国家经济发展、人们食用方式的改变有关。

C．致病性：副溶血性弧菌的基本症状包括腹泻、腹部痉挛、恶心、呕吐和头疼。发烧和发冷症状报道较少。发症与食用污染的蟹类、牡蛎、虾和龙虾有关。

D．预防措施：副溶血性弧菌的危害可通过彻底加热水产品和防止加热后的交叉感染来预防。因其感染所需菌量很大，因此控制其生长的时间和温度，避免加工积压是重要的预防措施。

5）金黄色葡萄球菌。

A．生物学特性：典型的金黄色葡萄球菌为球形，直径 0.8μm 左右，显微镜下排列成葡萄串状，金黄色葡萄球菌无芽孢、鞭毛，大多数无荚膜，革兰氏染色阳性。金黄色葡萄球菌营养要求不高，在普通培养基上生长良好，需氧或兼性厌氧，最适生长温度 37℃，最适生长 pH7.4。平板上菌落厚、有光泽、圆形凸起，直径 1～2mm。血平板菌落周围形成透明的溶血环。金黄色葡萄球菌有高度的耐盐性，可在 10%～15% NaCl 肉汤中生长。可分解葡萄糖、麦芽糖、乳糖、蔗糖，产酸不产气。甲基红反应阳性，VP反应（检验细菌分解糖，产生乙酰甲基甲醇能力的实验）弱阳性。许多菌株可分解精氨酸，水解尿素，还原硝酸盐，液化明胶。金黄色葡萄球菌具有较强的抵抗力，对磺胺类药物敏感性低，但对青霉素、红霉素等高度敏感。

B．流行病学：金黄色葡萄球菌在自然界中无处不在，空气、水、灰尘及人和动物的排泄物中都可存在。因而，食品受其污染的机会很多。近年来，美国疾病控制中心报告，由金黄色葡萄球菌引起的感染占第二位，仅次于大肠杆菌。金黄色葡萄球菌肠毒素是个世界性卫生问题，在美国由金黄色葡萄球菌肠毒素引起的食物中毒占整个细菌性食物中毒的33%，加拿大则更多，占45%，我国每年发生的此类中毒事件也非常多。金黄色葡萄球菌的流行病学一般有如下特点：季节分布，多见于春夏季；中毒食品种类多，如乳、肉、蛋、鱼及其制品。此外，剩饭、油煎蛋、糯米糕及凉粉等引起的中毒事件也有报道。上呼吸道感染患者鼻腔带菌率为 83%，所以人畜化脓性感染部位常成为污染源。

一般来说，金黄色葡萄球菌可通过以下途径污染食品：食品加工人员、炊事员或销售人员带菌，造成食品污染；食品在加工前本身带菌，或在加工过程中受到了污染，产生了肠毒素，引起食物中毒；熟食制品包装不严，运输过程受到污染；奶牛患化脓性乳腺炎或禽畜局部化脓时，对肉体其他部位的污染。

肠毒素形成条件：存放在 37℃ 内，温度越高，产毒时间越短；存放地点通风不良，氧分压低，易形成肠毒素；食物含蛋白质丰富，水分多，同时含一定量淀粉，肠毒素易生成。

C．致病性：人类和动物是金黄色葡萄球菌的主要宿主。50% 健康人的鼻腔、咽喉、头发、皮肤上都有发现。该菌存在于人和动物的化脓处，健康人的鼻腔、手指、皮肤和毛发上，并广泛分布于动物体表、垃圾及人类的生活环境中。金黄色葡萄球菌是人类化脓感染中最常见的病原菌，可引起局部化脓感染，也可引起肺炎、伪膜性肠炎、心包炎等，甚至败血症、脓毒症等全身感染。金黄色葡萄球菌涉及的食品有禽、肉、色拉、烘烤品、三明治、乳制品等。

D．预防措施。防止带菌人群对各种食物的污染：定期对生产加工人员进行健康检查，患局部化脓性感染（如疖疮、手指化脓等）、上呼吸道感染（如鼻窦炎、化脓性肺炎、口腔疾病等）的人员要暂时停止其工作或调换岗位。

防止金黄色葡萄球菌对乳及其制品的污染：如牛奶厂要定期检查奶牛的乳房，不能挤用患化脓性乳腺炎的牛奶；奶挤出后，要迅速冷至 −10℃ 以下，以防毒素生成、细菌繁殖。乳制品要以消毒牛奶为原料，注意低温保存。

在肉制品加工厂，患局部化脓感染的禽、畜尸体应除去病变部位，经高温或其他适当方式处理后进行加工生产。

防止金黄色葡萄球菌肠毒素的生成：应在低温和通风良好的条件下贮藏食物，以防肠毒素的形成；在气温高的春夏季，食物置冷藏或通风阴凉地方也不应超过 6h，并且食用前要彻底加热。

6）肉毒梭菌。

A．生物学特性：肉毒梭菌是芽孢菌，在厌氧情况下生长。这些特性使其能在正常加热温度下存活且在真空包装、罐装和其他缺氧包装环境下生长，产生强烈的神经毒素，引起肉毒中毒。

B．流行病学：肉毒梭菌，或称肉毒梭状芽孢杆菌，广泛分布于自然环境中，曾经从土壤、水、蔬菜、肉、乳制品、海洋沉积物、鱼类肠道、蟹和贝类的鳃和内脏中分离出来。因为肉毒梭菌有着强耐热性的芽孢，并且在厌氧环境中生长，所以肉毒中毒常见于加热不当的罐装食品中（通常是家庭自制的罐头）或起因于半加工的食品，如熏制、腌制和发酵的食品。

C．致病性：症状包括腹泻、呕吐、腹疼、恶心和虚脱，继发为视力重叠、模糊、瞳孔扩大、凝固，严重时呼吸道肌肉麻痹能导致死亡。

D．预防措施：肉毒梭菌的控制有两种主要途径，其一是加热杀灭芽孢，其二为改变食品状况抑制产毒，加热、水分活度、pH 都能有效地控制肉毒梭菌的生长；但单纯的冷藏处理不作为控制肉毒梭菌 E 型的有效方法，而只能作为控制的辅助方法。因为水产品的内脏中有肉毒梭菌的芽孢，因此，用盐渍、干燥、发酵的方法加工保存的任何产品，加工前必须去除内脏，否则就有可能在加工中产生毒素。

7）单核细胞李斯特菌。李斯特菌在环境中无处不在，在绝大多数食品中都能找到李斯特菌。肉类、蛋类、禽类、海产品、乳制品、蔬菜等都已被证实是李斯特菌的感染源。目前国际上公认的李斯特菌共有 7 个菌株，其中单核细胞增生李斯特菌是唯一能引起人类疾病的。该菌在 4℃的环境中仍可生长繁殖，是冷藏食品威胁人类健康的主要病原菌之一。

A．生物学特性：分布广，存在于土壤、水域（地表水、污水、废水）、昆虫、植物、蔬菜、鱼、鸟、野生动物、家禽中；生存环境可塑性强，能在 2～42℃条件下生存（也有报道 0℃能缓慢生长），能在冰箱冷藏室内较长时间生长繁殖；适应范围大，酸性、碱性条件下都适应。

B．流行病学：单增李斯特菌广泛存在于自然界中，不易被冻融，能耐受较高的渗透压，在土壤、地表水、污水、废水、植物、青储饲料、烂菜中均有该菌存在，所以动物很容易食入该菌，并通过口腔-粪便的途径进行传播。据报道，健康人粪便中单增李斯特菌的携带率为 0.6%～16%，有 70%的人可短期带菌，4%～8%的水产品、5%～10%的乳及其制品、30%以上的肉制品及 15%以上的家禽均被该菌污染。李斯特菌最大的威胁来自不需再加热的即食食品。该菌可通过眼及破损皮肤、黏膜进入人体内而造成感染，孕妇感染后通过胎盘或产道感染胎儿或新生儿，栖居于阴道、子宫颈的该菌也引起感染，性接触也是本病传播的可能途径，且有上升趋势。

C．致病性：20 世纪初，发现李斯特菌会使畜类动物致病，近年来已确认它能引起人类产生李斯特病。大多数健康人不会被其感染或症状为轻度。单增李斯特菌进入人体是否得病与菌量和宿主的年龄免疫状态有关，因为该菌是一种细胞内寄生菌，宿主对它的清除主要靠细胞免疫功能。因此，严重感染者往往是免疫缺陷的人，包括癌症患者、吃过影响身体免疫系统药品的人、酗酒者、怀孕的妇女、胃酸少的人和艾滋病患者。潜伏期：在感染后 3～70d 出现症状，健康成人可出现轻微类似流感症状，易感者突然发热、剧烈头痛、恶心、呕吐、腹泻、败血症、脑膜炎，孕妇出现流产。临床表现：健康成人个体出现轻微类似流感症状，新生儿、孕妇、免疫缺陷患者表现为呼吸急促、呕吐、出血性皮疹、化脓性结膜炎、发热、抽搐、昏迷、自然流产、脑膜炎、败血症直至死亡。

D．预防措施：李斯特菌可通过蒸煮、巴氏杀菌、防止二次污染来控制。单增李斯特菌在一般热加工处理中能存活，热处理已杀灭了竞争性细菌群，使单增李斯特菌在没有竞争的环境条件下易于存在，所以在食品加工中，中心温度必须达到 70℃持续 2min 以上。单增李斯特菌在自然界中广泛存在，所以即使产品已经过热加工处理充分灭活了单增李斯特菌，但有可能造成产品的二次污染，因此蒸煮后防止二次污染是极为重要的。由于单增李斯特菌在 4℃条件下仍然能生长繁殖，所以未加热的冰箱食品增加了食物中毒的危险。冰箱食品需加热后再食用。

（3）食品中常见的污染细菌监测指标　　反映食品细菌污染的指标主要有菌落总数、大肠菌群、致病菌等。

1）菌落总数：菌落总数指一定数量或面积的食品样品，在一定条件下进行细菌培养，使每一个活菌只能形成一个肉眼可见的菌落，然后进行菌落计数所得的菌落数量。通常以 1g、1mL 或 1cm² 样品中所含的菌落数量来表示。按国家标准方法规定，即在需氧情况下，37℃培养48h，能在普通营养琼脂平板上生长的细菌菌落总数，所以厌氧或微需氧菌、有特殊营养要求的及非嗜中温的细菌，由于现有条件不能满足其生理需求，故难以繁殖生长。因此菌落总数并不表示实际中的所有细菌总数，菌落总数并不能区分其中细菌的种类，所以有时被称为杂菌数、需氧菌数等。它反映了食品的新鲜度、被细菌污染的程度，以及食品在生产、储存、运输、销售过程中的卫生措施和管理情况。

2）细菌总数：指一定数量或面积的食品样品，经过适当的处理后，在显微镜下对细菌进行直接计数。其中包括各种活菌数和尚未消失的死菌数。细菌总数也称细菌直接显微镜数。通常以 1g、1mL 或 1cm² 样品中的细菌总数来表示。在我国的食品卫生标准中，采用的测定食品中细菌数量的方法，是在严格规定的培养方法和培养条件（样品处理、培养基种类及其 pH、培养温度与时间、计数方法等）下进行的，使得适应这些条件的每一个活菌细胞能够生成一个肉眼可见的菌落，所生成的菌落总数即该食品中的细菌总数。用此法测得的结果，常用 cfu 表示。

3）大肠菌群：大肠菌群指一群能发酵乳糖、产酸产气、需氧和兼性厌氧的革兰氏阴性无芽孢杆菌。其包括大肠杆菌和产气杆菌的一些中间类型的细菌。大肠菌群不是细菌学上的分类命名，而是根据卫生学方面的要求，提出的与粪便污染有关的细菌，即作为食品、水体等是否受过人畜粪便污染的指示菌，这些细菌在生化及血清学方面并非完全一致。根据进一步的生化试验，可将这群细菌再分为大肠杆菌、弗氏柠檬酸杆菌、肺炎克雷伯菌和阴沟肠杆菌等。这些细菌是寄居于人及温血动物肠道内的常居菌，它随着大便排出体外。食品中如果大肠菌群数越多，说明食品受粪便污染的程度越大。因此，以大肠菌群作为粪便污染食品的卫生指标来评价食品的质量，具有广泛的意义。

食品中大肠菌群的数量，我国和许多国家均以每 100g 或 100mL 检样中大肠菌群最近似数（MPN）来表示，我国现有大肠菌群检测标准是国家标准（GB 4789.3—2010）。

4）致病菌：在我国的国家标准中，致病菌一般指肠道致病菌和致病性球菌，主要包括沙门菌、志贺菌、金黄色葡萄球菌、致病性链球菌4种，致病菌不允许在食品中检出。

2．霉菌对食品安全性的影响

（1）霉菌毒素中毒特点

霉菌及霉菌毒素污染食品后，引起的危害主要有两个方面，即霉菌引起的食品变质和霉菌产生的毒素引起人类中毒。霉菌污染食品可使食品的食用价值降低，甚至完全不能食用，造成巨大的经济损失。据统计，全世界每年平均有2%的谷物由于霉变不能食用。霉菌毒素引起的中毒大多通过被霉菌污染的粮食、油料作物及发酵食品等引起，而且霉菌毒素中毒往往表现为明显的地方性和季节性，临床表现较为复杂，有急性中毒、慢性中毒，以及致癌、致畸和致突变等。靶器官主要为肝脏，急性中毒的动物主要表现为肝脏损伤、肝实质细胞消失延迟、胆管增生、肝细胞脂质消失延迟和肝出血；慢性中毒主要表现为生长发育迟缓、肝脏出现亚急性或慢性损伤。可引起原发性肝细胞癌，也可作用于其他器官，如肾脏、胃、直肠、乳腺、卵巢等。

（2）黄曲霉毒素　　黄曲霉毒素（AF）在 1961 年首次从霉变花生粉中提取出来后，

进一步的研究发现了许多黄曲霉毒素的衍生物和相似物，所以它是指一类结构类似的化合物而非一种化合物。黄曲霉毒素是黄曲霉和寄生曲霉产生的一组代谢产物。黄曲霉毒素目前已分离鉴定的有 12 种以上，包括 AFB_1、AFB_2、AFG_1、AFG_2、AFM_1、AFM_2（图 22-5）及毒醇等。其基本结构相似，由一个二呋喃环和双香豆素构成。基本结构二呋喃环和香豆素，在紫外线下能发生荧光，其结构与毒性有一定关系，在二呋喃末端有双键者毒性较强，并有致癌性。黄曲霉毒素耐热，在烹调加工温度下破坏较少，在水中的溶解度较低。因为黄曲霉毒素 B_1 的毒性和致癌性最强，黄曲霉毒素 B_1 又是食品中污染的主要形式，故食品卫生标准中以此为污染指标。

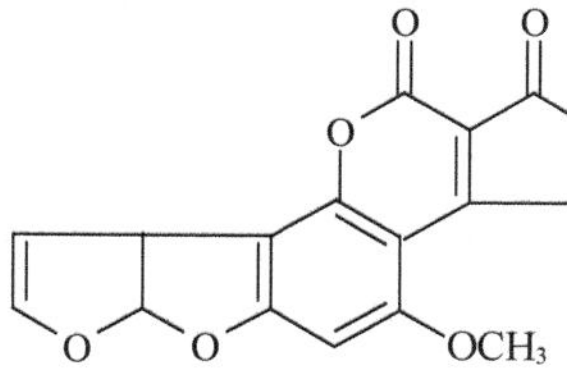

黄曲霉毒素 B_1（AFB_1）

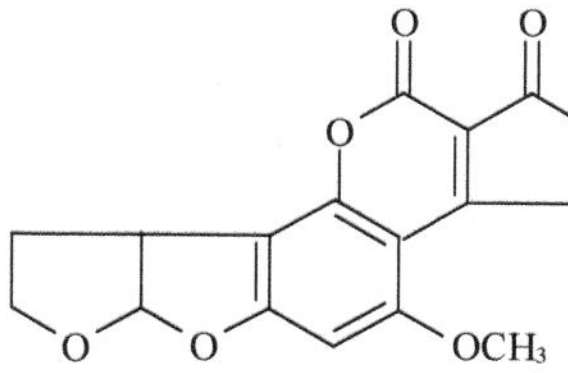

黄曲霉毒素 B_2（AFB_2）

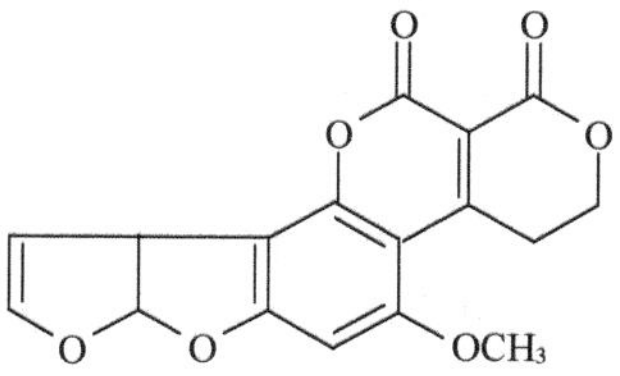

黄曲霉毒素 G_1（AFG_1）

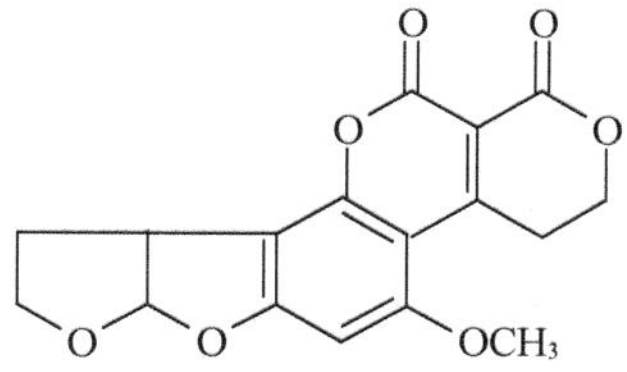

黄曲霉毒素 G_2（AFG_2）

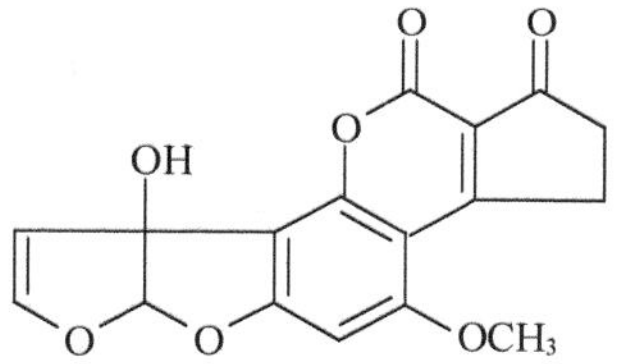

黄曲霉毒素 M_1（AFM_1）

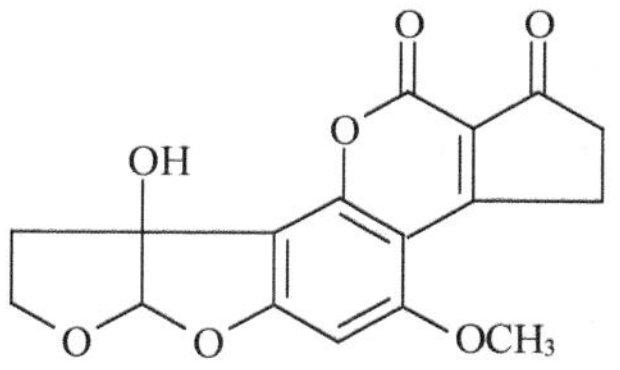

黄曲霉毒素 M_2（AFM_2）

图 22-5　主要黄曲霉毒素的化学结构

黄曲霉毒素的毒性极强，可与眼镜蛇毒性相当。急性中毒主要是侵犯肝脏，引起肝脏坏死。易被黄曲霉毒素污染的食品有花生、花生油、玉米、大米、薯干和棉籽等。黄曲霉毒素耐高温，裂解温度为 280℃，在一般烹调温度下难以消除。

黄曲霉毒素耐热，一般烹调加工方法达不到去毒的目的，因此，应注意以下几点：谷物收获后，尽快脱水干燥，防止发霉变质；捡除霉变颗粒，这是最有效的措施之一；反复搓洗、水冲，用清水反复搓洗 4～6 次，随水倾去悬浮物，可去除 50%～88%的毒素；加碱、高压去毒。碱性条件下，黄曲霉毒素被破坏后可溶于水中，反复水洗或加高压，可去掉 85.7%的毒素。

预防霉菌及其毒素对食品污染的根本措施是防止食品特别是粮食受到霉菌的污染。为此应保持粮粒清洁完整，及时晒干、晒透后入仓。粮粒中水分应低于 14%。储粮库的相对湿度应保持在 65%以下，并尽量保持较低的温度。

（3）常见的霉菌毒素

1）赭曲霉毒素：赭曲霉毒素（OCT）是一种强烈的肾脏毒，包括 A、B、C（简称 OA、OB、OC）等几种衍生物，其中以 OA（结构式见图 22-6）的含量最高，且毒性最强。当人和畜禽持续摄入含毒食物及饲料时，不仅会出现急性症状，也可形成严重的慢性中毒、致癌、致畸等。

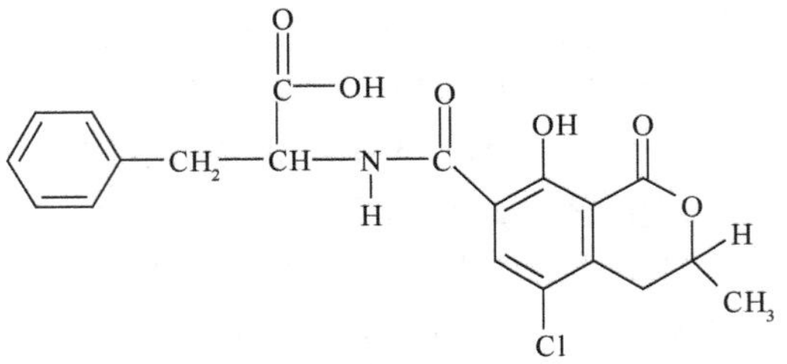

图 22-6　赭曲霉毒素 A 的化学结构

2）岛青霉类毒素：岛青霉类毒素包括黄天精、环氯素、岛青霉毒素、红天精等。这些毒素易污染谷物，对人体危害所表现的毒性作用一般为三种类型，即急性毒性、亚急性或亚慢性毒性和慢性作用，并已证实黄天精和环氯素有致癌作用。

3）镰刀菌毒素：单端孢霉素类急性毒性较强，以局部刺激症状、炎症甚至坏死为主，慢性毒性可引起白细胞减少，抑制蛋白质和 DNA 的合成。丁烯酸内酯毒性是一组较强的蛋白抑制类霉菌毒素，有较强的急性毒性、细胞毒性、免疫抑制及致畸作用，有的有弱致癌性。临床表现有呕吐作用、引起局部皮肤刺激、炎症及坏死。

4）展青霉素：展青霉素最初由于它对许多革兰氏阳性和阴性细菌有抑制作用而当作抗生素来研究，但后来发现它对动物具有较强的毒性而放弃，转而研究它的毒性及对食品和饲料的污染情况。展青霉素主要为神经毒性，可造成动物的痉挛、肺出血、心率加快、呼吸困难甚至死亡，有致癌性。

水果容易受到霉菌感染，最常见的霉菌素是展青霉素。当水果出现腐烂时，不但腐烂的部分含有微生物代谢过程中产生的各种有害物质侵入，而且未腐烂的部分也已被有害物质侵入，只不过眼睛看不出来。未腐烂部分虽外观正常，但仍含有有害物质，吃了同样有危险。据实验取样结果表明，距离腐烂部分 1cm 处看似正常的苹果中，仍可检验出展青霉素等毒素。因此，水果腐烂后不宜再食用。

5）3-硝基丙酸：霉变甘蔗含有神经毒素 3-硝基丙酸，中毒后临床症状以中枢神经系统损伤为主，毒物主要靶器官为中枢神经和消化系统，轻者呕吐、头晕、视力障碍，重者四肢强直性抽搐，手呈鸡爪状，严重者可出现昏迷、呼吸衰竭和死亡，病死率及出现后遗症概率达 50%。目前没有特效治疗措施。未成熟甘蔗收割后如果储存不当，容易发生霉变。

3. 病毒对食品安全性的影响　　病毒是微生物的重要组成部分，存在于食品中的病毒称为食品病毒。人类的传染病中约 80%由病毒引起，相当部分是经过食物传播的。有研究表明，无论哪种食品上残存的病毒，一旦遇到相应的寄生宿主，病毒到达寄主体内即可呈暴发性地繁殖，引起相应的病毒病。

（1）病毒对食品的污染　　病毒没有细胞结构，所以称为非细胞生物。它是微生物中最小的生命实体，它的组成简单。病毒粒体中仅含有一种核酸（DNA 或 RNA）及蛋白质。它们具有专性寄生性，必须在活细胞中才能增殖。因此根据宿主的不同，有动物病毒、植物病毒、细菌病毒（噬菌体）和拟病毒（寄生在病毒中的病毒）等多种类型。有的病毒甚至没有蛋白质，只含有具有单独侵染性的较小型的核糖核酸（RNA）分子（类病毒），或只含有不具备侵染性的 RNA（拟病毒）和没有核酸而有感染性的蛋白质颗粒（朊病毒）。我们把后 3 类统称为亚病毒。

当病毒附着在细胞上时，向细胞注射其病毒核酸并夺取寄主细胞成分，生成上百万个新病毒，同时破坏细胞。病毒只对特定动物的特定细胞产生感染作用。因此，食品污染只需考虑对人类有致病作用的病毒。很少量的病毒就可致人生病。病毒在食品中不生长，不繁殖，不会对食品产生腐败作用。病毒能在人体肠道内、被污染的水中和冷冻食品中存在达数个月以上。

食品受病毒污染有 4 个途径：环境污染、灌溉用水受污染、使用污染的饮用水、加工过程中受污染。

（2）食品中常见的污染病毒

1）肝炎病毒。我国食品的病毒污染以肝炎病毒的污染最为严重，有显著的流行病学意义。其中甲型肝炎、戊型肝炎被认为通过肠道传播，即粪-口途径，其中相当一部分人是通过被污染的食品而感染。其他病毒污染食品造成食源性疾病的报道较为少见。

A．甲型肝炎病毒（HAV）。

生物学特性：甲肝病毒是一种直径约为 27nm 的 20 面对称体颗粒，病毒基因为单股 RNA。HAV 是一种独特的小核糖核酸病毒，遗传学性质稳定，有 7 个基因型，只有 1 个血清型。HAV 抵抗力较其他肠道病毒强，具有耐温、耐寒、耐酸的特性。此病毒可在海水中长期存在且在海洋沉积物中存在一年以上。

流行病学：引发甲型肝炎急性传染病，主要通过粪-口途径传播，无持续性感染，一般不会转变为慢性。食源性传播有两种可能性：一种是食品生产经营人员处于无症状的感染或潜伏期，污染食品造成传播；另一种是通过污染了的水产品，如蛤类、牡蛎、泥螺、蟹等引起甲肝暴发流行，特别是水生贝类，是暴发流行的主要传播方式。

致病性：HAV 的潜伏期为 2～6 周，症状包括发热、厌食、恶心、嗜睡、深色尿和黄疸（皮肤和眼呈黄色），肝脏疼痛并增大。发病后在 1～2 月内痊愈，然而，有些表现为一种慢性消耗性疾病。病的严重程度随年龄的增加而增大，感染剂量很低，少于 100 个感染颗粒。病情可轻（年幼的孩子往往无症状）可重，死亡率低。主要发生在老年人和有潜在疾病的人身上。免疫是终生的。

预防措施：甲型肝炎引起的危害可通过彻底加热产品和防止产品加热后交叉污染来预防。但甲型肝炎病毒比其他类型更耐热。实验表明，牡蛎受污染后，其体内的甲型肝炎病毒需经 63℃加热 19min 方可失活。因此，在加工中仅将贝类用蒸汽加热至开壳，不足以使甲型肝炎病毒失活。HAV 可用甲醛溶液或氯处理，均可使其灭活。甲型肝炎大多数表现为隐性感染和无黄疸型肝炎，传染源较难控制。因此，预防还应以加强卫生宣传教育、加强粪便管理、保护水源、搞好食品卫生为主要措施。

B．乙型肝炎病毒（HBV）。

生物学特性：大球形颗粒也称 Dane 颗粒，Dane 颗粒即完整的 HBV。它是一种由一个囊膜和一个含有 DNA 分子的核衣壳组成的病毒颗粒，直径约 42nm。核衣壳为 20 面体对称结构。游离的核衣壳只能在肝细胞核内观察到。血中 Dane 颗粒浓度以急性肝炎潜伏期后期为最高，在疾病起始后则迅速下降。

流行病学：乙肝的主要传染源是患者和 HBV 抗原携带者。在潜伏期和急性期，患者血清均有传染性。乙型肺炎的传播非常广泛，据估计 HBsAg 携带者在世界上约有 2 亿。由于他们不显临床症状，而 HBsAg 携带的时间又长（数月至数年），故成为传染源的危害性要比患者更大。

HBV 的传染性很强，据报道，接种 0.000 04mL 含病毒的血液足以使人发生感染。输血或注射是重要的传染途径，也可经口感染。外科和口腔手术，针刺，使用公用剃刀、牙刷等物品，皮肤微小操作污染含少量病毒的血液，均可成为传染源。孕妇在妊娠后期患急性乙型肝炎，其新生儿容易感染此病。由于乙型肝炎患者和 HBsAg 携带者的精液、阴道分泌物均可检出 HBsAg，因此两性接触传播乙型肝炎的可能性是存在的。

致病性：乙型肝炎病毒危害在各型肝炎中最大。病毒感染后，可以成为无症状病毒携带者，尤其是新生儿期及 3 岁以下的婴幼儿，这些携带者中的一部分能发展成急、慢性乙型肝炎，肝硬化或肝癌。肝硬化和肝癌发展历程很长，婴幼儿需 30～40 年，成人也需 10～20 年。慢性乙型肝炎患者中 25%前景不好，但有 75%的人仍然有恢复的可能。

预防措施：HBV 对外界的抵抗力较强。对低温、干燥、紫外线和一般化学消毒剂均耐受。乙肝病毒的传染性和 HBsAg 的抗原性在对外界抵抗力方面完全一致。二者在 37℃活性能维持 7d，在−20℃可保存 20 年，100℃加热 10min 可使 HBV 失去传染性，但仍可保持表面抗原活性。HBV 对 0.5%过氧乙酸、5%氯酸钠和 3%漂白粉敏感，可用它们来消毒。注射乙肝疫苗是最有效的预防方法。

C．戊型肝炎病毒（HEV）。

生物学特性：HEV 是单股正链 RNA 病毒，呈球形，直径 27～34nm，无囊膜，核衣壳呈 20 面体立体对称。用免疫电镜可检测到 27～34nm 的圆球形、无外壳和表面呈锯齿病毒样颗粒，该病毒不稳定，容易被破坏。在分类学上属于杯状病毒科。

可引发肠道传播的非甲非乙型肝炎，经粪-口途径传播，HEV 随患者粪便排出，通过日常生活接触传播，并可经污染食物、水源引起散发或暴发流行，发病高峰多在雨季或洪水后。传播途径主要通过被病毒污染的水或食物。其潜伏期为 2～11 周，平均 6 周，多为轻中型肝炎，常为自限性，不发展为慢性 HEV。主要侵犯青壮年，65%以上发生于 16～19 岁年龄组，儿童感染表现亚临床型较多，成人病死率高于甲型肝炎，尤其孕妇患戊型肝炎病情严重，在妊娠的后 3 个月发生感染病死率达 20%。

HEV 感染后可产生免疫保护作用，防止同株甚至不同株 HEV 再感染，预防同甲型肝炎。

2）轮状病毒。轮状病毒是 1973 年澳大利亚学者 Bishop 等在急性非细菌性胃肠炎儿童十二指肠黏膜超薄切片中首次发现，是人类、哺乳动物和鸟类腹泻的重要病原体。

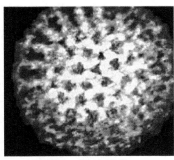

图 22-7　轮状病毒

A．生物学特性：轮状病毒形态为大小不等的球形（图 22-7），直径 60～80nm，双层衣壳，无包膜，复染后在电镜下观察，病毒外形呈车轮状，故名。

B．流行病学：轮状病毒呈世界性分布，在粪便中存活数天到数周。耐乙醚、酸、碱和反复冻融，超声波、37℃ 1h 或室温（25℃）24h 等处理，仍具有感染性。pH 适应范围广（pH3.5～10）。在室温下相对稳定，55℃ 30min 可被灭活。

传染源是患者和无症状带毒者，患者每克粪便中排出的病毒体可达 10^{10} 个，粪-口是主要的传播途径。病毒还可能通过呼吸道传播，在有呼吸道症状儿童的呼吸道分泌物中曾检出轮状病毒的存在，在动物中已证明气溶胶可传播病毒。温带地区晚秋和冬季是疾病发生的主要季节。

　　C．致病性：人类轮状病毒感染常见于 6 个月至 2 岁的婴幼儿，A～C 组轮状病毒能引起人类和动物腹泻，D～G 组只引起动物腹泻。A 组轮状病毒最为常见，是引起 6 个月至 2 岁婴幼儿严重胃肠炎的主要病原体，占病毒性胃肠炎的 80%以上，潜伏期为 24～48h，突然发病，发热、水样腹泻、呕吐和脱水，一般为自限性，可完全恢复。但当婴儿营养不良或已有脱水，若不及时治疗，是导致婴幼儿死亡的主要原因之一。年长儿童和成人常呈无症状感染。

　　B 组病毒可在年长儿童和成人中产生暴发流行，但至今仅在我国有过报道。C 组病毒对人的致病性类似 A 组，但发病率很低。

　　D．预防措施：主要是控制传染源，切断传播途径，严密消毒可能污染的物品。另外，洗手也很重要。重视饮用水卫生，并注意防止医源性传播，医院内应严格做好婴儿病区及产房的婴儿室消毒工作。

　　3）诺沃克病毒。诺沃克（Norwalk）类病毒为一组属于微小病毒的病原体，诺沃克病毒（图 22-8）为本组病毒的原型，是 1972 年经免疫电镜在美国俄亥俄州诺沃克（Norwalk）城胃肠炎患者粪便中发现的。其后在世界其他地区又相继发现了多种类似病毒，多按发现时的地区而命名，如夏威夷病毒、蒙哥马利病毒、马林病毒、雪山病毒等，统称为诺沃克类病毒。

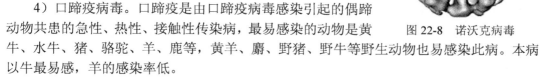

图 22-8　诺沃克病毒

　　4）口蹄疫病毒。口蹄疫是由口蹄疫病毒感染引起的偶蹄动物共患的急性、热性、接触性传染病，最易感染的动物是黄牛、水牛、猪、骆驼、羊、鹿等，黄羊、麝、野猪、野牛等野生动物也易感染此病。本病以牛最易感，羊的感染率低。

　　A．流行病学：病原是口蹄疫病毒，本病的传染源很广，病猪的各种组织、分泌物和排泄物都有传染性。传播方式复杂，直接或间接均可传播。流行方式多为蔓延式，间有跳跃式流行。一年四季均可发生，以春秋季多发。寒冷天气时，病毒在外界环境可长期存活，所以潜藏着天气转暖时大流行的疫原。运输车船、工具、水源、牧场、饲料、人员和非敏感动物都是重要的传染媒介。

　　人一旦受到口蹄疫病毒传染，经过 2～18d 的潜伏期后突然发病，表现为发烧，口腔干热，唇、齿龈、舌边、颊部、咽部潮红，出现水泡（手指尖、手掌、脚趾），同时伴有头痛、恶心、呕吐或腹泻。患者在数天后痊愈，愈后良好。但有时可并发心肌炎。患者对人基本无传染性，但可把病毒传染给牲畜，再度引起畜间口蹄疫流行。

　　口蹄疫的主要传播途径是消化道和呼吸道、损伤的皮肤、黏膜及完整皮肤（如乳房皮肤）、黏膜（眼结膜）。另外，还可通过空气，也可以通过尿、奶、精液和唾液等途径传播。

　　B．致病性：本病的特征性症状在蹄冠、蹄叉、鼻镜、母猪乳头出现水泡，水泡内充满灰白色或淡黄色液体，初期水泡仅米粒至绿豆大，后融合于一起达蚕豆至核桃样大，12d 后水泡破裂、溃烂或结痂，有的蹄壳脱落，35d 后逐渐康复。病初体温 40～41℃，减食、出现跛行。剖检可见病变主要在心脏，心包膜有出血斑点，心包积液，心肌切面可见灰白色或淡黄色斑点或条纹。此外，也可出现胃肠黏膜出血性炎症。

C．预防措施：国家规定，对病猪、带毒猪实行坚决扑杀、作无害化处理。猪场一旦发现周边地区有口蹄疫流行，应采取有效措施，杜绝一切带入病原的可能性。每年 9 月下旬到来年 4 月对所有猪群进行疫苗注射接种。

5）疯牛病病原。牛海绵状脑病又称疯牛病，它是一种侵犯牛中枢神经系统的慢性的致命性疾病，是由一种非常规的病毒——朊病毒引起的亚急性海绵状脑病。这类病还包括绵羊的痒病、人的克雅氏病（Creutzfeldt-Jakob disease，CJD）（又称早老性痴呆病）及最近发现的致死性家庭性失眠症等。

A．生物学特性：朊病毒是一类非正常的病毒，它不含通常病毒所含有的核酸，而是一种不含核酸仅有蛋白质的蛋白感染因子。其主要成分是一种蛋白酶抗性蛋白，对蛋白酶具有抗性。

B．流行病学：流行病学调查人的感染途径有食用感染了疯牛病的牛肉及其制品会导致感染；某些化妆品除了使用植物原料之外，也有使用动物原料的成分，所以化妆品也有可能会含有疯牛病病毒（化妆品所使用的牛、羊器官或组织成分有胎盘素、羊水、胶原蛋白、脑糖）；有一些科学家认为患克雅氏病不是因为吃了感染疯牛病的牛肉，而是环境污染直接造成的，认为环境中超标的金属锰可能是疯牛病和克雅氏病的病因。

C．致病性：染病后生物体的认知和运动功能严重衰退直至死亡。此病临床表现为脑组织的海绵体化、空泡化、星形胶质细胞和微小胶质细胞的形成及致病型蛋白积累，无免疫反应。病原体通过血液进入人的大脑，将人的脑组织变成海绵状，如同糨糊，完全失去功能。受感染的人会出现睡眠紊乱、个性改变、共济失调、失语症、视觉丧失、肌肉萎缩、肌痉挛、进行性痴呆等症状，并且会在发病的一年内死亡。疯牛病可通过孕妇胎盘垂直传播，是典型的遗传病。

D．预防措施：朊病毒结构特点，使其具有易溶于去污剂、有致病力和不诱发抗体等特性，给诊断和防治带来很大麻烦，给人类和动物的健康和生命带来严重的威胁。朊病毒颗粒对一些理化因素的抵抗力之强，大大高于已知的各类微生物和寄生虫，其传染性强、危害性大的特性极不利于人类和动物的健康。朊病毒从一类动物传染给另一类动物后，即这种病毒跨物种传播后，毒性更强，潜伏期更短。

目前对于疯牛病的处理，只有防范和控制这类病毒在牲畜中的传播。一旦发现有牛只感染了疯牛病，只能坚决予以宰杀并进行焚化深埋处理。但也有看法认为，即使染上疯牛病的牛经过焚化处理，灰烬仍然有疯牛病病毒，把灰烬倒在堆田区，病毒就可能会因此而散播。

6）禽流感病毒。禽流感病毒是一种非常古老的病毒。早在 1878 年，人类就首次报道了禽流感病毒在意大利引起的鸡瘟。

A．生物学特性：禽流感病毒与人类和其他动物的流感病毒同属正黏病毒科，俗称"流感病毒群"。在"流感病毒群"中，还分为甲、乙、丙三型，人类流感与禽流感的致病病毒均为甲型流感病毒。在流感病毒基因中，有两段非常重要，决定病毒特性和型别的蛋白质基因：一个是红细胞血液凝集素蛋白，另一个是神经氨基酸酶蛋白，按照它们首个英文字母分别定名为"H"和"N"，又根据这两段基因蛋白及其组合的不同，把流感病毒分为许多亚型。甲型流感病毒可分为 H1～H15 等 15 种类型，其中具有高致病性的 H5 和 H7 型在世界各地不断引起禽流感流行，但很少有人类感染病例；人类主要对 H1 和 H3 型易感。由于禽流感病毒出现得比人类流感病毒早，还有人认为，人类流感病毒是禽流感病毒进化而来的。

B. 流行病学：多种家禽和野禽均可感染，其中鸡与火鸡最易感，其次为雉鸡与孔雀，鸭、鹅、鸽感染率较低，但可带毒。急性暴发时，无症死亡（强毒株引发的高致病性禽流感发病率和死亡率可达 100%）。野生水禽为禽流感病毒自然循环的贮存库。导致"禽流感"发生的因素很多。地理因素：我国南部为多发区。气候因素：多发生在冬春季，低温阴雨天气出现的可能性大（适合禽流感病毒的存活）。人文因素：禽流感发生的地区一般人流、物流量较大。另外，还有监管因素等。此外，在养殖过程中，一些养殖户为了提高经济效益，盲目用药，大量使用抗生素、生长激素、杀虫剂等，减弱了动物对疾病的抵抗力。

C. 致病性：病鸡精神高度沉郁，采食量迅速下降，拉黄绿色稀便，呼吸困难，鸡冠、眼睑水肿，腿部鳞片有紫黑色出血斑，产蛋率迅速下降。

人类患上禽流感后，潜伏期一般为 7d，早期症状主要表现为发热、流涕、鼻塞、咳嗽、咽痛、全身不适；部分患者可有恶心、腹痛、腹泻、稀水样便；还有部分患者有结膜炎，体温持续 39℃以上；少数患者特别是年龄较大、治疗过迟的患者感染高致病性禽流感后，病情会发展成进行性肺炎、急性呼吸窘迫综合征、肺出血、胸腔积液、血细胞减少、肾衰竭、败血症休克。

D. 预防措施：场舍环境采用下列消毒剂效果较好，即甲醛、聚甲醛、5%漂白粉、1%～2%氢氧化钠等，禽流感在外界环境中存活能力较差，只要消毒措施得当，均可将环境中的病毒杀死。

人类的预防要保持室内空气通风、注意休息、积极参加体育锻炼、保持心情舒畅及身体健康、避免过度疲劳、不吸烟，平时多吃含维生素 C 的食物和葱、姜、蒜等能增强机体抗病能力的食品，在鸡场工作的人要戴口罩，不接触粪便及分泌物，工作之后要洗手和漱口。疫苗接种是预防禽流感的唯一有效措施。

7）严重急性呼吸综合征冠状病毒。2002 年 11 月，中国广东出现严重急性呼吸综合征（server acute respiratory syndrome，SARS）（也称非典型肺炎）病例。2003 年 1 月，SARS 的传播引起国家卫生部及世界卫生组织的关注，并开始了寻找病原体的工作。2003 年 4 月 16 日，WHO 正式确认一种新型冠状病毒（SARS-CoV）是引起 SARS 的病原体。至 2003 年 6 月 24 日，新型冠状病毒引起的 SARS 全球报告病例涉及 32 个国家和地区，总病例数 8460 人，病死数为 809 人。迄今，对 SARS 冠状病毒的基因组测序后，科学家根据种系发育研究结果推测这种冠状病毒来源于动物。已有的试验证实，从果子狸标本中分离到的 SARS 样冠状病毒序列分析结果与人类 SARS 冠状病毒有 99%以上的同源性，相继也有从其他哺乳动物中分离到 SARS 样冠状病毒的报道；同时，在饲养果子狸的人员中检测到 SARS 冠状病毒抗体呈阳性。现在非常肯定，SARS 冠状病毒可以随粪便、呼吸道分泌物和尿液排出。

SARS 病毒主要经过紧密接触传播，以近距离飞沫传播为主，也可通过手接触呼吸道分泌物，经口、鼻、眼传播，另有研究发现存在粪-口传播的可能。是否还有其他传播途径尚不清楚。SARS 起病急，传播快，病死率高，暂无特效药。与其他传染病一样，SARS 的流行必须具备三个条件，即传染源、传播途径和易感人群，统称流行过程三环节。只有三个环节共同存在，而且在一定的自然因素和社会因素联合作用下，才能形成流行过程。如采取有效措施，切断其中任一环节，其流行过程即告终止。隔离与防护是目前最好的防护措施。

（二）寄生虫污染

污染食品的寄生虫种类繁多，有通过肉类食品使人感染的人畜共患寄生虫，如囊尾蚴、旋毛虫、弓形虫等；有畜禽之间传播的寄生虫，如细颈囊尾蚴、胃颚口线虫、肺丝虫、蛔虫等。

1. 猪带绦虫

（1）致病性　　成虫只寄生于人的小肠内，自然情况下，人是唯一的终末宿主。猪囊尾蚴（猪囊虫）寄生于中间宿主猪、野猪、狗、猫、人、骆驼的横纹肌（为主）及其他各器官组织——脑、眼、舌、喉、心、肝、肺、膈、皮下脂肪及肾等处。人食用了未经煮熟的患有囊尾蚴的猪肉，囊尾蚴可在肠壁发育为成虫——绦虫，使人患绦虫病。人患绦虫病后可长期排孕卵节片，猪食后又可得囊尾蚴病，造成人畜间相互感染。囊尾蚴对人体的危害不仅可使人得绦虫病，使人出现贫血、消瘦、腹痛、消化不良、腹泻等症状，还可使人感染囊尾蚴病。囊尾蚴寄生在人体肌肉中可出现酸痛、僵硬；寄生于脑内可出现神经症状，抽搐、癫痫、瘫痪甚至死亡；压迫眼球可出现视力下降，甚至失明。

（2）预防措施

1）治疗患者。在普查的基础上及时为患者驱虫治疗。由于成虫寄生在肠道常可导致囊尾蚴病，故必须尽早并彻底驱虫治疗。

2）管理厕所、猪圈。发动群众管理好厕所、建圈养猪，控制人畜互相感染。

3）注意个人卫生。必须大力宣传本病的危害性，革除不良习惯，不吃生肉。饭前便后洗手，以防误食虫卵。烹调时务必将肉煮熟。切生、熟肉的刀和砧板要分开。

4）加强肉类检查。提倡肉畜统一宰杀，搞好城乡肉品的卫生检查，尤其要加强农贸市场上个体商贩出售的肉类检验，在供应市场前，肉类必须经过严格的检查和处理。

2. 姜片虫

（1）致病性　　感染途径与方式：经口感染，人或猪因生食含活囊蚴的水生植物而感染；人类因生吃菱角、荸荠、茭白等水生植物而易感染姜片虫，感染后可出现消化道症状：消瘦、贫血、水肿、腹痛和腹泻，营养不良，消化功能紊乱；还可有腹泻与便秘交替出现，严重的可出现腹水。当虫体寄生过多时由于吸盘发达，吸附力强，可造成肠道明显的机械性，肠黏膜可发生炎症、出血、水肿、坏死、溃疡等，甚至造成机械性堵塞。

（2）预防措施　　开展健康教育：不生吃未经刷洗过或沸水烫过的菱角、荸荠等水生植物，不喝河塘内生水。加强粪便管理：粪便无害化，严禁鲜粪下水。积极查治传染源。治疗患者和病畜最有效的药物是吡喹酮。

3. 蛔虫

（1）致病性　　蛔虫的成虫在人的小肠里吸食半消化的食物，并且分泌毒素，引起人体精神不安，如失眠、烦躁、夜惊、磨牙等；寄生数量多时，当幼虫移行经肺部时可出现阵发性咳嗽、气喘，在肠道引起腹痛、恶心、呕吐，严重的造成肠梗阻；蛔虫还可能钻进胆管或阑尾，引起胆道蛔虫病或阑尾炎。

（2）预防措施　　预防蛔虫病，首先必须注意个人饮食卫生。生吃的蔬菜、瓜、果要洗干净，不要喝不清洁的生水，饭前便后要洗手。其次，使用无害化人粪作肥料，防止粪便污染环境是切断蛔虫传播途径的重要措施。将虫卵杀死以后再作肥料，这样，可以防止蛔虫卵的传播，减少人体患蛔虫病的机会。最后，对患者和带虫者进行驱虫治疗，是控制传染源的重要措施。驱虫治疗既可降低感染率，减少传染源，又可改善儿童的健康状况。驱虫时间宜在感染高峰之后的秋、冬季节，学龄儿童可集体服药。

4. 旋毛虫

（1）致病性 旋毛虫多寄生于猪、狗、猫及野猪、鼠等体内的膈肌、舌肌和心肌。人食用了未煮熟透、带有旋毛虫的病肉后而感染，幼虫在人体内可发育成为成虫，成虫在肠黏膜内寄生并产生大量的新幼虫。幼虫向人体肌肉移行时，可出现恶心、呕吐、腹痛、腹泻、高烧、肌肉疼痛等症状。幼虫进入脑脊髓还可引起头痛、头晕等脑膜炎样症状。

（2）预防措施 人体感染和暴发流行与生食肉类的习惯有关，预防的关键措施是把住"口关"，不吃生的或半生熟的肉类，以防感染。另外，讲究个人饮食卫生；加强肉类和食品卫生管理；改善养猪方法，提倡圈养，查治牲畜，以减少传染源。

5. 弓形虫

（1）致病性 弓形虫寄生在除红细胞外的几乎所有有核细胞中，可引起人畜共患的弓形虫病，尤其在宿主免疫功能低下时，可致严重后果，是一种重要的机会致病原虫。人患本病多见为胎盘感染、胎儿早产、死产、小头病、脑水肿、脑脊髓炎、脑后灰化、运动障碍等，成人发病极少，一般无症状。

（2）预防措施 加强对家畜、家禽和可疑动物的监测和隔离；加强饮食卫生管理，强化肉类食品卫生检疫制度；教育群众不吃生或半生的肉、蛋、奶制品；孕妇不养猫，不接触猫、猫粪和生肉，不要让猫舔手、脸及食具等，要定期做弓形虫常规检查，以减少先天性弓形虫病的发生。

对急性期患者应及时药物治疗，但至今尚无十分理想的药物。乙胺嘧啶、磺胺类如复方新诺明，对增殖期弓形虫有抑制作用，这两类药物联合应用可提高疗效。

孕妇初次感染一旦确诊，应立即服用螺旋霉素；若胎儿弓形虫病确诊，则立即改为乙胺嘧啶、磺胺嘧啶与螺旋霉素交替服用。螺旋霉素安全、毒副作用小，口服吸收好，组织中浓度高，排泄缓慢，有望被广泛应用于各类弓形虫病的治疗。

弓形虫病的防治极为重要，但目前尚未找到理想的方法。因此，研制廉价、安全、有效的弓形虫疫苗无疑是一个最好的防治措施。

（三）昆虫污染

污染食品的昆虫主要有蝇蛆。食品被这些昆虫污染后商品完整性被破坏，感官性状不良，营养价值降低。细菌易于繁殖，食品容易腐败。

第三节　食品加工及贮藏运输中的危害因素

一、食品加工过程的危害物

（一）加工方式及其安全性

1. 热加工技术导致的危害物 热处理制备的食品安全性较高，热处理的有利作用是杀灭微生物，导致使食品腐败的酶失活，但同样会导致有害影响，主要是营养成分的破坏和抗营养成分及有毒复合物的形成。

（1）多环芳烃化合物　　多环芳烃化合物（PAH）是一类具有较强诱癌作用的食品化学污染物，目前已鉴定出数万种，其中以苯并（a）芘最为重要。

苯并（a）芘［B（a）P］是由 5 个苯环构成的多环芳烃，分子式 $C_{20}H_{12}$，相对分子质量为 252。大量研究资料表明，B（a）P 对多种动物有肯定的致癌性，可致小鼠、大鼠、地鼠、豚鼠、兔、鸭及猴等动物的多种肿瘤，并可经胎盘使子代发生肿瘤，可致胚胎死亡，或导致仔鼠免疫功能下降。食品中 B（a）P 含量与胃癌等多种肿瘤发生有一定关系。

多环芳烃主要由各种有机物如煤、柴油、汽油及香烟的不完全燃烧产生，主要来源是食品在烘烤或腌制时受到的直接污染；或是食品成分在高温烹调加工时发生热解或热聚反应所形成，食品中 B（a）P 含量较多的主要是烘烤和腌制食品。改进食品加工烹调方法是防止多环芳烃污染最为有效的措施。

（2）杂环胺类化合物　　杂环胺类化合物包括氨基咪唑氮杂芳烃（AIA）和氨基咔啉两类。AIA 咪唑环的 α 氨基在体内可转化为 N-羟基化合物而具有致癌和致突变活性。杂环胺对哺乳动物细胞的致突变性较对细菌的致突变性弱；对啮齿动物有不同程度的致癌性，其主要靶器官为肝脏，其次是血管、肠道、前胃、乳腺、阴蒂腺、淋巴组织、皮肤和口腔等。

食品中的杂环胺类化合物主要产生于高温烹调加工过程，尤其是富含蛋白质的鱼、肉类食品在高温烹调过程中更易产生。改变不良的烹调方式和饮食习惯，少吃烧烤煎炸食物是防止杂环胺类化合物污染的最为有效的措施。

（3）丙烯酰胺　　丙烯酰胺（AA）主要由天冬氨酸与还原糖在高温加热的过程中发生美拉德反应生成。食品的种类及加工的方式、温度和时间均影响食品中 AA 的形成，高温加工的薯类和谷类等含淀粉高的食品，尤其是油炸薯类食品如炸薯片、炸薯条等，AA 的含量较高，并随油炸时间的延长而明显升高。炸鸡、爆玉米花、咖啡、饼干、面包等的含量也较高，肉类食品如海产品和家禽的含量较低，而生的和普通蒸煮的食品则很少能检测到。

注意烹调方式是预防丙烯酰胺污染的重要措施，如在煎、炸、烘、烤食品时，避免温度过高，时间长，提倡采用蒸、煮等烹饪方法，同时在加工食品时加入柠檬酸、苹果酸、山梨酸和维生素 C 等均可以抑制 AA 的产生；加入植酸、氯化钙，降低食品的 pH，用酵母发酵均可降低 AA 的含量。

（4）氯丙醇　　氯丙醇是甘油上的羟基被 1～2 个氯原子取代而形成的一类化合物的总称，是在用盐酸水解法生产水解蛋白（HVP）的过程中产生的对人体有害的污染物。

氯丙醇主要存在于用盐酸水解法生产的 HVP 调味液中。以 HVP 为原料制成的膨化食品等休闲食品，调味品如固体汤料、蚝油、鸡精、快餐和方便面调料等。在生产 HVP 时，原料中的脂肪酸被水解为甘油，后者与盐酸发生亲核取代反应，生成一系列氯丙醇副产物。

改进生产工艺是预防氯丙醇污染的主要措施，蒸汽蒸馏法、酶解法、碱中和法及真空浓缩法等均可降低产品中氯丙醇的含量。蛋白质含量高、脂肪含量低的豆粕是生产

HVP 的理想原料，不得使用动物的毛发、蹄、角、皮革及人的毛发等非食用原料。

2. 非热加工技术的安全性　　食品的安全和营养，关键在于热杀菌关键因子的设定，热杀菌强度过高，虽然保证了食品安全，但可能破坏了食品营养，现出现一种具有划时代意义的食品保存技术，即非热力杀菌，主要包括超高压加工法和食品辐照技术。

（1）超高压食品　　超高压技术是 20 世纪 90 年代由日本明治屋食品公司首创的杀菌方法，它是将食品密封于弹性容器或置于无菌压力系统中，经 100MPa（约为 987 个大气压）以上超高压处理一段时间，从而达到加工保藏食品的目的。

超高压技术处理食品的特点：超高压技术进行食品加工具有的独特之处在于它不会使食品的温度升高，而只是作用于非共价键，共价键基本不被破坏，所以食品原有的色、香、味及营养成分影响较小，在食品加工过程中，新鲜食品或发酵食品由于自身酶的存在，产生变色、变味、变质，使其品质受到很大影响，这些酶为食品品质酶如过氧化氢酶、多酚氧化酶、果胶甲基质酶、脂肪氧化酶、纤维素酶等，通过超高压处理能够激活或灭活这些酶，有利于食品的品质。超高压处理可防止微生物对食品的污染，延长食品的保藏时间，延长食品味道鲜美的时间。

超高压食品可能存在的安全问题如下。

1）生物毒素污染。超高压技术是一种冷杀菌技术，在正常情况下，采用适合工艺和杀菌条件能够杀灭全部的细菌、寄生虫、昆虫及病毒。但对于这些有害生物所产生的毒素是否能够破坏，还需再研究。

2）不同压力和时间对食品中微生物杀灭的效果不同。总的趋势是压力越高、时间越长，杀菌效果越好。但杀菌效果还受加压时温度、食品的化学组成、pH、盐浓度和糖浓度等因素影响，为了保持食品新鲜，还要设计好压力、温度和时间，以免引起食品的物理性变化。

3）化学性污染。目前未见超高压杀菌技术能分解或破坏食品中化学污染物的研究报道，从超高压杀菌技术最大限度地保留了食品的营养成分和食品风味成分来看，超高压杀菌技术不能降解食品中的化学污染物，因此超高压食品可能存在化学性污染。

（2）辐照食品　　食品辐照技术是 20 世纪发展起来的一种灭菌保鲜技术。它是以辐射加工技术为基础，运用 X 射线、γ 射线或高能电子束等电离辐射产生的高能射线对食品进行加工处理，在能量的传递和转移过程中，产生强大的理化效应和生物效应，从而达到杀虫、杀菌、抑制生理作用过程，提高食品卫生质量，保持营养品质及风味和延长货架期的目的。食品辐照以其减少农产品和食品损失，提高食品质量，控制食源性疾病等的独特技术优势，越来越受到世界各国的重视。食品辐照加工技术已成为 21 世纪保证食品安全的有效措施之一。

目前，全世界已有 42 个国家和地区批准辐照农产品和食品 240 多种，每年辐照食品市场销售的总量达 20×10^4t。辐照食品种类也逐年增加，截止到 2005 年，我国辐照食品种类已达七大类 56 个品种，主要有：①谷物、豆类及其制品辐照杀虫；②干果、果脯类辐照杀虫杀菌；③熟畜禽肉类食品辐照保鲜；④冷冻包装畜禽肉类辐照保鲜；⑤脱水蔬菜、调味品、香辛料类和茶的辐照杀菌；⑥水果、蔬菜类辐照保鲜；⑦鱼、贝类水产品类辐照杀菌等。

辐照食品的卫生安全性是人们最为关心的问题，主要体现在以下几个方面。

　　1）微生物安全性问题：人们对食源性疾病至为关注。食物中的微生物如沙门菌、李斯特菌、大肠杆菌等对辐照较敏感，10kGy 以下的剂量就可以除尽。辐照杀死了致病菌且不会带来食品的安全性问题。根据各国 30 多年的研究结果，FAO、WHO、IAEA 的联合专家委员会于 1980 年 10 月宣布，吸收剂量在 10kGy 以下的任何辐照食品都是安全的，无需做毒理学试验。

　　2）辐照过程中营养成分的损失问题：辐照食品营养成分检测表明，低剂量辐照处理不会导致食品营养品质的明显损失，食品中的蛋白质、糖和脂肪保持相对稳定，而必需氨基酸、必需脂肪酸、矿物质和微量元素也不会有太大损失。辐照食品营养卫生和辐射化学的研究结果表明，食品经辐照后，辐射降解产物的种类和有毒物质含量与常规烹调方法产生的无本质区别。辐照电离作用可直接造成生物学效应，实践证明它能抑制被照食品采后生长（蘑菇）、防止发芽（马铃薯）、杀虫灭菌、钝化酶的活性（一切食品），从而达到延长食品的保鲜期或长期贮藏的目的。可以认为，食品辐照处理在化学组成上所引起的变化对人体健康无害，也不会改变食品中微生物菌落的总平衡，也不会导致食品中营养成分的大量损失。但是高剂量辐照处理所产生的营养成分及其辐照副产物的产生问题仍未被人类所探测到。因而，检测技术仍有待于更进一步改进和提高。

　　3）辐照食品标识问题：根据通用标签要求，FDA 认为有必要把辐照食品已被辐照告知消费者，因为辐照与其他加工一样，会影响食品的特性。对加工迹象不明显的产品，如食品整体已被辐照，FDA 要求在辐照食品上加贴带有辐照标识的标签，并注有"经辐照加工"或"经辐照处理"字样。如果在未经辐照的食品中加入了经过辐照的成分，则不要求在零售包装上加贴特殊标签，因为这种食品很明显是经过加工的。但对于不是在零售市场上的，并有可能被进一步加工的食品，则要求加贴特殊标签以确保该食品不被多次辐照。此外，FDA 鼓励生产厂在标签上加一些真实性陈述，如采用辐照处理此食品的目的等。

　　3. 加工新技术的安全性　　新技术生产的食品在生产技术和生成过程方面有别于传统食品，克服了传统生产食品方法中的某些缺陷。但其对于人体健康的影响和作用目前还不很清楚，也可能产生新的营养和食品卫生问题。

　　（1）膜分离技术及安全性问题　　膜分离技术是指不同粒径分子的混合物在通过半透膜时，在分子水平上实现选择性分离的技术。半透膜又称分离膜或滤膜，膜壁布满小孔，根据孔径大小可以分为微滤膜（MF）、超滤膜（UF）、纳滤膜（NF）、反渗透膜（RO）等，膜分离技术都采用错流过滤方式。膜分离技术由于具有常温下操作、无相态变化、高效节能、在生产过程中不产生污染等特点，因此在饮用水净化、工业用水处理，食品、饮料用水净化、除菌，生物活性物质回收、精制等方面得到广泛应用。

　　膜分离技术在食品行业如乳品加工领域的牛奶浓缩、乳清分离和软干酪制造；发酵工业领域的微滤除菌、酒及乙醇饮料的超滤精制、提高葡萄酒的甜度；饮料生产领域的苹果汁、番茄汁等果汁和蔬菜汁的澄清与浓缩等加工方面有很好的应用。

　　膜分离技术在一定程度上能防止食品的污染，但在分离过程中，膜污染和浓度差极化都会引起膜性能的变化，使膜的实用性能降低，导致出现食品安全问题。其主要有以下 3 种。

　　1）生物性污染。微生物依靠吸附在膜上的腐殖质、聚糖、聚酯和细菌菌体中的营养物质进行生长和繁殖，在膜被污染后若继续使用，会使食品受到微生物污染，严重的污染会引起中毒。

2）化学性污染。膜分离食品的化学性污染主要是有毒有害物质的污染、农药污染和氯污染。

3）其他污染。利用膜分离技术处理的食品大部分是液态食品，进行包装后，包装材料气味的通透性使得食品中的挥发性芳香物质流失，导致风味变化，部分包装材料的透氧性、透气性会引起食品氧化、褐变及腐败变质，从而导致食品质量降低，同时包装材料含有的小分子物质也会向食品中迁移。

（2）微胶囊技术及安全性问题　　微胶囊技术（microencapsulation）是微量物质包裹在聚合物薄膜中的技术，是一种储存固体、液体、气体的微型包装技术。微胶囊在一定的条件下，能以一定的速度释放包埋的物质。

微胶囊技术的特点为：①可以有效减少活性物质对外界环境因素如光、氧、水的反应；②减少芯材向环境的扩散和蒸发；③控制芯材的释放；④掩蔽芯材的异味；⑤改变芯材的物理性质，包括颜色、形状、密度、分散性能、化学性质等，对于食品工业，可以使纯天然的风味配料、生理活性物质融入食品体系，并能保持生理活性，它可以使许多传统的工艺过程得到简化，同时它也使许多用通常技术手段无法解决的工艺问题得到解决。

目前，食品工业中应用微胶囊技术的领域主要有风味料、挥发性物质、微生物类、脂类物质、饮料和粉末状食品等。

影响微胶囊食品安全的因素主要有芯材和壁材的卫生质量、微胶囊化加工过程的污染和工业本身缺陷所导致的影响及包装运输过程的污染。微胶囊技术应注意的主要质量安全是微胶囊壁材的选择，一是卫生安全无毒，二是可降解。应尽量采用国家允许使用的天然高分子化合物，不宜采用半合成的纤维衍生物和合成高分子化合物作为食品微胶囊壁材。

（3）微波技术及安全性问题　　微波是指频率在 300～3000MHz 的电磁波，波长在 1～1000mm。微波技术是利用磁控管产生的高频电磁波，使食物分子相互碰撞而摩擦生热，以达到加热食物的目的。微波具有很强的穿透力，能使细胞的 RNA 和 DNA 的氢键松弛、断裂和重组，能有效杀灭微生物。

微波技术总体是安全的，但对于脂肪酸等一些敏感性的成分仍可能存在一定的安全问题。还要注意微波泄漏问题，以免对工作人员造成身体伤害。另外，微波食品还可能存在的安全卫生问题有：农药、兽药的残留；容器、包装材料对微波食品的污染；微波食品微生物的残留；原料采购、食品生产、储存、运输和销售过程中的污染等。

（4）酶工程技术及其安全性问题　　酶工程技术又称酶反应技术，是指在一定的生物反应器内，通过对酶制剂的改组、修饰、固定或创造新的酶类制品等途径，改善酶制剂的稳定性、催化能力、专一性、调节性及使用条件，寻求和开发耐极端条件下的酶产品。酶工程技术在食品工业中不仅可以提高产量，还用于食品质构的改善、食品配料的制备和食品功能因子的制备。

酶制剂作为一种高效生物催化剂，以它独特的优势代替传统的化学制剂，越来越广泛地应用在食品加工业等诸多领域，成为当今新的食品原料开发、品质改良、工艺改造的重要环节。随着食品加工业种类的增多，酶制剂在食品中的应用越来越广泛。酶制剂在食品行业中的应用主要体现在以下几个方面：①改善食品的色、香、味、形态和质地；②保持或提高食品的营养价值；③增加食品的品种和方便性；④便于食品的保藏；⑤有利于食品加工操作，适应生产的机械化和自动化；⑥去除食品中不利成分，保护食品中有效成分，稳定食品体系；⑦提高食品附加价值。应用酶制剂更重要的是，其可以替代对人体有害的物质或者工艺流程，以降低食品加工过程中的不安全因素。

随着酶制剂在食品工业中的应用日益深入和广泛，其极大地促进了食品工业的发展。然而在使用酶制剂提高食品安全水平的同时，酶制剂自身的安全问题同样也影响着食品的安全性。因此，对食品用酶制剂进行安全性评价，是酶制剂行业在食品加工领域不可回避的且必须解决的科学问题。

食品酶制剂生产菌株溯源是用来生产食品酶制剂的动、植物和微生物的安全，尤其是微生物来源的酶制剂，其安全隐患远大于来源于动物和植物的酶制剂。这就要求其生产菌株必须是食品级微生物，且不能有非食品级菌种来源的功能性 DNA 片段。目前在食品加工行业使用的大部分酶制剂来源于食品级微生物。我国现行批准使用的酶制剂中有近 40% 的酶制剂没有注明生产来源。因此，需建立食品酶制剂生产菌株溯源安全评价体系，解决菌种来源安全性的关键敏感问题。

目前，我国酶制剂生产从原材料、生产设备到生产工艺都十分粗放和落后，使得酶制剂产品质量及其安全性无法得到保证，难以达到食品加工的要求，只适于工艺粗放的加工业，造成产品性价比严重偏离市场规律的现象。因此，只有通过建设原材料采购的标准体系，选用精细、符合食品加工要求和相关资质许可的原料，才能从原料的源头控制有害元素（重金属、致病菌等）进入酶制剂的生产体系中。同时，在酶制剂生产过程中，通过对产生的不良气味、污水及废渣进行有效治理，解决酶制剂生产对环境安全性的关键问题。

在使用酶制剂进行食品加工过程中，减少酶粉尘对职工人身和环境的不利影响，是未来非液体酶制剂产品必须考虑的问题。采用低温微胶囊技术，使酶制剂产品安全，无粉尘，同时具有良好的稳定性、流动性及使用配伍性，控制酶制剂产品的理化指标，并符合食品卫生标准要求。

（二）食品加工环境与安全

食品加工或经营企业在设计厂房时一般以功能性为主，但要确保其卫生操作规范，符合卫生设计要求的厂房和设施，不仅能提高产品的卫生和安全性，还有利于保持环境卫生。

1. 食品加工企业厂址的选择　　食品企业从食品安全卫生角度看，要避免外部环境有毒有害因素对食品的污染，同时避免生产过程产生的废气、废水、噪声对环境和周围居民的影响。因此应遵循以下原则：首先，要远离有害场所，周围 25m 内不得有粉尘、有害气体、放射性物质和其他扩散性污染源，不得有昆虫大量滋生的潜在场所；其次，所选地点的排水性也是相当重要的。要选择地势干燥、水源充足、交通便利、不影响周围居民生活和安全的区域。

2. 车间设计

（1）车间结构　　食品加工车间以采用钢混或砖砌结构为主，并根据不同产品的需要，适合具体食品加工的特殊要求。车间的空间要与生产相适应，一般情况下，生产车间内加工人员的人均拥有面积（除设备外）应不少于 1.5m²。过于拥挤的车间，不仅妨碍生产操作，还易造成产品污染。

（2）车间布局　　车间的布局既要便于各生产环节的相互衔接，又要便于加工过程的卫生控制，防止生产过程交叉污染的发生。因此，加工车间的生产原则上应该按照产品的加工进程顺序进行布局，使产品加工从不清洁的环节向清洁环节过渡，清洁区与非清洁区之间要采取相应的隔离措施。

（3）车间地面、墙面、顶面及门窗　　车间的地面要用防滑、坚固、不渗水、易清洁、耐腐蚀的材料铺制。墙面用耐腐蚀、易清洗消毒、坚固、不渗水的材料铺制及用浅色、无毒、防水、防霉、不易脱落、可清洗的材料覆涂。车间的顶面用的材料要便于清洁，车间门窗有防虫、防尘及防鼠设施，所用材料应耐腐蚀、易清洗。

（4）供水与排水设施　　车间内生产用水的供水管应采用不易生锈的管材，供水方向由清洁区向非清洁区流。排水的方向也是从清洁区向非清洁区方向排放。

（5）通风与采光　　车间应该拥有良好的通风条件，如果是采用自然通风，通风的面积与车间地面面积之比应不小于 1∶16。

（6）控温设施　　加工易腐易变质产品的车间应具备空调设施，肉类和水产品加工车间的温度在夏季应不超过 18℃，肉制品的腌制间温度应不超过 4℃。

工具器、设备：加工过程使用的设备和工器具，尤其是接触食品的机械设备、操作台、输送带、管道等设备和篮筐、托盘、刀具等工器具的制作材料应无毒，不会对产品造成污染，耐腐蚀，不易生锈，不易老化变形，易于清洗消毒。

（7）人员卫生设施　　更衣室：车间要设有与加工人员数量相适宜的更衣室，更衣室要与车间相连，个人衣物、鞋要与工作服、靴分开放置。更衣室要保持良好的通风和采光，室内可以通过安装紫外灯或臭氧发生器对室内的空气进行灭菌消毒。

淋浴间：肉类食品（包括肉类罐头）的加工车间要设有与车间相连的淋浴间，淋浴间的大小要与车间内的加工人员数量相适应。

洗手消毒设施：车间入口处要设置有与车间内人员数量相适应的洗手消毒设施，洗手龙头所需配置的数量，配置比例应该为每 10 人 1 个，200 人以上每增加 20 人增设 1 个。

卫生间：为了便于生产卫生管理，与车间相连的卫生间不应设在加工作业区内，可以设在更衣区内。

（8）仓贮设施　　原、辅料库的存贮设施，应能保证为生产加工所准备的原料和辅助用料在贮存过程中，品质不会出现影响生产使用的变化和产生新的安全卫生危害。清洁、卫生、防止鼠虫危害是对各类食品加工用原料、辅料存贮设施的基本要求。

（三）添加剂的危害

食品添加剂（food additive）是现代食品工业的重要支柱。虽然在食品中常常仅加入 0.01%～0.1% 的食品添加剂，但对改善食品的色、香、味，调整食品的营养结构，提高食品品质，延长食品的保存期限等，有着极其重要的作用。然而食品添加剂不是食品的基本成分，大多数是通过化学合成的，因此有的食品添加剂对人体有着潜在的危害性。食品添加剂在安全性监督管理下，在允许范围内按照要求使用一般来说是安全的。

食品添加剂对人体的毒性概括起来有致癌性、致畸性和致突变性，这些毒性的共同特点是要经历较长时间才能显露出来，即对人体产生潜在的毒害。另外，虽然食品中添加剂的含量甚微，但是它们有可能在体内产生蓄积毒性，也有可能与食品成分或其他添加剂相互作用，产生新的有毒物质；食品添加剂还有可能产生叠加毒性，即两种以上的化学物质组合之后产生的毒性作用，比如当食品添加剂和农药、重金属等一起摄入时，可能使原本无致癌性的化学物质转化为致癌物质。

目前，美国 FDA 所列的食品添加剂有 3200 种，日本使用的有 2000 种，欧盟有 1500多种，我国允许使用的有 1812 种。按照其功能可分为酸度调节剂、抗结剂、消泡剂、抗氧化剂、漂白剂、膨松剂、着色剂、护色剂、乳化剂、酶制剂、增味剂、面粉处理剂、被膜剂、水分保持剂、营养强化剂、防腐剂、稳定剂、凝固剂、甜味剂、增稠剂、食品香精、食品加工助剂等。

食品添加剂的使用原则如下。

1）各种食品添加剂都必须经过一定的毒理学安全性评价。生产、经营和使用食品添加剂必须严格执行《食品添加剂使用卫生标准》和《食品营养强化剂使用卫生标准》限定的使用范围和最大使用量。

2）食品添加剂必须符合相应的国家标准，其有害杂质不得超过允许限量。严禁将非食用的化学品（如瘦肉精、吊白块）作为食品添加剂。

3）使用食品添加剂不得影响食品的感官性质，不得破坏和降低食品的营养价值。

4）不得因使用食品添加剂而降低食品良好的操作工艺和安全卫生标准。

5）禁止以掩盖食品腐败变质或掺杂、掺假、伪造为目的使用食品添加剂，不得销售和使用污染或变质的食品添加剂。

6）专供婴儿的主辅食品，除按规定可以加入食品营养强化剂外，不得加入人工合成甜味剂、色素、香精等不适宜的食品添加剂。

通过以上这些管理办法大大加强了我国食品添加剂的有序生产、经营和使用，保障了广大消费者的健康和利益。

二、包装材料及容器的安全性

（一）包装材料

1. 纸类包装材料及制品　　纸和纸板作为包装材料历来占据了主导地位。在某些发达国家曾一度大力发展塑料包装，但后来逐渐认识到塑料制品等人工合成包装材料对环境造成的危害是极其深刻的，故人们主动放弃塑料制品等，开始重新使用纸制品，这就导致了纸和纸制品应用范围越来越广泛，根据不同纸类包装材料的性能应用在食品、轻工、化工、医药等各个领域，可为这些行业提供销售包装和运输包装。

虽然纸制品具有优异的包装性能，但是其安全性也引起了人们的重视。主要有两方面的问题：一是加工处理时，特别是在纸制品的加工过程中，通常有一些杂质残留下来，如纸浆中的化学残留物（包括碱性和酸性两大类），纸板间的黏合剂、涂料和油墨等若处理和使用不当均可以污染食品，轻则造成产品中出现异味，重则将某些有毒物质渗透到食品中。二是由于包装用纸和纸制品直接与食品接触，故不得采用废旧报纸和社会回收废纸为原料，不得使用荧光增白剂或对人体有害的化学助剂。但在实际生产中还是有很多厂家出于经济利益考虑使用不合规范的上述材料。

2.塑料包装材料及制品　　塑料是以一种高分子聚合物树脂为基本成分，再加入一些用来改善性能的各种添加剂为辅料制成的高分子材料。它广泛用于食品的包装，取代了玻璃、金属和纸类等传统包装材料，成为目前食品销售包装最主要的包装材料。塑料制品存在着如下安全问题。

塑料树脂的安全问题：用于食品包装的大多数塑料树脂材料是无毒的，但它们的单体分子却大多有毒性，并且有的毒性较强，有的为已证明的致癌物。例如，聚苯乙烯树脂中的苯乙烯单体对肝脏细胞有破坏作用；丙烯腈塑料的单体是强致癌物，在一些国家禁用该种材料。

塑料添加剂的安全问题：塑料添加剂一般包括增塑剂、稳定剂、着色剂、油墨和润滑剂等，以上添加剂均在不同程度上有一些毒性，在加工时应该慎用。

3.金属包装材料及制品　　由于金属包装材料的高强度、高阻隔性及加工使用性能的优良，在食品包装中占有非常重要的作用，成为食品包装的四大支柱材料之一，在包装材料中仅次于纸和纸制品而居第二位。

金属包装材料及制品存在的安全问题如下：由于金属包装材料及制品的化学稳定性能较差，不耐酸、碱，尤其对酸性食品敏感。因此，有金属包装的食品放置一定时间后，涂层溶解，使金属离子析出，影响产品的质量。由于金属材料的阻隔性优于其他材料，故放置一定时间后包装内部处于无氧或少氧的状态，所以厌氧或兼性厌氧的微生物有增殖的可能。特别是含动物蛋白质类高的食品，应注意肉毒梭状芽孢杆菌的存在。

4.玻璃包装材料及制品　　食品包装用的玻璃主要是钠钙硅系玻璃，其中玻璃容器的约80%为瓶和罐。一般大口瓶用于盛装粉状、粒状、膏状或块状食品，小口瓶用于盛装液体类食品。

玻璃材料本身不存在安全性问题，但这类包装材料一般都是循环使用，在使用过程中瓶内可能存在异物和清洗消毒剂的残留。

5.陶瓷包装材料及制品　　在食品行业，陶瓷包装的使用是一种传统的方法，有着悠久的历史。主要容器有瓶、罐、缸、坛等，用于酒类、调味品及传统食品的包装。

陶瓷包装容器的安全问题主要是釉陶瓷表面釉层中重金属元素铅的溶出，对人体健康造成危害。

多年来，人们对食品包装材料不断推陈出新的情况越来越重视，尤其是安全性，建立起不同的信任度，表22-5为人们对不同材料信任度的情况。

表 22-5　包装材料安全信任度情况表

1	2	3	4	5	6
玻璃	陶瓷	纸制品	金属	塑料	木材
大		→			小

（二）包装过程中的二次污染

在食品分装操作过程中，如果环境无菌程度不高，或包装后杀菌不彻底，均有可能发生二次污染。发生了二次污染的食品在贮运过程中，不仅细菌会大量繁殖，真菌也可能会蔓延，这种现象即使在防潮、阻气性较好的包装食品中也可能发生。在包装材料中，较易发生真菌污染的是纸制包装品，其次是各类软塑料包装材料。就外包装而言，由于被内装物玷污、人工包装操作时的接触及被水淋湿、黏附有机物或吸附空气中的灰尘等都可能导致真菌污染。近年来，基于营养和健康方面的考虑，以及人们嗜好的变化，大多数食品逐渐趋于低糖和低盐，这对食品包装也提出了更为严格的要求。

三、食品贮运过程中的安全性

世界人口的增加导致对食品需求的不断扩大，以及农业生产力的提高和家庭饮食习惯的变化使得即食食品市场得到了迅速的发展；同时由于全年对季节性食品的需求量增大和大型食品生产设备越来越集中在少数的大型食品生产企业之间，结果使得生产大量安全卫生的、品种繁多的食品及加工制作适合长期运输和贮藏的食品变得更有必要。同样，用于生产食品的原料也必须要经历较长的储藏期和运输时间而不变质。因此，原材料或加工食品的运输和储藏稳定性及期间发生的任何相关变化，都会明显地与其保存技术有着密切的联系。

（一）食品储存过程中的危害物

食品储存不当，食品会发生化学变化，促使不良风味和不良气味物质的生成、脂肪的氧化酸败、营养成分的损失、外观和质地的变化。对谷物制品，昆虫、鸟类害虫等会引起变质，如果处理不当，用杀虫剂或熏剂在收获后及在贮藏中进行化学处理时，会产生难以接受的残留物，会对人体产生危害，在运输中，由于运输工具、车船等装运过农药未予清洗，以及食品与农药混运，可引起农药污染。储存食品的过程中很容易引起霉菌毒素污染，霉菌在适宜条件下生长会导致腐败或有毒的霉菌毒素的生成。

（二）食品运输过程中的危害物

食品有铁路、公路、海运及空运等运输方式，运输过程也可产生污染，如运输系统车厢未打扫干净，此外运送工具低碳钢表面涂层物为环氧树脂或聚亚胺酯，此涂层一旦发生破坏需立即维修，以防止食品被污染。

从工厂到冷藏库，再被冷冻运输到零售点，需要充足的冷链，大的冷藏罐和长距离运输车辆都有压缩系统，用于局部运输的冷藏罐本身储备制冷剂，通过金属管道或金属板在罐顶部和四周流通。制冷剂冷却效率依赖于其凝固点，许多制冷剂中含有25%的氯化钠或30%的硝酸钠，有些还是各种盐类的混合物，以氯化镁或氯化钙为主要成分，偶尔还会加入少量亚硝酸钠或重铬酸盐作为防腐抑制剂。这种溶液泄漏到装有高度加香的冷冻食品的包装袋表面，因亚硝酸盐的咸度和不良风味不易被觉察，所以会导致致命的后果。

四、其他危害来源

（一）转基因食品

1. 转基因技术简介　　转基因技术的应用领域十分广泛，一些食品的原料或其中某一组分的生产也采用了转基因技术。根据联合国粮食及农业组织和世界卫生组织（FAO/WHO）法典委员会（Codex）及卡塔尔生物安全议定书（Cartagena Protocol on Biosafety）的定义，"转基因技术"是指利用基因工程或分子生物学技术，将外源遗传物质导入活细胞或生物体中产生基因重组的现象，并使之遗传和表达。"转基因生物"

（genetically modified organism，GMO）是指遗传物质基因发生改变的生物，其基因改变的方式是通过转基因技术，而不是以自然增殖或自然重组的方式产生，包括转基因动物、转基因植物和转基因微生物三大类。"转基因食品"（genetically modified food，GMF）是指用转基因生物所制造或生产的食品、食品原料及食品添加剂等。在目前已经进入食品领域的三类转基因生物（转基因植物、转基因动物和转基因微生物）中，前者的产业化规模和范围要比其他两类大得多。

2. 转基因食品的生产工艺　转基因食品的生产过程包括基因工程，转基因生物的种植、养殖或培植，以及转基因食品的加工、储藏或包装等，其核心技术是基因工程技术。基因工程师按照人们的意愿和设计方案，将某一生物（供体）细胞的基因分离出来或人工合成新的基因，在体外进行酶切，连接到载体分子，使基因重新组合，然后导入另一种生物（受体）细胞中进行复制和表达，有目的地实现动物、植物和微生物等物种之间的 DNA 重组和转移，使现有物种在短时间内趋于完善或创造出新的生物特性。基因工程基本过程如下。

1）DNA 重组体的构建。从生物体基因组中分离筛选出带有目的基因的 DNA 片段，在体外将目的基因连接到具有选择标记的载体分子上，形成重组 DNA 分子。

2）DNA 重组体的导入。将重组 DNA 分子转移到适当的受体细胞（也称宿主细胞）中，并与细胞一起增殖。

3）转基因细胞的筛选和培养。从大量的细胞繁殖群体中，筛选出获得重组 DNA 分子的受体细胞克隆，并提取出已经扩增的目的基因。

4）目的基因的表达和利用。将目的基因克隆到表达载体上，导入宿主细胞，使目的基因在新的遗传背景下实现功能表达，生产出人类所需要的产物。

3. 转基因食品的安全性　自从转基因技术问世以来，关于转基因食品是否安全，即食用转基因食品对人类健康是否有不良影响，转基因技术对环境、物种的进化是否有影响等就一直争论不休。在食品健康方面，人们担心转入了其他基因的作物含有对人体不利的成分。美国斑蝶（Monarch butterfly）事件和英国普兹泰（Arpad Pusztai）教授的转基因土豆毒性研究报告的发布，更使人们对转基因作物及其产品的安全性问题充满了忧虑。此外，绿色和平组织的示威游行、印度和德国销毁转基因作物试验田等事件加剧了人们对转基因食品安全性的疑虑，同时也给科学家提出需要对转基因食品安全性给予更多的关注和研究，以便更好地利用生物技术为人类造福。转基因食品的安全性问题如下。

（1）外源基因的安全性　转基因植物性食品中的外源基因主要包括两大类，即目的基因（target gene）和标记基因（marker gene）。目的基因是人们期望宿主生物获得的某一或某些性状的遗传信息载体，常用的目的基因有除草剂抗性基因、病虫害抗性基因及品质改良基因等。标记基因是帮助对转基因生物工程体进行筛选和鉴定的一类外源基因，包括选择标记基因和报告基因。常用的选择标记基因有抗生素抗性基因和除草剂抗性基因；常用的报告基因有荧光素酶、氯霉素乙酰转移酶及绿色荧光蛋白基因等。目前的研究表明，外源基因不会对人体产生毒性，而且水平转移至肠道微生物或上皮细胞的可能性也非常小。理由为：①从植物细胞中释放出来后，很快被降解成小片，再进入有肠道微生物存在段，甚至核苷酸，因此植物 DNA 在进入有肠道微生物存在的小肠下段、盲肠和结肠前已被降解。②即使有完整的 DNA 存在，DNA 转移整合进受体细胞并进行表达也是一个非常复杂的过程。目前尚未发现消化系统中有植物 DNA 转移至肠道微生物的现象。同时，上皮细胞又因其半衰期很短而不断被取代，不可能被保存下来。因此，被摄入人体内的转基因植物食品中的标记基因水平转移并表达的可能性极小。

（2）潜在致敏性　　转基因食品中引入的新基因蛋白质有可能是食品致敏原。过敏原含有两类抗原决定簇，即 T 细胞抗原决定簇和 B 细胞抗原决定簇。人体免疫系统可与食品中过敏蛋白质发生反应，产生抗原特异性的免疫球蛋白 IgE。目前，对转基因食品的潜在致敏性必须进行严格的上市试验，并在上市后对食用人群进行跟踪监测。

（3）影响膳食营养平衡　　转基因食品的营养组成和抗营养因子变化幅度大，可能会对人群膳食营养产生影响，造成体内营养素平衡紊乱。另外，有关食用植物和动物中营养成分改变对营养的作用、营养基因的相互作用、营养素的生物利用率和营养代谢等方面的作用的资料很少，使人们对转基因食品表示担忧。

（4）影响人体肠道微生态环境　　转基因食品中的标记基因有可能传递给人体肠道内正常的微生物群，引起菌群谱和菌群数量变化，导致菌群失调，影响人的正常消化功能。

（5）产生有毒物质　　转基因食品有可能提高天然植物毒素的含量。遗传修饰在打开一种目的基因的同时，也可能会无意中提高天然植物中毒素的含量。

（二）强化食品

1.强化食品的概念　　食品强化是根据营养需要向食品中添加一种或多种营养素以预防人群营养素缺乏病的一种食品深加工措施。所加入的营养素称作强化剂，被强化的食品称作载体，经食品强化深加工的食品称作强化食品。

2．强化技术

1）强化剂：强化剂中所含营养素正是人群中普遍缺乏的营养素，并对人体绝对安全、生物利用率高；强化剂对载体口感、颜色及风味无影响，其原料符合国家有关标准，能保证供应，人体可接受，具有较好的可加工性。

2）食物载体：应是大众经常消费的食品，比如食盐、食油、酱油、面粉等；个体之间、区域之间、在不同季节消费差异小，强化剂在载体中的分散性和稳定性好，加入强化剂后无不良反应。

3．食品营养强化剂的安全性　　在我国卫生标准《食品安全国家标准　食品营养强化剂使用标准》（GB 14880—2012）和《食品安全国家标准　食品添加剂使用标准》（GB 2760—2014）的内容中规定了营养强化剂的种类、品种、使用范围、最大使用剂量等。使用营养强化剂必须符合这些标准的要求，强化剂加入剂量一般以膳食达到营养强化剂最低标准的 1/3～1/2 为宜，欲强化食品的原有成分中含有某种营养素，其含量达到营养强化剂最低标准的 1/2 者，不得进行强化。进口食品中的营养强化剂必须符合我国规定的使用标准，不符合标准的，需报卫生部批准后才能进口。同时选择强化食品时要有针对性，即选择能补充自身缺乏的某种营养素，且强化量不要多大，若超出机体生理需要量，会引起中毒；强化量太小，则没有预防营养缺乏病的作用。同时所强化的营养素除了考虑其生物利用率之外，还应注意保持各营养素之间的平衡，使之适应人体需要，强化剂量应适当，若不当，不但无益，反而会造成某些新的不平衡，产生某些不良影响。

（三）N-亚硝基化合物

1. N-亚硝基化合物简介　　N-亚硝基化合物是一类具有亚硝基结构的有机化合物。

自然界存在的 N-亚硝基化合物不多，但在食品及人体内普遍存在着 N-亚硝基化合物的前体物质，如亚硝酸盐、硝酸盐、胺类等及可促进亚硝基化的物质。它们在一定条件下可合成一定量的 N-亚硝基化合物，直接或间接地导致人体多种组织器官机能障碍或器质性病变。N-亚硝基化合物对动物有较强的致癌作用，迄今为止，人们研究的 300 多种 N-亚硝基化合物中，有 90% 以上对所试动物具有致癌性，是目前世界公认的几大致癌物之一。N-亚硝基化合物是一大类有机化合物，根据其化学结构的不同，可分为两类：一类为 N-亚硝胺，另一类为 N-亚硝酸胺。

2. N-亚硝基化合物前体物的来源

（1）硝酸盐和亚硝酸盐的来源　　食品是硝酸盐和亚硝酸盐的主要来源，人体通过食物和饮水摄入硝酸盐已成为当今社会与农业有关的环境问题之一。膳食中硝酸盐和亚硝酸盐来源很多，主要包括食品添加剂的使用、农作物从自然环境中摄取和生物机体氮的利用、含氮肥料和农药的使用、工业废水和生活污水的排放等。其中用作食品添加剂是直接来源，肥料的大量使用是主要来源。

（2）前体胺和其他可亚硝化的含氮化合物及来源　　食物中广泛存在可以亚硝化的含氮有机化合物，主要涉及伯胺、仲胺、芳胺、氨基酸、多肽、脲、脲烷、呱啶、酰胺、脒、肼、酰肼、腈酰胺、腙羟胺等。作为食品天然成分的蛋白质、氨基酸和磷脂，都可以是胺和酰胺的前体物，或者本身就是可亚硝化的含氮化合物。在食品中即使是多肽和氨基酸，也可以发生亚硝化反应。例如，肉中大量存在的脯氨酸很容易形成亚硝基脯氨酸，在食品加工过程中采用高温加热可脱去羧基形成致亚硝癌的基吡咯烷。研究还发现，最简单的甘氨酸发生亚硝化，可以形成具有致癌、致突变的重氮乙酸；而腌菜、腌肉中的酪氨酸可以脱氨基形成酪胺，同样可以形成具有致癌、致突变性的重氮化合物。

另外，许多胺类也是药物、化学农药（特别是氨基甲酸酯类）和一些化工产品的原料，它们也有可能作为亚硝基化合物的前体物。

3. 食品中的 N-亚硝基化合物

（1）鱼和肉制品　　鱼和肉类食物中，本身含有少量的胺类，但在腌制和烘烤加工过程中，尤其是油煎烹调时，能分解出一些胺类化合物。腐烂变质的鱼和肉类，可分解产生大量的胺类，其中包括二甲胺、三甲胺、脯氨酸、腐胺、脂肪族聚胺、甘氨酸和胶原蛋白等。精胺、吡咯烷、氨基乙酰等，这些化合物与添加的亚硝酸盐等作用生成亚硝胺。鱼、肉类制品中的亚硝胺主要是吡咯亚硝胺和二甲基亚硝胺。由于腌制、保藏和烹调方法的不同，各类鱼、肉制品中亚硝胺的含量有一定的差异（表 22-6）。

表 22-6　部分鱼、肉制品中亚硝胺的含量水平

鱼、肉制品	国家或地区	亚硝胺	含量/（μg/kg）
干香肠	加拿大	二甲基亚硝胺	10～20
咸肉	加拿大	吡咯烷亚硝胺	20～80
	中国	二甲基亚硝胺	0.4～7.6
牛肉香肠	美国	哌啶亚硝胺	50～60
咸鱼	英国	二甲基亚硝胺	1～9
熏肉	中国	二甲基亚硝胺	0.3～6.5
	荷兰	二甲基亚硝胺	3

续表

鱼、肉制品	国家或地区	亚硝胺	含量/（μg/kg）
干鱿鱼	日本	二甲基亚硝胺	300
鱼干	日本	二甲基亚硝胺	15～84
压缩火腿	日本	二甲基亚硝胺	10～25
熏火腿	德国	二甲基亚硝胺	8
	荷兰	二甲基亚硝胺	0.4
熏生肉	德国	二甲基亚硝胺	2

（2）蔬菜瓜果中的 N-亚硝基化合物　　植物类食品中含有较多的硝酸盐和亚硝酸盐，在对蔬菜等进行加工处理（如腌制）和贮藏过程中，硝酸盐转化为亚硝酸盐，并与食品中蛋白质的分解产物胺反应，生成微量的 N-亚硝基化合物，其含量为 0.5～2.5μg/kg。

（3）啤酒中的 N-亚硝基化合物　　啤酒酿造所用大麦芽如是明火直接加热干燥过程的，那么空气中的氮被高温氧化成氮氧化物后作为亚硝化剂与大麦芽中的胺类（大麦芽碱、芦竹碱、禾胺等）及发芽时形成的大麦醇溶蛋白反应形成 N,N-二甲基亚硝胺（NDMA）。

（4）乳制品中的 N-亚硝基化合物　　一些乳制品中，如干奶酪、奶粉、奶酒等，存在微量的挥发性亚硝胺。其可能与啤酒中的亚硝基化合物形成机制相同，是奶粉在干燥过程中产生的。亚硝胺含量一般为 0.5～5.2μg/kg。

（5）霉变食品中的 N-亚硝基化合物　　霉变食品中也有 N-亚硝基化合物的存在，某些霉菌可引起霉变粮食及其制品中亚硝酸盐及胺类物质的增高，为亚硝基化合物的合成创造了物质条件。

4．N-亚硝基化合物的毒性　　不同种类的亚硝基化合物，其毒性大小差别很大，尤其是急性毒性（表 22-7），大多数亚硝基化合物属于低毒和中等毒，个别属于高毒甚至剧毒，化合物不同，其毒作用机制也不尽相同，其中肝损伤较多见，也有肾损伤、血管损伤等。

表 22-7　N-亚硝基化合物的急性毒性（雄性大鼠，经口）（mg/kg）

N-亚硝基化合物	LD_{50}	N-亚硝基化合物	LD_{50}
甲基苄基亚硝胺	18	吡咯烷亚硝胺	900
二甲基亚硝胺	27～41	二丁基亚硝胺	1200
二乙基亚硝胺	216	二戊基亚硝胺	1750
二丙基亚硝胺	480	乙基二羟乙基亚硝胺	7500

5．N-亚硝基化合物的致癌作用　　许多动物实验证明，N-亚硝基化合物具有致癌作用。N-亚硝胺相对稳定，需要在体内代谢成为活性物质才具备致癌、致突变性，称为前致癌物。N-亚硝酸胺类不稳定，能够在作用部位直接降解成重氮化合物，并与 DNA 结合发挥直接致癌、致突变性，因此，称 N-亚硝酸胺是终末致癌物。迄今为止尚未发现一种动物对 N-亚硝基化合物的致癌作用有抵抗力，不仅如此，多种给药途径均能引起实验动物的肿瘤发生，不论经呼吸道吸入、消化道摄入、皮下、肌内注射，还是皮肤接触都可诱发肿瘤。反复多次接触，或一次大剂量给药都能诱发亚硝基肿瘤，且都有剂量效

应关系。可以说，在动物实验方面，化合物的致癌作用证据充分。在人类流行病学方面，某些国家和地区流行病学资料表明人类某些癌症可能与之有关，如智利胃癌高发可能与硝酸盐肥料大量使用，从而造成土壤中硝酸盐与亚硝酸盐过高有关；日本人爱吃咸鱼和咸菜故其胃癌高发，前者胺类特别是仲胺与叔胺含量较高，后者亚硝酸盐与硝酸盐含量较高。我国林县食道癌高发，也被认为与当地食品中亚硝胺检出率较高有关。

6. *N*-亚硝基化合物的致畸、致突变作用　　在遗传毒性研究中发现，许多 *N*-亚硝基化合物可以通过机体代谢或直接作用，诱发基因突变、染色体异常和 DNA 修复障碍。*N*-亚硝酸胺能引起仔鼠产生脑、眼、肋骨和脊柱的畸形，而 *N*-亚硝胺致畸作用很弱。二甲基亚硝胺具有致突变作用，常用作致突变试验的阳性对照。据此人们也有理由认为 *N*-亚硝基化合物可能是人的致癌物。

第二十三章 食品安全溯源及预警

第一节 概 述

近年来，食品安全事件频繁发生，从疯牛病、口蹄疫到注水肉、瘦肉精、毒大米、问题奶粉、苏丹红1号、孔雀石绿等，严重危害了人们的身体健康和生命安全，已引起了全世界的广泛关注。WHO、FAO先后对食品安全制定了严格的法律、法规和标准。美国、欧盟和日本等主要发达国家及地区均建立了完善的以预防、控制和追溯为特征、"从农田到餐桌"的全程食品安全风险监督管理体系。

食品安全涉及"从农田到餐桌"的全过程，包括生产、加工、储存和销售等中间环节，所以食品安全的有效保障需要食品产业链各方，如政府、农户、涉农类食品加工企业、消费者、中介组织与相关科研机构等进行有效的配合与协调。因此，食品安全涉及的环节多，情况复杂多样，过去在没有建立食品安全追溯制度之前，常常发生的食品安全重大事件难以追查。近年来，世界各国大力推行食品安全追溯制度（又称食品安全溯源制度），如欧盟于2000年出台了（EC）NO.1760/2000号法规（又称新牛肉标签法规），要求自2002年1月1日起，所有在欧盟国家上市销售的牛肉产品必须要具备可追溯性，在牛肉产品的标签上必须标明牛的出生地、饲养地、屠宰场和加工厂，否则不允许上市销售；2002年欧盟又制定了（EU）NO.178/2002《食品通用法》，从法律上确定了食品的可追溯性。现在，世界上很多国家都开始实行强制性食品溯源制度。

食品不安全对消费者的影响，不但表现在食品中含有的危害因子数量的增多，发生频率的增高，发生范围的加大，而且表现在其危害发生的领域、时间及其后果具有高度的不确定性，社会对危害物的监控及对重大食品安全突发事件的应急处理难度较大，一旦发生食品安全事件，往往会带来公众的恐慌，动摇消费者的消费信心，使社会经济遭受重大的损失。因此，建立食品安全预警体系，对食品中有害物质的扩散与传播进行早期警示和积极防范，可以避免对消费者的健康造成不利影响。

综上所述，食品安全溯源制度是一种实施有效监管和追查安全问题根源的保障措施，而食品安全预警则是一种预防性的安全保障措施，都是食品安全风险监督管理体系的重要组成部分。

第二节 食品安全溯源

一、食品溯源的定义和基本要素

溯源，又称为"可追溯性""溯源性"，英文术语为"traceability/product tracing"，ISO 9000《质量管理体系基础和术语》对其定义为"追溯所考虑对象的历史、应用情况或所处场所的能力"。因此，溯源的本质是信息记录和定位跟踪系统。

食品溯源（food traceability）是指在食物链的各个环节（包括生产、加工、分送及销售等）中，食品及其相关信息能够被追踪和回溯，使食品的整个生产经营活动处于有效的监控之中。国外不同机构组织对食品溯源的定义略有差异，但大致内容相同。例如，国际标准化组织（ISO 9000：2000）将食品溯源定义为，溯源产品的地点、使用及来源的能力；国际食品法典委员会（CAC）将食品溯源定义为，鉴别、识别食品如何变化、来自何处、送往何地及产品之间的关系和信息的能力；欧盟在 EU 178/2002 中将食品可追溯性解释为，在生产、加工及销售的各个环节中，对食品、饲料、食用性动物极有可能成为食品或饲料组成成分的所有物质的追溯或追踪能力。这些说明，目前国际上尚没有统一的食品溯源的定义，但这并不影响人们对食品溯源基本要素的理解、掌握及运用。

食品溯源有以下几个基本要素。

1）产品溯源（product traceability），即通过溯源，确定食品在食品供应链中的位置、地点，便于物流和库存管理，实施食品召回，以及向消费者或利害关系人告知信息。

2）过程溯源（process traceability），即通过溯源，确定在食物生长和食品加工过程中影响食品安全的行为/活动，包括产品之间的相互作用、环境因子向食物或食品中的迁移及食品中污染的情况等。

3）基因溯源（genetic traceability），即通过溯源，确定食品产品的基因构成（the genetic constitution of the product），包括转基因食品的基因源和类型及农作物的品种等。

4）投入溯源（input traceability），即通过溯源，确定种植和养殖过程中投入物质的种类及来源，包括配料、化学喷洒剂、灌溉水源、家畜饲料、保存食物所使用的添加剂等。

5）疾病和害虫溯源（disease and pest traceability），即通过溯源，追溯病害的流行病学资料、生物危害（包括细菌、病菌、其他污染食品的致病菌），以及摄取的其他来自农业生产原料的生物产品。

6）测定溯源（measurement traceability），即通过溯源，检测食品、环境因子、食品生产经营者的健康状况，获取相关信息资料。

因此，食品溯源是一种以信息为基础的先行介入措施（proactive strategy），即在食品质量和安全管理过程中正确而完整地收集溯源信息。食品溯源本身不能提高食品的安全性，但它有助于发现问题、查明原因、采取行政措施及追究责任。所以，食品溯源是保证及时、准确、有效地实施食品召回的基础，而食品召回是实现食品溯源目的的重要手段。

二、国内外食品溯源制度的现状和发展趋势

1. 欧盟的食品溯源制度　　食品的溯源制度在欧盟已经存在多年，但食品信息可追踪系统则是由于欧盟为应对疯牛病问题于 1997 年才开始逐步建立起来的。按照欧盟《食品法》的规定，食品、饲料、供食品制造用的家畜，以及与食品、饲料制造相关的物品，在生产、加工、流通的各个阶段，必须建立这种可追踪系统。该系统对各个阶段的可追溯主体做了规定，以保证可以确认以上各种提供物的来源和方向。现在，欧盟已经建立了对部分畜禽动物及其制品、对转基因生物及转基因食品的可追踪系统。

欧盟对畜禽动物的可追踪系统，以牛、牛肉及牛肉制品为例。欧盟于 2000 年出台了（EC）NO.1760/2000 号法规（又称新牛肉标签法规），2002 年欧盟又出台了（EU）

NO.178/2002 法规，从法律上进一步确定了食品的可追溯性。根据（EC）NO.1760/2000号法规，必须建立对牛的验证和注册体系，包括牛耳标签、电子数据库、动物护照、企业注册。同时，法规对牛肉和牛肉制品的标签标志也作出了明确的规定，标签标志的内容包括：可追溯号、牛的出生地所在的国家名称、饲养地所在的国家名称、屠宰地所在国家名称与屠宰场批准号、分割地所在国家名称与分割厂批准号，否则不允许上市销售。

　　欧盟对转基因生物及含有转基因生物的食品与饲料，也建立了可追踪系统。2001年欧盟出台了《对转基因生物及其制品实施跟踪和标志的议案（COM 2001-1821）》，并由此而建立了对转基因生物的跟踪系统。该系统要求企业经营者传达并保留其转基因生物和转基因食品与饲料投放到市场上每个环节的信息，以确保对转基因生物的可追溯性。

　　此外，欧盟还采取出口企业注册备案制度及其他登记管理制度。例如，欧盟规定水产品和动物制品的配送企业，必须获得欧盟注册备案并经欧盟官方机构发布。

　　2. 荷兰的食品溯源制度　　为确保所有食品和食品成分的溯源性，荷兰要求所有食品经营部门都要进行强制性注册，用于鉴定食品成分和食品供应商的记录也要强制性保留。并且每个生产者都必须制定出如何从市场上撤回那些对消费者存在着严重危害的产品的程序。

　　仍以牛肉为例，荷兰食品安全局负责在批发和零售市场上进行牛肉和碎牛肉的追溯，对进出的肉产品进行监督，包括与文件保持一致的检查。这方面的监督贯穿整个牛肉产品的分销链，并将详细的档案记录随同产品送往配送中心。兽医则在零售阶段校正不正确的标签，并控制因前面工作错漏而可能造成的风险。

　　在牛养殖链条中，荷兰政府的"农产品质量安全信息系统"能够提供完整的可追溯牛运转所需的信息。所以荷兰国内奶牛的运转不需要执照，但对成员方和第三方国家，则需由荷兰食品安全局颁发牛的执照，才能进入荷兰。荷兰牛的执照是一个特制的图章，以赋予牛的区域性官方准入地位。具体来说，牛的管理者负责向荷兰食品安全局汇报所有小牛在流通链条中的移动情况，即到达每一环节，牛的主人都必须向荷兰食品安全局信息收集中心发出报告；而牛从他的农场到屠宰场的转移，则由屠宰场来报告；小牛死亡后由处理厂收集，并向荷兰食品安全局发出报告。

　　在牛加工链条中，在每一环节，牛肉和牛肉产品必须有标签标志，并且具有明确的参照性。即当一批新的产品将要生产出来时，新的标签就已经提前发送到生产线上，这个程序保证印在消费者购买的牛肉产品上的信息是正确和可靠的。因此，根据牛肉产品标签上的信息，可以实现在牛加工链条内的追溯。

　　在零售、分销、储藏和销售链条中，如果不能根据牛肉和牛肉产品零售阶段的标签追溯到牛饲养的源农场，则该标签可以上交给食品安全局，请求通过分销商、分割厂和屠宰场追溯到牛饲养的源农场，并能得到全部的可追溯性文件。

　　荷兰的其他农产品和加工食品也都是按这样的追溯程序进行监督管理的。

　　3. 德国的食品溯源制度　　德国也使用了食品信息可追踪系统来监督管理食品的安全。德国动物饲养者必须填写动物饲养和转移情况的工作簿，包括动物转移的地点和日期，卖者的姓名和地址，买者的地址及买卖的日期，牛耳标上的记号，猪标签上的号码和年龄，小鸡的号码、品种、年龄等，除了记录上述内容外，还有转移出发的时间和目的地。

根据德国的肉类卫生管理条例规定，所有从事肉类生产和加工的企业（者）都必须出示肉类产品供给商的来源证明和肉类产品出售的证明，但小批量直接卖给消费者的除外。

4. 美国的食品溯源制度　美国对食品可追溯要求也贯穿于各个食品法规中，特别是在 HACCP 相关的法规中明确要求企业必须具备食品的可追溯性和对产品的跟踪能力，并在 2002 年《公共安全与生物恐怖应对法案》（Public Health Security and Bioterrorism Preparedness and Response Act）中进行强化，通过建立《企业注册制度》《预申报制度》《记录建立与保持制度》等强调溯源，还建立了高效有序的食品召回制度。

5. 我国的食品溯源制度　2002 年 5 月 24 日，农业部发布《动物免疫标识管理办法》（农业部令第 13 号），规定对猪、牛、羊建立免疫档案管理制度，即必须佩戴免疫耳标。国家质量监督检验检疫总局（质检总局）2003 年启动"中国条码推进工程"，2004 年 12 月又发布实施了《食品安全管理体系要求》和《食品安全管理体系审核指南》，针对欧盟对水产品进口的新规定，制定了《出境水产品追溯规程（试行）》和《出境养殖水产品检验检疫和监管要求（试行)》。国家食品药品监督管理局联合七部委，确定于 2004 年 4 月起，肉类行业作为食品安全信用体系建设的试点行业，开始启动肉类食品溯源制度及系统的建设。

近年来，中国物品编码中心参照国际编码协会出版的相关应用指南，并结合我国的实际情况，相继出版了《牛肉产品跟踪与追溯指南》《水果、蔬菜跟踪与追溯指南》和《食品安全追溯应用案例集》。此外，中国物品编码中心还在国内建立了多个应用示范系统，取得了良好的应用效果。

综上所述，现在世界上许多国家都已经建立了相对比较完善的食品安全溯源体系，并且已成为构成食品安全管理不可或缺的有机组成部分。

国内外食品溯源制度的发展趋势：①实行强制性食品溯源。例如，欧盟根据（EU）NO.178/2002 的规定，已于 2005 年 1 月对欧盟各成员方所有的食品和饮料实行强制性溯源管理（mandatory traceability）；美国根据《公共安全与生物恐怖应对法案》，于 2003 年 12 月对其国内食品企业实施注册管理，要求进口食品必须事先告知。②采用现代信息技术。其是指以计算机为基础工具，实施信息的利用和管理（包括信息的收集、处理、储存、分送和交流），建立健全食品溯源系统，开展食品溯源。③建立全球食品溯源标准，包括食品身份标识标准、录入信息标准、溯源系统建立标准等。例如，国际物品编码协会（GSI）提出了全球溯源标准（global traceability standard），以支持建立一个可见的、安全的、质量可靠的食物链。

三、食品溯源系统

食品溯源系统（food traceability system）是指在食物链的各个阶段或环节中由鉴别产品身份（identification）、资料准备（data preparation）、资料收集与保存（data collection and storage）及资料验证（data verification）等一系列溯源机制（a series of mechanism for traceability）组成的整体。食品溯源系统涉及多个食品企业或公司，多个学科，具有多种功能，但基本功能是信息交流，具有随时提供整个食品链中食品及其信息的能力。在食物链中，只有各个食品企业或公司都引入和建立起本企业或公司内部的溯源系统（internal traceability system），才能形成整个食物链的溯源系统（chain traceability system），实现食物链溯源（chain traceability）。

食物链（food chain），又称饲料和食品链（feed and food chain），ISO 22000 对其定义为"从初级生产直至消费的各环节和操作的顺序，涉及食品及其辅料的生产、加工、分销、储存和处理"，包括用于生产食品的动物的饲料生产，也包括与食品接触的材料或原材料的生产。

1. 食品溯源系统建立的目的　　食品溯源系统能在食物链的各个阶段/环节追踪和回溯食品及其相关信息，将实现以下目的。

1）提供可靠的信息。①能保证食品配送路径的透明度；②能迅速地向消费者和政府食品安全监管部门提供食品信息；③加强食品标识的验证；④防止食品标识和信息的错误辨识，实现公平交易。

2）提高食品的安全性。①一旦发生与食品安全相关的事件，能迅速追溯其原因；②能迅速有效地清除不安全食品；③有助于收集健康损害的资料，实施风险管理；④有利于确定食品安全事件的肇事者。

3）提高经营效益。食品溯源系统可以通过产品身份的识别、信息收集和储存，增加食品管理的效益，降低成本，提高食品产品的质量。

2. 食品溯源系统建立的要求

1）在各个环节/阶段记录和储存信息。食品生产经营者在食物链的各个环节/阶段应当明确食品及原料供货商、购买者及互相之间的关系，并记录和储存这些信息。

2）食品身份的管理。食品身份的管理是建立溯源的基础。食品身份管理工作包括：①确定产品溯源的身份单位（identification unit）和生产原料（raw material）；②对每一个身份单位的食品和原料分隔管理；③确定产品及生产原料的身份单位与其供应商、买卖者之间的关系，并记录相关信息；④确立生产原料的身份单位与其半成品和成品之间的关系，并记录相关信息；⑤如果生产原料被混合或被分割，应在混合或分割前确立与其身份之间的关系，并记录相关信息。

3）企业的内部检查。开展企业内部联网检查，对保证溯源系统的可靠性和提升其能力至关重要。企业内部检查的内容有：①根据既定程序，检查其工作是否到位；②检查食品及其信息是否得到追踪和回溯；③检查食品的质量和数量的变化情况。

4）第三方的监督检查。第三方的监督检查包括政府食品安全监管部门的检查和中介机构的检查，它有利于保持食品溯源系统有效运转，及时发现和解决问题，增加消费者的信任度。

5）向消费者提供信息。一般而言，向消费者提供的信息有两个方面：①食品溯源系统所收集的即时信息，包括食品的身份编号、联系方式等；②既往信息，包括食品生产经营者的活动及其产品的以往声誉等信息。向消费者提供此类信息时，应注意保护食品生产经营者的合法权益。

第三节　食品安全预警

一、概述

食品安全是一个重大的公共卫生问题，不但影响人体健康，而且对世界范围内的食品贸易存在很大影响，甚至导致一些政治问题。食品安全问题已引起了世界各国政府和联合国相关机构的高度重视，各国纷纷开展食品安全监测与预警系统研究，并结合本国食品安全监测特点，制订了预警系统。

食品安全预警是指通过对食品安全隐患的监测、追踪、量化分析、信息通报预报等，建起一整套针对食品安全问题的功能体系，对潜在的食品安全问题及时发出警报，从而达到早期预防和控制食品安全事件，最大限度地降低损失的目的。广义的食品安全包含数量安全、质量安全和可持续发展3个方面，对应的食品安全预警体系也分为食品数量安全预警体系、食品质量安全预警体系和食品可持续安全预警体系。

食品安全预警已引起了国内外的广泛关注。发达国家先后建立了食品安全预警体系，如欧盟于2000年2月发布了《食品安全白皮书》，并根据成员方的需求构建了一个通报食品安全风险等信息的欧盟食品和饲料快速预警系统（RASFF），而我国对食品安全的预警才刚刚起步。

食品安全预警系统需要强有力的检测数据作支撑，因此整合现有的监测资源，构建权威的食品安全监测评价体系，全面开展食品安全评估工作是构建食品安全预警系统的重要组成部分。有关食品安全的预警体系主要由以下3部分构成。

1）对疫区、污染地区食品安全预警：对全国出现的疫区、污染区进行有效的资料收集，防止本地区也出现同样的疫情、污染源等，对本地区将可能出现的疫区、污染区进行动态监测、分析，实施先兆预警。

2）对病源微生物、有害物风险预警：对季节性、突发性的病源微生物、有害物食品安全风险进行动态监测、分析，实施先兆预警。

例如，对高致病性禽流感，依照疫情发生、发展的规律和特点，以及危害程度、可能的发展趋势，对可能发生疫情，由农业部向全国作出相应疫情级别的预警。预警信息分红色、橙色、黄色和蓝色4种颜色，分别代表特别严重、严重、较重和一般4个预警级别。必要时，商请国务院新闻办公室组织新闻发布会，通报有关预警信息。各省（自治区、直辖市）兽医行政主管部门可根据全国的预警信息，依照本省的疫情情况，发布本省的预警信息。

3）对限量危害物风险预警：对违法使用限量危害物的情况进行动态监测、分析，实施先兆预警。

二、食品安全预警体系建立的目的

既然食品消费可能存在风险或潜在危害，为避免其影响，应采取积极的态度，即能够预先辨识食品成分中的危害物，了解其危害程度，对消费风险较大的食品事先告诫消费者谨慎食用，尽量将食品消费的风险控制在可接受的范围。另外，对消费者健康影响不明确的物质，要通过科学试验，评估其消费风险，建立有效的预防措施。只要食品对消费者构成的健康危害超过人们预期的风险承受度，无论这种危害是短期还是长期影响，都需要采取一定的预防行为或在威胁发生之前采取高水平的健康风险保障措施，目的是降低安全隐患，减少不确定性影响，进而对人类不良的生产与消费行为加以有意识的引导。而食品安全预警就是通过指标体系的运用来解析各种食品安全状态、食品风险与突变等现象，揭示食品安全的内在发展机制、成因背景、表现方式和预防控制措施，从而最大限度地减少灾害效应，维护社会的可持续发展。对已识别的各种不安全现象，进行成因过程和发展态势的描述与分析，揭示其发展趋势中的波动和异常，发出相应警示信号。

因此，建立食品安全预警系统的目的就是：建立食品安全信息管理体系，构建食品安全信息的交流与沟通机制，为消费者提供充足、可靠的安全信息；及时发布食品安全预警信息，帮助社会公众采取防范措施；对重大食品安全危机事件进行应急管理，尽量减少食源性疾病对消费者造成的危害与损失。

三、国内外食品安全预警系统简介

1. 国际食品安全网络　　国际食品安全网络（INFOSAN）是 WHO 为了改善国家和国际层面的食品安全主管部门之间的合作，于 2004 年创建的。该网络已对国际上各国食品安全主管部门间进行日常食品安全信息交换起重要作用，同时也为食品安全紧急事件发生时迅速获取相关信息提供了载体。截至 2007 年 3 月，已有 154 个国家或地区成为系统注册成员，每个注册成员可设有 1 个或多个国家授权的联络点；同时为了确保成员方有快速和稳定的官方联络渠道，每个注册成员方必须而且仅设有 1 个 INFOSAN 紧急事件联络点。

INFOSAN 有两个主要组成部分：一是食品安全紧急事件网络（INFOSAN EMER-GENCY），它将国家官方联络点连接在一起，以处理有国际影响的食源性疾病和食品污染的紧急事件，并使能迅速交流信息；二是发布全球食品安全方面重要数据信息的网络体系。

2. 全球环境监测系统　　全球环境监测系统（GEMS）成立于 1975 年，是联合国环境规划署（UNEP）"地球观察"计划的核心组成部分，其任务就是监测全球环境，并对环境组成要素的状况进行定期评价。参加 GEMS 监测与评价工作的共有 142 个国家和众多的国际组织，如联合国粮食及农业组织（FAO）、世界卫生组织（WHO）、世界气象组织（WMO）、联合国教科文组织（UNESCO）及国际自然与自然资源保护联盟（IUCN）等。

虽然全球环境监测系统（GEMS）不是一个食品相关疾病监测计划，但全球环境监测系统的食品污染监测与评估规划（通常简称为 GEMS/Food）是一个很成功的国际间合作监控的范例。WHO 承担其为赞助方（在全球超过 70 个国家）实施该计划的任务。GEMS的目的在于汇编来自不同国家的食品污染及其与人接触的资料数据。GEMS 统一的执行命令和易于登陆的接口使它成为国际间食品监测工作的一个典范。同时，GEMS/Food 的数据在 WHO 的网站可以检索到。

3. 欧盟食品和饲料快速预警系统　　为了保护消费者免受食品消费中可能存在的风险或潜在风险的危害，以及在欧盟成员方及欧盟委员会之间及时交流风险信息，欧盟根据各成员方的实际情况制定实行了"食品和饲料快速预警系统"（rapid alert system for food and feed，RASFF）。因此，RASFF 主要是针对各成员方内部由于食品不符合安全要求或标识不准确等原因引起的风险和可能带来的问题及时通报各成员方，使消费者避开风险的一种安全保障系统。该系统主要包括了通报制度、通报分级、通报类型、采取的措施、后续反应（行动）、新闻发布制度和公司召回制度。

4. 中国的食品安全预警系统概况　　由于我国的食品安全是采用分段监管的模式，因此，目前卫生部、农业部和质检总局分别建立了侧重点不同的食品安全监测和安全预警系统。

　　1）卫生部参照全球环境监测规划、食品污染监测与评估计划 GEMS/Food，开展了食品污染物和食源性疾病监测工作。截至 2007 年 8 月，监测点已经覆盖 15 个省（自治区、直辖市）8.3 亿人口，重点对消费量较大的 54 种食品中常见的 61 种化学污染物进行监测。截止到 2006 年年底，获得化学污染物监测数据 40 多万个，初步摸清了我国食品中重要污染物的污染水平及动态变化趋势。卫生部还根据监测发现的问题发布了蓖麻籽、霉变甘蔗、河豚、生食水产品、毒蘑菇等 10 余项食品的安全预警信息。

　　2）农业部也建立了农产品质量安全的例行监测制度，对全国大中城市的蔬菜、畜产品、水产品质量安全状况实行从生产基地到市场环节的定期监督检测，并根据监测结果定期发布农产品质量安全信息。目前，全国大部分省（自治区、直辖市）也已开展了省级例行监测工作。

　　3）质检总局建立了全国食品安全风险快速预警与快速反应系统，目前已经实现了对 17 个国家食品质检中心日常检验检测数据和 22 个省（自治区、直辖市）监督抽查数据的动态采集，每月收集有效数据 2 万余条。同时，质检总局加大了食品生产加工环节风险监测的工作力度，重点监测非食品原料和食品添加剂问题，截止到 2007 年 6 月底，风险监测抽样覆盖 24 个省（自治区、直辖市），共检测 20 类产品中的 2501 个样品，涉及 33 种检测项目，获得 9477 个有效监测数据。通过动态收集、监测和分析食品安全信息，初步实现了食品安全问题的早发现、早预警、早控制和早处理。

　　5. 中国食源性疾病的预警系统　　食源性疾病是由于摄入食物中所含的致病因子引起的通常具有感染性质或中毒性质的一类疾病，包括常见的食物中毒、经食物或水引起的肠道传染病及化学性有毒有害物质所造成的疾病，是当今世界上最广泛的卫生问题之一。开展食源性疾病的危险性评估，建立食源性疾病的预警系统，对阐明食源性疾病的流行病学的变化特点及其影响因素，揭示新的食物媒介和病原因子，控制食品污染，减少食源性疾病，保障消费者健康，促进发展等方面具有十分重要的作用。

　　（1）食源性疾病预警系统的级别　　食源性疾病的预警系统可以发现食源性疾病暴发的先兆，赢得时间启动应急措施，采取有效对策控制食源性疾病，以防止食源性疾病大规模的流行。食源性疾病的预警系统可分为以下三级。

　　1）一级预警系统。凡达到下列指标之一者，启动一级预警系统：医院肠道门诊患者短期内突然增加，每周比同期增加 20%；社区人群监测发现由于食源性原因引起疾病的人数增加，每个月增加 20 人；药房的腹泻药销售突然增加，每天的销售量比同期增加 20%；学校学生缺课率短期内突然增加，每天比同期增加 20%；食品污染物监测网监测的病原菌或化学性污染物检出率突然增加，比同期增加 10%。

　　2）二级预警系统。凡达到下列指标之二项者，启动二级预警系统：医院肠道门诊患者短期内突然增加，每周比同期增加 20%；社区人群监测发现由于食源性原因引起疾病的人数增加，每个月增加 20 人；药房的腹泻药销售突然增加，每天的销售量比同期增加 20%；学校学生缺课率短期内突然增加，每天比同期增加 20%；食品污染物监测网监测的病原菌或化学性污染物检出率突然增加，比同期增加 10%。或达到下列指标之一者，启动二级预警系统：医院肠道门诊患者短期内突然增加，每周比同期增加 40%；药房的腹泻药销售突然增加，每天的销售量比同期增加 40%；食品污染物监测网监测的病原菌或化学性污染物检出率突然增加，比同期增加 20%。

　　3）三级预警系统。凡达到下列指标之二项者，启动三级预警系统：医院肠道门诊患者短期内突然增加，每周比同期增加 40%；社区人群监测发现由于食源性原因引起疾病的人数增加，每个月增加 50 人以上；药房的腹泻药销售突然增加，每天的销售量比同期增加 40%；学校学生缺课率短期内突然增加，每天比同期增加 40%；食品污染物监测网监测的病原菌或化学性污染物检出率突然增加，比同期增加 20%。或达到下列指标之一者，启动三级预警系统：医院肠道门诊患者短期内突然增加，每周比同期增加 50%；药房的腹泻药销售突然增加，每天的销售量比同期增加 60%；食品污染物监测网监测的病原菌或化学性污染物检出率突然增加，比同期增加 30%。

　　（2）食源性疾病预警系统的启动和响应　　食源性疾病预警系统下设 5 个主动监测网：各级医疗机构腹泻门诊监测网、社区人群监测网、药房腹泻药销售监测网、学校学生缺课率监测网和食品污染物监测网。当上述监测网提供的信息或其他渠道提供的信息经分析核实符合相应的预警级别时，要及时启动对应的应急措施。

　　1）一级预警系统的启动和响应。一级预警系统建议由基层卫生部门启动，并作出响应。一级预警系统启动后，由基层卫生行政部门进行统一领导、统一指挥，组织、协调有关人员对事件进行处理，并保证启动所需经费、医疗救治、药品及预防等物资的供应，保证启动工作的有序进行及各项措施的落实。

　　2）二级预警系统的启动和响应。二级预警系统建议由上一级卫生部门启动，并作出响应。二级预警系统启动后，由该级别的卫生行政部门进行统一领导、统一指挥，组织、协调有关人员对事件进行处理，并保证启动所需经费、医疗救治、药品及预防等物资的供应，保证启动工作的有序进行及各项措施的落实。

　　3）三级预警系统的启动和响应。三级预警系统建议由最高级别的卫生行政部门启动，并作出响应。三级预警系统启动后，由最高级别的卫生行政部门进行统一领导、统一组织、协调事件发生地省及基层有关人员对事件进行处理，并保证启动所需经费、医疗救治、药品及预防等物资的供应，保证启动工作的有序进行及各项措施的落实。

第二十四章　食品安全标准体系

第一节　标准简介

食品安全质量标准是企业组织食品生产的主要依据，食品安全水平的高低取决于食品安全质量标准水平。要确保食品质量与安全就必须实行从农田到餐桌的全程标准化管理。质量水平是一个国家经济、科技、教育和管理水平的综合反映，已成为影响国民经济和对外贸易的主要因素之一。在 2002 年全国科技工作会议上针对我国加入 WTO 的新形势，国家提出要实施"三大战略"，即人才、专利和技术标准战略。首次把技术标准提到了战略高度，我国要通过实施技术标准战略来适应未来的国际激烈竞争。三流的企业卖产品，二流的企业卖技术，一流的企业卖专利，超一流的企业卖标准。

一、相关概念

标准：为了在一定的范围内获得最佳的秩序，经协商一致制定并由公认的机构批准，共同使用的和重复使用的一种规范性文件。

标准化：为了在一定的范围内获得最佳的秩序，对实际的或潜在的问题制定共同使用和重复使用的条款的活动。

国际标准：由国际标准化组织或国际标准组织通过并公开发布的标准。

区域标准：由区域标准化组织或区域标准组织通过并发布的标准。

国家标准：由国家标准机构通过并发布的标准。

地方标准：在国家的某个地区通过并发布的标准。

产品标准：规定产品应满足的要求以确保其适用性的标准。

过程标准：规定过程应满足的要求以确保其适用性的标准。

合格评定：有关直接或间接地确定是否达到相应的要求的活动。

技术规范：规定产品、过程或服务应满足的技术要求的文件。

法规：由权力机构通过的有约束力的法律文件。

技术法规：规定技术要求的法规，它或者直接规定技术要求，或者通过引用标准、技术法规或规程来规定技术要求，或者将标准、技术法规或规程的内容纳入法规中。

二、标准的分类

1）按级别分类：按《中华人民共和国标准化法》第六条规定的级别来分类，标准的种类有国家标准、行业标准、地方标准和企业标准四大类，从标准的法律级别上来讲，国家标准高于行业标准，行业标准高于地方标准，地方标准高于企业标准。但从标准的内容上来讲却不一定与级别一致，一般来讲，企业标准的某些技术指标应严于地方标准、行业标准和国家标准。

2）按性质分类：根据《标准化法》第七条的规定，国家标准和行业标准按性质可分为强制性标准和推荐性标准两类。保障人体健康、人身财产安全的标准和法律是强制性标准。国家强制性标准代号是"GB",推荐性标准的代号是"GB/T",字母"T"表示"推荐"的意思。我国强制性标准属于技术法规的范畴,其范围与 WTO 规定的五个方面,即"国家安全""防止欺诈""保护人身健康和安全""保护动植物生命和健康""保护环境"基本上完全一致。强制性标准必须执行,而占国家标准、行业标准总数 85% 以上的推荐性标准则与国际上的自愿性标准一致。虽然,推荐性标准本身并不要求有关各方遵守该标准,但在一定的条件下,推荐性标准可以转化成强制性标准,具有强制性标准的作用。如以下几种情况:①被行政法规、规章所引用;②被合同、协议所引用;③被使用者声明其产品符合某项标准。

3)按内容分类:食品标准从内容上来分,主要有食品产品标准、食品卫生标准、食品添加剂标准、食品检验方法标准、食品包装材料与容器包装、食品工业基础标准及相关标准。

4)按标准的层次与作用范围来分类:按标准的层次与作用范围可以分成三大类。

A. 技术标准:对标准化领域中需要协调统一的技术事项所制定的标准。技术标准是企业标准体系主体,是企业组织生产、技术和经营、管理的技术依据。

B. 管理标准:对标准化领域或者企业标准化领域中需要协调统一的管理事项所制定的标准。管理标准主要是对管理目标、管理项目、管理程序和管理组织所作出的规定。

C. 工作标准:对标准化领域或者企业标准化领域需要协调统一的工作事项所制定的标准。工作标准是对工作责任、权力、范围质量要求、程序、效果、检查方法、考核办法等所制定的标准。

第二节　食品安全标准体系

一、食品安全标准体系的定义

食品安全标准体系是指以系统科学和标准化原理为指导,按照风险分析(包括风险评估、风险管理、风险交流)的原则和方法,对食品生产、加工和流通(即"从农田到餐桌")整个食品链中的食品生产全过程各个环节影响食品安全和质量的关键要素及控制所涉及的全部标准,按其内在联系形成的系统、科学、合理且可行的有机整体。它是有关标准分级和标准属性的总体,反映了标准之间相互关联、相互协调、相互制约的内在联系(图 24-1)。显然,食品安全标准体系是一个由食品安全标准组成的系统。通过实施食品安全标准体系,从而实现对食品安全的有效监控,提升食品安全整体水平。

食品标准的主要内容为食品安全卫生要求和营养质量要求。但从了解食品标准的全部内容来看还是不够的,由于人们在选择食品时,卫生和营养质量往往难以用肉眼来识别,所以了解食品标志、标签和有关食品市场准入、质量认证的标志也很重要。无论国际标准,还是国家标准、行业标准、地方标准及企业标准,就食品产品标准的内容来看,主要包含以下几个方面:①卫生与安全;②食品营养;③食品标志、包装。

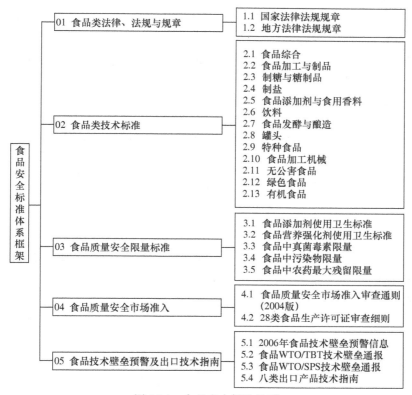

图 24-1 食品安全标准体系

二、食品安全标准体系建立的目的及意义

1. 食品安全标准体系是全面提升食品安全水平、保障消费者健康的关键 食品安全标准体系是为了对食品质量安全实施全过程控制而建立的，由涉及食品生产、加工、流通全过程中影响食品安全的各个环节和因素及其控制和管理的技术标准，是技术构成的相互联系、相互协调的有机整体。通过食品安全标准体系的有效实施，可以使食品生产全过程标准化、规范化，为食品质量安全提供控制目标、技术依据和技术保证，满足食品质量安全标准的规定和要求，全面保证和提升食品质量安全水平，保障消费者健康。

2. 食品安全标准体系是提高国家食品产业竞争力的重要技术支撑 食品产业是我国的支柱型产业，食品质量安全水平的高低直接影响到我国的综合国力和国际竞争力。随着经济全球化和贸易自由化的进步发展，特别是我国加入 WTO 以后，如果缺乏食品安全保护措施，我国的食品行业将不可避免地受到国外食品的巨大冲击，甚至国内市场可能成为一些国外劣质产品的倾销地，直接威胁到我国的经济安全和境内食品产业的生存和发展。食品安全标准体系将有助于我国合理设置食品贸易技术壁垒，建立技术性贸易措施体系，促进食品贸易全球化。

3. 食品安全标准体系是实现食品产业结构调整的重要手段 建立和健全食品安全标准系统，运用标准的手段，关闭一批产品质量低劣、浪费资源、污染环境和不具备安全生产条件的企业，淘汰一批落后的产品、设备、技术和工艺，压缩过剩生产能力，推广先进技术，是整个食品产业统筹规划、突出重点、合理布局，从而实现整个食品产业结构的战略性调整的重要手段。

4. 食品安全标准体系是国家食品安全监督管理部门规范市场秩序的重要依据　食品安全标准体系规定了食品生产、加工、流通和销售等过程及食品产品及性能、试验方法等的质量安全基本要求和具体指标，食品质量安全标准是食品产品合格与否的判据，是能否获得市场准入的关键。依据食品安全标准可以鉴别以次充好、假冒伪劣食品，保护消费者的利益，整顿和规范市场经济秩序，营造公平竞争市场环境。

第三节　国内外食品安全标准体系现状

一、中国

我国国家标准化管理委员会统一管理中国食品标准化工作，国务院有关行政主管部门分工管理本部门、本行业的食品标准化工作。食品安全国家标准由各相关部门负责草拟，国家标准化管理委员会统一立项、统一审查、统一编号、统一批准发布。目前，我国已初步形成了门类齐全、结构相对合理、具有一定配套性和完整性的食品质量安全标准体系。

食品安全标准包括了农产品产地环境、灌溉水质、农业投入品合理使用准则，动植物检疫规程，良好农业操作规范及食品中农药、兽药、污染物、有害微生物等限量标准，食品添加剂及使用标准，食品包装材料卫生标准，特殊膳食食品标准，食品标签标识标准，食品安全生产过程管理和控制标准及食品检测方法标准等方面，涉及粮食、油料、水果蔬菜及制品、乳与乳制品、肉禽蛋及制品、水产品、饮料酒、调味品、婴幼儿食品等可食用农产品和加工食品，基本涵盖了从食品生产、加工、流通到最终消费的各个环节。目前，中国已发布涉及食品安全的国家标准1800余项，食品行业标准2900余项，其中强制性国家标准634项。

1. 食品卫生标准体系　食品卫生标准是指为保护人体健康，政府主管部门根据卫生法律、法规和有关卫生政策，为控制与消除食品及其生产过程中与食源性疾病相关的各种因素所作出的技术规定，包括安全、营养和保健3个方面。这些规定通过技术研究，按照一定的程序进行审查，由国家主管部门批准，以特定的形式发布。我国现行食品卫生标准有441项，其中国家标准423项，行业标准18项。

我国食品卫生标准的主要类别：①产品（包括食品原料与终产品）卫生标准，依食品的类别分为21类食品卫生标准，如粮食及其制品、食用油脂、保健食品等；②食品添加剂使用卫生标准；③营养强化剂使用卫生标准；④食品中农药最大残留限量卫生标准；⑤食品中霉菌与霉菌毒素限量卫生标准；⑥食品中环境污染物限量卫生标准；⑦食品中激素（植物生长素）及抗生素的限量标准；⑧食品企业生产卫生规范；⑨食品标签标准；⑩辐照食品卫生标准；⑪食品卫生检验方法，包括食品卫生微生物检验方法、食品卫生理化检验方法、食品卫生毒理学安全性评价程序与方法、食品卫生营养素检验方法；⑫食物中毒诊断标准；⑬其他包括食品餐饮具洗涤卫生标准，清洗剂、消毒剂卫生标准等。

2. 农业国家标准体系　我国已组织制定农业国家标准450多项、行业标准1450

项、地方标准 17 000 多项，制定了 195 项无公害食品标准，58 项绿色食品标准。

二、欧盟

欧洲标准化委员会（CEN）是由欧洲经济共同体（EEC）和欧洲自由贸易联盟（EFTA）国家及西班牙共同组成。

经过几十年的发展，欧盟逐步形成了由上层为数不多的但具有法律强制力的欧盟指令，下层上万个包含具体技术内容、制造商可自愿选择的技术标准组成的两层结构的欧盟指令和技术标准体系。该体系的建立有效地消除了欧盟内部市场的贸易障碍。但欧盟同时规定，属于指令范围内的产品必须满足指令的要求才能在欧盟市场销售，达不到要求的产品不许流通。这一规定对欧盟以外的国家同样适用。从发展来看，欧盟指令和法规越来越简单，但有关安全、卫生、消费者权益保护的要求则越来越严格，按照欧盟指令制定的技术标准也将越来越复杂。

三、美国

美国是一个标准大国，它制定的包括技术法规和政府采购细则等在内的标准有 5 万多个，其中不包括一些约定俗成的事实上的行业标准。美国标准体制与其他国家的一个重要区别在于其结构的分散化。联邦政府负责制定一些强制性的标准，主要涉及制造业、交通、环境保护、食品和药品等。此外，相当多的标准，特别是行业标准，是由工业界等自愿参加编定和采用的。美国国家标准协会是所谓"自愿标准体制"的协调者，但协会本身并不制定标准。也就是说，实际上美国并没有一个公共或私营机构主导标准的制定和推广。这一体制造成的结果是技术标准数量繁杂，要求比较苛刻。

美国标准体系主要由两部分组成：①联邦政府标准体系，标准数量约 4.4 万项；②非联邦政府标准体系，即各专业标准化团体的专业标准体系，标准数量约 4.9 万项。美国国家标准学会主要是将以上两部分标准经协商后冠以 ANSI 代号，成为美国国家标准，标准数量约 3.7 万项。

美国食品标准的内容：①食品的特征性规定。它规定了食品的定义，主要的食物成分和其他可作为食物成分的原料及用量。特征性规定的作用在于防止掺假（比如过高的水分）和特征辨别。美国 FDA 已制定了 400 余种食品的特征性规定。②质量规定。在质量规定中又包括一般质量要求与相关质量要求，如安全与营养要求等。③装量规定。这是对定型包装食品的装量规格所作的规定，其目的是为了保护消费者的经济权益。美国食品标准的此类规定有别于我国的食品卫生标准，这是因为美国食品法的立法目的不但强调保护消费者的健康权益，同时也保护消费者的经济权益。

四、日本

在食品卫生标准上，日本制定的不多，只包括了清凉饮料、谷物制品及肉制品等 30 种食物。对于没有标准的食品，就按《食品卫生法》进行管理。凡是违反《食品卫生法》中的一般卫生要求，如腐败变质，有毒、有害物质污染、含有致病菌等的食品都要进行处理。对于任何不符合食品卫生标准的食品，政府按《食品卫生法》规定给予不同处罚，如停止销售、销毁、罚款甚至追究刑事责任。

纵观国际组织和发达国家的食品标准体系，具有两方面的特点。

1）国际组织和发达国家的食品标准体系较为先进，一是标准种类齐全；二是标准科学、先进、实用；三是标准与法律、法规结合紧密，执行有力；四是制定标准的目的明确。

2）发达国家采用国际标准比例很高，如英、法、德等国家采用国际标准已达 80%，日本国家标准有 90%以上采用国际标准。发达国家某些标准甚至高于现行的 CAC 标准水平，因此发达国家基本垄断了国际标准的制定、修订工作。

五、其他国家

1. 英国　　英国是较早重视食品安全并制定相关法律的国家之一，其体系完善，法律责任严格，监管职责明确，措施具体，形成了立法与监管齐下的管理体系。例如，英国从 1984 年开始分别制定了《食品法》《食品安全法》《食品标准法》和《食品卫生法》等，同时还出台许多专门规定，如《甜品规定》《食品标签规定》《肉类制品规定》《饲料卫生规定》和《食品添加剂规定》等。这些法律法规涵盖所有食品类别，涉及从农田到餐桌整条食物链的各个环节。在英国，食品安全监管由联邦政府、地方主管当局及多个组织共同承担。例如，食品安全质量由卫生部等机构负责；肉类的安全、屠宰场的卫生及巡查由肉类卫生服务局管理；而超市、餐馆及食品零售店的检查则由地方管理当局管辖。为强化监管，英国政府于 1997 年成立了食品标准局。该局是不隶属于任何政府部门的独立监督机构，负责食品安全总体事务和制定各种标准，实行卫生大臣负责制，每年向国会提交年度报告。食品标准局还设立了特别工作组，由该局首席执行官挂帅，加强对食品链各环节的监控。

2. 法国　　在法国，保障食品安全的两个重点工作是打击舞弊行为和畜牧业监督，与之相应的两个新部门近几年也应运而生。其中，直接由法国农业部管辖的食品总局主要负责保证动植物及其产品的卫生安全、监督质量体系管理等。竞争、消费和打击舞弊总局则要负责检查包括食品标签、添加剂在内的各项指标。为了使产品增加竞争力，法国农业部给农民制定了一系列政策，鼓励农民发展理性农业便是其中之一。所谓理性农业，是指通盘考虑生产者经济利益、消费者需求和环境保护的具有竞争力的农业。其目的是保障农民收入、提高农产品质量和有利于环境保护。在销售环节，实现信息透明是保证食品安全的重要措施。除了每种商品都要标明生产日期、保质期、成分等必需内容外，法国法律还规定，凡是涉及转基因的食品，不论是种植时使用了转基因种子，还是加工时使用了转基因添加剂等，都须在标签上标明。此外，法国规定，食品中所有的添加剂必须详细列出。

3. 德国　　德国政府实行的食品安全监管及食品企业自查和报告制度，成为德国保护消费者健康的决定性机制。德国的食品监督归各州负责，州政府相关部门制定监管方案，由各市县食品监督官员和兽医官员负责执行。联邦消费者保护和食品安全局（BVL）负责协调和指导工作。在德国，添加剂只有在被证明安全可靠并且技术上有必要时，才能获得使用许可证明。德国《添加剂许可法规》对允许使用哪些添加剂、使用量、可以在哪些产品中使用都有具体规定。食品生产商必须在食品标签上将所使用的添加剂一一列出。德国食品生产、加工和销售企业有义务自行记录所用原料的质量，进货渠道和销售对象等信息也都必须有记录为证。根据这些记录，一旦发生食品安全问题，可以在很短时间内查明问题出在哪里。消费者自身加强保护意识也非常重要。德国新的《食品和饲料法典》和《添加剂许可法规》的一大特点就是与欧盟法律法规接轨。如果某个州的食品监管部门确定某种食品或动物饲料对人体健康有害，将报告 BVL。该机构对汇总来的报告的完整性和正确性加以分析，并报告欧盟委员会。报告涉及产品种类、原产地、销售渠道、危险性及采取的措施等内容。如果报告来自其他欧盟成员方，BVL 将从欧盟委员会接到报告，并继续传递给各州。如果 BVL 接到的报告中包含有对人体健康危害程度不明的信息，它将首先请求联邦风险评估机构进行毒理学分析，根据鉴定结果再决定是不是在快速警告系统中继续传递这一信息。通过信息交流，BVL 可以及时发现风险。一旦确认某种食品有害健康，将由生产商、进口商或者州食品监管部门通过新闻公报等形式向公众发出警告，并尽早终止有害食品的流通。

第二十五章 食品安全控制技术

第一节 概　　述

食品作为直接影响人体健康的产品，近年来随着人们生活水平的不断提高及健康意识的不断加强，其安全性问题日益受到关注，确保食品安全卫生质量，预防与控制从食品生产的原料、加工、储存、销售等全过程可能存在的安全危害，最大限度地降低风险，已成为现代食品行业追求的核心管理目标。

加入 WTO 后，我国的食品企业进入欧美市场，需要在质量管理上通过 ISO 9000 认证、在食品安全卫生控制上要通过 HACCP 认证、在环境质量管理上要通过 ISO 14000 认证，只有取得这 3 项认证，才能取得国外消费者的信任。欧盟规定，1995 年 1 月 1 日以后进入欧盟的海洋食品除非在 HACCP 体系下生产，否则要对最终产品进行全面检测。1997 年 12 月 18 日美国对输美水产品企业强制要求建立 HACCP 体系，否则不能进入美国市场。我国从 1990 年开始了食品加工业应用 HACCP 体系的研究，迄今在水产品、罐头食品、禽肉、茶叶、冷冻食品等方面取得了一定成效。但是我国对食品安全卫生的管理重点还停留在终端产品的监督上，要真正保证食品安全，必须在生产过程中对原料选择、加工、包装及贮存、运输直至销售进行全过程控制。

面对一系列的食品安全事件，以及加入 WTO 后我国食品行业在质量管理、安全控制方面所承受的巨大压力，如何有效解决上述诸多问题已成为我国食品工业发展的关键。在此环境背景下，在借鉴国外发达国家先进经验的基础上，我国的 GAP、GMP、SSOP、HACCP、ISO 9000 等质量管理体系顺应而生，它们对提高我国食品质量安全保证、提升食品在国际市场上的竞争力有着十分重要的意义。

第二节　GAP

一、GAP 的定义

GAP 是 good agriculture practice 的缩写，中文意思是"良好农业主要针对规范"。GAP 主要针对未加工或简单加工（整理、分级、清洗、包装、贮藏等）的食用农产品，包括种植的作物和养殖的动物，关注种植或养殖、采收、清洗、包装、贮藏和运输过程中的有害物质和有害微生物危害控制，保障农产品质量安全。

二、GAP 的八个基本原理

1）对新鲜农产品的微生物污染，其预防措施优于污染发生后采取的纠偏措施原理（即防范优于纠偏）。

2）为降低新鲜农产品的微生物危害，种植者、包装者或运输者应在他们各自控制范围内采用良好农业操作规范。

3）新鲜农产品在沿着农场到餐桌食品链中的任何一点，都有可能受到生物污染，主要的生物污染源是人类活动或动物粪便。

4）无论任何时候与农产品接触的水，其来源和质量规定了潜在的污染，应减少来自水的微生物污染。

5）生产中使用的农家肥应认真处理以降低对新鲜农产品的潜在污染。

6）在生产、采收、包装和运输中，工人的个人卫生和操作卫生在降低微生物潜在污染方面起着极为重要的作用。

7）良好农业操作规范的建立应遵守所有法律法规或相应的操作标准。

8）应明确各层农业（农场、包装设备、配送中心和运输操作）的责任，并配备有资格的人员，实施有效的监控，以确保食品安全计划所有要素的正常运转，并有助于通过销售渠道溯源到前面的生产者。

三、GAP 的基本原则

GAP 试图通过全程质量控制体系的建立，打破农产品生产、加工、销售（贸易）脱节的传统格局，从根本上解决质量与安全问题。其基本原则包括以下 5 个方面。

1）坚持把人（包括农业生产者与农产品消费者）、动植物与环境作为一个有机整体，体现了完整的可持续发展观。

2）坚持在农产品的外观、内质和安全性有机统一的前提下，重点解决农产品的安全问题。因为只有三者有机统一，农产品才有市场价值。

3）认为可以适度使用农药、化肥等化学投入品。认为农产品质量与安全问题的根源不在于化学投入品本身，而在于其科学合理使用。

4）符合质量安全要求的农产品是生产出来的，必须建立健全从田间到餐桌的、以农产品生产过程质量控制体系为核心的质量保证体系，从源头上保障农产品的基本质量安全。

5）必须坚持科学性与可行性的统一。坚持建立农产品质量的可追溯制度。

四、GAP 的实施要点

实施良好农业规范的要点主要包括生产用水与农业用水的良好规范，肥料使用的良好规范，农药使用的良好操作规范，作物和饲料生产的良好规范，畜禽生产良好规范，收获、加工及储存良好规范，工人健康和卫生良好规范，卫生设施的操作规范，田地卫生良好规范，包装设备卫生良好规范，运输良好规范，溯源良好规范等 12 个方面内容。

五、GAP 的实施注意事项

1）GAP 主要关注新鲜果蔬的微生物危害，没有解决与食品生产和环境相关的其他问题（如杀虫剂残留、化学污染物）。在评估 GAP 中最能促成操作过程微生物危害减少的相关建议时，种植者、包装者和运输者应努力确立实施方案以避免因疏忽而造成食品供应和环境中可能增加的风险。

2）GAP 焦点在于降低风险而不是消除风险。当前的技术无法彻底去除与新鲜果蔬相关的所有潜在危害。

3）GAP 仅提供广泛的、一般的科学原理，操作者应使用指南以帮助评估特定生产条件下（气候上的、地理上的、文化和经济上的）的微生物危害，适当实施经济有效的风险降低策略。

4）随着信息和技术的深入发展，人们将不断扩大识别和降低食品微生物危害的理解，政府机构也将不断采取措施（如适当修订或提供附录或增加指南文件）更新 GAP 的建议和信息。美国 FDA 和 USDA 鼓励操作者从州或地方的公共卫生、环境、农业、服务机构、联邦和服务延伸部门寻求更多帮助。

第三节　GMP

一、GMP 的定义

良好生产规范（good manufacturing practice，GMP）是为保障食品安全而制定的贯穿食品生产全过程的一系列措施、方法和技术要求，也是一种注重制造过程中产品质量和安全卫生的自主性管理制度。良好生产规范在食品中的应用，即食品 GMP，主要解决食品生产中的质量问题和安全卫生问题。它要求食品生产企业应具有良好的生产设备、合理的生产过程、完善的卫生与质量和严格的检测系统，以确保食品的安全性和质量符合标准。

二、良好生产规范的原则

GMP 是对食品生产过程中的各个环节、各个方面实行严格监控而提出的具体要求和采取的必要的良好质量监控措施，从而形成和完善质量保证体系。GMP 是将保证食品质量的重点放在成品出厂前的整个生产过程的各个环节上，而不仅仅是着眼于最终产品上，其目的是从全过程入手，从根本上保证食品质量。GMP 制度是对生产企业及管理人员的长期保持和行为实行有效控制和制约的措施，它体现如下基本原则。

1）食品生产企业必须有足够的资历，合格的生产食品相适应的技术人员承担食品生产和质量管理，并清楚地了解自己的职责。

2）操作者应进行培训，以便正确地按照规程操作。

3）按照规范化工艺规程进行生产。

4）确保生产厂房、环境、生产设备符合卫生要求，并保持良好的生产状态。

5）符合规定的物料、包装容器和标签。

6）具备合适的储存、运输等设备条件。

7）全生产过程严密并有有效的质检和管理。

8）具有合格的质量检验人员、设备和实验室。

9）应对生产加工的关键步骤和加工发生的重要变化进行验证。

10）生产中使用手工或记录仪进行生产记录，以证明所有生产步骤是按确定的规程和指令要求进行的，产品达到预期的数量和质量要求，出现的任何偏差都应记录并做好检查。

11）保存生产记录及销售记录，以便根据这些记录追溯各批产品的全部历史。

12）将产品储存和销售中影响质量的危险性降至最低限度。

13）建立由销售和供应渠道收回任何一批产品的有效系统。

14）了解市售产品的用户意见，调查出现质量问题的原因，提出处理意见。

三、GMP 的内容

GMP 根据 FDA 的法规，分为四个部分：总则；建筑物与设施；设备；生产和加工控制。GMP 是适用于所有食品企业的，是常识性的生产卫生要求，GMP 基本上涉及的是与食品卫生质量有关的硬件设施的维护和人员卫生管理。

GMP 实际上是一种包括"4M"管理要素的质量保证制度，即选用规定要求的原料（material）、以合乎标准的厂房设备（machines）、由胜任的人员（man）、按照既定的方法（methods），制造出品质既稳定又安全卫生的产品的一种质量保证制度。其实施的主要目的包括三方面：①降低食品制造过程中人为的错误；②防止食品在制造过程中遭受污染或品质劣变；③要求建立完善的质量管理体系。

GMP 的重点是：①确认食品生产过程安全性；②防止物理、化学、生物性危害污染食品；③实施双重检验制度；④针对标签的管理、生产记录、报告的存档建立和实施完整的管理制度。

第四节　SSOP

一、SSOP 的定义

卫生操作标准规程（sanitation standard operation procedure），指企业为了达到 GMP 所规定的要求，保证所加工的食品符合卫生要求而制定的指导食品生产加工过程中如何实施清洗、消毒和卫生保持的作业指导文件。它没有 GMP 的强制性，是企业内部的管理性文件。

GMP 一般是指政府强制性的食品生产加工卫生法规。GMP 的规定是原则性的，包括硬件和软件两个方面，是相关食品加工企业必须达到的基本条件。SSOP 的规定是具体的，主要是指导卫生操作和卫生管理的具体实施，相当于 ISO 9000 质量体系中过程控制程序中的"作业指导书"。制定 SSOP 计划的依据是 GMP，GMP 是 SSOP 的法律基础，使企业达到 GMP 的要求，生产出安全卫生的食品是制定和执行 SSOP 的最终目的。

二、SSOP 的主要内容

1）水和冰的安全。

2）与食品接触的表面（包括设备、手套、工作服）的清洁度。

3）防止发生交叉污染。

4）手的清洗与消毒，卫生间设施的维护与卫生的保持。

5）防止外来污染物造成的掺假。

6）有毒化合物的正确标示、贮存和使用。

7）雇员的健康状况及控制。

8）昆虫与鼠类等有害动物的防治与灭除。

第五节　HACCP

一、HACCP 的定义

危害分析和关键控制点（hazard analysis critical control point，HACCP）是一种建立在良好操作规范（GM）和卫生标准操作规程（SSOP）基础之上，全面分析食品状况、预防食品安全问题的控制体系，涉及从水、农田、养殖场到餐桌全过程食品安全的一个预防体系。其中，危害分析是指分析食物制造过程中各个步骤的危害因素及危害程度。HACCP 具有科学性、高效性、可操作性、易验证性，但不是零风险，有效的体系可以最大限度地使食品安全危害降至可接受水平并可持续改进。

HACCP 体系是一个识别和监测及预防可能导致食品危害的体系，这些危害可能是影响食品安全的生物的、化学的、物理的因素，这种危害分析是建立关键控制点的基础。HACCP 的主要控制目标是确保食品的安全性，因此它与其他的质量管理体系相比，将主要精力放在影响产品安全的关键点上，而不是在每一个步骤都放上同等的精力，这样在预防方面显得更为有效。

HACCP 可应用于由食品原料至最后消费的食品这一食物链的整个过程中，成功的HACCP 系统需要有完整的推行小组与生产者和经理者参与。HACCP 推行小组必须有各方面的专家（如食品技术专家、生产管理者、微生物专家或是机械工程专家等）参与方能顺利执行。HACCP 系统在应用上与 ISO 9000 系统是兼容的，都是确保食品安全的良好管理系统。

二、HACCP 相关名词概念

控制（control，动词）：采取一切必要措施计划，确保与保持 HACCP 计划所制定的安全指标一致。

控制（control，名词）：遵循正确的方法和达到安全指标的状态。

控制措施（control measure）：用以防止或消除食品安全危害或将其降低到可接受的水平所采取的任何措施和活动。

纠正措施（corrective action）：在关键控制点（CCP）上，监测结果表明失控时所采取的任何措施。

关键控制点（critical control point，CCP）：可运用控制，并有效防止或消除食品安全危害，或降低到可接受水平的步骤。

临界限值（critical limit）：将可接受水平与不可接受水平区分开的判定标准。

偏差（deviation）：不符合关键限值标准。

流程图（flow diagram）：生产或制作特定食品所用操作顺序的系统表达。

危害分析和关键控制点（HACCP）：对食品安全有显著意义的危害加以识别、评估及控制食品危害的安全体系。

危害分析和关键控制点计划（HACCP plan）：根据 HACCP 原理所制定的、用以确保食品链各考虑环节中对食品有显著意义的危害予以控制的文件。

危害（hazard）：会对食品产生潜在健康危害的生物因素、化学因素或物理因素。

危害分析（hazard analysis）：收集和评估导致危害和危害条件的过程，以便决定那些对食品安全有显著意义，从而应被列入 HACCP 计划中。

监测（monitor）：为了确定 CCP 是否处于控制之中，对所实施的一系列的观察或测量进行评估。

步骤（step）：食品链中某个点、程序、操作或阶段，包括原材料从初级生产到最终消费。

有效性（validation）：获得证据，证明 HACCP 各要素是有效的过程。

验证性（verification）：除监控外，用以确定是否符合 HACCP 计划所采用的方法、程序、测试和其他评估方法。

三、HACCP 的 7 个基本原理

1）危害分析（hazard analysis，HA）：危害分析与预防控制措施是 HACCP 原理的基础，也是建立 HACCP 计划的第一步。企业应根据所掌握的食品中存在的危害及控制方法，结合工艺特点，进行详细的分析。

危害分析应尽可能考虑下列几个方面：危害发生的可能性和影响健康的严重性；定性和（或）定量评价出现的危害；相关微生物残存或增殖；食品中毒素、化学或物理物质的产生和存在；以及导致上述情况的条件。

2）确定关键控制点（critical control point，CCP）：关键控制点是那些在食品的生产和处理过程中必须实施控制的任何环节、步骤或工艺过程，并且这种控制能使其中可能发生的危害得到预防、减少或消除，以确保食品安全。生产工序中的加热、冷冻、原料配方等环节和在防止交叉及雇员、环境卫生方面所采取的措施，都可能是关键控制点。危害控制措施的效果是在关键控制点上实现的，关键控制点是保证产品安全性的基础，但它本身不能执行控制的功能。

3）确定与各 CCP 相关的关键限值（CL）：关键限值是非常重要的，而且应该合理、适宜、可操作性强、符合实际和实用。如果关键限值过严，即使没有发生影响到食品安全的危害，也要求去采取纠偏措施；如果过松，又会造成不安全的产品到了用户手中。通常采用的指标包括温度、时间、湿度、pH、A_w、有效氯的含量及感官参数（如外观和质地）。

4）建立监控关键控制点的控制体系（monitoring）：对已确定的关键控制点要有计划地观察和监测，评估其是否处在可控制的范围内，同时作出准确的记录用于以后的核实和鉴定。当无法连续对一关键控制点进行监控时，间隔进行的监控必须频繁，从而使生产商能了解用以防止危害的步骤是否在控制之中。应特别注意的是监控方法必须高效、快捷，否则检验的滞后性同样会导致关键控制点的控制失败。在每个关键控制点上建立的特定监测程序依赖于临界范围和监测设备或方法的能力，监测程序一般有联机（线）监测、脱机监测两大类型。其中联机监测是连续的；脱机监测通常是不连续的，缺点是所取的样品不能完全代表整批产品。

5）建立纠正措施（corrective action）：当监控表明，偏离关键限值或不符合关键限值时采取的程序或行动。如有可能，纠正措施一般应是在 HACCP 计划中提前决定的。纠正措施一般包括两步：纠正或消除发生偏离 CL 的原因，重新加工控制；确定在偏离期间生产的产品，并决定如何处理。采取纠正措施包括产品的处理情况时应加以记录。

6）验证程序（verification procedure）：用来确定 HACCP 体系是否按照 HACCP 计划运转，或者计划是否需要修改，以及再被确认生效使用的方法、程序、检测及审核手段。

7）记录保持程序（record-keeping procedure）：企业在实行 HACCP 体系的全过程中，需有大量的技术文件和日常的监测记录，这些记录应是全面的，记录应包括：体系文件，HACCP 体系的记录，HACCP 小组的活动记录，HACCP 前提条件的执行、监控、检查和纠正记录。

四、HACCP 计划的制订

HACCP 计划的制订包括 12 个方面：组建小组；产品描述；食品用途预测；绘制流程表；确证生产流程图；列出每个潜在危害，并进行分析，以及对已确定的危害应考虑所有能用的控制方法；确定关键控制点；确立每个关键控制点的临界限值；对每个关键控制点建立一个监控系统；确立纠偏措施；确立验证程序；确立有效的记录档案系统。

五、HACCP 的特点

1）适用范围广。HACCP 是一种系统化的程序，它可以用于食品生产、加工、运输和销售中所有阶段的所有方面的食品安全问题。

2）安全性高。HACCP 是一种预防性体系，通过对 CCP 的控制将危害因素消除在生产过程中，使危害不发生或一发生立即纠正，从而有效地保证了食品的安全性和可靠性。

3）针对性强。HACCP 体系通过判定生产中的 CCP，针对其采用相应的预防措施，只对那些影响食品安全性的重要因素进行重点控制，而对次要因素只花较少的精力，做到有主有次、有的放矢，大大节约了成本，但可保证产品的质量。

第六节　ISO 9000 与 ISO 22000

一、ISO 9000

ISO 是国际标准化组织（international organization for standardization）的简称。ISO 是一个全球性的非政府组织，是国际标准化领域中一个十分重要的组织，又称"经济联合国"（现有成员方 150 多个）。它成立于 1947 年 2 月 23 日，是世界上最大的、最具权威的国际标准制订、修订组织。它的宗旨是"发展国际标准，促进标准在全球的一致性，促进国际贸易与科学技术的合作"。ISO 的最高权力机构是每年一次的"全体大会"，其日常办事机构是中央秘书处，设在瑞士的日内瓦。

ISO 9000 体系指"由 ISO/TC 176 技术委员会制定的所有国际标准"，它涉及质量方针、质量体系、质量控制和质量保证等方面的内容，为企业建立与健全质量管理体系、生产符合特定要求的产品、提高市场竞争力提供了有力保证。迄今，全球已有近 90 个国家 ISO 9000 转化为本国标准，76 个国家采用此标准开展了质量体系认证，美、英、德、日、法、加、俄和中国在内的 30 多个国家率先建立了质量体系认证机构国家认可制度。一些西方国家已经开始将企业是否进行过 ISO 9000 体系认证作为它能否被认定为"合格供应商"的基本依据和条件。

ISO 9000（GB/T 19000）体系标准的 5 个主干标准：①ISO 90001（GB/T 19000.1）质量管理和质量保证。第一部分，选择和使用指南。②ISO 9001（GB/T 19001）质量体系。设计、开发、生产、安装和服务的质量保证模式。③ISO 9002（GB/T 19002）质量体系。生产、安装和服务的质量保证模式。④ISO 9003（GB/T 19003）质量体系。最终检验和试验的质量保证模式。⑤ISO 9004-1（GB/T 19004.1）质量管理质量体系要素。第一部分，指南。

ISO 9000 系列标准的理论依据和遵循的指导原则如下。

1）明确主要的质量目标和质量职责，这是质量体系建设的重要一环。

2）满足以顾客为中心的 5 个受益者的期望和需要。5 个受益者是顾客、员工、所有者、供方和社会。

3）质量体系的建设是为了保证和提高产品质量，因此，要明确产品质量要求和质量体系要求。

4）产品可划分为四大类别，即硬件、软件、流程性材料和服务。不同类别的产品具有不同的特点和管理要求，其质量体系建设应分类指导。在 ISO 9000（GB/T 9000）系列标准中针对不同产品类别分别制定了标准。

5）注意影响产品质量的四个方面，即产品需要的质量、产品设计的质量、产品设计符合性的质量和产品保障性方面的质量。

6）深入理解过程、过程网络及它们与质量体系的关系。ISO 标准建立在"所有工作都是通过过程来完成的"这一理念上。

7）重视质量体系的评审。评审是为了促进质量体系的运行，不拘泥于"形式"。

8）强调质量体系的重要性。在质量体系建设中很重要的一项工作就是根据 ISO 9000 标准的要求编制一套指导企业质量体系运行的质量体系文件，包括质量手册、程序文件、质量计划、质量记录及作业指导书等，使全过程的一切活动、事事、人人都"依法"办事。

ISO 9000 体系的特点如下。

1）ISO 9000 标准是一系统性的标准，涉及的范围、内容广泛，且强调对各部门的职责权限进行明确划分、计划和协调，而使企业能有效地、有秩序地开展各项活动，保证工作顺利进行。

2）强调管理层的介入，明确制定质量方针及目标，并通过定期的管理评审达到了解公司的内部体系运作情况，及时采取措施，确保体系处于良好的运作状态。

3）强调纠正及预防措施，消除产生不合格情况及其潜在原因，防止不合格情况的再发生，从而降低成本。

4）强调不断的审核及监督，达到对企业的管理及运作不断修正及改良的目的。

5）强调全体员工的参与及培训，确保员工的素质满足工作的要求，并使每一个员工有较强的质量意识。

6）强调文化管理，以保证管理系统运行的正规性、连续性。如果企业有效地执行这一管理标准，就能提高产品（或服务）的质量，降低生产（或服务）成本，建立客户对企业的信心，提高经济效益，最终大大提高企业在市场上的竞争力。

二、ISO 22000

为了满足各方面要求，在丹麦标准协会（DS）的倡导下，2001 年国际标准化组织（ISO）计划开展一适合审核的食品安全管理体系标准，即《ISO 22000——食品安全管理体系要求》，简称 ISO 22000。

ISO 22000 标准的开发要达到的主要目标是：符合 CAC 的 HACCP 原理；成为协调资源性的国际标准；提供一个用于审核（内审、第二方审核、第三方审核）的标准；使构架与 ISO 9001：2000 和 ISO 14001：1996 相一致；提供一个关于 HACCP 概念的国际交流平台。

ISO 22000 是按照 ISO 9001：2000 的框架构筑的，同时，它也覆盖了 CAC 关于 HACCP 指南的全部要求，并为 HACCP 提出了"先决条件"概念，制定了"支持性安全措施（SSM）"的定义。它在标准中更关注产品生产全过程的食品安全风险分析、识别控制和措施，具有很强的专业技术要求，非常具体地关注在食品的安全上，该标准对全球必需的方法提供一个国际统一的框架。

ISO 22000：2005《食品安全管理体系——食品链中各类组织的要求》是国际标准化组织（ISO）于 2005 年制定的。目的是让食品链中的各类组织执行食品安全管理体系，确保组织将其终产品交付到食品链下一段时，已通过控制将其中确定的危害消除和降低到可接受水平。该标准适用于食品链内的各类组织，从饲料生产者、初级生产者到食品制造者、运输和仓储经营者，直至零售分销商和餐饮经营者，以及与其相关的组织，如设备、包装材料、清洁剂、添加剂和辅料的生产者。

ISO 22000：2005 是食品安全管理系列标准中的第一个标准。食品安全管理系列标准已发布的其他标准包括 ISO 22003《食品安全管理体系——ISO 22000 认证指南》、ISO 22004《食品安全管理体系——ISO 22000：2005 应用指南》、ISO 22005《饲料和食品链的可追溯性——体系设计和发展的一般原则和指导方针》。

第二十六章　食品安全法律法规

第一节　概　　述

食品安全是一个国家经济持续稳定发展的基础，是社会稳定与繁荣的保证，食品安全问题已上升到国家公共安全的高度。食品安全涉及多部门、多层面、多环节，是一个复杂的系统工程。建立食品安全保障体系是实现食品安全的重点和战略目标。目前，多数国家食品安全保障体系由6个部分组成：法律法规和标准体系；检验检测体系；技术推广体系；认证认可体系；执法监督体系；市场信息体系。有专家建议，我国应尽快建立食品安全九大保障体系，即食品安全法律体系、食品安全监管体系、食品安全应急处理机制、食品安全标准和检验检测体系、食品安全风险评价体系、食品安全信用体系、食品安全信息网络、食品安全教育宣传体系、食品安全推动体系。

正是在以上种种巨大变化并面临重大挑战的背景下，国际社会及各国政府对食品安全卫生立法与强化国家食品安全控制（监管）予以空前的关注和高度重视。众所周知，任何有效的食品安全的监管工作必然是立足于以食品安全和消费者保护为重的食品安全法律之上。为了防止食品污染，保障消费者的健康和安全，许多国家都通过立法来加强对现代食品的监督管理。例如，美国、英国、法国、德国、荷兰、日本等都颁布了食品安全法或食品法；联合国粮食及农业组织（FAO）、世界卫生组织（WHO）也于2003年重新修订出版（原1976年制定）《保障食品的安全和质量：强化国家食品控制体系指南》，以向各国政府立法提供咨询和指导。因此，通过立法以健全和完善食品安全法律体系在世界各国都被当做一件战略性任务、基础性工作给予高度重视，它在食品安全保障体系中起到举足轻重的作用。

一、食品法律法规的概念和渊源

食品法律法规是指由国家制定的适用于食品从农田到餐桌各个环节的一整套法律规定。其中，食品法律和由职能部门制定的规章是食品生产、销售企业必须执行的，而有些标准、规范为推荐使用的。食品法律法规是国家对食品行业进行的有效监督管理的基础。中国目前已基本形成了由国家基本法律、行政法规和部门规章构成的食品法律法规体系。而食品法的渊源又称食品法的法源，是指食品法的各种具体表现形式。它是由不同国家机关制定或认可的、具有不同法律效力或法律地位的各种类别的规范性食品法律文件的总称。

自20世纪80年代以来，我国以宪法为依据，制定了一系列与食品质量与安全有关的法规以及国际条约。目前已形成了以《中华人民共和国食品安全法》《中华人民共和国产品质量法》《中华人民共和国农产品质量安全法》《中华人民共和国农业法》《中华人民共和国标准化法》等法律为基础，以《食品生产加工企业质量安全监督管理办法》《食品添加剂卫生管理办法》《保健食品管理办法》及涉及食品质量与安全要求的大量技术标准等法规为主体，以各省及地方政府关于食品质量与安全的规章为补充的食品质量与安全法规体系。因此，我国食品安全法律法规的渊源主要包括以下几种。

1. 宪法　　宪法是我国的根本大法，是国家最高权力机关通过法定程序制定的具有最高法律效力的规范性法律文件。它规定和调整国家的社会制度和国家制度、公民的基本权利和义务等最根本的全局性的问题。它是制定食品法律、法规的源和基本依据。它不仅是食品法的重要渊源，也是其他法律的重要渊源。

2. 食品安全法律　　食品安全法律是指由全国人民代表大会及其常务委员会经过特定的立法程序制定的规范性法律文件。它的地位和效力仅次于宪法。它通常包括两种形式：其一是由全国人民代表大会制定的食品法律，称为基本法，如《中华人民共和国食品安全法》《中华人民共和国产品质量法》《中华人民共和国消费者权益保护法》《中华人民共和国传染病防治法》《中华人民共和国进出口商品检验法》《中华人民共和国标准化法》等；其二是由全国人民代表大会常务委员会制定的食品基本法律以外的食品法律。

3. 食品行政法规　　食品行政法规是由国务院根据宪法和法律，在其职权范围内制定的有关国家食品行政管理活动的规范性法律文件，其地位和效力仅次于宪法和法律。国务院各部委所发布的具有规范性的命令、指示和规章，也具有法律的效力，但其法律地位低于行政法规。例如，国务院分别于 1997 年、1999 年、2004 年发布的《农药管理条例》《饲料和饲料添加剂管理条例》和《兽药管理条例》。

4. 地方性食品法规　　地方性食品法规是指省、自治区、直辖市与省级人民政府所在地的市人民代表大会及其常务委员会和经国务院批准的较大的市人民代表大会及其常务委员会制定的适用于当地的规范性文件。除地方性法规外，地方各级权力机关及其常设机关、执行机关所制定的决定、命令、决议，凡属规范性者，在其辖区范围内，也都属于法的渊源。地方性法规和地方其他规范性文件不得与宪法、食品法律和食品行政法规相抵触，否则无效。

5. 自治条例与单行条例　　自治条例和单行条例是由民族自治地方的人民代表大会依照当地民族的政治、经济和文化的特点制定的规范性文件。自治区的自治条例和单行条例，报全国人民代表大会常务委员会批准后生效；州、县的自治条例和单行条例报上一级人民代表大会常务委员会批准后生效。自治条例和单行条例中涉及的有关食品安全的规范是食品安全法的渊源。

6. 食品规章　　食品规章分为两种类型：一是指由国务院行政部门依法在其职权范围内制定的食品行政管理规章，在全国范围内具有法律效力；二是指由各省、自治区、直辖市，以及省、自治区人民政府所在地和经国务院批准的较大的市人民政府，根据食品法律在其职权范围内制定和发布的有关该地区食品管理方面的规范性文件。

7. 食品标准　　由于食品法的内容具有技术控制和法律控制的双重性质，因此，食品标准、食品技术规范和操作规程是食品法渊源的一个重要组成部分。这些标准、规范和规程可分为国家和地方两级。尽管食品标准、规范和规程的法律效力不及法律、法规，但在具体的执法过程中，它们的地位又是相当重要的。因为食品法律、法规只对一些问题作了原则性规定，而对与食品安全相关行为的具体控制，则需要依靠食品标准、规范和规程。所以从一定意义上说，只要食品法律、法规对某种行为作了规范，那么食品标准、规范和规程对这种行为的控制就有了其相应的法律效力。

8. 国际条约　　国际条约是指我国与外国缔结的或者我国加入并生效的国际法规范性文件。它可由国务院按职权范围同外国缔结相应的条约和协定。这种与食品有关的国际条约虽然不属于我国国内法的范畴，但其一旦生效，除我国声明保留的条款外，也与我国国内法一样对我国国家机关和公民具有约束力。

二、食品法律法规制定的基本内容

食品安全法规包括与食品有关的法律、指令、标准和指南等。制定有关食品强制性法律是现代食品法规体系的重要内容。如果食品立法不当，有可能使国家食品监管行动的有效性受到负面影响。食品法律在传统上包含一些不安全食品的界定。这些法律可以强制性地要求不安全食品从市场上撤出，并在事后惩处那些需要承担法律责任的责任人。如果一个国家的食品法律没有提供一个有明确授权的权威机构或食品控制机构去预防食品安全问题，那么其结果是即使食品安全计划反复被提出，也会常常出现重叠交叉或失控的盲区。实际上，这种计划只是一种以权力强制为导向的，而不是为了减少食源性疾病的一个整体的和预防性的方案。现代食品法律不仅是为了保证食品安全具有法律权力的问题，而且要使食品管理的权威当局去建立一种预防性的体系。食品立法应包括以下内容：①应能提供高水平的健康保护；②应具有清晰的概念，以确保一致性和法律的严谨性；③应在风险评估、风险管理和风险交流的基础上，基于高质量的、透明的和独立的科学结论来实施立法；④应包括预防性的条款，当确认危及健康的水平达到一个不可接受的程度或全面的风险评估不能被实施时，可采取临时性的紧急措施；⑤应包括消费者权益的条款，消费者有权获得准确而充分的相关信息；⑥当发生问题时，对食品有追溯和召回的规定；⑦应明文规定，食品生产者和制造商对食品质量与安全问题负有责任；⑧应规定义务，确保只有安全和公平的食品，方能上市流通；⑨应承担国际义务，特别是与贸易有关的义务；⑩应确保食品安全法律制定过程的透明性，并可以不断获取新的信息。

除了立法以外，政府还需不断升级和更新食品标准。近年来，一些高水平的标准和规范已经取代了一些与食品安全目标有关的原有标准。现在的食品标准一些是合理的、符合食品安全的目标，这些标准需要一个严格控制条件下的食品生产链才能得以落实。同时，一些原来的食品质量标准水平过低，也被有明确要求的标准取而代之。在制定国家食品规章和标准的过程中，应充分吸收国际食品法典的优点，并学习其他国家在食品安全控制上的做法，吸收别国的成功经验，并将有关的信息、概念和需求予以整合，纳入国家食品标准体系。世界食品安全控制的经验和教训已经证明，发展现代食品安全法规体系才是唯一正确的途径。这种体系既能满足本国需要，又能符合动植物卫生检疫措施（SPS）协议和贸易伙伴的需要。

三、食品法律法规制定的程序

食品法律法规制定的程序是指立法主体依照宪法和法律制定、修改和废止行政法规所必须遵循的法定步骤、顺序、方式和时限等。根据《中华人民共和国立法法》和国务院《行政法规制定程序条例》的规定，食品法律法规制定一般需遵循立项、起草、审查、决定、公布、修改等基本程序。

1. 立项　　作为食品法律法规创制程序的"立项"，意指立法主体将需要制定的食品法律法规项目列入国家立法工作计划以内，以克服食品法律法规立法中的盲目性，是食品法律法规制定程序中的第一个环节。

2. 起草　　起草是提出食品法律法规初期方案和草稿的程序。它是接下来一系列程序的基础。为了确保食品法律法规的质量，起草食品法律法规除了要遵循《中华人民共和国立法法》确定的立法原则，并符合宪法和法律的规定外，起草食品法律法规，应当深入调查研究，总结实践经验，广泛听取有关机关、组织和公民的意见。听取意见可以采取召开座谈会、论证会、听证会等多种形式。起草部门应当就涉及其他部门的职责或者与其他部门关系紧密的规定，与有关部门协商，力求达成一致意见。经过充分协商不能取得一致意见的，应当在上报食品法律法规草案送审稿时说明情况和理由。食品法律法规送审稿的说明应当对执法的必要性，确立的主要制度，各方面对送审稿主要问题的不同意见，征求有关机关、组织和公民意见的情况等作出说明。

3. 审查　　食品法律法规起草工作结束后，起草部门要将食品法律法规草案送审稿报送相应的法制机构审查。审查内容主要包括：是否符合宪法、立法法及其他法律的规定和国家的方针政策；是否正确处理有关机关、组织和公民对送审稿主要问题的意见。如果是食品行政法规，则要审查是否符合《行政法规制定程序条例》第十一条的规定，是否与有关行政法规协调、衔接；审查工作中应当广泛地征求各方意见，召开由有关单位、专家参加的座谈会、论证会，听取意见，研究论证。法制机构应当就食品法律法规送审稿涉及的主要问题，深入基层进行实地调查研究，听取基层有关机关、组织和公民的意见。

4. 决定与公布　　食品法律法规签署公布后，要及时在国务院公报和在全国范围内发行的报纸上刊登；国务院法制机构应当及时汇编出版行政法规的国家正式版本，在国务院公报上刊登的行政法规文本，才能成为标准文本。食品行政法规一般应当自公布之日起 30 日后施行，公布后的 30 日内还需由国务院办公厅报全国人民代表大会常务委员会备案。

第二节　食品安全立法的目的及意义

一、保证食品安全，保障公众身体健康和生命安全

随着人们生产和生活的不断进步，食物受污染的形式和机会日益增多，食品不安全导致的危害已成为全世界的一大公害，食品安全直接或间接地影响着人类的健康，甚至危及生命安全。《中华人民共和国食品安全法》第一条明确规定制定该法就是为了保证食品安全，保障公众身体健康和生命安全。

二、维持经济健康发展和维护社会稳定

食品是人们生活的必需品，每天都接触到。吃得安全，吃得放心，是最根本的健康保证。如果吃得不安全，必然给人们造成极大的心里恐慌和障碍。在购买、食用食品的过程中，人们始终充满疑惑，频发的食品安全恶性事件打乱了人们正常的习惯与秩序，

这就给社会的长期稳定带来了极大的干扰。食品安全是食品行业长期稳定健康发展的基本保障，如果没有食品安全法律体系的保障，将会对我国食品行业乃至整个国民经济产生不利影响。

三、扩大食品对外贸易

随着经济全球化的快速发展，国际食品贸易的数额也在急剧增加。随着食品贸易额的不断增加，各国政府普遍对从他国进口的食品是否安全、是否威胁消费者健康、是否威胁动植物的健康和安全十分关心。为了保护本国消费者的安全，各食品进口国纷纷制定强制性的法律法规或标准，期望通过实施"从农田到餐桌"的食品安全预防战略来消除或降低这种威胁。有关国际组织对食品安全也给予了足够的关注。

在我国加入 WTO 后，由于食品安全存在的问题，连续发生多起中国食品出口受阻的事件，给我国的食品出口造成了极大的损失。事实表明，建立符合国际食品法典要求的食品控制体系已成为当务之急。食品安全问题如果得不到重视，将严重影响我国食物的进出口贸易，进而影响我国整体的对外贸易发展。

第三节 国内外食品安全法律法规简介

一、我国现行的食品安全法律体系

新中国成立初期，我国政府就制定并实施了一系列旨在保证食品安全的卫生管理要求。其后陆续制定并实施了《中华人民共和国食品卫生法》《中华人民共和国产品质量法》等一系列与食品安全监督管理有关的法律法规，为我国食品质量安全的监督工作奠定了法律基础。2009 年 2 月 28 日，中华人民共和国第十一届全国人民代表大会常务委员会第七次会议表决通过了《中华人民共和国食品安全法》。经过长期的建设完善，我国食品安全法规体系日益完善，取得很好成绩。目前形成了以《中华人民共和国食品安全法》《中华人民共和国产品质量法》《中华人民共和国进出口商品检验法》等法律为基础，以《食品生产加工企业质量安全监督管理实施细则（试行）》《食品添加剂卫生管理办法》及涉及食品安全要求的大量技术标准等法规为主体，以各省及地方政府关于食品安全的规章为补充的食品安全法规体系。

《中华人民共和国食品安全法》规定了食品、食品添加剂、食品容器、食品包装材料、食用工具及与食品相关的生产经营场所、环境设施应达到的卫生要求，进一步明确了执法主体的责任，对食品安全监管体制、食品安全标准、食品安全风险监测和评估、食品生产经营、食品安全事故处置等各项制度进行了补充和完善。与《中华人民共和国食品安全法》相配套的，还有部门行政规章、地方性法规和地方政府规章、食品卫生标准及检验规程等。

《中华人民共和国产品质量法》适用于包括食品在内的经过加工、制作，用于销售的一切产品。它是中国加强产品质量监督管理，提高产品质量，保护消费者合法权益，维护社会经济秩序的主要法律。《中华人民共和国产品质量法》明确了中国产品质量的监督管理机制，明确由国务院产品质量监督部门主管全国产品质量监督工作。国务院有关部门和县级以上地方人民政府在各自的职责范围内负责产品质量监督工作。规定了产品质量国家监督抽查、产品质量认证等产品质量监管制度；规范了产品生产者、销售者、检验机构、认证机构的行为及相关法律责任。

《中华人民共和国标准化法》规定了对包括食品在内的工业产品应制定标准，并明确了标准制定、实施和相关职责及法律责任。

《中华人民共和国农业法》规定，国家采取措施提高农产品的品质和质量，建立健全农产品质量标准体系和质量检测监督体系，制定保障消费安全和保护生态环境的农产品强制性标准，禁止生产经营不符合强制性标准的农产品。国家支持建立健全优质农产品认证和标志制度，扶持发展无公害农产品生产。符合标准规定的农产品，可以申领绿色食品标志、有机农产品标志。建立农产品地理标志制度。建立健全农产品加工制品质量标准，加强对农产品加工过程的质量安全管理和监督，保障食品安全。健全动植物防疫、检疫体系，加强监测、预警和防治，建立重大疫情和病虫害的快速扑灭机制，建设无规定动物疫病区，实施植物保护工程。采取措施保护农业生态环境，防止农业生产过程对农产品的污染。对可能危害人畜安全的农业生产资料的生产经营，依法实施登记或者许可制度，建立健全农业生产资料安全使用制度。

以上几部法律是中国当前对食品安全监管影响最大的法律。除此之外，中国还有大量的与食品安全密切相关的法律。例如，《中华人民共和国进出口商品检验法》《中华人民共和国动物防疫法》《中华人民共和国进出境动植物检疫法》《中华人民共和国国境卫生检疫法》《中华人民共和国环境保护法》《中华人民共和国消费者权益保护法》等。

中国还有一些与食品安全密切相关的配套法规、行政规章、食品卫生标准及检验规程等。另外，中国各地方政府也出台了大量地方性法规及地方行政规章。以上法律法规体系，为提高中国食品安全水平奠定了重要的基础。

二、国外食品安全法律体系

为了保证食品的安全供给，很多国家都建立了涉及所有食品及其从生产到消费方方面面的食品安全法律体系，为有关食品安全方面的标准制定、产品的质量检测检验、质量认证、信息服务等纷纭复杂的工作提供了统一的法律规范。虽然各国有各自不同的食品安全法律体系，法律法规内容和具体的标准也有很大的差异，但各国的食品安全法律体系的目的都是为了保证食品链的安全，保护国民的健康。因此都包含了如下一些共同的原则。

1）危险性分析。食品安全法律应该是以科学性的危险分析为基础的。

2）从农田到餐桌。食品安全法律应该覆盖食品"从农田到餐桌"的食品链的所有方面，包括化肥、农药、饲料的生产与使用；农产品的生产、加工、包装、储藏和运输；与食品接触工具或容器的卫生性；操作人员的健康与卫生要求；食品标签提供信息的充分性和真实性及消费者的正确使用等。

3）预防原则。由于科学的不确定性存在，对于一些新产品和技术的安全性不能确定，因此食品安全法律应该采取预防原则。

4）食品安全责任。食品安全法律应规定饲料生产者、食品生产者和加工者应该对食品安全承担最主要的责任。

5）透明性。

6）信息可追溯性和食品召回。

7）灵活性。食品安全法律是随着社会经济条件的发展而发展的，因此食品安全法律应该有充分的灵活性，为未来的技术进步、过程创新和消费者需求变化留有空间，可以通过调节满足新的需要。

（一）美国的食品安全法律体系

美国食品安全法律体系的完备程度处于世界领先水平，法律的制定是以危险性分析和科学性为基础，并拥有预防性的措施。

美国食品安全立法始于 1906 年的《食品和药品法》，迄今为止的 100 多年时间里制订和修订而成了多部法律，这些法律从一开始就集中于食品供应的不同领域，而且所秉承的食品安全原则也不同。目前，美国食品安全方面的主要法令包括：《联邦食品、药物和化妆品法》《食品质量保护法》《公共卫生服务法》《联邦肉类检验法》《禽类产品检验法》《蛋产品检验法》《联邦杀虫剂、杀真菌剂和灭鼠剂法》和《公共健康安全和生物恐怖主义预防应对法》。其中，《联邦食品、药物和化妆品法》是美国食品安全法律体系的核心，它为食品安全的管理提供了基本原则和框架。《美国联邦法典》是联邦政府发布的永久性法规，共分 50 卷，涉及联邦规定的各个领域。与食品有关的主要是第 7 卷（农业）、第 9 卷（动物与动物产品）与第 21 卷（食品与药品）。

美国的宪法规定了国家的食品安全系统由政府的立法、执法和司法 3 个部门负责。国会和各州议会颁布立法部门制定的法规；执法部门，包括美国农业部（USDA）、美国食品与药物监督管理局（FDA）、美国环保署（EPA）、各州农业部利用联邦备忘录发布法律法规并负责执行和修订；司法部门对强制执法行动、监督工作或一些政策法规产生的争端给出公正的裁决。

（二）欧盟的食品安全法律体系

欧盟建立之初，食品安全领域的立法比较薄弱，经过多年的发展，欧盟已形成了比较健全的食品安全法律体系，形成了以"食品安全白皮书"为核心的各种法律、法令、指令等并存的食品安全法规体系新框架；其法律内容涵盖农产品的生产和食物加工等各个方面。

2000 年，欧盟出台了《欧盟食品安全白皮书》。虽然这本白皮书并不是规范性法律文件，但它确立了欧盟食品安全法规体系的基本原则，是欧盟食品和动物饲料生产和食品安全控制的一个全新的法律基础。

2002 年 1 月，欧洲议会和欧洲理事会颁布了关于食品安全第 178 号管理法规，突出了风险评估、预警和透明 3 项原则，以确保欧盟各国实施法律措施的一致性。2002 年 2 月 21 日，欧盟《通用食品法》生效，该法是欧盟迄今出台的最重要的食品法规，它填补了在欧盟层面没有总的食品法规的空白，是对以往欧盟食品质量与安全法规的提升与创新。其目的是通过统一的手段，为欧盟创造一个有效的食品安全管理框架；在欧盟内食品的安全达到最高的标准和较高的透明度。《通用食品法》主要内容是重申食品安全法的基本原则和决定成立欧洲食品安全局及制定食品安全的相关程序。欧盟要求各成员方在处理食品安全问题时必须遵守这一新法律，并从 2007 年 1 月 1 日起，成员方现行的食品法规和程序必须符合 178 号法规总体框架。

从 2006 年 1 月 1 日起，欧盟执行新的《欧盟食品及饲料安全管理法规》。这项新的法规具有两项功能：一是对内功能，欧盟所有成员方都必须遵守，如有不符合要求的产品出现在欧盟市场上，无论是哪个成员方生产的，一经发现立即取消其市场准入资格。二是对外功能，即欧盟以外的国家，其生产的食品要想进入欧盟市场都必须符合这项新的法规标准，否则不准进入欧盟市场。

（三）日本的食品安全法律体系

日本早在 1957 年就制定了《食品卫生法》，2002 年又进行了修订。该法规定，市场上食品及调料的加工、制造、使用、储藏、搬运、陈列等环节都必须保证清洁卫生，禁止贩卖变质、含有害物质、被病原微生物污染或混入不卫生异物的食品，对有疾病、可能因疾病死亡的畜禽的肉、骨、奶、内脏、血液等不准加工上市，食品的包装必须卫生，食品标签和食品一致，食品标签的说明中不得含有虚假和夸大成分，食品上市要经过严格的检查，检查人员要经过专业训练并获得合格证书，食品制造企业要有食品卫生管理员，管理员必须有医学、兽医学、畜产学、农艺化学等专业知识。食品一旦发生问题，日本保健所将根据有关法令进行检查，无论哪一个环节违反规定，都要依法追究肇事者的刑事责任和处以罚款。

日本是一个重要的食品进口国家，日本进口食品主要由日本厚生省与农林水产省根据本国《食品卫生法》与《家畜传染病防治法》进行检验检疫。

日本根据其新修订的《食品卫生法》，于 2006 年 5 月起正式实施食品中农业化学品（农药、兽药及饲料添加剂等）残留"肯定列表"制度。在新的"肯定列表"制度中，日方对 714 种农药、兽药及饲料添加剂设定了 1 万多个最大允许残留限量标准，即"暂定标准"；对尚不能确定具体"暂定标准"的农药、兽药及饲料添加剂，将设定 0.01mg/kg 的"一律标准"，一旦食品中残留物含量超过此标准，将被禁止进口或流通。新的"肯定列表"中涵盖肉类、水产品、蔬菜、水果等直接入口农产品。

（四）加拿大的食品安全法律体系

加拿大的食品安全法律体系主要由 13 部联邦法律构成，包括《加拿大农产品法》《加拿大食品检验机构法》《食品与药品法》《动物健康法》《肉品检验法》《鱼类检验法》《植物保护法》《植物种植者权利法》《饲料法》《肥料法》《种子法》《消费品包装及标签法》及《农业与农业食品行政经济处罚法》等。

1997 年 4 月 1 日，加拿大政府将农业食品部、卫生部、工业部、渔业海洋部等 4 部门的相关单位合并，成立加拿大食品检验署（CFIA），负责该国全部食品检验工作。CFIA 将与食品、植物、动物有关的工作划分为 14 个方面，并将全国 18 个区域的食品安全检察系统纳入单一的体制管理，与此同时，为了能运用于所有食品种类，加拿大还在研究一种综合检验体系，使不同的检验能在相同的准则和指导原则下运转，以降低食品安全风险。

第四节　食品安全的监督管理

一、概述

食品作为直接影响人体健康的产品，近年来随着人们生活水平的不断提高及健康意识的不断加强，其安全性问题日益受到关注，确保食品安全卫生质量，预防与控制食品生产的原料、加工、储存、销售等全过程可能存在的安全危害，最大限度地降低风险，食品安全监督管理已是保证食品卫生的一种手段，世界各国都将其纳入国家公共卫生事务管理的职能之中，运用科学技术、道德规范、法律规范等手段来保证食品的卫生安全。新中国成立 60 多年来，我国的食品安全监督管理取得了长足的发展，已形成了较为完善的体系。

我国国务院于 2007 年公布《国务院关于加强食品等产品安全监督管理的特别规定》（以下简称《特别规定》），共 20 条。国务院制定这一规定，旨在加强食品等产品安全监督管理，进一步明确生产经营者、监督管理部门和地方政府的责任，加强各监督管理部门的协调、配合，保障人体健康和生命安全。《特别规定》明确规定所称产品除食品外，还包括食用农产品、药品等与人体健康和生命安全有关的产品。对产品安全监督管理，法律有规定的，适用法律规定；法律没有规定或者规定不明确的，适用《特别规定》。根据《特别规定》，生产经营者应当对其生产、销售的产品安全负责，不得生产、销售不符合法定要求的产品。生产者生产产品所使用的原料、辅料、添加剂、农业投入品，应当符合法律、行政法规的规定和国家强制性标准。销售者必须建立并执行进货检查验收制度，审验供货商的经营资格，验明产品合格证明和产品标识等。为了强化县级以上地方政府和监督管理部门的责任，确保有关产品安全监督管理的制度落到实处，《特别规定》明确，县级以上地方政府应当将产品安全监督管理纳入政府工作考核目标，对本行政区域内的产品安全监督管理负总责，统一领导、协调本行政区域内的监督管理工作，在 2009年实施的《食品安全法》中，专门将食品监督管理列为一章，可见其重要性非同一般。

二、我国的食品安全监督管理现状

食品质量安全已经成为当前全社会关注的重要问题。2001 年以来，国家质检总局开始实施食品安全市场准入制度，食品质量监督管理开拓了新局面。同时，也要清醒地看到，食品质量安全状况仍不容乐观，需要对这一领域存在的问题加以科学、深入地分析，以便质检部门进一步提高食品质量监督管理的有效性。

1. 我国食品产业的特殊性加大了食品安全综合监督管理的难度　　食品生产加工的原始性、简单化是影响规范食品生产秩序的重要原因。尽管食品加工引进了大量先进技术和现代生产与管理理念，但是以小企业为主流、小作坊大量存在的局面却没有根本改变。准家庭式制作、小作坊、小食摊、小型生产企业和现代化大型食品企业并存的现状，影响着人们对食品质量管理的认识，降低了食品生产者以至消费者对食品加工质量的要求，这也是为什么人们对饮食环境和食品质量中存在的常见问题能够容忍的原因之一。

2. 我国食品的多种供应渠道和市场形式增加了食品监督管理的难度

第一类，生鲜食品和食品原料市场。这些食品原料供应以城乡的集贸市场为主，少量在超市销售。其质量基本取决于农业生产管理，其流通也较混乱，质量监督管理难以到位。

第二类，副食品市场。由于副食品种类多、生产工艺差异大、产品发展变化快、利润相对高，客观上形成的假冒伪劣及质量问题较多，占食品质量问题的 60%以上。

第三类，主食市场。这些产品除多由家庭制作外，基本以饭店加工供应为主，少量在超市出售。从目前情况看，制作主食类食品的原料存在一些突出问题，如面粉中添加剂超标、大米过量使用增光剂等，给原料加工生产领域的监管提出了新课题。

食品生产企业的生产能力和质量条件是保证食品质量安全的关键。近年来，执法部门检查发现的食品造假企业大多数有正式的营业执照或其他行政审批手续。不具备保证产品质量条件的企业不经过审查就批准开业后果是严重的，一是食品质量问题的危害难以避免；二是质监部门不了解企业质量保证情况，无法从源头实施有效监督管理。不具备质量保证条件的企业开业后再取消其资质更是困难。质量技术监督部门没有"取缔"的法律手段，提请其他部门配合也较难落实；地方保护主义更是实施市场退出机制的主要阻力。

三、我国食品安全监督管理现状的对策

做好食品安全监督工作，治理食品污染，建设放心工程是造福人民的大事。建立食品安全保障体系，严防假冒伪劣食品流入市场，杜绝重大食品安全事件发生，全方位治理食品污染，健全食品安全管理法律体系，当前政府应着力加强食品安全管理工作。为此建议如下。

1）制订食品安全目标。建立岗位责任制，层层分解到市，对各辖区内的食品行业实施有效的监控管理，杜绝无"三证"的生、熟食品流入市场。

2）设立群众举报箱和举报电话，发动广大群众对食品卫生进行监督。职能部门对所有举报的电话应给予认真核查。

3）加强法律和业务知识的培训，努力提高从业人员的法律意识和业务知识，指导和开展治理与食品污染有关的各项工作。要加强各类主体的培训，指导合法经营。

4）要大力宣传建设食品"放心工程"的重大意义，通过电视、广播、报刊、街头宣传等各种媒体深入宣传，做到家喻户晓，使广大群众主动参与，使不合格食品的生产、销售无藏身之地。应加强相关法规知识的宣传教育，从而提高自我保护的能力。

5）加大对食品加工、营销环节监管。加强对加工环节的监管，在源头堵住不合格产品进入市场。加大对假冒伪劣产品的打击力度。要严把食品批发市场和零售市场入口关，规范市场秩序。建立食品经销企业（法人）责任制，在发生食品安全问题时，首先重罚食品的经销企业（法人），再追溯源头。

6）积极引进现代化营销方式，推进农贸市场向生鲜超市改进，实现从农田到货架的一步到位。生鲜超市可以通过引进品牌产品，或对其他来源农产品严格法人制度，进行标准化检验，将残留超标等不合规定的农产品拒之门外。本地龙头产品可开设连锁专卖店或在超市中租赁柜台等方式，直接控制终端销售市场。

7）制定食品监测工作的操作规程。监测有效性、统一公示、信息共享及广大群众知晓及参与的广泛性应加强。

食品监督管理体制是建立社会主义市场经济体制的重要组成部分。各级政府和质量监督管理部门要认真研究解决监督管理体制建设中的问题，从法制、组织及工作策略和方法上对原有的质量监管工作体制进行改革、完善，树立明确的战略指导思想，为完成食品质量安全监督管理任务作出努力。

主要参考文献

阿法-拉伐公司．1985．乳品手册．北京：农业出版社

曹程明．2008．肉及肉制品质量安全与卫生操作规范．北京：中国计量出版社

陈伯祥．1993．肉与肉制品工艺学．南京：江苏科学技术出版社

陈福生，高志贤，王建华．2004．食品安全检测与现代生物技术．北京：化学工业出版社

葛长荣，马美湖．2002．肉与肉制品工艺学．北京：中国轻工业出版社

顾瑞霞．2000．乳与乳制品的生理功能特性．北京：中国轻工业出版社

郭本恒．2003．现代乳品加工学．北京：中国轻工业出版社

何兆雄，唐永业，许敦复．1985．动物生化制药学基础．北京：中国商业出版社

蒋爱民．2000．畜产食品工艺学．北京：中国农业出版社

蒋爱民，南庆贤．2008．畜产食品工艺学．2版．北京：中国农业出版社

金世琳．1977．乳与乳制品生产．北京：中国轻工业出版社

金世琳．1983．乳品生物化学（上册）．北京：中国轻工业出版社

金世琳．1987．乳品工业手册．北京：中国轻工业出版社

金世琳．1988．乳品生物化学（下册）．北京：中国轻工业出版社

靳烨．2004．畜禽产品工艺学．北京：中国轻工业出版社

罗小刚．2010．食品生产安全监督管理与实务．北京：中国劳动社会保障出版社

骆承庠．1986．乳与乳制品工艺学．2版．北京：中国农业出版社

马美湖．1998．现代畜产品加工学．长沙：湖南科学技术出版社

马美湖．2001．现代畜产品加工学．长沙：湖南科学技术出版社

马美湖．2003．动物性食品加工学．北京：中国轻工业出版社

孟凡乔．2005．食品安全性．北京：中国农业大学出版社

南庆贤．1988．肉奶蛋制品加工工艺．北京：农业出版社

南庆贤．2003．肉制品加工手册．北京：中国轻工业出版社

裴山．2007．肉制品生产企业建立和实施食品安全管理体系指南．北京：中国标准出版社

钱建亚．2006．食品安全概论．南京：东南大学出版社

任发政，罗云波．2001．国外食品安全研究和管理现状．中国农业科技导报，3（6）：25-29

日本食品流通系统协会．1992．食品流通技术指南．中日食品流通开发委员会译．北京：中国商业出版社

乳品工业手册编写组．1986．乳品工业手册．北京：中国轻工业出版社

食品伙伴网 http://www.foodmate.net/

史贤明．2002．食品安全与卫生学．北京：中国农业出版社

苏拔贤．1994．生物化学制备技术．北京：科学出版社

孙俊华．1993．包装材料与包装技术．广州：暨南大学出版社

孙锡斌．2006．动物性食品卫生学．北京：高等教育出版社

吴坤．2003．营养与食品卫生学．5版．北京：人民卫生出版社

吴永宁．2003．现代食品安全科学．北京：化学工业出版社

武建新．2000．乳品技术装备．北京：中国轻工业出版社

谢继志．1999．液态乳制品科学与技术．北京：中国轻工业出版社

谢明勇，陈绍军．2009．食品安全导论．北京：中国农业大学出版社

许牡丹，毛跟年．2004．食品安全性与分析检测．北京：化学工业出版社

郁新颜．2005．食品包装的卫生安全分析．包装工程，26（5）：43-46

曾庆孝．2007．食品加工与保藏原理．北京：化学工业出版社

张建新，陈宗道．2006．食品标准与法规．北京：中国轻工业出版社

张兰威．2006．乳与乳制品工艺学．北京：中国农业出版社

张瑞菊．2011．食品安全与健康．北京：中国轻工业出版社

赵笑虹．2011．食品安全学概论．北京：中国轻工业出版社

国家食品（产品）安全追溯平台 http://www.chinatrace.org/

钟耀广．2005．食品安全学．北京：化学工业出版社

周光宏．2002．畜产食品加工学．北京：中国农业出版社

周光宏．2011．畜产品加工学．2版．北京：中国农业出版社